Heinrich Dörrie

Vektoren

München und Berlin 1941
Verlag von R. Oldenbourg

Druck von R. Oldenbourg, München
Printed in Germany

Dem

Andenken meiner Frau

gewidmet

Vorwort.

Das vorliegende Buch bringt eine Einführung in die Vektorrechnung und zeigt an zahlreichen Beispielen die große, bisweilen erstaunliche Anwendungsfähigkeit dieses Kalküls auf mathematische und physikalische Fragen. Es verfolgt damit den Zweck, die Verbreitung der Vektorrechnung zu fördern, dieses reizvollen Zweiges der Mathematik, der trotz seiner augenfälligen Vorzüge noch weit davon entfernt ist, Gemeingut aller mathematisch interessierten Kreise zu sein.

Die Vektorrechnung ist im Verhältnis zu den seit nunmehr bald drei Jahrhunderten entwickelten und ausgebildeten Methoden der Analysis noch eine junge Wissenschaft. In dem für die Geschichte der Mathematik bedeutsamen Jahre 1844 erschienen, unabhängig voneinander, die beiden wichtigen Werke, die die Grundgedanken der Vektorrechnung enthalten: »Die Wissenschaft der extensiven Größen oder die Ausdehnungslehre« des deutschen Mathematikers Hermann Günther Graßmann (1809—1877) und die Abhandlungen »On Quaternions, or a new System of Imaginaries in Algebra« des englischen Astronomen William Rowan Hamilton (1805—1865). [Hamiltons Hauptwerk »Elements of Quaternions« kam erst ein Jahr nach seinem Tode heraus.]

Die heutige Form der Vektorrechnung entstand durch eine Verschmelzung der Gedanken Graßmanns und Hamiltons und ist im wesentlichen das Ergebnis der Arbeiten des durch seine berühmte Abhandlung »On the Equilibrium of Heterogeneons Substances« bekannt gewordenen amerikanischen Physikers Josiah Willard Gibbs (1839—1903), des englischen Telegrapheningenieurs Oliver Heaviside (1850—1925), dessen vektorische Untersuchungen sich vorwiegend in seinem 1893—1912 erschienenen Hauptwerke »Elektromagnetic Theory« finden, und des deutschen Physikers August Föppl (1854—1924), dessen Darlegungen namentlich in seinen »Vorlesungen über Technische Mechanik« und in seiner »Einführung in die Maxwellsche Theorie der Elektrizität« enthalten sind.

Die Fruchtbarkeit der neuen Ideen wurde zuerst von den Technikern erkannt. Vermag doch der Vektorkalkül dem Ingenieur bei seinen theoretischen Arbeiten wertvolle Dienste zu leisten. Diesem Sachverhalt entsprechend gehört denn auch die neue Disziplin zu den unentbehrlichen Gegenständen der heutigen Hochschulvorlesungen.

Von einer sonderlichen Einwirkung der neuen Gedanken auf den mathematischen oder physikalischen Unterricht der Höheren Schulen oder auf die Literatur der elementarmathematischen oder -physikalischen Lehrbücher jedoch kann noch keine Rede sein, trotzdem die vektorischen Betrachtungen so elementar sind wie man es nur wünschen mag.

Vergeblich sucht man nach einer plausiblen Erklärung für diese auffällige und bedauerliche Erscheinung. Fest dürfte nur stehen, daß der Ausbreitung der Vektorrechnung befremdlicherweise die Geringschätzung im Wege stand, die viele Mathematiker dem neuen Kalkül zeigten. Hat doch sogar ein so genialer und weitblickender Mathematiker wie Felix Klein die Bemühungen der Vektorrechner »nicht verstehen können« (»Elementarmathematik vom höheren Standpunkte aus«, Bd. II).

Doch es ist nicht zu bezweifeln: die Vektorrechnung bedeutet bei allen in ihren Bereich fallenden Problemen den alten Methoden z. B. auch der klassischen Koordinatenmethode gegenüber einen großen Fortschritt. Sie gestattet meist eine kürzere, klarere Darstellung, gewährt eine bessere Übersicht und verschafft dadurch jedem Erleichterungen und Bequemlichkeiten, der die geringe Mühe ihrer Erlernung nicht scheut. So ist nicht die Vektorrechnung das Entlegene, die gebräuchlichen Koordinatenformeln der klassischen Analysis sind umständliche Übertragungen kurzer vektorischer Aussagen.

Wer einmal den Kosinussatz der Sphärik, die Frenetschen Formeln der Kurvenlehre oder die Keplerschen Gesetze, die Eulerschen Drehungsgleichungen, die Relativbewegung auf rotierender Erde oder die Vorgänge in Wechselstromkreisen, die Grundgesetze des Elektromagnetismus und der Induktion auf vektorische Art betrachtet hat, wird es nie mehr anders machen.

Darum gebe ich mich der Hoffnung hin, daß dieses Buch helfen wird, eine Lücke auszufüllen, daß es dazu beitragen wird, die Kenntnis der Vektorrechnung zu verbreiten. Möge es zugleich Freuden bereiten allen denen, deren Neigungen mit mathematischem oder physikalischem Denken verwoben sind!

Den Setzern des Hauses R. Oldenbourg, München, die in dieser schweren Zeit trotz stärkster Arbeitsbeanspruchung mit steter Sorgfalt und unermüdlichem Eifer den nicht leichten Satz des Buches hergestellt haben, möchte ich an dieser Stelle meinen herzlichen Dank zum Ausdruck bringen.

Desgleichen bin ich Herrn Dr. med. et phil. H. Heiß, der sich meiner Arbeit aufs freundlichste angenommen hat, mir auch bei der Korrektur seine wertvolle Hilfe zuteil werden ließ, zu großem Danke verpflichtet.

Wiesbaden, im Frühjahr 1941.

Heinrich Dörrie.

Inhaltsverzeichnis.

Theorie.

Anwendungen.

Geometrische Anwendungen.

Anwendungen auf Mechanik.

Anwendungen auf Elektrizität.

Theorie.

§ 1. Der Vektorbegriff.

Von einem Punkte O des Raumes gehen unendlich viele Richtungen aus, die man erhält, wenn man den Punkt O mit den Punkten einer um O als Zentrum beschriebenen Kugelfläche verbindet. Ist P ein beliebiger Punkt dieser Kugelfläche, so bestimmt der Radius OP die von seinem Anfangspunkte O nach seinem Endpunkte P führende Richtung.

Wählt man sonach den einen Begrenzungspunkt A einer Strecke AB als ihren Anfangspunkt, den andern, B, als ihren Endpunkt, und durcheilt die Strecke vom Anfangspunkt zum Endpunkt, so erteilt man ihr damit eine bestimmte Richtung — die von A nach B —: die Strecke heißt gerichtet.

Legt man in dieser Weise einer Strecke AB außer ihrer Länge noch die von A nach B führende Richtung bei, so wird sie zu einem neuen geometrischen Gebilde, das wir nicht mehr einfach durch AB, sondern durch $\overrightarrow{AB}$ bezeichnen. Die so gebildete »Größe« $\overrightarrow{AB}$ nennen wir einen Vektor.

Um für den Vektor $\overrightarrow{AB}$ eine möglichst kurze Bezeichnung zu haben, bezeichnen wir ihn durch einen deutschen Buchstaben, etwa $\mathfrak{v}$, und schreiben demgemäß

$$\mathfrak{v} = \overrightarrow{AB}.$$

Der Punkt A heißt Anfangspunkt, der Punkt B Endpunkt oder Spitze des Vektors. Wir sagen kurz: Ein Vektor ist eine gerichtete Strecke. Ausführlicher: Ein Vektor ist eine Größe, die durch zwei Angaben: eine Betragsangabe und eine Richtungsangabe bestimmt ist.

Unter dem Betrage oder der Länge des Vektors $\mathfrak{v} = \overrightarrow{AB}$ versteht man die Länge der Strecke AB, unter seiner Richtung die durch den Pfeil angedeutete von A nach B zielende Richtung.

Ein Vektor vom Betrage Eins wird Einheitsvektor genannt.

Bisweilen spricht man vom vektoriellen Abstande des Punktes B von A und meint damit den Vektor $\overrightarrow{AB}$.

Um vom Vektorbegriff eine anschauliche Vorstellung zu bekommen, denke man an die physikalischen Größen Geschwindigkeit, Beschleunigung, Kraft, Magnetische Feldstärke, Elektrische Stromstärke usw.; sie alle sind Vektoren. Man benötigt zu ihrer völligen Bestimmung eine Betragsangabe und eine Richtungsangabe. Sie lassen sich demgemäß geometrisch durch gerichtete Strecken darstellen.

Dem Begriff des Vektors steht, vornehmlich in der Physik, der des Skalars gegenüber. Ein Skalar ist eine Größe, die schon durch eine Zahlangabe allein völlig bestimmt ist. Die Temperatur einer Gasmenge, die Dichte eines Körpers, der elektrische Widerstand eines Leiters z. B. sind skalare Größen oder Skalare.

Bei der Bestimmung des Vektors $\mathfrak{v} = \overrightarrow{AB}$ sehen wir von der Lage der Strecke AB im Raume ab, setzen vielmehr fest:

Vektoren heißen gleich, wenn ihre Beträge und Richtungen übereinstimmen.

Die beiden an verschiedenen Stellen des Raumes liegenden Vektoren $\mathfrak{v} = \overrightarrow{AB}$ und $\mathfrak{v}' = \overrightarrow{A'B'}$ sind also gleich, wenn AB durch eine Parallelverschiebung mit $A'B'$ derart zur Deckung gebracht werden kann, daß A auf A' und B auf B' fällt.

Ein Vektor kann demnach parallel mit sich selbst verschoben werden, ohne daß sich seine Größe (sein Wert) ändert. Aus diesem Grunde wird der Vektor auch »freier« Vektor genannt.

Es ist oft nützlich, die Lagen von Punkten P durch die Spitzen P von Vektoren $\overrightarrow{OP}$ zu bestimmen, deren Anfangspunkte mit einem festen Punkte O zusammenfallen. Der Fixpunkt O heißt dann Ursprung, der Vektor $\overrightarrow{OP}$ Ortsvektor des Punktes P (auch vektorieller Abstand des Punktes P von O).

Es kommt auch vor, daß nur Vektoren betrachtet werden, die denselben Anfangspunkt O haben (z. B. in der Mechanik die in einem Punkte O angreifenden Kräfte); solche Vektoren heißen gebundene Vektoren (sie sind an den Punkt O »gebunden«).

Bisweilen treten auch linienflüchtige Vektoren auf. Der Vektor $\mathfrak{v} = \overrightarrow{AB}$ heißt linienflüchtig, wenn er (wie eine Kraft auf ihrer Wirkungslinie) nur auf der Geraden (AB), auf der er liegt, verschoben werden soll.

Im folgenden haben wir es, wenn nicht ausdrücklich anders verfügt wird, stets mit freien Vektoren zu tun.

Der Betrag des Vektors $\mathfrak{v} = \overrightarrow{AB}$ wird durch $|\mathfrak{v}|$ oder AB oder bequemer v bezeichnet. Im allgemeinen wird man den Betrag jedes mit einem deutschen Buchstaben benannten Vektors zweckmäßig durch den entsprechenden lateinischen Buchstaben bezeichnen.

Wir wählten oben als Anfangspunkt der Strecke AB den Punkt A und erhielten den Vektor $\mathfrak{v} = \overrightarrow{AB}$. Wählt man als Anfangspunkt B, als Endpunkt A, so entsteht der neue Vektor $\mathfrak{V} = \overrightarrow{BA}$, der dem Betrage nach mit $\mathfrak{v}$ übereinstimmt, aber entgegengesetzte Richtung hat. Aus diesem Grunde nennt man die beiden Vektoren $\mathfrak{V}$ und $\mathfrak{v}$ entgegengesetztgleich und schreibt

$$\mathfrak{V} = -\mathfrak{v} \qquad \text{oder} \qquad \mathfrak{v} = -\mathfrak{V}.$$

Ist also $\mathfrak{s}$ ein Vektor, so bedeutet $-\mathfrak{s}$ den entgegengesetzt gleichen Vektor, d. h. den Vektor, der denselben Betrag wie $\mathfrak{s}$, aber entgegengesetzte Richtung hat.

Es ist auch möglich, einen Vektor statt durch eine Zahlenangabe (Betragsangabe) und eine Richtungsangabe nur durch Zahlenangaben festzulegen.

Denkt man z. B. daran, daß jeder Punkt P der Erdkugel und damit die vom Erdzentrum nach P führende Richtung durch die beiden Zahlenangaben »Länge« und »Breite« bestimmt ist, so erkennt man, daß eine Richtung durch zwei Zahlenangaben festgelegt werden kann. Ein Vektor kann also durch drei Zahlenangaben bestimmt werden. Näheres über diese Bestimmung findet sich im § 5.

Dieser Bestimmungsart gemäß können die in diesem Buche vorkommenden Vektoren auch dreigliedrige Vektoren genannt werden.

Die Verallgemeinerung des obenerörterten Vektorbegriffs führt zum n-gliedrigen Vektor, dessen Erklärung noch kurz angegeben werden möge.

n-gliedrige Vektoren sind geordnete Systeme von je n Zahlen, die die Vorschriften der Unterscheidung, Addition und Verteilung befolgen (s. u.).

Ein System von n Zahlen $z_1, z_2, \ldots, z_n$ — den Gliedern des Systems — heißt geordnet, wenn die Zahlen in bestimmter Reihenfolge stehen. Denken wir uns die Glieder variabel, so erhalten wir unendlich viele Systeme. Wir unterwerfen sie den aufgezählten Vorschriften und erhalten die Gesamtheit der n-gliedrigen Vektoren. Wir bezeichnen einen solchen Vektor etwa durch $(z_1, z_2, \ldots, z_n)$ oder kürzer durch $\mathfrak{z}$, so daß

$$\mathfrak{z} = (z_1, z_2, \ldots, z_n)$$

ist. Glieder, die in zwei Vektoren an derselben Stelle (etwa der ν^{ten} Stelle) stehen, heißen homolog.

Und nun die drei Vorschriften!

1. Unterscheidungsvorschrift: Zwei Vektoren

$$\mathfrak{x} = (x_1, x_2, \ldots, x_n) \qquad \text{und} \qquad \mathfrak{y} = (y_1, y_2, \ldots, y_n)$$

heißen dann und nur dann gleich, wenn je zwei homologe Glieder gleich sind, wenn also gleichzeitig

$$x_1 = y_1, \qquad x_2 = y_2, \qquad \ldots, \qquad x_n = y_n$$

st.

2. Additionsvorschrift: Zwei Vektoren werden addiert, indem man je zwei homologe Glieder addiert. Genauer:

Die Summe der Vektoren

$$\mathfrak{x} = (x_1, x_2, \ldots, x_n) \quad \text{und} \quad \mathfrak{y} = (y_1, y_2, \ldots, y_n)$$

ist der Vektor

$$\mathfrak{s} = (x_1 + y_1, x_2 + y_2, \ldots, x_n + y_n).$$

3. Verteilungsvorschrift: Die Multiplikation eines Vektors mit einer Zahl ist auf sämtliche Vektorglieder zu verteilen. M. a. W. Das μfache des Vektors

$$\mathfrak{v} = (v_1, v_2, \ldots, v_n)$$

ist der Vektor

$$\mu\,\mathfrak{v} = (\mu v_1, \mu v_2, \ldots, \mu v_n).$$

§ 2. Vektorielle Addition.

Unter der Summe zweier Vektoren $\mathfrak{a}$ und $\mathfrak{b}$ versteht man den Vektor $\mathfrak{s} = \overrightarrow{OS}$, den man erhält, indem man von einem willkürlich gewählten Ausgangspunkte O den Vektor $\overrightarrow{OA} = \mathfrak{a}$, darauf von A aus den Vektor $\overrightarrow{AS} = \mathfrak{b}$ zieht und endlich die gerichtete Strecke $\overrightarrow{OS}$ zeichnet.

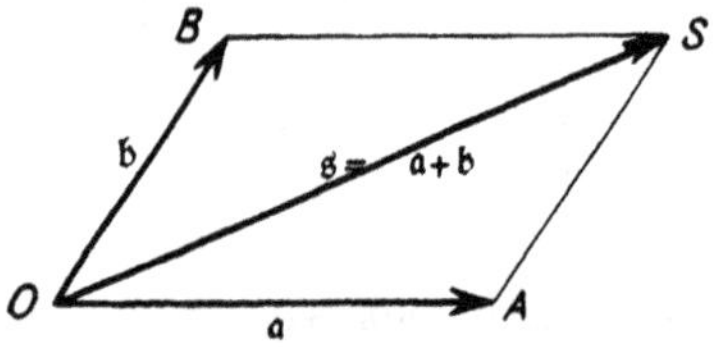

Bild 1.

Anders ausgedrückt:

Die Summe der Vektoren $\mathfrak{a}$ und $\mathfrak{b}$ ist der Vektor $\mathfrak{s}$, dessen Anfangs- und Endpunkt Anfangs- und Endpunkt des Streckenzuges sind, den man erhält, wenn man $\mathfrak{b}$ an $\mathfrak{a}$ reiht. Man schreibt

$$\mathfrak{s} = \mathfrak{a} + \mathfrak{b}.$$

Zieht man noch $\overrightarrow{OB} = \mathfrak{b}$ und BS, so ist das Viereck $OASB$ wegen der Gleichheit und Parallelität der Strecken OB und AS ein Parallelogramm, mithin $\overrightarrow{BS} = \mathfrak{a}$, so daß der Vektor $\overrightarrow{OS} = \mathfrak{s}$ auch durch Aneinanderreihung von $\mathfrak{a}\,(= \overrightarrow{BS})$ an $\mathfrak{b}\,(= \overrightarrow{OB})$ entsteht. Deshalb ist

$$\boxed{\mathfrak{a} + \mathfrak{b} = \mathfrak{b} + \mathfrak{a}},$$

in Worten:

Die vektorielle Addition ist kommutativ.

Das Parallelogramm $OASB$ heißt das Parallelogramm der Vektoren $\mathfrak{a}$ und $\mathfrak{b}$, der Vektor $\overrightarrow{OS} = \mathfrak{s}$ die Diagonale des Vektorparallelogramms.

Damit entsteht die

Regel vom Vektorparallelogramm:

Die Summe von zwei Vektoren wird nach Größe und

Richtung durch die Diagonale ihres Parallelogramms dargestellt.

Subtraktion von zwei Vektoren.

Unter der Differenz

$$\mathfrak{d} = \mathfrak{a} - \mathfrak{b}$$

der beiden Vektoren $\mathfrak{a}$ und $\mathfrak{b}$ versteht man die Summe der beiden Vektoren $\mathfrak{a}$ und $\mathfrak{B} = -\mathfrak{b}$.

Um also den Vektor $\mathfrak{b}$ von $\mathfrak{a}$ zu subtrahieren, trägt man an den Endpunkt A von $\overrightarrow{OA} = \mathfrak{a}$ den dem Vektor $\mathfrak{b}$ entgegengesetztgleichen Vektor $\overrightarrow{AD} = \mathfrak{B}$ an; dann ist

$$\overrightarrow{OD} = \mathfrak{d} = \mathfrak{a} - \mathfrak{b}.$$

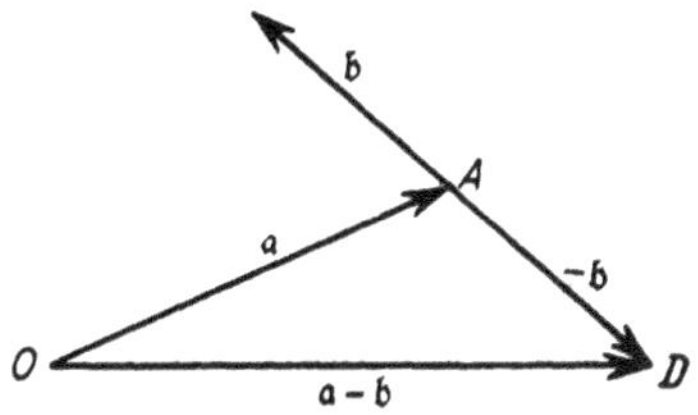

Bild 2.

Wir merken uns die Gleichung

$$\boxed{\overrightarrow{OB} - \overrightarrow{OA} = \overrightarrow{AB}}.$$

Sie enthält die Regel:

Die Differenz von zwei coinitialen*) Vektoren ist der Vektor, dessen Anfangspunkt die Spitze des Subtrahenden, dessen Endpunkt die Spitze des Minuenden ist.

Lesen wir die letzte Gleichung von rechts nach links:

$$\overrightarrow{AB} = \overrightarrow{OB} - \overrightarrow{OA},$$

so entsteht die oft verwandte Regel:

Jeder Vektor läßt sich als Differenz von zwei coinitialen*) Vektoren darstellen, deren Spitzen Endpunkt und Anfangspunkt des gegebenen Vektors sind.

Mnemotechnisches Mittel:

In den Relationen

$$\overrightarrow{OB} - \overrightarrow{OA} = \overrightarrow{AB} \qquad \text{und} \qquad \overrightarrow{AB} = \overrightarrow{OB} - \overrightarrow{OA}$$

folgen die Buchstaben A und B auf den beiden Seiten der Gleichung in verschiedener Reihenfolge.

Addition von drei Vektoren.

Wir zeichnen, in irgendeinem Punkte O beginnend, $\overrightarrow{OA} = \mathfrak{a}$, $\overrightarrow{AH} = \mathfrak{b}$ und $\overrightarrow{HS} = \mathfrak{c}$. Dann ist einerseits

*) Vektoren heißen coinitial, wenn sie denselben Anfangspunkt haben.

$$\overrightarrow{OH} = \mathfrak{a} + \mathfrak{b}$$

und

$$(1) \qquad \overrightarrow{OS} = \overrightarrow{OH} + \overrightarrow{HS} = (\mathfrak{a} + \mathfrak{b}) + \mathfrak{c}.$$

Anderseits haben wir

$$\overrightarrow{AS} = \overrightarrow{AH} + \overrightarrow{HS} = \mathfrak{b} + \mathfrak{c},$$

mithin

$$(2) \quad \overrightarrow{OS} = \overrightarrow{OA} + \overrightarrow{AS} = \mathfrak{a} + (\mathfrak{b} + \mathfrak{c}).$$

Aus (1) und (2) ergibt sich die Formel

$$\boxed{(\mathfrak{a} + \mathfrak{b}) + \mathfrak{c} = \mathfrak{a} + (\mathfrak{b} + \mathfrak{c})},$$

die das Verbindungsgesetz der vektoriellen Addition darstellt.

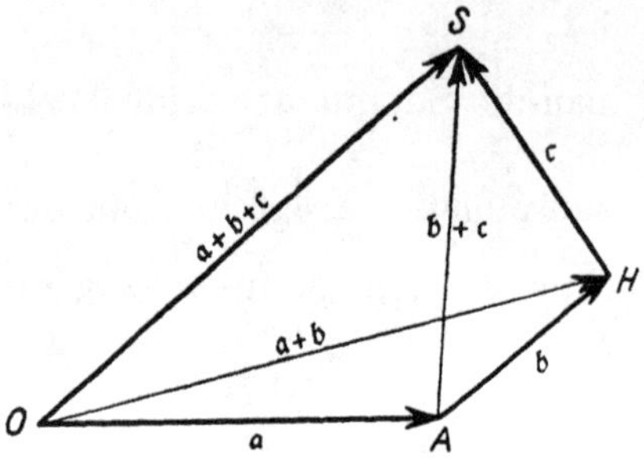

Bild 3.

Die vektorielle Addition ist assoziativ.

Ihm zufolge besteht zwischen den beiden Vektoren $(\mathfrak{a} + \mathfrak{b}) + \mathfrak{c}$ und $\mathfrak{a} + (\mathfrak{b} + \mathfrak{c})$ kein Unterschied, so daß die Klammern überflüssig sind und wir die Summe der drei Vektoren $\mathfrak{a}$, $\mathfrak{b}$, $\mathfrak{c}$, $\mathfrak{a} + \mathfrak{b} + \mathfrak{c}$ oder $\mathfrak{b} + \mathfrak{c} + \mathfrak{a}$ oder $\mathfrak{c} + \mathfrak{a} + \mathfrak{b}$ usw. schreiben können.

Die Reihenfolge, in der beliebig viele Vektoren addiert werden, ist gleichgültig; die entstehende Vektorsumme ist immer dieselbe.

Unsere Betrachtung führt zu dem wichtigen Begriff des Vektorecks.

Unter dem Eck mehrerer Vektoren versteht man den aus gerichteten Strecken bestehenden Streckenzug, den man erhält, wenn man die Vektoren aneinanderreiht, so zwar, daß jeweils der Anfangspunkt eines zu zeichnenden Vektors auf den Endpunkt des vorhergehenden fällt. Den vom Anfangspunkt des Ecks bis zum End- oder Schlußpunkt laufenden neuen Vektor nennt man — nicht gerade glücklich — die Schlußstrecke des Vektorecks.

Das Vektoreck heißt geschlossen, wenn sein Endpunkt zufällig auf seinen Anfangspunkt fällt. Die Schlußstrecke eines geschlossenen Vektorecks verschwindet.

Bei der Zeichnung des Vektorecks ist es nach Vorstehendem gleichgültig, in welcher Reihenfolge die beteiligten Vektoren aneinandergereiht werden: man erhält stets dieselbe Schlußstrecke. Denn es gilt der

Satz vom Vektoreck:

Die Summe mehrerer Vektoren ist die Schlußstrecke ihres Ecks.

Vektorielle Zerlegung.

Die Lösung der Aufgabe, »zwei gegebene Vektoren $\mathfrak{a}$ und $\mathfrak{b}$ zu addieren«, liefert nach der eingangs dieses Paragraphen angegebenen Vorschrift als Summe den Vektor $\mathfrak{s}$. Wir stellen jetzt die umgekehrte Aufgabe:

Einen gegebenen Vektor $\mathfrak{s}$ in zwei Summanden $\mathfrak{a}$ und $\mathfrak{b}$ zu zerlegen.

In dieser Fassung ist die Aufgabe allerdings nicht bestimmt, da sie unendlich viele Lösungen besitzt. Man braucht ja nur vom Anfangspunkte O des Vektors $\overrightarrow{OS} = \mathfrak{s}$ irgendeinen Vektor $\overrightarrow{OA} = \mathfrak{a}$ zu ziehen und den Vektor $\overrightarrow{AS}$ gleich $\mathfrak{b}$ zu nehmen; dann ist $\mathfrak{s}$ in die beiden Summanden $\mathfrak{a}$ und $\mathfrak{b}$ zerlegt.

Um die Aufgabe zu einer bestimmten zu machen, müssen wir die Summanden oder Komponenten — wie man sie wegen ihrer Eigenschaft, den Vektor $\mathfrak{s}$ zusammenzusetzen, nennt — noch einer geeigneten Bedingung unterwerfen. Als einfachste derartige Bedingung erscheint die Forderung, daß die beiden Komponenten zwei gegebenen Geraden parallel laufen sollen. So ergibt sich folgende Fassung:

Fundamentalaufgabe 1: Einen gegebenen Vektor in zwei Komponenten zu zerlegen, die zwei gegebenen mit dem Vektor in einer Ebene liegenden Geraden parallel sind.

Lösung: Die gegebenen Geraden seien I und II, der gegebene Vektor $\overrightarrow{OS} = \mathfrak{s}$. Wir bestimmen den Schnittpunkt A der durch O laufenden Parallele zu I und der durch S laufenden Parallele zu II. Dann sind

$$\overrightarrow{OA} = \mathfrak{a} \qquad \text{und} \qquad \overrightarrow{AS} = \mathfrak{b}$$

die gesuchten Komponenten.

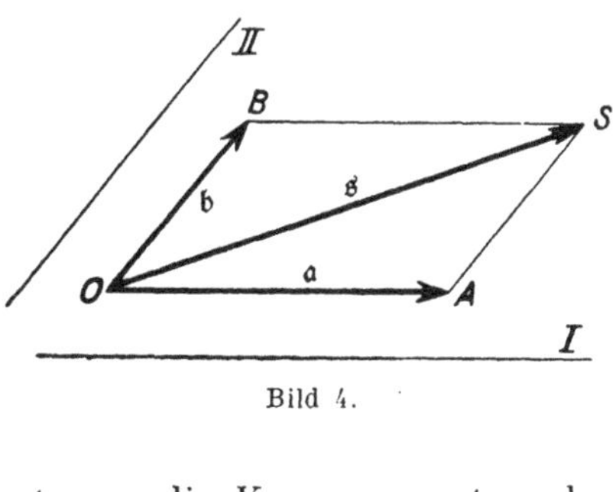

Bild 4.

Man kann natürlich auch $OB \parallel$ II und $SB \parallel$ I ziehen; dann sind die Komponenten

$$\overrightarrow{OB} = \mathfrak{b} \qquad \text{und} \qquad \overrightarrow{BS} = \mathfrak{a}.$$

In beiden Fällen ist

$$\mathfrak{s} = \mathfrak{a} + \mathfrak{b}.$$

Die gefundenen Vektoren $\mathfrak{a}$ und $\mathfrak{b}$ nennt man die Komponenten des Vektors $\mathfrak{s}$ nach den Geraden I und II. Auch sagt man: Der Vektor $\mathfrak{s}$ ist nach den Geraden I und II zerlegt.

Man kann die Aufgabe auf den Fall erweitern, wo der Vektor $\mathfrak{s}$ als Summe

$$\mathfrak{s} = \mathfrak{a} + \mathfrak{b} + \mathfrak{c}$$

von drei Summanden oder Komponenten $\mathfrak{a}$, $\mathfrak{b}$, $\mathfrak{c}$ erscheint. Dann entsteht

Fundamentalaufgabe 2. Einen gegebenen Vektor in drei Komponenten zu zerlegen, die drei durch seinen Anfangspunkt laufenden, nicht in einer Ebene liegenden gegebenen Geraden parallel sind.

Lösung: Die gegebenen Geraden seien I, II, III, der gegebene Vektor $\overrightarrow{OS} = \mathfrak{s}$. Wir bringen die durch S laufenden Parallelen zu I, II, III mit den Ebenen II III, III I, I II in H, K, L zum Schnitt und ergänzen die Figur unter Zuhilfenahme der drei auf I, II, III liegenden Strecken

$$OA \# SH, \qquad OB \# SK, \qquad OC \# SL$$

zum Spat (Parallelepiped) $OALBCKSH$. Dann ist

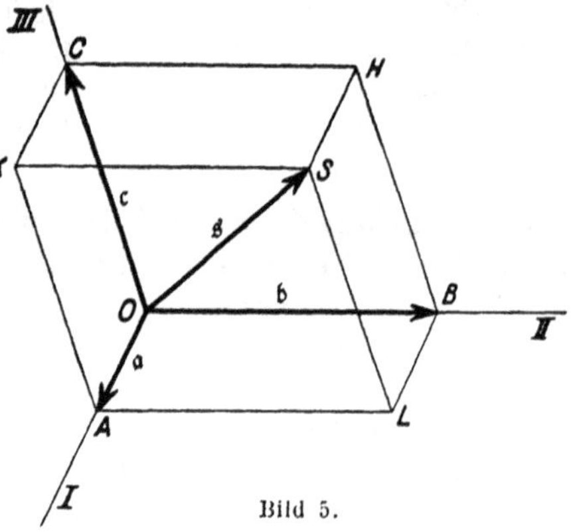

Bild 5.

$$\overrightarrow{OS} = \overrightarrow{OA} + \overrightarrow{AL} + \overrightarrow{LS}$$

oder, da

$$\overrightarrow{AL} = \overrightarrow{OB} \quad \text{und} \quad \overrightarrow{LS} = \overrightarrow{OC}$$

ist,

$$\overrightarrow{OS} = \overrightarrow{OA} + \overrightarrow{OB} + \overrightarrow{OC}$$

oder endlich

$$\overrightarrow{OA} = \mathfrak{a}, \quad \overrightarrow{OB} = \mathfrak{b}, \quad \overrightarrow{OC} = \mathfrak{c}$$

setzend,

$$\mathfrak{s} = \mathfrak{a} + \mathfrak{b} + \mathfrak{c}.$$

Die Vektoren $\mathfrak{a}$, $\mathfrak{b}$, $\mathfrak{c}$ sind die gesuchten »Komponenten des Vektors $\mathfrak{s}$ nach den drei Geraden I, II, III«; wir haben, wie man sagt, den Vektor $\mathfrak{s}$ nach den drei Geraden I, II, III zerlegt.

Von besonderer Bedeutung wird die hier beschriebene zwei- bzw. dreigliedrige Zerlegung eines Vektors bei Zugrundelegung eines Koordinatensystems.

Handelt es sich um die Betrachtung von Vektoren, die alle in einer Ebene liegen, und ist in der Ebene ein rechtwinkliges oder schiefwinkliges Koordinatensystem — xy-System — vorgelegt, so zerlegt man jeden Vektor $\mathfrak{s}$ auf die beschriebene Weise in eine der x-Achse parallele Komponente oder x-Komponente $\mathfrak{x}$ und eine der y-Achse parallele Komponente oder y-Komponente $\mathfrak{y}$:

$$\mathfrak{s} = \mathfrak{x} + \mathfrak{y}.$$

Bei willkürlich im Raume liegenden Vektoren benutzt man ein dreiachsiges (meist rechtwinkliges, bisweilen auch schiefwinkliges) Koordinatensystem — xyz-System — und zerlegt jeden Vektor $\mathfrak{s}$ in seine drei Komponenten $\mathfrak{x}$, $\mathfrak{y}$, $\mathfrak{z}$ nach den Koordinatenachsen:

$$\mathfrak{s} = \mathfrak{x} + \mathfrak{y} + \mathfrak{z}.$$

Bei diesen Zerlegungen wählt man zweckmäßig als Anfangspunkt des zu zerlegenden Vektors $\mathfrak{s}$ den Ursprung O des Koordinatensystems (Bild 6 und 7).

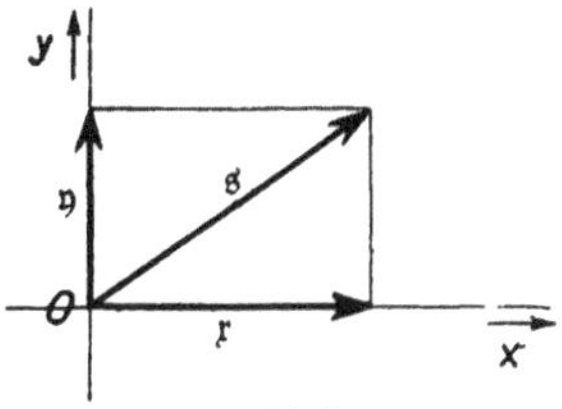

Bild 6.

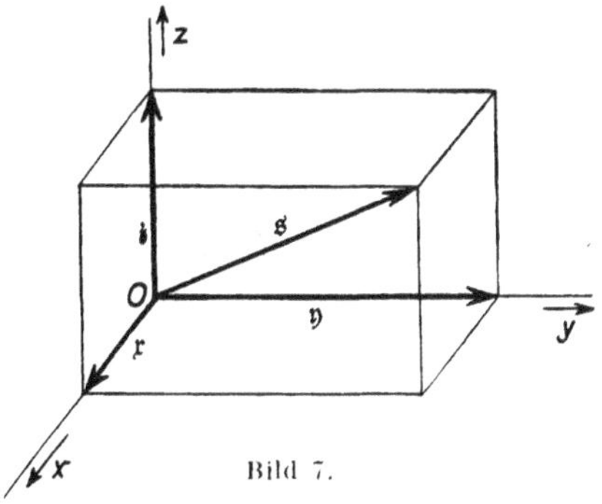

Bild 7.

Vektorprojektion*).

Auch wenn in einer Ebene nur eine Gerade und ein Vektor gegeben sind, spricht man von der Komponente des Vektors nach der Gerade und meint damit die Projektion des Vektors auf die Gerade.

Unter der Projektion eines Vektors auf eine Gerade versteht man den Vektor, dessen Anfangspunkt bzw. Endpunkt die Projektion des Anfangspunktes bzw. Endpunktes des Vektors auf die Gerade ist. Diese Projektion heißt auch die der Geraden parallele Komponente des Vektors oder auch die Parallelkomponente des Vektors nach der Geraden.

Neben der Parallelkomponente betrachtet man die Normalkomponente des Vektors, wobei aber Vektor und Gerade in einer Ebene liegen. Die Normalkomponente des Vektors nach der Geraden ist die Projektion des Vektors auf die der Ebene angehörige Normale der Geraden.

Da ein Vektor eine Gerade bestimmt, die, in der er liegt, so spricht man auch von der Projektion eines Vektors $\mathfrak{v}$ auf einen zweiten Vektor $\mathfrak{g}$ und meint damit die Projektion von $\mathfrak{v}$ auf die durch $\mathfrak{g}$ bestimmte Gerade.

Ebenso bedeutet »Parallelkomponente bzw. Normalkomponente des Vektors $\mathfrak{v}$ nach dem Vektor $\mathfrak{g}$« die Parallel- bzw. Normalkomponente des Vektors nach der durch $\mathfrak{g}$ bestimmten Geraden.

Endlich betrachtet man noch die zu einer Ebene parallele und normale Komponente eines Vektors.

*) Das Wort »Projektion« bedeutet im folgenden stets Orthogonalprojektion.

Die Parallel- bzw. Normalkomponente eines Vektors nach einer Ebene ist die Projektion des Vektors auf die Ebene bzw. auf eine Normale der Ebene. (»Projektion des Vektors $\mathfrak{v}$ auf die Ebene E« bedeutet natürlich den Vektor, dessen Anfangspunkt bzw. Endpunkt die Projektion des Anfangspunkts bzw. Endpunkts von $\mathfrak{v}$ auf E ist.)

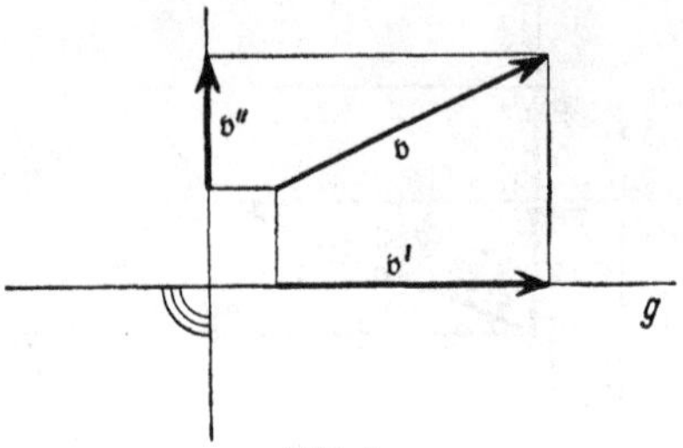

Bild 8.

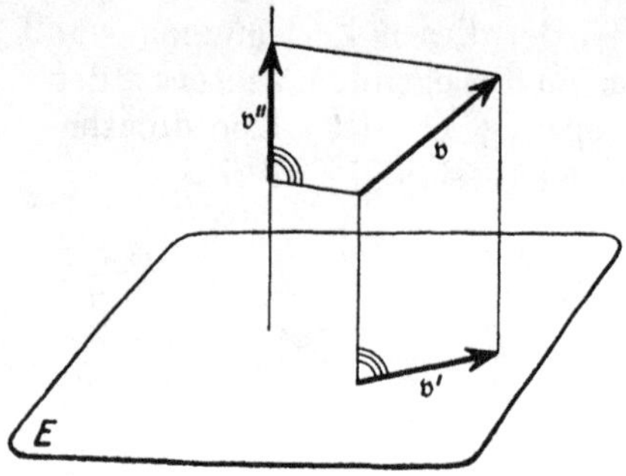

Bild 9.

Zwischen dem Vektor $\mathfrak{v}$, seiner Parallelkomponente $\mathfrak{v}'$ und seiner Normalkomponente $\mathfrak{v}''$ nach einer Geraden g oder Ebene E besteht die Beziehung

$$\boxed{\mathfrak{v} = \mathfrak{v}' + \mathfrak{v}''}\,.$$

Bildet der Vektor $\mathfrak{v}$ mit g oder E den spitzen Winkel θ, und sind v, v', v'' die Beträge des Vektors, seiner Parallel- und seiner Normalkomponente, so gelten, wie leicht zu sehen, die fundamentalen Formeln

$$\boxed{v' = v \cos \theta, \qquad v'' = v \sin \theta}\,.$$

Parallel- wie Normalkomponente bleiben bei Parallelverschiebung der Geraden oder Ebene oder auch des Vektors unverändert.

Die Formel

$$v' = v \cos \theta$$

gilt auch noch, wenn der Vektor $\mathfrak{v}$ und die Gerade g nicht in einer Ebene liegen, sondern windschief sind. Man vergleiche die Formel mit der Fundamentalformel

$$\mathfrak{e}\mathfrak{x} = \lambda x$$

von § 3.

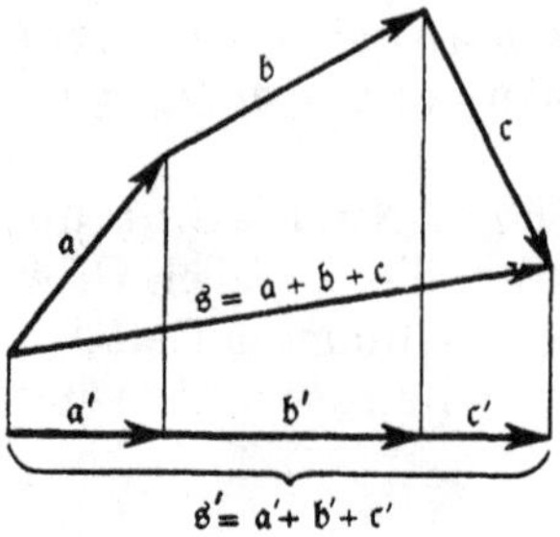

Bild 10.

Von besonderem Interesse ist die Projektion eines Vektorecks aufeine Gerade oder Ebene. Da die Projektionen der einzelnen Vektorendes Ecks in derselben Reihenfolge aneinandergereiht werden wie die Vektoren selbst, so ist die Projektion der Schlußstrecke des vorgelegten Ecks zugleich die Schlußstrecke der Projektion des Ecks. Das Ergebnis dieser kurzen Überlegung ist der sehr wichtige

Satz von der Projektion des Vektorecks:
Die Projektion der Summe mehrerer Vektoren auf eine Gerade oder Ebene ist gleich der Summe der Projektionen der Vektoren.

Da der Satz über die Projektion einer Vektorsumme, d. h. einer Summe von Vektoren, Auskunft gibt, wird er auch Satz von der Projektion der Vektorsumme genannt.

§ 3. Multiplikation von Vektoren.

Man unterscheidet drei Multiplikationsarten:

I. Multiplikation eines Vektors mit einer Zahl,
II. skalare Multiplikation von zwei Vektoren,
III. vektorielle Multiplikation von zwei Vektoren.

I. Multiplikation eines Vektors mit einer Zahl.

Unter dem Produkt des Vektors $\mathfrak{V}$ mit der Zahl z (oder der Zahl z mit dem Vektor $\mathfrak{V}$), geschrieben

$$z\mathfrak{V} \text{ oder } z \cdot \mathfrak{V} \text{ (auch } \mathfrak{V}z \text{ oder } \mathfrak{V} \cdot z\text{)}$$

versteht man den Vektor, dessen Betrag das Produkt der Beträge von $\mathfrak{V}$ und z ist, dessen Richtung mit der des Vektors $\mathfrak{V}$ oder des Vektors $-\mathfrak{V}$ übereinstimmt, je nachdem z positiv oder negativ ist.

Wie man sofort sieht, ist z. B. $3\,\mathfrak{V}$ nichts anderes als $\mathfrak{V} + \mathfrak{V} + \mathfrak{V}$, so daß sich diese erste, einfachste Art der Multiplikation unmittelbar an die Addition von Vektoren anlehnt.

II. Skalare Multiplikation.

Unter dem skalaren Produkt oder Skalarprodukt von zwei Vektoren versteht man das Produkt aus den Beträgen der Vektoren und dem Cosinus des Zwischenwinkels der Vektoren.

Man schreibt das Skalarprodukt der beiden Vektoren $\mathfrak{a}$ und $\mathfrak{b}$ (die als die Faktoren des Skalarprodukts bezeichnet werden)

$$\mathfrak{a} \cdot \mathfrak{b} \text{ oder } (\mathfrak{a}\mathfrak{b}) \text{ oder einfach } \mathfrak{a}\mathfrak{b}.$$

Wir werden in diesem Buche außer den Schreibweisen $\mathfrak{a} \cdot \mathfrak{b}$ und $\mathfrak{a}\mathfrak{b}$ auch noch die Schreibung $\overset{\frown}{\mathfrak{a}\mathfrak{b}}$ verwenden. Mit Bezug auf die von dem Amerikaner Gibbs gewählte Schreibweise $\mathfrak{a} \cdot \mathfrak{b}$ wird das Skalarprodukt auch Punktprodukt genannt.

Es gilt also die Definitionsgleichung

$$\mathfrak{a}\mathfrak{b} = \mathfrak{a} \cdot \mathfrak{b} = \overset{\frown}{\mathfrak{a}\mathfrak{b}} = ab \cos \gamma,$$

wo a den Betrag von $\mathfrak{a}$, $\mathfrak{b}$ den Betrag von b und γ den Zwischenwinkel von $\mathfrak{a}$ und $\mathfrak{b}$ bedeutet.

Wir prägen uns ein:

Das Skalarprodukt von zwei Vektoren ist ein Skalar, kein Vektor!

Von besonderer Bedeutung sind die Fälle, wo die beiden Vektoren einen Winkel von

1. 0 Grad, 2. 90 Grad, 3. 180 Grad

miteinander bilden.

1. Haben die beiden Vektoren dieselbe Richtung, so ist ihr Skalarprodukt einfach gleich dem Produkt ihrer Beträge.

Im besonderen ist

$$\boxed{\mathfrak{v} \cdot \mathfrak{v} = \mathfrak{v}^2 = v^2},$$

wenn v den Betrag von $\mathfrak{v}$ bedeutet.

Das skalare Quadrat eines Vektors ist gleich dem Quadrat des Vektorbetrages.

Sonderfall: Das skalare Quadrat eines Einheitsvektors ist Eins.

2. Bilden die beiden Vektoren einen rechten Winkel miteinander (stehen sie aufeinander senkrecht), so ist ihr Skalarprodukt Null.

Die Gleichung

$$\mathfrak{p} \cdot \mathfrak{q} = 0$$

ist also die Bedingung für Orthogonalität der Vektoren $\mathfrak{p}$ und $\mathfrak{q}$.

3. Haben die beiden Vektoren entgegengesetzte Richtungen, so ist ihr Skalarprodukt dem Produkt ihrer Beträge entgegengesetzt gleich.

$$(\mathfrak{a} \cdot \mathfrak{b} = ab \cos 180^0 = -ab).$$

Ein anderer wichtiger Sonderfall liegt vor, wenn einer der beiden Faktoren des Skalarprodukts ein Einheitsvektor ist.

Das Skalarprodukt $\widetilde{\mathfrak{e}\mathfrak{v}}$ aus dem Einheitsvektor $\mathfrak{e}$ und dem beliebigen Vektor $\mathfrak{v}$ ist der Betrag oder der entgegengesetzte Betrag der Projektion des Vektors $\mathfrak{v}$ auf den Einheitsvektor $\mathfrak{e}$, je nachdem diese beiden Vektoren einen spitzen oder stumpfen Winkel miteinander bilden; die Projektion selbst ist $\widetilde{\mathfrak{e}\mathfrak{v}}\,\mathfrak{e}$.

Bestimmt man die Lage jedes Punktes X einer gerichteten Geraden durch seinen Abstand x von einem festen Punkte F der Geraden (durch seine Standgröße oder Koordinate x), wobei in bekannter Weise dieser Abstand positiv oder negativ gerechnet wird, je nachdem der

Vektor $\overrightarrow{FX} = \mathfrak{x}$ mit der Geraden gleich oder entgegengesetzt gerichtet ist, und bedeutet λ den Cosinus des Winkels, den der Einheitsvektor $\mathfrak{e}$ mit der Richtung der Geraden bildet, so gilt, wie man leicht bestätigt, die fundamentale Formel

$$\boxed{\mathfrak{e} \cdot \mathfrak{x} = \lambda x}.$$

Aus der Definition des Skalarprodukts ergibt sich unmittelbar die Formel

$$\boxed{\mathfrak{a} \cdot \mathfrak{b} = \mathfrak{b} \cdot \mathfrak{a}},$$

die das Vertauschungsgesetz der skalaren Multiplikation darstellt.

Die skalare Multiplikation ist kommutativ.

Zu einer zweiten wichtigen Eigenschaft des Skalarprodukts $\mathfrak{a} \cdot \mathfrak{b}$ gelangen wir durch Einführung der Projektion $\mathfrak{a}'$ von $\mathfrak{a}$ auf $\mathfrak{b}$ bzw. der Projektion $\mathfrak{b}'$ von $\mathfrak{b}$ auf $\mathfrak{a}$. Nennen wir die Beträge von $\mathfrak{a}'$ und $\mathfrak{b}'$ a' und b', so ist

$$a' = \pm\, a \cos \gamma \qquad \text{bzw.} \qquad b' = \pm\, b \cos \gamma,$$

wo das obere oder untere Zeichen gilt, je nachdem der Zwischenwinkel γ der Vektoren $\mathfrak{a}$ und $\mathfrak{b}$ spitz oder stumpf ist. Hieraus ergibt sich die wichtige Formel

$$\boxed{\mathfrak{a} \cdot \mathfrak{b} = \mathfrak{a} \cdot \mathfrak{b}' = \mathfrak{b} \cdot \mathfrak{a}'}.$$

Das Skalarprodukt von zwei Vektoren ist gleich dem Skalarprodukt aus einem dieser Vektoren und der Projektion des andern auf ihn.

Wir machen von diesem Satze gleich eine wichtige Anwendung zur Ermittlung des Skalarprodukts

$$\mathfrak{m} \cdot (\mathfrak{a} + \mathfrak{b})$$

aus dem Vektor $\mathfrak{m}$ und der Summe $\mathfrak{s} = \mathfrak{a} + \mathfrak{b}$ der beiden Vektoren $\mathfrak{a}$ und $\mathfrak{b}$. Bedeuten $\mathfrak{a}'$, $\mathfrak{b}'$, $\mathfrak{s}'$ die Projektionen von $\mathfrak{a}$, $\mathfrak{b}$, $\mathfrak{s}$ auf $\mathfrak{m}$, so können wir auf Grund unseres Satzes schreiben:

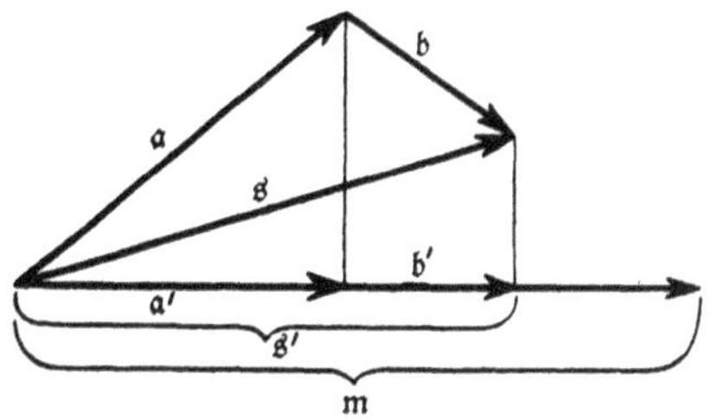

Bild 11.

$$\mathfrak{m} \cdot \mathfrak{s} = \mathfrak{m} \cdot \mathfrak{s}' = \mathfrak{m} \cdot (\mathfrak{a}' + \mathfrak{b}'),$$

da nach dem Satze von der Projektion der Vektorsumme $\mathfrak{s}' = \mathfrak{a}' + \mathfrak{b}'$ ist. Wir sehen weiter, daß

$$\mathfrak{m} \cdot (\mathfrak{a}' + \mathfrak{b}') = \mathfrak{m} \cdot \mathfrak{a}' + \mathfrak{m} \cdot \mathfrak{b}'$$

ist, da die drei Vektoren $\mathfrak{m}$, $\mathfrak{a}'$ und $\mathfrak{b}'$ auf einer Geraden liegen. Schreiben wir nun wieder auf Grund des obigen Satzes statt $\mathfrak{m} \cdot \mathfrak{a}'$ und $\mathfrak{m} \cdot \mathfrak{b}'$ $\mathfrak{m} \cdot \mathfrak{a}$ und $\mathfrak{m} \cdot \mathfrak{b}$, so erhalten wir

$$\mathfrak{m} \cdot \mathfrak{s} = \mathfrak{m} \cdot \mathfrak{a} + \mathfrak{m} \cdot \mathfrak{b}$$

oder

$$\boxed{\mathfrak{m} \cdot (\mathfrak{a} + \mathfrak{b}) = \mathfrak{m} \cdot \mathfrak{a} + \mathfrak{m} \cdot \mathfrak{b}}.$$

Diese fundamentale Formel enthält das Verteilungsgesetz der skalaren Multiplikation:

Die skalare Multiplikation ist distributiv.

Aus diesem Gesetz folgt dann weiter, genau wie in der elementaren Arithmetik, die wichtige

Klammerregel über skalare Multiplikation:

Zwei Vektorsummen werden skalar miteinander multipliziert, indem man jedes Glied der einen Summe mit jedem Gliede der andern Summe skalar multipliziert.

So ist z. B.

$$(\mathfrak{a} + \mathfrak{b}) \cdot (\mathfrak{p} - \mathfrak{q}) = \mathfrak{a} \cdot \mathfrak{p} - \mathfrak{a} \cdot \mathfrak{q} + \mathfrak{b} \cdot \mathfrak{p} - \mathfrak{b} \cdot \mathfrak{q}$$

oder kürzer

$$(\mathfrak{a} + \mathfrak{b})(\mathfrak{p} - \mathfrak{q}) = \mathfrak{a}\mathfrak{p} - \mathfrak{a}\mathfrak{q} + \mathfrak{b}\mathfrak{p} - \mathfrak{b}\mathfrak{q}.$$

Ferner:

$$(\mathfrak{A} + \mathfrak{B})^2 = \mathfrak{A}^2 + \mathfrak{B}^2 + 2\,\mathfrak{A}\mathfrak{B}.$$

Wir erwähnen noch zwei Formeln, die für das Skalarprodukt von zwei Vektoren wichtige algebraische Ausdrücke liefern.

Wir betrachten zunächst zwei Vektoren

$$\overrightarrow{OA} = \mathfrak{p} \qquad \text{und} \qquad \overrightarrow{OB} = \mathfrak{q}$$

mit gemeinsamem Anfangspunkt O und den Vektor

$$\overrightarrow{AB} = \mathfrak{c} = \mathfrak{q} - \mathfrak{p}.$$

Durch Quadrierung ergibt sich

$$\mathfrak{c}^2 = \mathfrak{p}^2 + \mathfrak{q}^2 - 2\,\mathfrak{p}\mathfrak{q}$$

oder

(1) $$\boxed{2\,\mathfrak{p}\mathfrak{q} = p^2 + q^2 - c^2}.$$

Dies ist die eine der angedeuteten Formeln. Sie heißt in Worten:

Man erhält das doppelte Skalarprodukt von zwei Vektoren mit gemeinsamem Anfangspunkt, indem man die Norm der Vektoren um das Quadrat der Verbindungslinie der Vektorendpunkte vermindert. Sodann betrachten wir die beiden Vektoren

$$\overrightarrow{AE} = \mathfrak{S} \qquad \text{und} \qquad \overrightarrow{ae} = \mathfrak{s}$$

mit verschiedenen Anfangspunkten A und a und verknüpfen sie durch ihre »Zwischenvektoren«

$$\overrightarrow{Ea} = \mathfrak{z} \qquad \text{und} \qquad \overrightarrow{eA} = \mathfrak{Z}$$

zu dem geschlossenen Vektoreck $AEaeA$, so daß

$$\mathfrak{S} + \mathfrak{s} + \mathfrak{Z} + \mathfrak{z} = 0$$

ist. Wir multiplizieren diese Gleichung skalar mit $\mathfrak{S} + \mathfrak{s}$ und erhalten

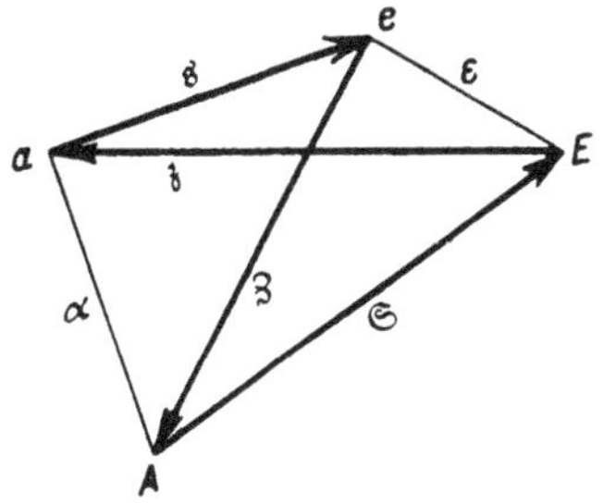

Bild 12.

$$\mathfrak{S}^2 + \mathfrak{s}^2 + 2\,\mathfrak{S}\mathfrak{s} + \mathfrak{S}\mathfrak{Z} + \mathfrak{S}\mathfrak{z} + \mathfrak{s}\mathfrak{Z} + \mathfrak{s}\mathfrak{z} = 0.$$

Nun ersetzen wir die Skalarprodukte $\mathfrak{S}\mathfrak{Z}$, $\mathfrak{S}\mathfrak{z}$, $\mathfrak{s}\mathfrak{Z}$ und $\mathfrak{s}\mathfrak{z}$, unter Einführung der

$$\text{»Querverbindungen«} \quad Aa = \alpha \quad \text{und} \quad Ee = \varepsilon,$$

den laut (1) gültigen Formeln

$$2\,\mathfrak{S}\mathfrak{Z} = \varepsilon^2 - S^2 - Z^2, \qquad 2\,\mathfrak{s}\mathfrak{z} = \varepsilon^2 - s^2 - z^2,$$
$$2\,\mathfrak{S}\mathfrak{z} = \alpha^2 - S^2 - z^2, \qquad 2\,\mathfrak{s}\mathfrak{Z} = \alpha^2 - s^2 - Z^2$$

gemäß und bekommen die zweite der angekündigten Formeln:

$$(2) \qquad \boxed{2\,\mathfrak{S}\mathfrak{s} = Z^2 + z^2 - \alpha^2 - \varepsilon^2}.$$

Sie enthält die Regel:

Man findet das doppelte Skalarprodukt von zwei Vektoren, indem man die Norm ihrer Zwischenvektoren um die Norm ihrer Querverbindungen vermindert.

III. Vektorielle Multiplikation.

Dem skalaren Produkt von zwei Vektoren steht das vektorielle Produkt dieser Vektoren gegenüber.

Wir zeichnen von irgendeinem Punkte O aus die beiden Vektoren

$$\overrightarrow{OA} = \mathfrak{a}, \qquad \overrightarrow{OB} = \mathfrak{b}$$

und ihr Parallelogramm. Dann konstruieren wir senkrecht zur Parallelogrammebene den Vektor

$$\overrightarrow{OP} = \mathfrak{p},$$

dessen Betrag mit dem Betrage des Parallelogramminhalts übereinstimmt, dessen Richtung so fixiert wird, daß die im Parallelogramm um O als Drehpunkt ausgeführte Drehung des Vektors $\mathfrak{b}$

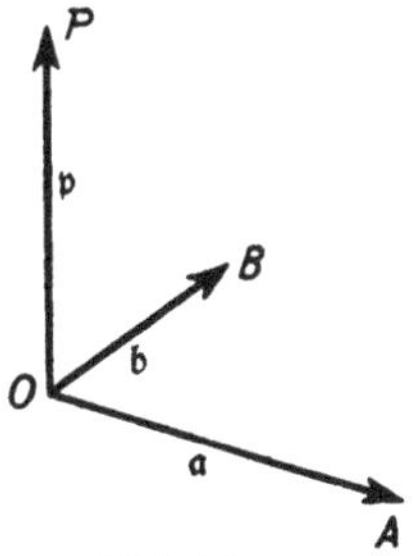

Bild 13.

nach $\mathfrak{a}$ hin für einen mit den Füßen in O, mit dem Kopfe in P befindlichen Beschauer Uhrzeigersinn hat.

Stellt man die Richtung von $\mathfrak{a}$ durch den Daumen, die von $\mathfrak{b}$ durch den Zeigefinger der rechten Hand dar, so gibt der zu beiden Fingern senkrecht gestellte Mittelfinger die Richtung von $\mathfrak{p}$ an.

Der so bestimmte Vektor $\mathfrak{p}$ heißt das vektorielle Produkt oder Vektorprodukt der beiden Vektoren $\mathfrak{a}$ und $\mathfrak{b}$, und man schreibt

$$\mathfrak{p} = \mathfrak{a} \times \mathfrak{b} \qquad \text{oder} \qquad \mathfrak{p} = [\mathfrak{a}\,\mathfrak{b}].$$

Wir verwenden in diesem Buche neben der Schreibung $\mathfrak{a} \times \mathfrak{b}$ auch noch die Schreibweise $\overline{\mathfrak{a}\mathfrak{b}}$.

Im Hinblick auf die von Gibbs gewählte Schreibung $\mathfrak{a} \times \mathfrak{b}$ wird das Vektorprodukt auch Kreuzprodukt genannt.

Die beiden Vektoren $\mathfrak{a}$ und $\mathfrak{b}$ heißen die Faktoren des Vektorprodukts $\mathfrak{a} \times \mathfrak{b}$; jeder von ihnen steht auf ihrem Produkt $\mathfrak{a} \times \mathfrak{b}$ senkrecht.

Sind a und b die Beträge, γ der Zwischenwinkel der Vektoren $\mathfrak{a}$ und $\mathfrak{b}$, so hat das Vektorparallelogramm den Inhalt $ab \sin \gamma$.

Der Betrag des Vektors $\mathfrak{a} \times \mathfrak{b}$ ist also

$$ab \sin \gamma.$$

Wie beim Skalarprodukt achten wir auch hier auf die wichtigen Fälle

$$\gamma = 0^0, \qquad \gamma = 90^0, \qquad \gamma = 180^0.$$

Haben die beiden Faktoren eines Vektorprodukts gleiche oder entgegengesetzte Richtungen, so verschwindet das Vektorprodukt.

Die Gleichung

$$\mathfrak{p} \times \mathfrak{q} = 0$$

ist also die Bedingung für Parallelität der Vektoren $\mathfrak{p}$ und $\mathfrak{q}$.

Im besonderen gilt für gleiche Faktoren: Das vektorielle Quadrat eines Vektors ist Null:

$$\mathfrak{v} \times \mathfrak{v} = 0 \qquad \text{oder} \qquad \overline{\mathfrak{v}^2} = 0.$$

Bilden die Faktoren eines Vektorprodukts einen rechten Winkel miteinander, so ist der Betrag des Produkts einfach gleich dem Produkt der Beträge der Faktoren.

Aus der Definition des Vektorprodukts geht hervor, daß die beiden Vektorprodukte $\mathfrak{a} \times \mathfrak{b}$ und $\mathfrak{b} \times \mathfrak{a}$ entgegengesetzt gleich sind.

An Stelle des Kommutativgesetzes, das für vektorische Multiplikation nicht gilt, tritt das Alternativgesetz:

$$\boxed{\overline{\mathfrak{b}\mathfrak{a}} = -\overline{\mathfrak{a}\mathfrak{b}}}\,.$$

Beziehung des Vektorprodukts zum Skalarprodukt.

Aus

$$\widetilde{\mathfrak{a}\mathfrak{b}} = a\,b\cos\gamma \qquad \text{und} \qquad |\overline{\mathfrak{a}\mathfrak{b}}| = a\,b\sin\gamma$$

folgt durch Quadrierung und Addition

$$\boxed{\widetilde{\mathfrak{a}\mathfrak{b}}^2 + \overline{\mathfrak{a}\mathfrak{b}}^2 = a^2 b^2},$$

anders geschrieben:

$$\boxed{|\mathfrak{a}\cdot\mathfrak{b}|^2 + |\mathfrak{a}\times\mathfrak{b}|^2 = \mathfrak{a}^2\,\mathfrak{b}^2},$$

in Worten:

Die Norm des skalaren und vektoriellen Produkts zweier Vektoren ist gleich dem Quadrat des Produkts der Vektorbeträge.

Nennt man die in der Ebene des Parallelogramms der Vektoren $\mathfrak{a}$ und $\mathfrak{b}$ gelegene zu $\mathfrak{a}$ senkrechte Komponente von $\mathfrak{b}$ $\mathfrak{b}''$, die zu $\mathfrak{b}$ senkrechte Komponente von $\mathfrak{a}$ $\mathfrak{a}''$, so bestätigt man leicht die Richtigkeit der Formel

$$\boxed{\mathfrak{a}\times\mathfrak{b} = \mathfrak{a}\times\mathfrak{b}'' = \mathfrak{a}''\times\mathfrak{b}}.$$

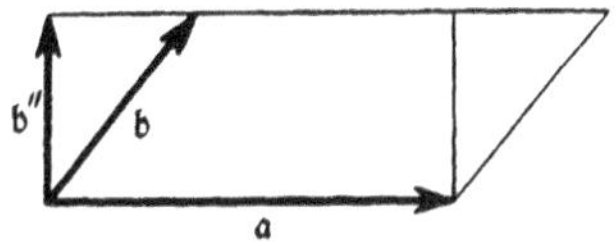

Bild 14.

Sie enthält den Satz:

Das Vektorprodukt von zwei Vektoren ist gleich dem Vektorprodukt aus einem dieser Vektoren und der zu ihm normalen Komponente des andern.

Wir wenden ihn an, um das vektorische Produkt

$$\mathfrak{q} = \mathfrak{m}\times(\mathfrak{a}+\mathfrak{b})$$

aus dem Vektor $\mathfrak{m}$ und der Summe $\mathfrak{s} = \mathfrak{a}+\mathfrak{b}$ der beiden Vektoren $\mathfrak{a}$ und $\mathfrak{b}$ in zwei Bestandteile zu zerlegen.

Der Vektor $\overrightarrow{OM} = \mathfrak{m}$ stehe in O auf der Papierebene senkrecht, und es sei

$$\overrightarrow{OA} = \mathfrak{a}, \qquad \overrightarrow{OB} = \mathfrak{b}, \qquad \overrightarrow{OS} = \mathfrak{s} = \mathfrak{a}+\mathfrak{b}.$$

Sind

$$\overrightarrow{OA_1} = \mathfrak{a}_1, \qquad \overrightarrow{OB_1} = \mathfrak{b}_1, \qquad \overrightarrow{OS_1} = \mathfrak{s}_1$$

die zu $\mathfrak{m}$ senkrechten, in der Papierebene gelegenen Komponenten von $\mathfrak{a}$, $\mathfrak{b}$, $\mathfrak{s}$, so ist nach dem Satze von der Projektion der Vektorsumme $\mathfrak{s}_1$ die Diagonale des Parallelogramms P_1 der beiden Vektoren $\mathfrak{a}_1$ und $\mathfrak{b}_1$:

$$\mathfrak{s}_1 = \mathfrak{a}_1 + \mathfrak{b}_1.$$

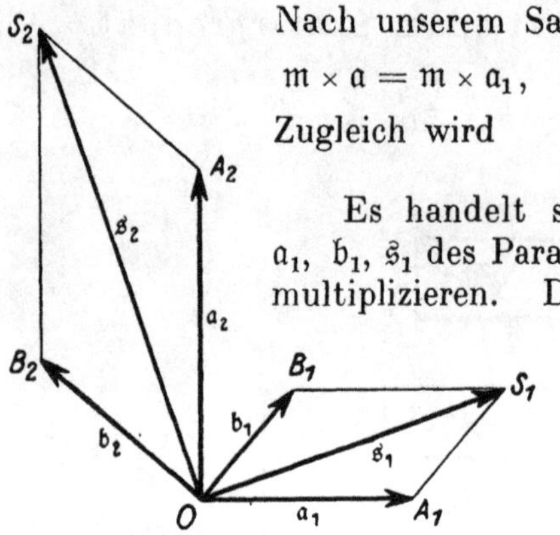

Bild 15.

Nach unserem Satze ist nun

$$\mathfrak{m} \times \mathfrak{a} = \mathfrak{m} \times \mathfrak{a}_1, \qquad \mathfrak{m} \times \mathfrak{b} = \mathfrak{m} \times \mathfrak{b}_1, \qquad \mathfrak{m} \times \mathfrak{s} = \mathfrak{m} \times \mathfrak{s}_1.$$

Zugleich wird

$$\mathfrak{q} = \mathfrak{m} \times \mathfrak{s}_1.$$

Es handelt sich jetzt darum, die drei Vektoren $\mathfrak{a}_1$, $\mathfrak{b}_1$, $\mathfrak{s}_1$ des Parallelogramms P_1 vektoriell mit $\mathfrak{m}$ zu multiplizieren. Da $\mathfrak{m}$ auf diesen Vektoren senkrecht steht, vollzieht sich diese Multiplikation sehr einfach, indem man jeden der drei Vektoren $\mathfrak{a}_1$, $\mathfrak{b}_1$, $\mathfrak{s}_1$ mit O als Drehpunkt um 90^0 dreht und ver-m-facht, wo m den Betrag von $\mathfrak{m}$ bedeutet. Dadurch erhält man di e drei neuen Vektoren

$$\overrightarrow{OA_2} = \mathfrak{a}_2 = \mathfrak{m} \times \mathfrak{a}_1, \quad \overrightarrow{OB_2} = \mathfrak{b}_2 = \mathfrak{m} \times \mathfrak{b}_1, \quad \overrightarrow{OS_2} = \mathfrak{s}_2 = \mathfrak{m} \times \mathfrak{s}_1$$

und zugleich das neue Parallelogramm P_2 $(OA_2S_2B_2)$, in welchem $\mathfrak{s}_2$ Diagonale, also

$$\mathfrak{s}_2 = \mathfrak{a}_2 + \mathfrak{b}_2$$

ist. Wir haben daher die Gleichung

$$\mathfrak{m} \times \mathfrak{s}_1 = \mathfrak{m} \times \mathfrak{a}_1 + \mathfrak{m} \times \mathfrak{b}_1.$$

Ersetzen wir hier $\mathfrak{m} \times \mathfrak{s}_1$ durch $\mathfrak{q}$, $\mathfrak{m} \times \mathfrak{a}_1$ und $\mathfrak{m} \times \mathfrak{b}_1$ durch $\mathfrak{m} \times \mathfrak{a}$ und $\mathfrak{m} \times \mathfrak{b}$, so folgt

$$\mathfrak{q} = \mathfrak{m} \times \mathfrak{a} + \mathfrak{m} \times \mathfrak{b}$$

oder

$$\boxed{\mathfrak{m} \times (\mathfrak{a} + \mathfrak{b}) = \mathfrak{m} \times \mathfrak{a} + \mathfrak{m} \times \mathfrak{b}}.$$

Diese fundamentale Beziehung stellt das Verteilungsgesetz der vektoriellen Multiplikation dar.

Die vektorielle Multiplikation ist distributiv.

Aus ihm folgt wie in der Elementararithmetik die wichtige

Klammerregel für vektorische Multiplikation:

Zwei Vektorsummen werden vektoriell miteinander multipliziert, indem man jedes Glied der einen Summe mit jedem Gliede der andern Summe vektoriell multipliziert.

Dabei müssen aber die Faktoren jedes der entstehenden Teilprodukte in derselben Reihenfolge geschrieben werden, in der sie in dem vorgelegten Produkt stehen.

Z. B.

$$(\mathfrak{A}+\mathfrak{B})\times(\mathfrak{U}+\mathfrak{V})=\mathfrak{A}\times\mathfrak{U}+\mathfrak{A}\times\mathfrak{V}+\mathfrak{B}\times\mathfrak{U}+\mathfrak{B}\times\mathfrak{V}$$

(nicht etwa beispielsweise:

$$(\mathfrak{A}+\mathfrak{B})\times(\mathfrak{U}+\mathfrak{V})=\mathfrak{A}\times\mathfrak{U}+\mathfrak{U}\times\mathfrak{B}+\mathfrak{V}\times\mathfrak{A}+\mathfrak{B}\times\mathfrak{V}).$$

Bei skalarer Multiplikation von Klammerausdrücken braucht diese Vorsichtsmaßnahme nicht beachtet zu werden.

Flächenvektor.

Eine ebene Fläche hat zwei Seiten, die man bei waagrechter Lage der Fläche als obere und untere Seite voneinander unterscheidet und die beide durch den Rand der Fläche begrenzt sind.

Wir wählen einen der beiden Umlaufssinne, in denen man den Rand der Fläche durchlaufen kann, aus und nennen ihn kurz den positiven Umlaufssinn der Fläche (der entgegengesetzte Umlaufssinn heißt dann der negative).

Ein Punkt M bewege sich auf einer Geraden, die die Fläche in einem Punkte O ihres Innern senkrecht durchsetzt. Seine Bewegungsrichtung setzen wir folgendermaßen fest. Wir legen die flache rechte Hand so in den Rand der Fläche, daß Zeige- und Mittelfinger den positiven Umlaufssinn anzeigen und die Innenfläche der Hand dem Punkte O zugewandt ist; dann bezeichnet der zu den Fingern senkrecht gestellte Daumen die Richtung, in welcher der Punkt M die Fläche durchschreitet. Wir nennen die so bestimmte Richtung die zu dem gewählten Umlaufssinn passende Durchschreitungsrichtung, kürzer die positive Durchschreitungsrichtung der Fläche.

Die beiden Seiten der Fläche, die der Punkt M beim Durchschreiten der Fläche nacheinander passiert, nennen wir die negative und positive Flächenseite.

Zirkuliert ein elektrischer Strom im Flächenrande im positiven Umlaufssinne, so durchsetzen die Kraftlinien seines magnetischen Feldes die Fläche von der negativen zur positiven Seite.

Eine Fläche mit festgesetztem Umlaufssinn und dazu passender Durchschreitungsrichtung wird Plangröße genannt, die Durchschreitungsrichtung etwa als Stellung der Plangröße bezeichnet. Zwei Plangrößen heißen gleich, wenn sie gleichen Inhalt und gleiche Stellung haben.

Unter dem Vektor einer (als Plangröße gedachten) ebenen Fläche versteht man den Vektor, dessen Betrag mit dem Inhalt der Fläche, dessen Richtung mit der positiven Durchschreitungsrichtung der Fläche übereinstimmt.

Satz von der Plangrößenprojektion.

Die Projektion des Vektors einer Plangröße auf eine Gerade ist gleich dem Vektor der Projektion der Plangröße auf eine zur Geraden normale Ebene.

Dabei gilt als positive Seite der Projektion einer Plangröße auf eine Ebene die positive Seite der Plangröße, nachdem man letztere um den spitzen Winkel zwischen Ebene und Plangröße in die Ebene gedreht hat.

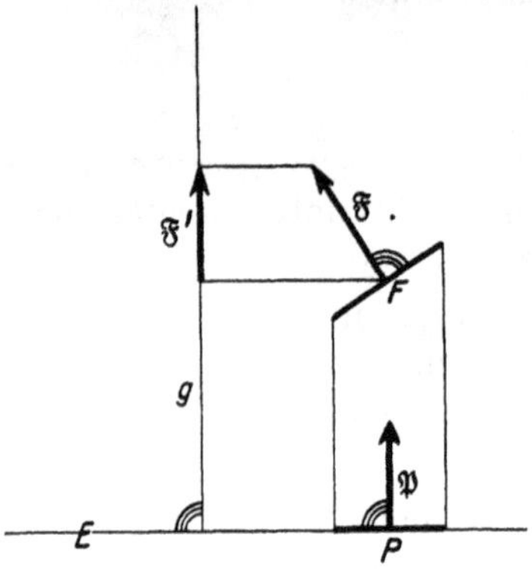

Bild 16.

Beweis. Die Fläche sowie auch der Inhalt der Plangröße heiße F, ihr Vektor $\mathfrak{F}$, die gegebene Gerade g, die Projektion der Plangröße auf eine zu g normale Ebene E P, der Vektor von P endlich $\mathfrak{P}$. Bedeutet θ den spitzen Winkel zwischen $\mathfrak{F}$ und g, zugleich den spitzen Winkel zwischen F und P, so ist sowohl der Betrag der Projektion $\mathfrak{F}'$ von $\mathfrak{F}$ auf g als auch die Projektion P von F auf E gleich $F \cos \theta$. Mithin stimmen die Beträge der Vektoren $\mathfrak{F}'$ und $\mathfrak{P}$ überein. Da aber auch die Richtungen dieser Vektoren übereinstimmen, ist

$$\mathfrak{F}' = \mathfrak{P}, \qquad \text{w. z. b. w.}$$

Wir betrachten nunmehr auch nichtebene Flächen, setzen aber voraus, daß sie sich in ebene Flächenstücke zerlegen lassen.

Unter dem Vektor einer solchen Fläche versteht man die Summe der Vektoren der ebenen Flächenstücke, in die sich die Fläche zerlegen läßt.

Besonderes Interesse bieten Hüllen, das sind geschlossene Flächen, die den Raum in zwei durch die Hülle getrennte punktfremde Gebiete zerlegen, von denen das eine — das Innere der Fläche — aus »Innen«-punkten, das andere außerhalb der Hülle befindliche Gebiet aus »Außen«-punkten besteht.

Wir schreiben jedem ebenen Flächenstück der Hülle die Seite als positive zu, die zur Außenseite der Hülle gehört. Dann gilt folgender

Satz vom Hüllenvektor:

Der Vektor einer Hülle ist Null.

Zum Beweise zerlegen wir den von der Hülle umschlossenen Raum durch Parallelen zum (beliebigen) Einheitsvektor $\mathfrak{e}$ in so viele stabartige Teilräume, daß Grundfläche G und Deckfläche D eines solchen »Stabes« ebene Stücke der Hülle sind.

Wir nennen die Vektoren von G und D $\mathfrak{G}$ und $\mathfrak{D}$, ihre Projektionen auf e $\mathfrak{G}'$ und $\mathfrak{D}'$ und den Querschnitt unseres Stabes Q. Wählen wir den Vektor $\mathfrak{Q}$ von Q mit $\mathfrak{D}'$ gleichgerichtet, so läuft $\mathfrak{Q}$ zu $\mathfrak{G}'$ entgegengesetzt. Nach dem Satze von der Plangrößenprojektion ist demgemäß

$$\mathfrak{D}' = \mathfrak{Q} \quad \text{und} \quad \mathfrak{G}' = -\mathfrak{Q},$$

mithin

$$\mathfrak{G}' + \mathfrak{D}' = 0.$$

Bilden wir diese Gleichung für jeden Stab und addieren die so gebildeten Gleichungen, so entsteht auf der linken Seite der Summationsgleichung (nach dem Satze von der Projektion der Vektorsumme) die Projektion des Hüllenvektors auf den Einheitsvektor e, auf der rechten Seite Null.

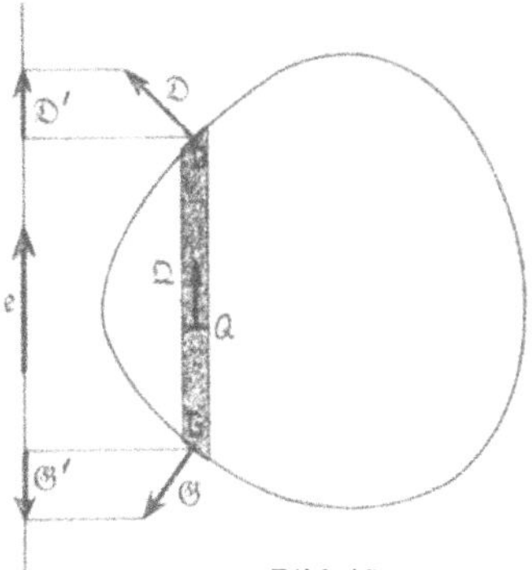

Bild 17.

Die Projektion des Hüllenvektors auf eine beliebige Gerade ist also Null.

Das ist aber nur möglich, wenn der Hüllenvektor selbst verschwindet. Der Satz vom Hüllenvektor liefert einen überaus einfachen Beweis für das Distributivgesetz der vektorischen Multiplikation.

$$\overrightarrow{OA} = \mathfrak{a}, \qquad \overrightarrow{AS} = \mathfrak{b}, \qquad \overrightarrow{OM} = \mathfrak{m}$$

seien drei gegebene Vektoren. Zur Abkürzung setzen wir

$$\overrightarrow{OS} = \mathfrak{s} = \mathfrak{a} + \mathfrak{b}.$$

Wir zeichnen das dreiseitige Prisma $OASMHK$ mit der Grundfläche OAS, Deckfläche MHK und den drei parallelogrammatischen Seitenflächen $OAHM$, $ASKH$ und $SKMO$, dessen Oberfläche eine Hülle ist.

Die Vektoren der genannten 5 die Hülle zusammensetzenden Flächen sind bzw.

$$\mathfrak{b} \times \mathfrak{a}, \qquad \mathfrak{a} \times \mathfrak{b}, \qquad \mathfrak{a} \times \mathfrak{m}, \qquad \mathfrak{b} \times \mathfrak{m}, \qquad \mathfrak{m} \times \mathfrak{s}.$$

Durch ihre Addition bekommen wir den Nullvektor der Hülle:

$$\mathfrak{a} \times \mathfrak{m} + \mathfrak{b} \times \mathfrak{m} + \mathfrak{m} \times \mathfrak{s} = 0.$$

Diese Gleichung liefert sofort die Formel

$$\mathfrak{m} \times (\mathfrak{a} + \mathfrak{b}) = \mathfrak{m} \times \mathfrak{a} + \mathfrak{m} \times \mathfrak{b}.$$

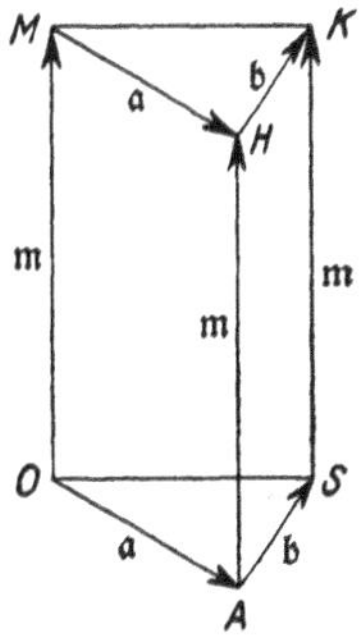

Bild 18.

Am Schlusse dieses Paragraphen weisen wir noch auf zwei interessante Formeln hin, die die Parallelkomponente $\mathfrak{v}'$ und Normalkomponente $\mathfrak{v}''$ eines Vektors $\mathfrak{v}$ nach einem Vektor $\mathfrak{g}$ durch $\mathfrak{g}$ und $\mathfrak{v}$ ausdrücken. Sie lauten, unter g den Betrag von $\mathfrak{g}$ verstanden,

$$\boxed{\mathfrak{v}' = \frac{\mathfrak{g}\cdot\mathfrak{v}\cdot\mathfrak{g}}{g^2}} \quad \text{und} \quad \boxed{\mathfrak{v}'' = \frac{\mathfrak{g}\times\mathfrak{v}\times\mathfrak{g}}{g^2}},$$

wobei das im Zähler stehende dreifaktorige Produkt so zu bilden ist, daß entweder das Produkt der beiden vorderen Faktoren mit dem hinteren Faktor oder das Produkt der beiden hinteren Faktoren mit dem vorderen Faktor zu multiplizieren ist.

Um sie einzusehen, sei v der Betrag von $\mathfrak{v}$, λ der Cosinus, μ der Sinus des Winkels zwischen $\mathfrak{g}$ und $\mathfrak{v}$, der mit $\mathfrak{g}\times\mathfrak{v}$ bzw. $\mathfrak{v}\times\mathfrak{g}$ gleichgerichtete Einheitsvektor $\mathfrak{E}$ bzw. $\mathfrak{F}\,(= -\mathfrak{E})$. Dann ist

$$\mathfrak{g}\cdot\mathfrak{v} = \mathfrak{v}\cdot\mathfrak{g} = g\,v\,\lambda, \qquad \mathfrak{g}\times\mathfrak{v} = g\,v\,\mu\,\mathfrak{E}, \qquad \mathfrak{v}\times\mathfrak{g} = g\,v\,\mu\,\mathfrak{F},$$

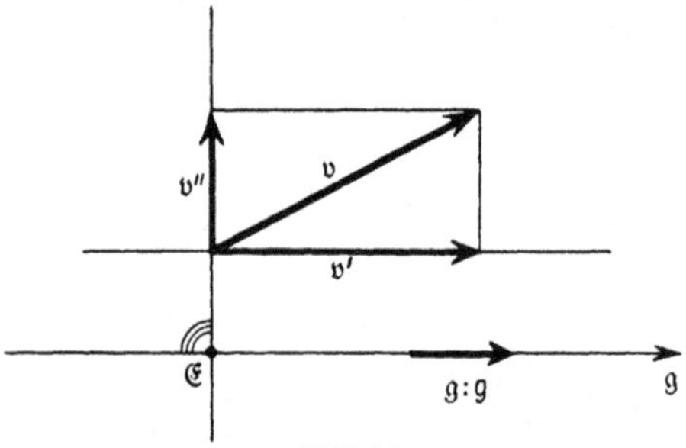

Bild 19.

mithin

$$\frac{(\mathfrak{g}\cdot\mathfrak{v})\cdot\mathfrak{g}}{g^2} = \frac{\mathfrak{g}\cdot(\mathfrak{v}\cdot\mathfrak{g})}{g^2} = (v\,\lambda)\cdot\frac{\mathfrak{g}}{g}$$

und

$$\frac{(\mathfrak{g}\times\mathfrak{v})\times\mathfrak{g}}{g^2} = (v\,\mu)\cdot\left(\mathfrak{E}\times\frac{\mathfrak{g}}{g}\right),$$

$$\frac{\mathfrak{g}\times(\mathfrak{v}\times\mathfrak{g})}{g^2} = (v\,\mu)\cdot\left(\frac{\mathfrak{g}}{g}\times\mathfrak{F}\right) = (v\,\mu)\cdot\left(\mathfrak{E}\times\frac{\mathfrak{g}}{g}\right).$$

Da aber $\mathfrak{g}:g$ ein mit $\mathfrak{g}$ und $\mathfrak{v}'$ paralleler Einheitsvektor, folglich $\mathfrak{E}\times\frac{\mathfrak{g}}{g}$ der zu $\mathfrak{g}$ normale mit $\mathfrak{v}''$ gleichgerichtete Einheitsvektor ist, so ergibt sich

$$\frac{\mathfrak{g}\cdot\mathfrak{v}\cdot\mathfrak{g}}{g^2} = \mathfrak{v}' \qquad — \qquad \frac{\mathfrak{g}\times\mathfrak{v}\times\mathfrak{g}}{g^2} = \mathfrak{v}''.$$

§ 4. Tripelprodukte.

Treten drei vektorielle Faktoren zu einem Produkt zusammen, so erhält man ein sog. Tripelprodukt. Aus den drei Vektoren $\mathfrak{a}$, $\mathfrak{b}$, $\mathfrak{c}$ lassen sich ohne Änderung ihrer Reihenfolge die folgenden sechs Tripelprodukte bilden:

$$(\mathfrak{a}\cdot\mathfrak{b})\cdot\mathfrak{c}, \quad \mathfrak{a}\cdot(\mathfrak{b}\cdot\mathfrak{c}), \quad (\mathfrak{a}\times\mathfrak{b})\cdot\mathfrak{c}, \quad \mathfrak{a}\cdot(\mathfrak{b}\times\mathfrak{c}), \quad (\mathfrak{a}\times\mathfrak{b})\times\mathfrak{c}, \quad \mathfrak{a}\times(\mathfrak{b}\times\mathfrak{c}).$$

Von diesen bieten das erste und zweite als gewöhnliche numerische Vielfache eines Vektors ($\mathfrak{c}$ bzw. $\mathfrak{a}$) kein besonderes Interesse.

Dagegen beanspruchen das dritte und vierte, die beide Skalarprodukte aus einem Vektor und einem Vektorprodukt sowie das fünfte und sechste, die Vektorprodukte aus einem Vektor und einem Vektorprodukt sind, unsere Aufmerksamkeit.

Demnach haben wir es nur mit zwei Typen von Tripelprodukten zu tun:

dem Skalartripelprodukt $(\mathfrak{a} \times \mathfrak{b}) \cdot \mathfrak{c}$, das durch skalare Multiplikation eines Vektorprodukts $(\mathfrak{a} \times \mathfrak{b})$ mit einem Vektor entsteht und

dem Vektortripelprodukt $\mathfrak{m} \times (\mathfrak{a} \times \mathfrak{b})$, bei dem ein Vektorprodukt $(\mathfrak{a} \times \mathfrak{b})$ mit einem vektoriellen Multiplikator $\mathfrak{m}$ vektoriell multipliziert wird.

Beim Skalartripelprodukt $(\mathfrak{a} \times \mathfrak{b}) \cdot \mathfrak{c}$ kann die Klammer weggelassen werden, da eine Verwechslung mit dem sinnlosen Ausdruck $\mathfrak{a} \times (\mathfrak{b} \cdot \mathfrak{c})$ ausscheidet.

Wir schreiben demgemäß

$$M = \mathfrak{a} \times \mathfrak{b} \cdot \mathfrak{c}$$

und haben damit das Kreuz-Punkt-Produkt oder kürzer Mischprodukt der drei Vektoren $\mathfrak{a}$, $\mathfrak{b}$, $\mathfrak{c}$, wobei auf ihre Reihenfolge zu achten ist. Die Benennung »Mischprodukt« erklärt sich durch die in ihm vorgenommene Mischung einer skalaren mit einer vektoriellen Multiplikation.

Beim Vektortripelprodukt oder Doppel-Kreuzprodukt (auch Kreuz-Kreuz-Produkt)

$$\mathfrak{T} = \mathfrak{m} \times (\mathfrak{a} \times \mathfrak{b})$$

kann die Klammer nicht weggelassen werden, es sei denn, daß man die Schreibung

$$\mathfrak{T} = \mathfrak{m} \times \overline{\mathfrak{a}\,\mathfrak{b}}$$

benutzt, bei welcher der Querstrich die Klammer entbehrlich macht.

Eine kurze treffende Benennung für das Doppelkreuzprodukt fehlt leider noch.

Das Mischprodukt.

Wir zeichnen die drei nichtkomplanaren*) Vektoren

$$\overrightarrow{OA} = \mathfrak{a}, \qquad \overrightarrow{OB} = \mathfrak{b}, \qquad \overrightarrow{OC} = \mathfrak{c}$$

und betrachten den Spat (das Parallelepipedon), der sie als Kanten hat. Jede der an die Ecke O grenzenden Seitenflächen des Spats kann als seine Grundfläche aufgefaßt werden. Wir wählen die Vektoren

$$\overrightarrow{OP} = \mathfrak{p} = \mathfrak{b} \times \mathfrak{c}, \qquad \overrightarrow{OQ} = \mathfrak{q} = \mathfrak{c} \times \mathfrak{a}, \qquad \overrightarrow{OR} = \mathfrak{r} = \mathfrak{a} \times \mathfrak{b}$$

als »Vektoren« der durch die Kantenpaare $(\mathfrak{b}, \mathfrak{c})$, $(\mathfrak{c}, \mathfrak{a})$, $(\mathfrak{a}, \mathfrak{b})$ erzeugten Grundflächen, so daß der Betrag eines Grundflächenvektors den Inhalt der Grundfläche darstellt.

Das Tripel der drei Vektoren $\mathfrak{a}$, $\mathfrak{b}$, $\mathfrak{c}$ — in dieser Reihenfolge — heißt Rechtstripel (Rechtssystem) oder Linkstripel (Links-

*) Drei oder mehr Vektoren heißen komplanar (§ 5), wenn sie ein und derselben Ebene parallel sind.

system), je nachdem Spat und Grundflächenvektor auf derselben Seite der Grundfläche liegen oder nicht.

Man kann auch sagen: Das Tripel ($\mathfrak{a}$, $\mathfrak{b}$, $\mathfrak{c}$) heißt Rechtssystem oder Linkssystem, je nachdem sich die Vektoren in der genannten Reihenfolge durch die drei ersten Finger (Daumen, Zeigefinger, Mittelfinger) der rechten oder der linken Hand versinnlichen lassen.

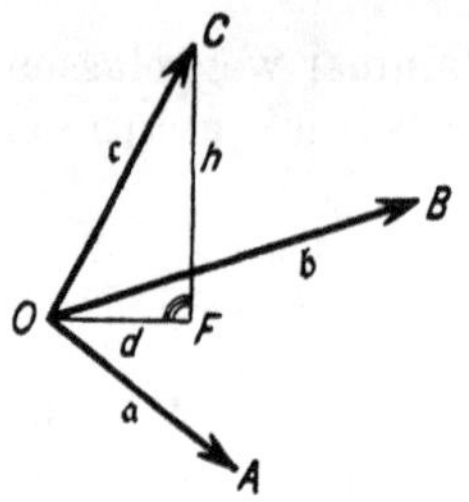

Bild 20.

Beim Rechtstripel ist der Winkel zwischen z. B. den beiden Vektoren $\mathfrak{a}$ und $\mathfrak{b} \times \mathfrak{c}$ spitz, beim Linkstripel stumpf.

Wir bestimmen das Spatvolumen V. Zu dem Zwecke wählen wir etwa die von den Kanten $\overrightarrow{OA} = \mathfrak{a}$ und $\overrightarrow{OB} = \mathfrak{b}$ erzeugte Seitenfläche des Spats als Grundfläche, nennen die zugehörige Höhe $FC = h$ und haben

$$V = r\,h,$$

unter r den Betrag von $\mathfrak{r} = \mathfrak{a} \times \mathfrak{b}$ verstanden.

Da der Höhenvektor $\overrightarrow{FC} = \mathfrak{h}$ die zu $\mathfrak{r}$ parallele Komponente von $\mathfrak{c}$ ist, hat das Mischprodukt

$$M = \mathfrak{a} \times \mathfrak{b} \cdot \mathfrak{c} = \mathfrak{r} \cdot \mathfrak{c}$$

den Wert

$$M = \mathfrak{r} \cdot \mathfrak{h}.$$

Nun hat $\mathfrak{r} \cdot \mathfrak{h}$ als Skalarprodukt von zwei parallelen Vektoren den Wert

$$\mathfrak{r} \cdot \mathfrak{h} = \pm\, r\,h,$$

wo das obere oder untere Vorzeichen gilt, je nachdem die Vektoren $\mathfrak{r}$ und $\mathfrak{h}$ gleich oder entgegengesetzt gerichtet sind. $\mathfrak{r}$ und $\mathfrak{h}$ haben aber gleiche oder entgegengesetzte Richtungen, je nachdem Spat und Grundflächenvektor $\mathfrak{r}$ auf derselben Seite der Grundfläche liegen oder nicht, d. h. je nachdem ($\mathfrak{a}$, $\mathfrak{b}$, $\mathfrak{c}$) ein Rechts- oder Linkstripel ist.

So entsteht die einfache Formel

$$M = \pm\, V.$$

Sie enthält den

Satz vom Mischprodukt:

Das Mischprodukt

$$M = \mathfrak{a} \times \mathfrak{b} \cdot \mathfrak{c}$$

ist dem Inhalt des aus den Vektoren $\mathfrak{a}$, $\mathfrak{b}$, $\mathfrak{c}$ erzeugten Spats gleich oder entgegengesetzt gleich, je nachdem die drei Vektoren $\mathfrak{a}$, $\mathfrak{b}$, $\mathfrak{c}$ ein Rechts- oder Linkssystem bilden.

Unsere Betrachtung liefert zugleich die Formel

(1) $$M = \mathfrak{b} \times \mathfrak{c} \cdot \mathfrak{a} = \mathfrak{c} \times \mathfrak{a} \cdot \mathfrak{b} = \mathfrak{a} \times \mathfrak{b} \cdot \mathfrak{c}$$

und, da man im Skalarprodukt zweier Vektoren [z. B. in $(\mathfrak{b} \times \mathfrak{c}) \cdot (\mathfrak{a})$] die Faktoren miteinander vertauschen kann, auch noch die Formel

(2) $$M = \mathfrak{a} \cdot \mathfrak{b} \times \mathfrak{c} = \mathfrak{b} \cdot \mathfrak{c} \times \mathfrak{a} = \mathfrak{c} \times \mathfrak{a} \cdot \mathfrak{b}.$$

Aus dem Anblick der Formeln (1) und (2) ergeben sich zwei wichtige Regeln:

Mischproduktregel 1:

Ein Mischprodukt ändert seinen Wert nicht, wenn man Punkt und Kreuz miteinander vertauscht.

Mischproduktregel 2:

Ein Mischprodukt bleibt bei zyklischer Vertauschung seiner Faktoren ungeändert.

Was die Vertauschung von zwei Faktoren des Mischprodukts untereinander anbetrifft, so ist z. B.

$$(\mathfrak{a} \times \mathfrak{b}) \cdot \mathfrak{c} = -(\mathfrak{b} \times \mathfrak{a}) \cdot \mathfrak{c},$$

da die beiden Vektoren $\mathfrak{a} \times \mathfrak{b}$ und $\mathfrak{b} \times \mathfrak{a}$ entgegengesetzt gleich sind. Im Zusammenhang mit den Regeln (1) und (2) führt diese Gleichung zur

Mischproduktregel 3:

Vertauscht man zwei Faktoren eines Mischprodukts miteinander, so nimmt das Mischprodukt den entgegengesetzten Wert an.

Die Regeln (1) und (2) berechtigen uns dazu, das Mischprodukt der drei Vektoren $\mathfrak{a}$, $\mathfrak{b}$, $\mathfrak{c}$ einfach

$$M = \mathfrak{a}\, \mathfrak{b}\, \mathfrak{c}$$

zu schreiben, wobei die Faktoren auch noch zyklisch vertauscht werden dürfen, dagegen im Hinblick auf die dritte Regel die alleinige Vertauschung von zwei Faktoren miteinander nicht gestattet ist [da sie das Vorzeichen von M umkehren würde].

Geht das Mischprodukt in Rechnungen ein, so wird es etwa $(\mathfrak{a}\mathfrak{b}\mathfrak{c})$ geschrieben.

Zusatz. Unsere Betrachtung bezog sich auf Mischprodukte aus nichtkomplanaren Vektoren. Sind $\mathfrak{a}$, $\mathfrak{b}$, $\mathfrak{c}$ komplanar, so verschwindet M, da nämlich $\overrightarrow{OC} = \mathfrak{c}$ dann in der Ebene der beiden Vektoren $\overrightarrow{OA} = \mathfrak{a}$ und $\overrightarrow{OB} = \mathfrak{b}$ liegt, also auf dem Vektor $\mathfrak{r} = \mathfrak{a} \times \mathfrak{b}$ senkrecht steht, so daß $M = \mathfrak{r} \cdot \mathfrak{c}$ Null wird.

Umgekehrt folgt aus dem Verschwinden von M die Komplanarität seiner Faktoren $\mathfrak{a}$, $\mathfrak{b}$, $\mathfrak{c}$, insofern sich z. B. aus

$$\mathfrak{a} \times \mathfrak{b} \cdot \mathfrak{c} = 0$$

die Orthogonalität der beiden Vektoren $\mathfrak{a} \times \mathfrak{b}$ und $\mathfrak{c}$ ergibt, so daß $\mathfrak{c}$ in der Ebene der beiden Vektoren $\overrightarrow{OA} = \mathfrak{a}$ und $\overrightarrow{OB} = \mathfrak{b}$ untergebracht werden kann.

Daher gilt der wichtige Satz:

Ein Mischprodukt verschwindet dann und nur dann, wenn seine Faktoren komplanar sind.

Unsere soeben angestellte Überlegung ist noch durch die Betrachtung des Falles zu vervollständigen, daß ein Faktor des Mischprodukts verschwindet. In diesem Falle verschwindet auch das Mischprodukt, und die Komplanarität seiner drei Faktoren besteht ebenfalls, so daß unser Satz auch auf diesen Ausnahmefall Anwendung findet.

Man merke besonders die oft vorkommende Gleichung

$$\mathfrak{a}\mathfrak{a}\mathfrak{b} = 0 \qquad \text{oder} \qquad \mathfrak{a}\mathfrak{b}\mathfrak{a} = 0 \qquad \text{oder} \qquad \mathfrak{b}\mathfrak{a}\mathfrak{a} = 0,$$

die die Regel enthält:

Sind zwei Faktoren eines Mischprodukts gleich, so verschwindet das Mischprodukt.

Zum Schluß unserer Betrachtung über das Mischprodukt möge noch der Sonderfall erörtert werden, in dem die drei Faktoren $\mathfrak{a}$, $\mathfrak{b}$, $\mathfrak{c}$ des Mischprodukts $m = \mathfrak{a}\mathfrak{b}\mathfrak{c}$ Einheitsvektoren sind. In diesem Sonderfalle sind die Skalarprodukte $\alpha = \mathfrak{b}\mathfrak{c}$, $\beta = \mathfrak{c}\mathfrak{a}$, $\gamma = \mathfrak{a}\mathfrak{b}$ die Cosinus der Winkel, die die jeweiligen Faktoren miteinander bilden. Gleichzeitig ist wie oben

$$m = r h,$$

wo r den Inhalt des Parallelogramms der beiden Vektoren $\mathfrak{a}$ und $\mathfrak{b}$, hier also den Sinus des Winkels AOB bedeutet, dessen Cosinus γ ist.

Wir fällen von F die Lote FH auf OA und FK auf OB, so daß auch CH auf OA und CK auf OB senkrecht stehen (§ 19) und

$$OH = \beta, \qquad OK = \alpha$$

ist. Da das Viereck $OHFK$ ein Kreisviereck ist, dessen Umkreis den Durchmesser $OF = d$ besitzt (Bild 20), so hat die Sehne HK dieses Kreises die Länge

$$l = d \sin AOB = d r.$$

Gleichzeitig folgt aus dem rechtwinkligen Dreieck OFC

$$h^2 + d^2 = 1.$$

Schließlich ist noch nach dem auf das Dreieck HOK angewandten Cosinussatze

$$l^2 = \alpha^2 + \beta^2 - 2\,\alpha\beta\gamma.$$

Nunmehr wird

$$m^2 = r^2 h^2 = r^2 (1 - d^2) = r^2 - r^2 d^2 = r^2 - l^2$$

oder

$$m^2 = 1 - \alpha^2 - \beta^2 - \gamma^2 + 2\,\alpha\beta\gamma$$

oder endlich

$$\boxed{m = \mathfrak{a}\,\mathfrak{b}\,\mathfrak{c} = \sqrt{1 - \alpha^2 - \beta^2 - \gamma^2 + 2\,\alpha\beta\gamma}},$$

wo die Wurzel positiv oder negativ zu nehmen ist, je nachdem das Tripel ($\mathfrak{a}$, $\mathfrak{b}$, $\mathfrak{c}$) rechts- oder linkshändig ist, und wo α, β, γ die Cosinus der durch die Vektorenpaare ($\mathfrak{b}$, $\mathfrak{c}$), ($\mathfrak{c}$, $\mathfrak{a}$), ($\mathfrak{a}$, $\mathfrak{b}$) gebildeten Winkel sind.

Der Betrag der Quadratwurzel $\sqrt{1 - \alpha^2 - \beta^2 - \gamma^2 + 2\,\alpha\beta\gamma}$ wird nach von Staudt der Sinus der Ecke E genannt, die von den Vektoren $\mathfrak{a}$, $\mathfrak{b}$, $\mathfrak{c}$ gebildet wird, und demgemäß $\sin E$ geschrieben.

Das Mischprodukt von drei koinitialen, ein Rechtssystem bildenden Einheitsvektoren ist also zugleich der Sinus der von den Vektoren gebildeten Ecke.

Sind $\mathfrak{A}$, $\mathfrak{B}$, $\mathfrak{C}$ drei beliebige koinitiale Vektoren, die die Ecke E bilden, A, B, C ihre Beträge, $\mathfrak{a}$, $\mathfrak{b}$, $\mathfrak{c}$ die mit ihnen gleichgerichteten Einheitsvektoren, so ist

$$\mathfrak{A} = A\mathfrak{a}, \qquad \mathfrak{B} = B\mathfrak{b}, \qquad \mathfrak{C} = C\mathfrak{c},$$

und das Mischprodukt der drei Vektoren $\mathfrak{A}$, $\mathfrak{B}$, $\mathfrak{C}$

$$M = \mathfrak{A}\mathfrak{B}\mathfrak{C} = A\mathfrak{a} \times B\mathfrak{b} \cdot C\mathfrak{c} = ABC\,(\mathfrak{a}\mathfrak{b}\mathfrak{c}).$$

Da aber

$$m = \mathfrak{a}\mathfrak{b}\mathfrak{c} = \pm \sin E$$

ist, so folgt

$$\boxed{M = \mathfrak{A}\mathfrak{B}\mathfrak{C} = \pm ABC \sin E}.$$

Das Mischprodukt von drei Vektoren ist gleich oder entgegengesetztgleich dem Produkt aus den Beträgen der Vektoren und dem Sinus der von ihnen gebildeten Ecke, je nachdem die Vektoren ein Rechts- oder Linkssystem bilden.

Das Vektortripelprodukt.

Wir untersuchen jetzt das vektorielle Tripelprodukt

$$\mathfrak{T} = \mathfrak{m} \times \overline{\mathfrak{a}\mathfrak{b}} = \mathfrak{m} \times (\mathfrak{a} \times \mathfrak{b}).$$

Um einfache Verhältnisse zu bekommen, setzen wir zunächst voraus, daß die drei Vektoren $\mathfrak{a}$, $\mathfrak{b}$, $\mathfrak{m}$ komplanar sind, daß also die drei Vektoren

$$\overrightarrow{OA} = \mathfrak{a}, \qquad \overrightarrow{OB} = \mathfrak{b}, \qquad \overrightarrow{OM} = \mathfrak{m}$$

in einer Ebene E liegen und daß außerdem $\mathfrak{a}$ und $\mathfrak{b}$ nicht parallel laufen. Da der Multiplikand $\mathfrak{M} = \overline{\mathfrak{a}\mathfrak{b}} = \mathfrak{a} \times \mathfrak{b}$ auf E und das Produkt $\mathfrak{T} = \mathfrak{m} \times \mathfrak{M}$ auf $\mathfrak{M}$ senkrecht steht, so liegt auch der Vektor

$$O\vec{T} = \mathfrak{T}$$

in E. Zerlegen wir also $\mathfrak{T}$ in zwei Komponenten: $\mathfrak{A}$, parallel zu $\mathfrak{a}$, und $\mathfrak{B}$, parallel zu $\mathfrak{b}$, so ist $\mathfrak{A}$ ein gewisses Vielfaches $\lambda\mathfrak{a}$ von $\mathfrak{a}$, ebenso $\mathfrak{B}$ ein Multiplum $\mu\mathfrak{b}$ von $\mathfrak{b}$ und

$$\mathfrak{T} = \mathfrak{A} + \mathfrak{B} = \lambda\mathfrak{a} + \mu\mathfrak{b}.$$

Wir bestimmen die unbekannten Koeffizienten λ und μ.

Zu dem Zwecke multiplizieren wir die gefundene Gleichung skalar mit $\mathfrak{m}$, setzen

$$\mathfrak{m} \cdot \mathfrak{a} = p, \qquad \mathfrak{m} \cdot \mathfrak{b} = q,$$

bedenken, daß das Skalarprodukt $\mathfrak{m} \cdot \mathfrak{T}$ der beiden orthogonalen Vektoren $\mathfrak{m}$ und $\mathfrak{T}$ verschwindet und erhalten

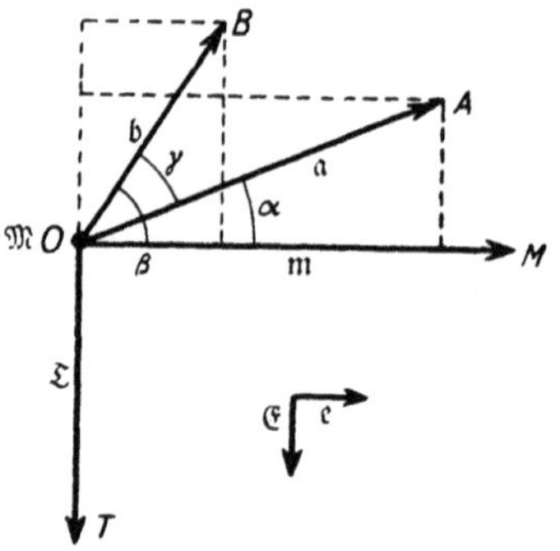

Bild 21.

$$\lambda p + \mu q = 0$$

oder

$$\lambda : \mu = q : -p$$

also etwa

$$\lambda = q\varepsilon, \qquad \mu = -p\varepsilon$$

und

$$\mathfrak{T} = \varepsilon(q\mathfrak{a} - p\mathfrak{b}),$$

wo ε allerdings noch unbekannt ist. Jedenfalls haben wir Veranlassung, den Hilfsvektor

$$\mathfrak{H} = q\mathfrak{a} - p\mathfrak{b}$$

ins Auge zu fassen.

Zunächst führen wir die Beträge a, b, m, M, T der 5 Vektoren $\mathfrak{a}$, $\mathfrak{b}$, $\mathfrak{m}$, $\mathfrak{M}$, $\mathfrak{T}$, die drei Winkel

$$\alpha = \sphericalangle\, \mathfrak{a}\mathfrak{m}, \qquad \beta = \sphericalangle\, \mathfrak{b}\mathfrak{m}, \qquad \gamma = \sphericalangle\, \mathfrak{a}\mathfrak{b}$$

und den mit $\mathfrak{m}$ bzw. $\mathfrak{T}$ gleichgerichteten Einheitsvektor $\mathfrak{e}$ bzw. $\mathfrak{E}$ ein.

Dann zerlegen wir $\mathfrak{a}$ und $\mathfrak{b}$ in je zwei Komponenten: eine parallel zu $\mathfrak{e}$, die andere parallel zu $\mathfrak{E}$. Das gibt (s. Bild 21)

$$\mathfrak{a} = \mathfrak{e}\, a \cos\alpha - \mathfrak{E}\, a \sin\alpha, \qquad \mathfrak{b} = \mathfrak{e}\, b \cos\beta - \mathfrak{E}\, b \sin\beta.$$

Substituieren wir diese Werte in $\mathfrak{H}$ und erwägen dabei, daß

$$q = \mathfrak{m} \cdot \mathfrak{b} = m\, b \cos\beta, \qquad p = \mathfrak{m} \cdot \mathfrak{a} = m\, a \cos\alpha$$

ist, so bekommen wir

$$\mathfrak{H} = m\, a\, b\, \mathfrak{E}(\sin\beta \cos\alpha - \cos\beta \sin\alpha) = m\, a\, b\, \mathfrak{E} \sin\gamma.$$

Anderseits ist aber

$$\mathfrak{T} = m\, M\, \mathfrak{E} = m\, a\, b \sin\gamma \cdot \mathfrak{E}.$$

Folglich ist

$$\mathfrak{H} = \mathfrak{T},$$

und die Unbekannte ε entpuppt sich gleichzeitig als positive Einheit.

Unsere letzte Gleichung heißt in Worten: Liegen die drei Vektoren $\mathfrak{a}$, $\mathfrak{b}$, $\mathfrak{m}$ in einer Ebene, so ist

$$\mathfrak{m} \times \overline{\mathfrak{a}\mathfrak{b}} = \widetilde{\mathfrak{m}\mathfrak{b}}\, \mathfrak{a} - \widetilde{\mathfrak{m}\mathfrak{a}}\, \mathfrak{b}.$$

Wir zeigen jetzt, daß diese Gleichung auch gilt, wenn die genannten Vektoren ganz beliebig sind.

Zu dem Zwecke zerlegen wir den Multiplikator $\overrightarrow{OM} = \mathfrak{m}$ in die Komponenten $\mathfrak{p}$ und $\mathfrak{s}$, von denen $\mathfrak{p}$ in die Ebene E der beiden Vektoren $\overrightarrow{OA} = \mathfrak{a}$ und $\overrightarrow{OB} = \mathfrak{b}$ fällt und $\mathfrak{s}$ auf dieser Ebene senkrecht steht. Dann ist

$$\mathfrak{T} = \mathfrak{m} \times \mathfrak{M} = (\mathfrak{p} + \mathfrak{s}) \times \mathfrak{M} = \mathfrak{p} \times \mathfrak{M} + \mathfrak{s} \times \mathfrak{M},$$

mithin, da $\mathfrak{s} \times \mathfrak{M}$ wegen der Parallelität von $\mathfrak{M}$ und $\mathfrak{s}$ verschwindet,

$$\mathfrak{T} = \mathfrak{p} \times \mathfrak{M}.$$

Da aber $\mathfrak{p}$, $\mathfrak{a}$ und $\mathfrak{b}$ in E liegen, ist nach obigem

$$\mathfrak{p} \times \mathfrak{M} = \widetilde{\mathfrak{p}\mathfrak{b}}\, \mathfrak{a} - \widetilde{\mathfrak{p}\mathfrak{a}}\, \mathfrak{b},$$

also auch

$$\mathfrak{T} = \widetilde{\mathfrak{p}\mathfrak{b}}\, \mathfrak{a} - \widetilde{\mathfrak{p}\mathfrak{a}}\, \mathfrak{b}.$$

Nun ist

$$\widetilde{\mathfrak{p}\mathfrak{b}} = (\mathfrak{m} - \mathfrak{s}) \cdot \mathfrak{b} = \mathfrak{m} \cdot \mathfrak{b} - \mathfrak{s} \cdot \mathfrak{b} = \widetilde{\mathfrak{m}\mathfrak{b}},$$

da das Produkt $\mathfrak{s} \cdot \mathfrak{b}$ wegen der Orthogonalität von $\mathfrak{s}$ und $\mathfrak{b}$ verschwindet, und ebenso

$$\widetilde{\mathfrak{p}\mathfrak{a}} = \widetilde{\mathfrak{m}\mathfrak{a}}.$$

Damit wird

$$\mathfrak{m} \times \overline{\mathfrak{a}\mathfrak{b}} = \mathfrak{T} = \widetilde{\mathfrak{m}\mathfrak{b}}\, \mathfrak{a} - \widetilde{\mathfrak{m}\mathfrak{a}}\, \mathfrak{b},$$

wie behauptet wurde.

Bleibt nur noch der Ausnahmefall zu erörtern, in dem die beiden Vektoren $\mathfrak{a}$ und $\mathfrak{b}$ parallel laufen. In diesem Falle verschwindet $\mathfrak{M} = \mathfrak{a} \times \mathfrak{b}$, mithin auch $\mathfrak{T}$. Aber auch der Hilfsvektor

$$\mathfrak{H} = \widetilde{\mathfrak{m}\mathfrak{b}}\, \mathfrak{a} - \widetilde{\mathfrak{m}\mathfrak{a}}\, \mathfrak{b} = m\, a\, b\, \mathfrak{E} \sin\gamma$$

verschwindet, da γ entweder 0^0 oder 180^0 ausmacht. Daher gilt die Relation

$$\mathfrak{m} \times \overline{\mathfrak{a}\mathfrak{b}} = \widetilde{\mathfrak{m}\mathfrak{b}}\, \mathfrak{a} - \widetilde{\mathfrak{m}\mathfrak{a}}\, \mathfrak{b}$$

auch in diesem Falle.

Unsere Relation gilt allgemein, und wir haben folgendes Ergebnis.

Entwicklungssatz:

Das Vektortripelprodukt $\mathfrak{m} \times \overline{\mathfrak{a}\mathfrak{b}}$ von drei beliebigen Vektoren $\mathfrak{a}, \mathfrak{b}$ und $\mathfrak{m}$ läßt sich als Linearkompositum der beiden Vektoren $\mathfrak{a}$ und $\mathfrak{b}$ entwickeln:

$$\boxed{\mathfrak{m} \times \overline{\mathfrak{a}\mathfrak{b}} = \widetilde{\mathfrak{m}\mathfrak{b}}\,\mathfrak{a} - \widetilde{\mathfrak{m}\mathfrak{a}}\,\mathfrak{b}},$$

in umständlicherer Schreibweise:

$$\boxed{\mathfrak{m} \times (\mathfrak{a} \times \mathfrak{b}) = (\mathfrak{m} \cdot \mathfrak{b})\,\mathfrak{a} - (\mathfrak{m} \cdot \mathfrak{a})\,\mathfrak{b}}.$$

Wir nennen diese fundamentale Formel in der Folge kurz Entwicklungsformel. Sie stammt von Graßmann, der sie 1862 in seiner »Ausdehnungslehre« bekannt machte.

§ 5. Lineare Abhängigkeit und Grundvektoren.

Mehrere Vektoren $\mathfrak{A}, \mathfrak{B}, \mathfrak{C}, \ldots$ heißen linear abhängig, wenn zwischen ihnen eine homogene lineare Relation

$$\lambda \mathfrak{A} + \mu \mathfrak{B} + \nu \mathfrak{C} + \ldots = 0$$

besteht, in der die Koeffizienten $\lambda, \mu, \nu \ldots$ nicht sämtlich verschwindende Zahlen sind.

Gibt es eine derartige Relation zwischen den Vektoren nicht, so heißen sie linear unabhängig.

I. Kollineare Vektoren.

Kollineare Vektoren sind Vektoren, die einer festen Geraden parallel laufen.

Zwei kollineare Vektoren sind stets linear abhängig.

Beweis. Sind $\mathfrak{a}$ und $\mathfrak{v}$ zwei kollineare Vektoren, von denen wenigstens einer, $\mathfrak{a}$, von Null verschieden ist, so läßt sich der andere, $\mathfrak{v}$, als Multiplum

$$\mathfrak{v} = x\,\mathfrak{a}$$

von $\mathfrak{a}$ darstellen, wo x eine positive oder negative Zahl bedeutet, je nachdem $\mathfrak{a}$ und $\mathfrak{v}$ gleiche oder entgegengesetzte Richtungen haben, und wo $x = 0$ ist, wenn $\mathfrak{v}$ verschwindet. Diese Gleichung sagt aber aus, daß $\mathfrak{a}$ und $\mathfrak{v}$ linear abhängig sind.

Der Satz gilt auch umgekehrt:

Zwei linear abhängige Vektoren sind kollinear.

Die Relation $\lambda\mathfrak{p} + \mu\mathfrak{q} = 0$ oder $\mathfrak{q} = \varkappa\mathfrak{p}$ (mit $\varkappa = -\lambda : \mu$) bedeutet in der Tat, daß die Vektoren $\mathfrak{p}$ und $\mathfrak{q}$ parallel laufen.

Ist demnach $\mathfrak{a}$ ein Einheitsvektor, so läßt sich jeder zu $\mathfrak{a}$ kollineare Vektor $\mathfrak{v}$ als Multiplum von $\mathfrak{a}$ darstellen:

$$\mathfrak{v} = x\mathfrak{a}.$$

In diesem Falle nennt man den Vektor $\mathfrak{a}$, mit dessen Hilfe jeder kollineare Vektor $\mathfrak{v}$ dargestellt werden kann, einen Grundvektor und x die Koordinate oder Maßzahl des Vektors $\mathfrak{v}$.

II. Komplanare Vektoren.

Komplanare Vektoren sind Vektoren, die einer festen Ebene parallel laufen.

Es gilt der wichtige Satz:

Drei komplanare Vektoren sind stets linear abhängig.

Beweis. $\mathfrak{a}$, $\mathfrak{b}$ und $\mathfrak{v}$ seien drei komplanare Vektoren, von denen die ersten beiden nichtkollinear seien. Wir wählen einen Fixpunkt O, zeichnen die drei Vektoren

$$\overrightarrow{OA} = \mathfrak{a}, \qquad \overrightarrow{OB} = \mathfrak{b}, \qquad \overrightarrow{OV} = \mathfrak{v},$$

die dabei in eine Ebene, die Zeichenebene, fallen, und zeichnen die Komponenten $\overrightarrow{OX}$ und $\overrightarrow{OY}$ des Vektors $\mathfrak{v}$ nach den Geraden OA und OB. Dann ist

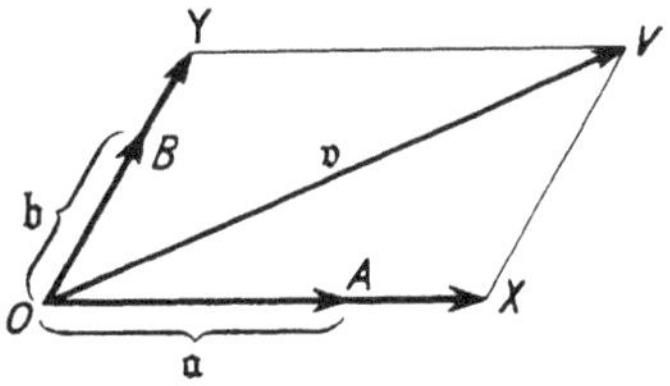

Bild 22.

$$\mathfrak{v} = \overrightarrow{OX} + \overrightarrow{OY}.$$

Da aber $\overrightarrow{OX}$ mit $\mathfrak{a}$, $\overrightarrow{OY}$ mit $\mathfrak{b}$ kollinear ist, gelten die Formeln

$$\overrightarrow{OX} = x\,\mathfrak{a}, \qquad \overrightarrow{OY} = y\,\mathfrak{b}.$$

Folglich ist

$$\boxed{\mathfrak{v} = x\,\mathfrak{a} + y\,\mathfrak{b}},$$

womit die behauptete lineare Abhängigkeit dargetan ist.

Die gefundene Darstellung von $\mathfrak{v}$ als Linearkompositum von $\mathfrak{a}$ und $\mathfrak{b}$ ist nur auf eine Weise möglich.

Wäre nämlich

$$\mathfrak{v} = \xi\mathfrak{a} + \eta\mathfrak{b}$$

eine zweite Darstellung, so hätte man

$$\xi\mathfrak{a} + \eta\mathfrak{b} = x\mathfrak{a} + y\mathfrak{b}$$

oder

$$(\xi - x)\,\mathfrak{a} + (\eta - y)\,\mathfrak{b} = 0.$$

Da aber die beiden Vektoren $\mathfrak{a}$ und $\mathfrak{b}$ nichtkollinear sind, können sie nicht linear abhängig sein, muß also

$$\xi - x = \eta - y = 0\,, \qquad \text{d. h.} \qquad \xi = x\,,\ \eta = y$$

sein.

Unsere Überlegung liefert zugleich den

Fundamentalsatz:

Jeder mit zwei nichtkollinearen Vektoren komplanare Vektor ist auf eine einzige Weise als Linearkompositum jener zwei Vektoren darstellbar.

Der obige Satz gilt auch umgekehrt:

Drei linear abhängige Vektoren sind komplanar.

In der Tat folgt aus

$$\alpha\mathfrak{p} + \beta\mathfrak{q} + \gamma\mathfrak{r} = 0$$

etwa

$$\mathfrak{r} = \lambda\mathfrak{p} + \mu\mathfrak{q}\,,$$

so daß $\mathfrak{r}$ in der Ebene des Parallelogramms der beiden Vektoren $\mathfrak{p}$ und $\mathfrak{q}$ eingezeichnet werden kann.

Die gefundene Darstellung eines beliebigen Vektors $\mathfrak{v}$ durch zwei ihm komplanare nichtkollineare andere, $\mathfrak{a}$ und $\mathfrak{b}$, findet besonders Verwendung, wenn ein zweiachsiges Koordinatensystem mit OA als x-Achse und OB als y-Achse vorgelegt ist. Auf dieses wird jeder der Ebene OAB parallele Vektor $\mathfrak{v}$ in der Weise bezogen, daß man $\overrightarrow{OV} = \mathfrak{v}$ macht und den Vektor $\mathfrak{v}$ durch die Koordinaten x und y seines Endpunkts V festlegt, die man dann die Maßzahlen oder Koordinaten des Vektors $\mathfrak{v}$ nennt. Man wählt zwei den positiven Richtungen der Koordinatenachsen gleichgerichtete Einheitsvektoren $\mathfrak{a}$ und $\mathfrak{b}$ als »Grundvektoren« des Koordinatensystems, die man die Basis des Systems nennt und hat dann den Satz:

Jeder Vektor $\mathfrak{v}$ der Koordinatenebene ist auf eine einzige Weise als Linearkompositum

$$\boxed{\mathfrak{v} = x\mathfrak{a} + y\mathfrak{b}}$$

der beiden Grundvektoren $\mathfrak{a}$ und $\mathfrak{b}$ darstellbar; die Koeffizienten x und y der Darstellung sind die Koordinaten des Vektors.

III. Vektoren im Raume.

Vier Vektoren im Raume sind stets linear abhängig.

Beweis. $\mathfrak{a}$, $\mathfrak{b}$, $\mathfrak{c}$ und $\mathfrak{v}$ seien vier beliebige Vektoren, von denen die drei ersten nichtkomplanar seien. Wir wählen einen Fixpunkt O und zeichnen die drei nichtkomplanaren Vektoren

$$\overrightarrow{OA} = \mathfrak{a}, \qquad \overrightarrow{OB} = \mathfrak{b}, \qquad \overrightarrow{OC} = \mathfrak{c},$$

sowie den Vektor

$$\overrightarrow{OV} = \mathfrak{v}.$$

Zeichnen wir jetzt die drei Komponenten $\overrightarrow{OX}$, $\overrightarrow{OY}$, $\overrightarrow{OZ}$ des Vektors $\mathfrak{v}$ nach den drei Geraden OA, OB, OC, so ist

$$\mathfrak{v} = \overrightarrow{OV} = \overrightarrow{OX} + \overrightarrow{OY} + \overrightarrow{OZ}.$$

Nun ist aber nach I etwa

$$\overrightarrow{OX} = x\mathfrak{a}, \quad \overrightarrow{OY} = y\mathfrak{b}, \quad \overrightarrow{OZ} = z\mathfrak{c},$$

mithin

$$\boxed{\mathfrak{v} = x\mathfrak{a} + y\mathfrak{b} + z\mathfrak{c}},$$

und die behauptete lineare Abhängigkeit ist erwiesen.

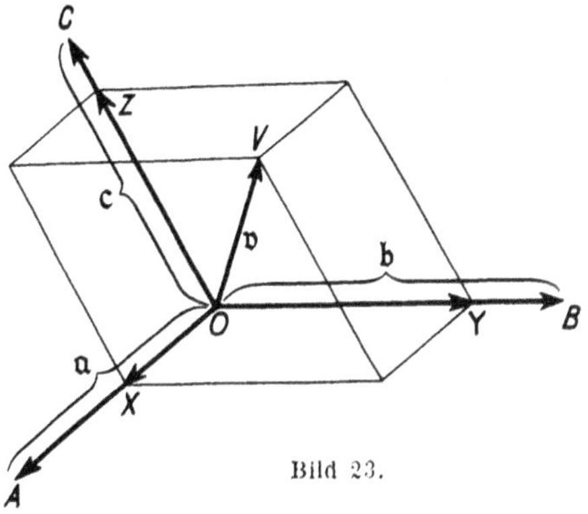

Bild 23.

Die gefundene Darstellung von $\mathfrak{v}$ als Linearkompositum von $\mathfrak{a}$, $\mathfrak{b}$, $\mathfrak{c}$ ist nur auf **eine** Weise möglich.

Gäbe es nämlich noch eine zweite Darstellung

$$\mathfrak{v} = \xi\mathfrak{a} + \eta\mathfrak{b} + \zeta\mathfrak{c},$$

so wäre

$$\xi\mathfrak{a} + \eta\mathfrak{b} + \zeta\mathfrak{c} = x\mathfrak{a} + y\mathfrak{b} + z\mathfrak{c}$$

oder

$$(\xi - x)\,\mathfrak{a} + (\eta - y)\,\mathfrak{b} + (\zeta - z)\,\mathfrak{c} = 0.$$

Da aber $\mathfrak{a}$, $\mathfrak{b}$, $\mathfrak{c}$ nichtkomplanar sind, können sie nicht linear abhängig sein, kann also die letzte Gleichung nur bestehen, wenn alle drei Koeffizienten $\xi - x$, $\eta - y$, $\zeta - z$ verschwinden. Folglich ist

$$\xi = x, \qquad \eta = y, \qquad \zeta = z.$$

Unsere Untersuchung liefert den

Fundamentalsatz:

Jeder Vektor ist auf eine einzige Weise als Linearkompositum von drei nichtkomplanaren Vektoren darstellbar.

Sei nunmehr ein beliebiges dreiachsiges Koordinatensystem — xyz-System — mit dem Ursprung O vorgelegt, auf welches wir alle Raumpunkte beziehen.

Wir wählen drei **Einheitsvektoren** $\mathfrak{a}$, $\mathfrak{b}$, $\mathfrak{c}$, die die Richtungen der positiven Koordinatenachsen haben und nennen sie die **Grund-**

vektoren des Koordinatensystems. Der Inbegriff der drei Grundvektoren wird als Basis des Koordinatensystems bezeichnet.

Daraus legen wir jeden Vektor $\mathfrak{r}$ durch den Ortsvektor

$$\overrightarrow{OP} = \mathfrak{r}$$

fest und nennen die Koordinaten x, y, z seiner Spitze P die Maßzahlen oder Koordinaten des Vektors $\mathfrak{r}$. Um die Abhängigkeit des Vektors $\mathfrak{r}$ von seinen Koordinaten zum Ausdruck zu bringen, schreiben wir

$$\mathfrak{r} = (x \,|\, y \,|\, z) \qquad \text{oder kurz} \qquad \mathfrak{r} = x \,|\, y \,|\, z.$$

Der obige Fundamentalsatz nimmt jetzt die Form an:

Jeder Vektor $\mathfrak{r}$ ist auf eine einzige Weise als Linearkompositum

$$\boxed{\mathfrak{r} = x\mathfrak{a} + y\mathfrak{b} + z\mathfrak{c}}$$

der drei Grundvektoren $\mathfrak{a}$, $\mathfrak{b}$, $\mathfrak{c}$ darstellbar; die Koeffizienten x, y, z des Kompositums sind die Koordinaten des Vektors.

Die bei unserer linearen Darstellung auftretenden Vektoren $x\mathfrak{a}$, $y\mathfrak{b}$, $z\mathfrak{c}$, deren Summe den Vektor $\mathfrak{r}$ ausmacht, heißen die Komponenten des Vektors $\mathfrak{r}$ im xyz-System.

Bisweilen findet man auch x, y, z selbst als Komponenten bezeichnet. Solange kein Mißverständnis zu befürchten ist, erscheint das nicht weiter bedenklich. Im allgemeinen sollte man aber x, y, z ausdrücklich als »arithmetische« Komponenten von den »geometrischen« oder vektoriellen Komponenten $x\mathfrak{a}$, $y\mathfrak{b}$, $z\mathfrak{c}$ unterscheiden (falls man nicht vorzieht, für x, y, z die Benennung »Maßzahlen« oder »Koordinaten« zu verwenden).

Es bleibt noch übrig, die Maßzahlen (Koordinaten) eines beliebig gelegenen Vektors $\mathfrak{v} = \overrightarrow{HK}$ anzugeben, dessen Anfangspunkt H die Koordinaten x, y, z, Endpunkt K die Koordinaten X, Y, Z hat.

Da

$$\overrightarrow{OH} = x\mathfrak{a} + y\mathfrak{b} + z\mathfrak{c}, \qquad \overrightarrow{OK} = X\mathfrak{a} + Y\mathfrak{b} + Z\mathfrak{c}$$

und

$$\overrightarrow{HK} = \overrightarrow{OK} - \overrightarrow{OH}$$

ist, folgt

$$\boxed{\overrightarrow{HK} = (X - x)\,\mathfrak{a} + (Y - y)\,\mathfrak{b} + (Z - z)\,\mathfrak{c}}\,.$$

Die Maßzahlen oder Koordinaten des Vektors mit dem Anfangspunkt (x, y, z) und dem Endpunkt (X, Y, Z) sind

$$X - x, \qquad Y - y, \qquad Z - z.$$

Die Darstellung von Vektoren durch Koordinaten und Grundvektoren bietet besondere Vorteile, wenn das Koordinatensystem rechtwinklig ist, wenn m. a. W. die Systembasis ein Dreibein ist.

Unter einem Dreibein versteht man den Inbegriff von drei Einheitsvektoren — den Beinen — mit gemeinsamem Anfangspunkt, die paarweise aufeinander senkrecht stehen.

Die die positiven Richtungen der x-Achse, y-Achse, z-Achse charakterisierenden Beine dieses Dreibeins werden meist mit $\mathfrak{i}$, $\mathfrak{j}$, $\mathfrak{k}$ oder mit $\mathfrak{e}_1$, $\mathfrak{e}_2$, $\mathfrak{e}_3$ oder auch mit $\mathfrak{E}_1$, $\mathfrak{E}_2$, $\mathfrak{E}_3$ bezeichnet.

Die zumeist gebrauchte an sich durchaus praktische Bezeichnung ($\mathfrak{i}$, $\mathfrak{j}$, $\mathfrak{k}$) ist allerdings nicht zu empfehlen, wenn — wie es bei zeitlich veränderlichen Dreibeinen der Fall ist — auch die Anstiege der Beine, d. h. ihre nach der Zeit genommenen Ableitungen auftreten, da die übliche Bezeichnungsweise des Anstiegs durch drübergesetzten Punkt auf die unschönen Zeichen $\dot{\mathfrak{i}}$ und $\dot{\mathfrak{j}}$ führt; auch nicht zu empfehlen, wenn man, was gleichfalls häufig vorkommt, dem Dreibein ($\mathfrak{i}$, $\mathfrak{j}$, $\mathfrak{k}$) ein zweites durch die gleichlautenden großen Buchstaben zu bezeichnendes Dreibein zuordnen will, da zwischen dem großen i und großen j kein ausgeprägter Unterschied besteht.

Deshalb wird in diesem Buche auch die Dreibeinbezeichnung ($\mathfrak{e}$, $\mathfrak{o}$, $\mathfrak{u}$) bzw. ($\mathfrak{E}$, $\mathfrak{O}$, $\mathfrak{U}$) Verwendung finden, deren Buchstaben die Anfangsbuchstaben des deutschen Wortes »eins«, englischen Wortes »one« und französischen Wortes »un« sind.

Für die Beine $\mathfrak{i}$, $\mathfrak{j}$, $\mathfrak{k}$ eines Dreibeins gelten die

sechs Fundamentalformeln:

$$\boxed{\begin{array}{lll} \mathfrak{i}^2 = 1, & \mathfrak{j}^2 = 1, & \mathfrak{k}^2 = 1, \\ \mathfrak{j}\mathfrak{k} = 0, & \mathfrak{k}\mathfrak{i} = 0, & \mathfrak{i}\mathfrak{j} = 0. \end{array}}$$

Wir können auch sagen:

$$\text{Die Matrix} \begin{pmatrix} \mathfrak{i}\mathfrak{i} & \mathfrak{i}\mathfrak{j} & \mathfrak{i}\mathfrak{k} \\ \mathfrak{j}\mathfrak{i} & \mathfrak{j}\mathfrak{j} & \mathfrak{j}\mathfrak{k} \\ \mathfrak{k}\mathfrak{i} & \mathfrak{k}\mathfrak{j} & \mathfrak{k}\mathfrak{k} \end{pmatrix} \text{ist eine Einheitsmatrix.}$$

Einer der großen Vorteile, die die Verwendung rechtwinkliger Koordinaten gewährt, besteht in der Möglichkeit, die Koordinaten eines Vektors als Skalarprodukte aus ihm und den Grundvektoren zu schreiben.

Aus der Darstellung

$$\mathfrak{r} = x\mathfrak{i} + y\mathfrak{j} + z\mathfrak{k}$$

des Vektors $\mathfrak{r}$ durch Koordinaten und Grundvektoren folgt nämlich durch sukzessive skalare Multiplikation mit $\mathfrak{i}$, $\mathfrak{j}$, $\mathfrak{k}$

$$\boxed{x = \mathfrak{i}\mathfrak{r}, \qquad y = \mathfrak{j}\mathfrak{r}, \qquad z = \mathfrak{k}\mathfrak{r}}.$$

Die Skalarprodukte eines Vektors mit den Grundvektoren eines Orthogonalsystems sind die Koordinaten des Vektors in diesem System.

Es gilt die Darstellung:

$$\mathfrak{r} = \widetilde{\mathfrak{i}\mathfrak{r}}\,\mathfrak{i} + \widetilde{\mathfrak{j}\mathfrak{r}}\,\mathfrak{j} + \widetilde{\mathfrak{k}\mathfrak{r}}\,\mathfrak{k}\,.$$

Richtungscosinus.

Ist der durch seine rechtwinkligen Koordinaten und die Basis $(\mathfrak{i}, \mathfrak{j}, \mathfrak{k})$ festgelegte Vektor speziell ein Einheitsvektor $\mathfrak{E}$, so nennt man die Koordinaten oder Maßzahlen des Vektors seine Richtungscosinus und bezeichnet sie gewöhnlich durch die Buchstaben α, β, γ oder λ, μ, ν oder l, m, n u. dgl., so daß etwa

$$\mathfrak{E} = \alpha\mathfrak{i} + \beta\mathfrak{j} + \gamma\mathfrak{k}$$

ist. Multipliziert man diese Gleichung skalar sukzessive mit $\mathfrak{i}$, $\mathfrak{j}$, $\mathfrak{k}$, so ergeben sich auf Grund der obigen Fundamentalformeln für die Richtungscosinus die Werte

$$\alpha = \mathfrak{E}\mathfrak{i}, \qquad \beta = \mathfrak{E}\mathfrak{j}, \qquad \gamma = \mathfrak{E}\mathfrak{k}\,,$$

oder, da $\mathfrak{E}\mathfrak{i}$ bzw. $\mathfrak{E}\mathfrak{j}$ bzw. $\mathfrak{E}\mathfrak{k}$ der Cosinus des Winkels A bzw. B bzw. Γ ist, den der Vektor $\mathfrak{E}$ mit der x-Achse bzw. y-Achse bzw. z-Achse bildet,

$$\alpha = \cos A\,, \qquad \beta = \cos B\,, \qquad \gamma = \cos \Gamma\,,$$

wodurch sich der Name »Richtungscosinus« erklärt.

Ähnlich versteht man unter den Richtungscosinus einer Geraden oder unter den Richtungscosinus eines Vektors die Richtungscosinus des Einheitsvektors, der die Richtung der Geraden oder des Vektors hat.

Die drei Richtungscosinus einer Geraden oder eines Vektors haben die quadratische Summe Eins.

Durch Quadrierung der Gleichung

$$\mathfrak{E} = \alpha\mathfrak{i} + \beta\mathfrak{j} + \gamma\mathfrak{k}$$

entsteht in der Tat auf Grund der obigen sechs Fundamentalformeln die pythagoreische Relation

$$\alpha^2 + \beta^2 + \gamma^2 = 1$$

für die drei Richtungscosinus α, β, γ.

Sind α, β, γ die Richtungscosinus eines Vektors $\mathfrak{r}$ von der Länge r, so hat der Vektor die rechtwinkligen Koordinaten

$$x = \alpha r\,, \qquad y = \beta r\,, \qquad z = \gamma r\,.$$

Im Falle des zweiachsigen Orthogonalsystems wird die dritte dieser Gleichungen entbehrlich, und wir haben das Formelpaar

$$x = \alpha r, \qquad y = \beta r.$$

Es steht nichts im Wege, auch bei schiefwinkligen Koordinatensystemen die Cosinus der drei Winkel, die eine Gerade oder ein Vektor mit den positiven Achsenrichtungen bildet, die Richtungscosinus der Geraden bzw. des Vektors zu nennen. Sind $\mathfrak{i}$, $\mathfrak{j}$, $\mathfrak{k}$ die drei Grundvektoren des schiefwinkligen Systems, $\mathfrak{E}$ der die Richtung der Gerade oder des Vektors bezeichnende Einheitsvektor, so gelten für die drei Richtungscosinus α, β, γ immer noch die Formeln

$$\alpha = \mathfrak{E}\,\mathfrak{i}, \qquad \beta = \mathfrak{E}\,\mathfrak{j}, \qquad \gamma = \mathfrak{E}\,\mathfrak{k}.$$

Dagegen sind α, β, γ nicht mehr die Maßzahlen von $\mathfrak{E}$, gilt nicht mehr die Darstellung

$$\mathfrak{E} = \alpha\,\mathfrak{i} + \beta\,\mathfrak{j} + \gamma\,\mathfrak{k}.$$

Auch die pythagoreische Relation

$$\alpha^2 + \beta^2 + \gamma^2 = 1$$

(die zwischen den Richtungscosinus in Orthogonalsystemen statt hat) gilt nicht mehr.

Wir machen darauf aufmerksam, daß wir in diesem Buche nur rechtshändige Koordinatensysteme verwenden.

Ein Koordinatensystem wird (wie ein System von drei koinitialen Vektoren $\mathfrak{a}$, $\mathfrak{b}$, $\mathfrak{c}$ [§ 4]) Rechtssystem oder Linkssystem, rechtshändig oder linkshändig genannt, je nachdem sich die x-Achse, y-Achse, z-Achse (die Vektoren $\mathfrak{a}$, $\mathfrak{b}$, $\mathfrak{c}$) in dieser Reihenfolge durch die drei ersten Finger (Daumen, Zeigefinger, Mittelfinger) der rechten oder linken Hand darstellen lassen. Bei einem orthogonalen Rechtssystem hat man den Vorteil, daß die zu seiner Basis ($\mathfrak{i}$, $\mathfrak{j}$, $\mathfrak{k}$) gehörigen Vektorprodukte $\mathfrak{j} \times \mathfrak{k}$, $\mathfrak{k} \times \mathfrak{i}$, $\mathfrak{i} \times \mathfrak{j}$ die einfachen Werte

$$\boxed{\mathfrak{j} \times \mathfrak{k} = \mathfrak{i}, \qquad \mathfrak{k} \times \mathfrak{i} = \mathfrak{j}, \qquad \mathfrak{i} \times \mathfrak{j} = \mathfrak{k}}$$

haben.

Beim Dreibein ($\mathfrak{e}$, $\mathfrak{o}$, $\mathfrak{u}$) ist entsprechend

$$\mathfrak{o} \times \mathfrak{u} = \mathfrak{e}, \qquad \mathfrak{u} \times \mathfrak{e} = \mathfrak{o}, \qquad \mathfrak{e} \times \mathfrak{o} = \mathfrak{u}.$$

Man kann auch sagen:

Ein Orthogonalsystem ist rechts- oder linkshändig, je nachdem das Mischprodukt seiner Grundvektoren $+1$ oder -1 ist. Ein Rechtssystem ist durch die Formel

$$\mathfrak{i}\,\mathfrak{j}\,\mathfrak{k} = 1$$

gekennzeichnet.

Reziproke Vektoren.

In der Hauptformel dieses Paragraphen, die die zwischen vier beliebigen Vektoren bestehende lineare Abhängigkeit zum Ausdruck bringt, haben wir die Bedeutung der in der Relation auftretenden Koeffizienten nur für den Fall näher erörtert, in dem drei von den vier Vektoren Einheitsvektoren sind. Wir wollen uns über diese Koeffizienten auch Aufschluß verschaffen, wenn die vier in Rede stehenden Vektoren

$$\mathfrak{A},\ \mathfrak{B},\ \mathfrak{C},\ \mathfrak{D}$$

ganz beliebig sind. Von diesen Vektoren müssen wir drei, etwa $\mathfrak{A}$, $\mathfrak{B}$, $\mathfrak{C}$ als nichtkomplanar voraussetzen. Dann heißt unsere Relation

$$\mathfrak{D} = \alpha\mathfrak{A} + \beta\mathfrak{B} + \gamma\mathfrak{C},$$

und es kommt nun darauf an, die Bedeutung der Koeffizienten α, β, γ zu erforschen.

Um z. B. α zu bekommen, multiplizieren wir die Relation skalar mit dem Vektorprodukt $\mathfrak{B} \times \mathfrak{C}$. Dadurch erhalten wir auf der linken Seite das Mischprodukt $\mathfrak{D}\mathfrak{B}\mathfrak{C}$ oder $\mathfrak{B}\mathfrak{C}\mathfrak{D}$, auf der rechten Seite die drei Mischprodukte $\mathfrak{A}\mathfrak{B}\mathfrak{C}$, $\mathfrak{B}\mathfrak{B}\mathfrak{C}$ und $\mathfrak{C}\mathfrak{B}\mathfrak{C}$, von denen die beiden letzten verschwinden (§ 4). Somit ergibt sich

$$\mathfrak{B}\mathfrak{C}\mathfrak{D} = \alpha\,\mathfrak{A}\mathfrak{B}\mathfrak{C} \qquad \text{oder} \qquad \alpha = (\mathfrak{B}\mathfrak{C}\mathfrak{D}) : (\mathfrak{A}\mathfrak{B}\mathfrak{C}).$$

In ähnlicher Weise bekommen wir

$$\beta = (\mathfrak{C}\mathfrak{A}\mathfrak{D}) : (\mathfrak{A}\mathfrak{B}\mathfrak{C}), \qquad \gamma = (\mathfrak{A}\mathfrak{B}\mathfrak{D}) : (\mathfrak{A}\mathfrak{B}\mathfrak{C}),$$

womit die gesuchten Koeffizienten schon gefunden sind.

Wir gestalten unser Ergebnis noch etwas gefälliger. Zu dem Zwecke nennen wir das Mischprodukt der drei Vektoren $\mathfrak{A}$, $\mathfrak{B}$, $\mathfrak{C}$, M und führen die zu den drei Vektoren $\mathfrak{A}$, $\mathfrak{B}$, $\mathfrak{C}$ »reziproken Vektoren«

$$\mathfrak{a} = \frac{\mathfrak{B} \times \mathfrak{C}}{M}, \qquad \mathfrak{b} = \frac{\mathfrak{C} \times \mathfrak{A}}{M}, \qquad \mathfrak{c} = \frac{\mathfrak{A} \times \mathfrak{B}}{M}$$

ein, die das zum Tripel (System) ($\mathfrak{A}$, $\mathfrak{B}$, $\mathfrak{C}$) reziproke Tripel (System) bilden.

Unser Ergebnis lautet dann:

In der zwischen vier beliebigen Vektoren $\mathfrak{A}$, $\mathfrak{B}$, $\mathfrak{C}$, $\mathfrak{D}$ bestehenden linearen Relation

$$\mathfrak{D} = \alpha\mathfrak{A} + \beta\mathfrak{B} + \gamma\mathfrak{C}$$

haben die Koeffizienten α, β, γ die Werte $\mathfrak{D}\mathfrak{a}$, $\mathfrak{D}\mathfrak{b}$, $\mathfrak{D}\mathfrak{c}$, wo $\mathfrak{a}$, $\mathfrak{b}$, $\mathfrak{c}$ die zu $\mathfrak{A}$, $\mathfrak{B}$, $\mathfrak{C}$ reziproken Vektoren sind.

Zusatz 1. Die zu drei nicht komplanaren Vektoren $\mathfrak{A}$, $\mathfrak{B}$, $\mathfrak{C}$ reziproken Vektoren $\mathfrak{a}$, $\mathfrak{b}$, $\mathfrak{c}$ lassen sich auch durch das Formelsystem

$$\begin{cases} \mathfrak{A}\mathfrak{a} = 1, & \mathfrak{A}\mathfrak{b} = 0, & \mathfrak{A}\mathfrak{c} = 0, \\ \mathfrak{B}\mathfrak{a} = 0, & \mathfrak{B}\mathfrak{b} = 1, & \mathfrak{B}\mathfrak{c} = 0, \\ \mathfrak{C}\mathfrak{a} = 0, & \mathfrak{C}\mathfrak{b} = 0, & \mathfrak{C}\mathfrak{c} = 1, \end{cases}$$

definieren oder durch die Forderung, daß

$$\begin{pmatrix} \mathfrak{A}\mathfrak{a} & \mathfrak{A}\mathfrak{b} & \mathfrak{A}\mathfrak{c} \\ \mathfrak{B}\mathfrak{a} & \mathfrak{B}\mathfrak{b} & \mathfrak{B}\mathfrak{c} \\ \mathfrak{C}\mathfrak{a} & \mathfrak{C}\mathfrak{b} & \mathfrak{C}\mathfrak{c} \end{pmatrix}$$

eine Einheitsmatrix sein soll.

In der Tat: Aus $\mathfrak{B}\mathfrak{a} = 0$ und $\mathfrak{C}\mathfrak{a} = 0$ folgt zunächst, daß $\mathfrak{a}$ auf den Vektoren $\mathfrak{B}$ und $\mathfrak{C}$ senkrecht stehen, mithin zum Vektor $\overline{\mathfrak{B} \times \mathfrak{C}}$ parallel und folglich kollinear sein muß. Also ist etwa $\mathfrak{a} = \mu\,\overline{\mathfrak{B}\mathfrak{C}}$. Setzen wir diesen Wert in der Bedingung $\mathfrak{A}\mathfrak{a} = 1$ ein, so entsteht

$$\mu M = 1 \qquad \text{oder} \qquad \mu = 1 : M$$

und

$$\mathfrak{a} = \overline{\mathfrak{B}\mathfrak{C}} : M.$$

Ähnlich findet sich

$$\mathfrak{b} = \overline{\mathfrak{C}\mathfrak{A}} : M, \qquad \mathfrak{c} = \overline{\mathfrak{A}\mathfrak{B}} : M.$$

Aus dem Formelsystem folgt sofort der interessante Satz:

Sind $\mathfrak{a}$, $\mathfrak{b}$, $\mathfrak{c}$ reziprok zu $\mathfrak{A}$, $\mathfrak{B}$, $\mathfrak{C}$, so sind auch $\mathfrak{A}$, $\mathfrak{B}$, $\mathfrak{C}$ reziprok zu $\mathfrak{a}$, $\mathfrak{b}$, $\mathfrak{c}$; ein Satz, der im Verein mit den drei Formeln

$$\mathfrak{A}\mathfrak{a} = 1, \qquad \mathfrak{B}\mathfrak{b} = 1, \qquad \mathfrak{C}\mathfrak{c} = 1$$

veranlaßt hat, die Vektortripel ($\mathfrak{A}$, $\mathfrak{B}$, $\mathfrak{C}$) und ($\mathfrak{a}$, $\mathfrak{b}$, $\mathfrak{c}$) zueinander reziprok zu nennen.

Zusatz 2. Nach Jacobi läßt sich die zwischen vier beliebigen Vektoren bestehende lineare Relation als Determinantenrelation schreiben.

Wir beziehen die vier Vektoren $\mathfrak{A}$, $\mathfrak{B}$, $\mathfrak{C}$, $\mathfrak{D}$ auf ein beliebiges Koordinatensystem mit den Grundvektoren $\mathfrak{e}_1$, $\mathfrak{e}_2$, $\mathfrak{e}_3$. Demgemäß sei

$$\left\{\begin{array}{l} \mathfrak{A} = A_1\,\mathfrak{e}_1 + A_2\,\mathfrak{e}_2 + A_3\,\mathfrak{e}_3 \\ \mathfrak{B} = B_1\,\mathfrak{e}_1 + B_2\,\mathfrak{e}_2 + B_3\,\mathfrak{e}_3 \\ \mathfrak{C} = C_1\,\mathfrak{e}_1 + C_2\,\mathfrak{e}_2 + C_3\,\mathfrak{e}_3 \\ \mathfrak{D} = D_1\,\mathfrak{e}_1 + D_2\,\mathfrak{e}_2 + D_3\,\mathfrak{e}_3 \end{array}\right\},$$

wo also z. B. B_1, B_2, B_3 die Koordinaten von $\mathfrak{B}$ sind. Wir führen die Determinante

$$\varDelta = \begin{vmatrix} \mathfrak{A} & A_1 & A_2 & A_3 \\ \mathfrak{B} & B_1 & B_2 & B_3 \\ \mathfrak{C} & C_1 & C_2 & C_3 \\ \mathfrak{D} & D_1 & D_2 & D_3 \end{vmatrix}$$

ein, nennen die Adjunkten von $\mathfrak{A}$, $\mathfrak{B}$, $\mathfrak{C}$, $\mathfrak{D}$ A, B, C, D, multiplizieren die obigen vier Gleichungen bzw. mit A, B, C, D und addieren sie dann. Das gibt auf der linken Seite $\varDelta$, auf der rechten als Faktor von $\mathfrak{e}_1$, $\mathfrak{e}_2$, $\mathfrak{e}_3$ jedesmal Null. Folglich ist $\varDelta = 0$. Unser Ergebnis lautet:

Zwischen vier beliebigen Vektoren $\mathfrak{A}$, $\mathfrak{B}$, $\mathfrak{C}$, $\mathfrak{D}$ besteht die lineare Relation

$$\begin{vmatrix} \mathfrak{A} & A_1 & A_2 & A_3 \\ \mathfrak{B} & B_1 & B_2 & B_3 \\ \mathfrak{C} & C_1 & C_2 & C_3 \\ \mathfrak{D} & D_1 & D_2 & D_3 \end{vmatrix} = 0.$$

§ 6. Produkte von Vektoren in Koordinatendarstellung.

Wir geben in diesem Paragraphen die wichtige Darstellung des skalaren und vektoriellen Produkts aus zwei und drei Vektoren durch die Koordinaten dieser Vektoren.

Unser Hauptaugenmerk ist dabei auf rechtwinklige Koordinatensysteme gerichtet, da bei diesen die Darstellung am einfachsten ausfällt.

Die positiven Richtungen der Abszissen-, Ordinaten- und Applikatenachse eines rechtwinkligen xyz-Systems seien gekennzeichnet durch die drei Grundvektoren $\mathfrak{i}$, $\mathfrak{j}$, $\mathfrak{k}$ (deren Beträge Eins sind).

I. Zweigliedrige Produkte.

Sind (X, Y, Z) und (x, y, z) die Koordinaten (Maßzahlen) der beiden Vektoren $\mathfrak{S}$ und $\mathfrak{s}$, so gelten die beiden Gleichungen

$$\mathfrak{S} = X\mathfrak{i} + Y\mathfrak{j} + Z\mathfrak{k},$$
$$\mathfrak{s} = x\mathfrak{i} + y\mathfrak{j} + z\mathfrak{k}.$$

Wir berechnen das Skalarprodukt

$$\mathfrak{S} \cdot \mathfrak{s} = (X\mathfrak{i} + Y\mathfrak{j} + Z\mathfrak{k}) \cdot (x\mathfrak{i} + y\mathfrak{j} + z\mathfrak{k})$$

und das Vektorprodukt

$$\mathfrak{S} \times \mathfrak{s} = (X\mathfrak{i} + Y\mathfrak{j} + Z\mathfrak{k}) \times (x\mathfrak{i} + y\mathfrak{j} + z\mathfrak{k}),$$

indem wir die rechtsstehenden Klammerausdrücke ausmultiplizieren. Bei dieser Multiplikation treten die Produkte der Grundvektoren $\mathfrak{i}$, $\mathfrak{j}$, $\mathfrak{k}$ zu je zweien auf, die wir deshalb zuvor zusammenstellen.

Für die Skalarprodukte haben wir die sechs Gleichungen

$$\boxed{\begin{array}{lll} \mathfrak{i}\cdot\mathfrak{i} = 1, & \mathfrak{j}\cdot\mathfrak{j} = 1, & \mathfrak{k}\cdot\mathfrak{k} = 1, \\ \mathfrak{j}\cdot\mathfrak{k} = 0, & \mathfrak{k}\cdot\mathfrak{i} = 0, & \mathfrak{i}\cdot\mathfrak{j} = 0 \end{array}},$$

für die Vektorprodukte die sechs Formeln

$$\boxed{\begin{array}{lll} \mathfrak{i}\times\mathfrak{i} = 0, & \mathfrak{j}\times\mathfrak{j} = 0, & \mathfrak{k}\times\mathfrak{k} = 0, \\ \mathfrak{j}\times\mathfrak{k} = \mathfrak{i}, & \mathfrak{k}\times\mathfrak{i} = \mathfrak{j}, & \mathfrak{i}\times\mathfrak{j} = \mathfrak{k} \end{array}},$$

die ohne weiteres aus den beiden Produktdefinitionen folgen, und die man sich leicht einprägen kann.

Bei Benutzung dieser 12 Formeln bietet die Multiplikation obiger Klammerausdrücke keine Schwierigkeit.

Für das Skalarprodukt erhalten wir

$$\boxed{\mathfrak{S} \cdot \mathfrak{s} = Xx + Yy + Zz},$$

in ausführlicherer Schreibung:

$$(X\ Y\ Z) \cdot (x\ y\ z) = Xx + Yy + Zz.$$

Sind die beiden Vektoren $\mathfrak{S}$ und $\mathfrak{s}$ zufällig gleich, so entsteht die ebenfalls wichtige Formel

$$\boxed{\mathfrak{s}^2 = x^2 + y^2 + z^2}.$$

Für den Sonderfall, daß $\mathfrak{S}$ und $\mathfrak{s}$ Einheitsvektoren mit den Richtungscosinus (A, M, N) und (λ, μ, ν) sind, erhalten wir die fundamentale Formel

$$\boxed{\cos\Theta = A\lambda + M\mu + N\nu},$$

in der Θ den Richtungsunterschied der beiden Vektoren $\mathfrak{S}$ und $\mathfrak{s}$ bedeutet. Sie enthält den wichtigen Satz:

Der Cosinus des Winkels, den zwei Geraden von den Richtungscosinus (A, M, N) und (λ, μ, ν) miteinander bilden, hat den Wert $A\lambda + M\mu + N\nu$.

Sind die Einheitsvektoren gleich, so erhalten wir die uns schon aus § 5 bekannte Formel

$$\boxed{\lambda^2 + \mu^2 + \nu^2 = 1},$$

die wichtige pythagoreische Beziehung, die die Richtungscosinus einer beliebigen Geraden befriedigen.

Bei Bildung des vektoriellen Produkts ist zu beachten, daß in jedem entstehenden Teilprodukt das der linken Klammer entnommene Glied links, das aus der rechten Klammer kommende rechts stehen muß, sowie daß die drei auftretenden Produkte $\mathfrak{k} \times \mathfrak{j}$, $\mathfrak{i} \times \mathfrak{k}$, $\mathfrak{j} \times \mathfrak{i}$ die entgegengesetzten Werte der Produkte $\mathfrak{j} \times \mathfrak{k}$, $\mathfrak{k} \times \mathfrak{i}$, $\mathfrak{i} \times \mathfrak{j}$, mithin gleich $-\mathfrak{i}$, $-\mathfrak{j}$, $-\mathfrak{k}$ sind. So ergibt sich

$$\mathfrak{S} \times \mathfrak{s} = (Yz - Zy)\,\mathfrak{i} + (Zx - Xz)\,\mathfrak{j} + (Xy - Yx)\,\mathfrak{k},$$

in Worten:

Das Vektorprodukt der Vektoren $\mathfrak{S}$ und $\mathfrak{s}$ hat die Maßzahlen

$$Yz - Zy, \qquad Zx - Xz, \qquad Xy - Yx,$$

in anderer Schreibweise:

$$(X|Y|Z) \times (x|y|z) = (Yz - Zy|Zx - Xz|Xy - Yx).$$

Für den Sonderfall, daß $\mathfrak{S}$ und $\mathfrak{s}$ Einheitsvektoren

$$\mathfrak{E} = A|M|N \qquad \text{und} \qquad \mathfrak{e} = \lambda|\mu|\nu$$

mit dem Zwischenwinkel Θ sind, wird

$$\mathfrak{E} \times \mathfrak{e} = (A|M|N) \times (\lambda|\mu|\nu) = (M\nu - N\mu|N\lambda - A\nu|A\mu - M\lambda).$$

Nun ist $\sin\Theta$ der Betrag von $\mathfrak{E} \times \mathfrak{e}$, mithin

$$\mathfrak{p} = \frac{\mathfrak{E} \times \mathfrak{e}}{\sin\Theta} = \frac{M\nu - N\mu}{\sin\Theta}\left|\frac{N\lambda - A\nu}{\sin\Theta}\right|\frac{A\mu - M\lambda}{\sin\Theta}$$

ein Einheitsvektor, der auf den Vektoren $\mathfrak{E}$ und $\mathfrak{e}$ senkrecht steht Demnach gilt der

Satz:

Sind $(\Lambda\,|M|\,N)$ und (λ, μ, ν) die Richtungscosinus von zwei Geraden, so sind die Richtungscosinus einer auf beiden Geraden senkrechten Geraden

$$\frac{M\nu - N\mu}{\sin\theta}, \quad \frac{N\lambda - \Lambda\nu}{\sin\theta}, \quad \frac{\Lambda\mu - M\lambda}{\sin\theta},$$

wo θ den Zwischenwinkel der gegebenen Geraden bedeutet. Die drei Richtungen bilden in der genannten Reihenfolge ein Rechtssystem.

Zusammenhang zwischen Skalar- und Vektorprodukt.

Im § 3 erhielten wir die pythagoreische Beziehung

$$\widetilde{\mathfrak{S}\mathfrak{s}}^2 + \overline{\mathfrak{S}\mathfrak{s}}^2 = \mathfrak{S}^2\mathfrak{s}^2$$

zwischen dem Skalarprodukt $\widetilde{\mathfrak{S}\mathfrak{s}}$ und dem Vektorprodukt $\overline{\mathfrak{S}\mathfrak{s}}$. Substituieren wir in ihr die gefundenen Koordinatenausdrücke, so entsteht die wichtige

Identität von Lagrange:

$$\boxed{\begin{aligned}&(Yz - Zy)^2 + (Zx - Xz)^2 + (Xy - Yx)^2 = \\ &(X^2 + Y^2 + Z^2)(x^2 + y^2 + z^2) - (Xx + Yy + Zz)^2\end{aligned}}\,.$$

II. Dreigliedrige Produkte.

1. Mischprodukt.

Wir betrachten zuerst das skalare Tripelprodukt oder Mischprodukt

$$M = \mathfrak{A} \cdot \mathfrak{B} \times \mathfrak{C}$$

der drei Vektoren $\mathfrak{A}$, $\mathfrak{B}$, $\mathfrak{C}$.

Die rechtwinkligen Koordinaten von $\mathfrak{A}$, $\mathfrak{B}$, $\mathfrak{C}$ seien (A_1, A_2, A_3), (B_1, B_2, B_3), (C_1, C_2, C_3), so daß

$$\begin{aligned}\mathfrak{A} &= A_1\mathfrak{i} + A_2\mathfrak{j} + A_3\mathfrak{k}, \\ \mathfrak{B} &= B_1\mathfrak{i} + B_2\mathfrak{j} + B_3\mathfrak{k}, \\ \mathfrak{C} &= C_1\mathfrak{i} + C_2\mathfrak{j} + C_3\mathfrak{k}\end{aligned}$$

ist. Nach den soeben entwickelten Regeln für die Bildung zweigliedriger Produkte ist das Vektorprodukt $\mathfrak{B} \times \mathfrak{C}$

$$\overline{\mathfrak{B}\mathfrak{C}} = (B_2C_3 - B_3C_2)\,\mathfrak{i} + (B_3C_1 - B_1C_3)\,\mathfrak{j} + (B_1C_2 - B_2C_1)\,\mathfrak{k},$$

sodann das Skalarprodukt $\mathfrak{A} \cdot \overline{\mathfrak{B}\mathfrak{C}}$

$$M = A_1(B_2C_3 - B_3C_2) + A_2(B_3C_1 - B_1C_3) + A_3(B_1C_2 - B_2C_1).$$

Die rechte Seite dieser Gleichung ist aber nichts anderes als die Determinante

$$\begin{vmatrix} A_1 & A_2 & A_3 \\ B_1 & B_2 & B_3 \\ C_1 & C_2 & C_3 \end{vmatrix},$$

was man ohne weiteres einsieht, wenn man diese Determinante nach den Elementen ihrer ersten Zeile entwickelt. Daher besteht die fundamentale Formel

$$M = \mathfrak{A}\mathfrak{B}\mathfrak{C} = \begin{vmatrix} A_1 & A_2 & A_3 \\ B_1 & B_2 & B_3 \\ C_1 & C_2 & C_3 \end{vmatrix}.$$

In Worten:

Das Mischprodukt von drei Vektoren ist gleich der aus den rechtwinkligen Koordinaten der Vektoren gebildeten Determinante.

2. Vektortripelprodukt.

Nun betrachten wir das vektorielle Tripelprodukt

$$\mathfrak{T} = \mathfrak{M} \times (\mathfrak{S} \times \mathfrak{s})$$

der drei Vektoren

$$\mathfrak{S} = X\mathfrak{i} + Y\mathfrak{j} + Z\mathfrak{k},$$
$$\mathfrak{s} = x\mathfrak{i} + y\mathfrak{i} + z\mathfrak{k}$$

und

$$\mathfrak{M} = A\mathfrak{i} + B\mathfrak{j} + C\mathfrak{k}.$$

Das Produkt $\mathfrak{S} \times \mathfrak{s}$ hat den Wert

$$\mathfrak{p} = \mathfrak{S} \times \mathfrak{s} = (Yz - Zy)\,\mathfrak{i} + (Zx - Xz)\,\mathfrak{j} + (Xy - Yx)\,\mathfrak{k}.$$

Daher sind die Koordinaten von $\mathfrak{M} \times \mathfrak{p}$ oder $\mathfrak{T}$

$$U = B(Xy - Yx) - C(Zx - Xz),$$
$$V = C(Yz - Zy) - A(Xy - Yx),$$
$$W = A(Zx - Xz) - B(Yz - Zy).$$

Die erste von ihnen z. B. schreibt sich

$$U = (By + Cz)\,X - (BY + CZ)\,x$$

oder

$$U = (Ax + By + Cz)\,X - (AX + BY + CZ)\,x.$$

Nun ist aber $Ax + By + Cz$ das Skalarprodukt $\lambda = \mathfrak{M} \cdot \mathfrak{s}$, ebenso $AX + BY + CZ$ das Skalarprodukt $\Lambda = \mathfrak{M} \cdot \mathfrak{S}$, so daß

$$U = \lambda X - \Lambda x$$

ist. Ebenso finden wir

$$V = \lambda Y - \Lambda y,$$
$$W = \lambda Z - \Lambda z.$$

Mithin erhalten wir für $\mathfrak{T} = U\mathfrak{i} + V\mathfrak{j} + W\mathfrak{k}$ den Wert

$$\mathfrak{T} = \lambda(X\mathfrak{i} + Y\mathfrak{j} + Z\mathfrak{k}) - \Lambda(x\mathfrak{i} + y\mathfrak{j} + z\mathfrak{k})$$

oder

$$\mathfrak{T} = \lambda\mathfrak{S} - \Lambda\mathfrak{s}.$$

Folglich gilt die

Entwicklungsformel:

$$\boxed{\mathfrak{M} \times \widehat{\mathfrak{S}\mathfrak{s}} = \widehat{\mathfrak{M}\mathfrak{s}}\,\mathfrak{S} - \widehat{\mathfrak{M}\mathfrak{S}}\,\mathfrak{s}},$$

anders geschrieben:

$$\mathfrak{M} \times (\mathfrak{S} \times \mathfrak{s}) = (\mathfrak{M} \cdot \mathfrak{s})\,\mathfrak{S} - (\mathfrak{M} \cdot \mathfrak{S})\,\mathfrak{s}.$$

Die hier gegebene Herleitung der Entwicklungsformel ist von den bekannten Herleitungen wohl die einfachste und kürzeste. (Vgl. § 4.)

Zum Schluß betrachten wir noch die Darstellung des Skalarprodukts und Vektorprodukts von zwei Vektoren durch schiefwinklige Koordinaten. Die Grundvektoren des Koordinatensystems seien $\mathfrak{i}$, $\mathfrak{j}$, $\mathfrak{k}$. Diesmal verschwinden die Skalarprodukte zweier Grundvektoren nicht mehr. Wir führen deshalb die »Achsenzahlen« k_{rs} auf Grund der Matrixgleichung

$$\begin{pmatrix} k_{11} & k_{12} & k_{13} \\ k_{21} & k_{22} & k_{23} \\ k_{31} & k_{32} & k_{33} \end{pmatrix} = \begin{pmatrix} \mathfrak{i}\mathfrak{i} & \mathfrak{i}\mathfrak{j} & \mathfrak{i}\mathfrak{k} \\ \mathfrak{j}\mathfrak{i} & \mathfrak{j}\mathfrak{j} & \mathfrak{j}\mathfrak{k} \\ \mathfrak{k}\mathfrak{i} & \mathfrak{k}\mathfrak{j} & \mathfrak{k}\mathfrak{k} \end{pmatrix}$$

ein (so daß also z. B. $k_{11} = \mathfrak{i}\mathfrak{i} = 1$, $k_{23} = \mathfrak{j}\mathfrak{k}$, $k_{32} = \mathfrak{k}\mathfrak{j} = k_{23}$ ist).

Durch skalare Multiplikation der beiden Vektoren

$$\mathfrak{S} = X\mathfrak{i} + Y\mathfrak{j} + Z\mathfrak{k} \qquad \text{und} \qquad \mathfrak{s} = x\mathfrak{i} + y\mathfrak{j} + z\mathfrak{k}$$

erhalten wir dann

$$\mathfrak{S} \cdot \mathfrak{s} = \begin{cases} + k_{11}\,Xx + k_{12}\,Xy + k_{13}\,Xz \\ + k_{21}\,Yx + k_{22}\,Yy + k_{23}\,Yz \\ + k_{31}\,Zx + k_{32}\,Zy + k_{33}\,Zz. \end{cases}$$

Eine etwas kürzere Schreibweise ergibt sich durch Einführung der Linearformen

$$\begin{cases} u = k_{11}\,x + k_{12}\,y + k_{13}\,z \\ v = k_{21}\,x + k_{22}\,y + k_{23}\,z \\ w = k_{31}\,x + k_{32}\,y + k_{33}\,z \end{cases} \qquad \text{bzw.} \qquad \begin{cases} U = k_{11}\,X + k_{12}\,Y + k_{12}\,Z \\ V = k_{21}\,X + k_{22}\,Y + k_{23}\,Z \\ W = k_{31}\,X + k_{32}\,Y + k_{33}\,Z \end{cases}$$

nämlich

$$\boxed{\mathfrak{S}\mathfrak{s} = Xu + Yv + Zw}$$

oder

$$\boxed{\mathfrak{S}\mathfrak{s} = xU + yV + zW}.$$

Insonderheit entsteht für das Quadrat des Vektors $\mathfrak{s}$

$$\boxed{\mathfrak{s}^2 = x u + y v + z w},$$

ausführlich geschrieben

$$\boxed{\mathfrak{s}^2 = k_{11} x^2 + k_{22} y^2 + k_{33} z^2 + 2 k_{23} y z + 2 k_{31} z x + 2 k_{12} x y}.$$

Für das Vektorprodukt der beiden Vektoren $\mathfrak{S}$ und $\mathfrak{s}$ erhalten wir die Formel

$$\mathfrak{S} \times \mathfrak{s} = (Y z - Z y)\,\overline{\mathfrak{j}\mathfrak{k}} + (Z x - X z)\,\overline{\mathfrak{k}\mathfrak{i}} + (X y - Y x)\,\overline{\mathfrak{i}\mathfrak{j}},$$

die durch Einführung des dem Tripel $(\mathfrak{i}, \mathfrak{j}, \mathfrak{k})$ reziproken Tripels

$$\mathfrak{I} = \overline{\mathfrak{j}\mathfrak{k}} : m, \qquad \mathfrak{J} = \overline{\mathfrak{k}\mathfrak{i}} : m, \qquad \mathfrak{K} = \overline{\mathfrak{i}\mathfrak{j}} : m,$$

wo

$$m = \mathfrak{i}\,\mathfrak{j}\,\mathfrak{k}$$

das Mischprodukt der drei Grundvektoren $\mathfrak{i}$, $\mathfrak{j}$, $\mathfrak{k}$ ist, die Form annimmt:

$$\boxed{m\,\overline{\mathfrak{S}\mathfrak{s}} = (Y z - Z y)\,\mathfrak{I} + (Z x - X z)\,\mathfrak{J} + (X y - Y x)\,\mathfrak{K}}.$$

§ 7. Viererprodukte.

Von den zahlreichen Möglichkeiten, vier Vektoren $\mathfrak{a}$, $\mathfrak{b}$, $\mathfrak{p}$, $\mathfrak{q}$ multiplikativ miteinander zu verknüpfen, erörtern wir hier nur die beiden wichtigsten:

das Skalarprodukt

$$\varphi = \overline{\mathfrak{a}\mathfrak{b}} \cdot \overline{\mathfrak{p}\mathfrak{q}} \qquad \text{oder} \qquad \varphi = (\mathfrak{a} \times \mathfrak{b}) \cdot (\mathfrak{p} \times \mathfrak{q})$$

von zwei Vektorprodukten $\mathfrak{a} \times \mathfrak{b}$ und $\mathfrak{p} \times \mathfrak{q}$, und das Vektorprodukt

$$\mathfrak{v} = \overline{\mathfrak{a}\mathfrak{b}} \times \overline{\mathfrak{p}\mathfrak{q}} \qquad \text{oder} \qquad \mathfrak{v} = (\mathfrak{a} \times \mathfrak{b}) \times (\mathfrak{p} \times \mathfrak{q})$$

dieser beiden Vektorprodukte.

Skalarviererprodukt.

Um das Skalarprodukt

$$\varphi = \overline{\mathfrak{a}\mathfrak{b}} \cdot \overline{\mathfrak{p}\mathfrak{q}}$$

umzuformen, schreiben wir es zunächst als Mischprodukt:

$$\varphi = \mathfrak{a} \times \mathfrak{b} \cdot \overline{\mathfrak{p}\mathfrak{q}}.$$

Hier vertauschen wir, was nach § 4 zulässig ist, die Zeichen $\times$ und $\cdot$ miteinander. Dadurch ergibt sich

$$\varphi = \mathfrak{a} \cdot \mathfrak{b} \times \overline{\mathfrak{p}\mathfrak{q}}.$$

Für das auf der rechten Seite dieser Gleichung stehende Vektortripelprodukt $\mathfrak{b} \times \overline{\mathfrak{p}\mathfrak{q}} = \mathfrak{b} \times (\mathfrak{p} \times \mathfrak{q})$ schreiben wir nach der Entwicklungsformel (§ 4 oder § 6)

$$\widetilde{\mathfrak{b}\mathfrak{q}}\,\mathfrak{p} - \widetilde{\mathfrak{b}\mathfrak{p}}\,\mathfrak{q}$$

und erhalten

$$\varphi = \mathfrak{a}\,(\widetilde{\mathfrak{b}\mathfrak{q}}\,\mathfrak{p} - \widetilde{\mathfrak{b}\mathfrak{p}}\,\mathfrak{q})$$

oder, durch Anwendung des distributiven Gesetzes der skalaren Multiplikation

$$\varphi = \widetilde{\mathfrak{a}\mathfrak{p}}\;\widetilde{\mathfrak{b}\mathfrak{q}} - \widetilde{\mathfrak{a}\mathfrak{q}}\;\widetilde{\mathfrak{b}\mathfrak{p}}$$

oder

$$\varphi = (\mathfrak{a}\mathfrak{p})\,(\mathfrak{b}\mathfrak{q}) - (\mathfrak{a}\mathfrak{q})\,(\mathfrak{b}\mathfrak{p}).$$

Die übersichtlichste Schreibweise der rechten Seite der gefundenen Gleichung ist die Determinantenform

$$\begin{vmatrix} \mathfrak{a}\mathfrak{p} & \mathfrak{a}\mathfrak{q} \\ \mathfrak{b}\mathfrak{p} & \mathfrak{b}\mathfrak{q} \end{vmatrix} \quad \text{oder} \quad \begin{vmatrix} \mathfrak{a}\mathfrak{p} & \mathfrak{b}\mathfrak{p} \\ \mathfrak{a}\mathfrak{q} & \mathfrak{b}\mathfrak{q} \end{vmatrix}.$$

Als Resultat unserer Rechnung erscheint die

Formel vom Skalarviererprodukt:

$$\boxed{(\mathfrak{a} \times \mathfrak{b}) \cdot (\mathfrak{p} \times \mathfrak{q}) = \overline{\mathfrak{a}\mathfrak{b}} \cdot \overline{\mathfrak{p}\mathfrak{q}} = \begin{vmatrix} \mathfrak{a}\mathfrak{p} & \mathfrak{a}\mathfrak{q} \\ \mathfrak{b}\mathfrak{p} & \mathfrak{b}\mathfrak{q} \end{vmatrix}}.$$

Sie verwandelt sich in dem Sonderfalle

$$\mathfrak{p} = \mathfrak{a}, \qquad \mathfrak{q} = \mathfrak{b}$$

in

$$\overline{\mathfrak{a}\mathfrak{b}}^2 = \mathfrak{a}^2\,\mathfrak{b}^2 - \widetilde{\mathfrak{a}\mathfrak{b}}^2$$

oder in

$$\boxed{\widetilde{\mathfrak{a}\mathfrak{b}}^2 + \overline{\mathfrak{a}\mathfrak{b}}^2 = \mathfrak{a}^2\,\mathfrak{b}^2}.$$

etwas umständlicher geschrieben:

$$(\mathfrak{a} \cdot \mathfrak{b})^2 + (\mathfrak{a} \times \mathfrak{b})^2 = \mathfrak{a}^2\,\mathfrak{b}^2.$$

Diese wichtige pythagoreische Beziehung zwischen dem skalaren und vektorischen Produkt zweier Vektoren erhielten wir auf andere Weise schon im § 3.

Vektorviererprodukt.

Die Umformung des Vektorprodukts

$$\mathfrak{v} = \overline{\mathfrak{a}\mathfrak{b}} \times \overline{\mathfrak{p}\mathfrak{q}}$$

vollzieht sich etwas einfacher. Wir schreiben

$$\mathfrak{v} = \overline{\mathfrak{a}\mathfrak{b}} \times (\mathfrak{p} \times \mathfrak{q})$$

und wenden auf das Vektorprodukt $\mathfrak{p} \times \mathfrak{q}$ und den Multiplikator $\overline{\mathfrak{a}\mathfrak{b}}$ den Entwicklungssatz an. Das gibt

$$\mathfrak{v} = (\overline{\mathfrak{a}\mathfrak{b}} \cdot \mathfrak{q})\,\mathfrak{p} - (\overline{\mathfrak{a}\mathfrak{b}} \cdot \mathfrak{q})\,\mathfrak{p}$$

oder, wenn wir in den Klammerausdrücken als Mischprodukten die Operationszeichen weglassen,

$$\mathfrak{v} = (\mathfrak{a}\mathfrak{b}\mathfrak{q})\,\mathfrak{p} - (\mathfrak{a}\mathfrak{b}\mathfrak{p})\,\mathfrak{q}.$$

Als Resultat entsteht die

Formel vom Vektorviererprodukt:

$$\boxed{(\mathfrak{a} \times \mathfrak{b}) \times (\mathfrak{p} \times \mathfrak{q}) = \overline{\mathfrak{a}\mathfrak{b}} \times \overline{\mathfrak{p}\mathfrak{q}} = (\mathfrak{a}\mathfrak{b}\mathfrak{q})\,\mathfrak{p} - (\mathfrak{a}\mathfrak{b}\mathfrak{p})\,\mathfrak{q}}\,.$$

Die Vektorviererproduktformel liefert einen einfachen Beweis für den Satz von der linearen Abhängigkeit von vier beliebigen Vektoren und gleichzeitig die Darstellung eines beliebigen Vektors $\mathfrak{d}$ durch drei beliebige nichtkomplanare Vektoren $\mathfrak{a}$, $\mathfrak{b}$, $\mathfrak{c}$.

Es ist nämlich

$$\overline{\mathfrak{a}\mathfrak{b}} \times \overline{\mathfrak{c}\mathfrak{d}} = (\mathfrak{a}\mathfrak{b}\mathfrak{d})\,\mathfrak{c} - (\mathfrak{a}\mathfrak{b}\mathfrak{c})\,\mathfrak{d}$$

sowie

$$\overline{\mathfrak{c}\mathfrak{d}} \times \overline{\mathfrak{a}\mathfrak{b}} = (\mathfrak{b}\mathfrak{c}\mathfrak{d})\,\mathfrak{a} + (\mathfrak{c}\mathfrak{a}\mathfrak{d})\,\mathfrak{b}.$$

Durch Addition dieser Gleichungen entsteht

$$(\mathfrak{b}\mathfrak{c}\mathfrak{d})\,\mathfrak{a} + (\mathfrak{c}\mathfrak{a}\mathfrak{d})\,\mathfrak{b} + (\mathfrak{a}\mathfrak{b}\mathfrak{d})\,\mathfrak{c} - (\mathfrak{a}\mathfrak{b}\mathfrak{c})\,\mathfrak{d} = 0$$

oder, wenn das Mischprodukt $\mathfrak{a}\mathfrak{b}\mathfrak{c}$ mit m bezeichnet wird,

$$\boxed{\mathfrak{d} = \frac{\mathfrak{b}\mathfrak{c}\mathfrak{d}}{m}\,\mathfrak{a} + \frac{\mathfrak{c}\mathfrak{a}\mathfrak{d}}{m}\,\mathfrak{b} + \frac{\mathfrak{a}\mathfrak{b}\mathfrak{d}}{m}\,\mathfrak{c}}\,,$$

welche Formel die angekündigte Darstellung angibt.

Wir benutzen die Vektorviererproduktformel noch, um folgenden Satz zu beweisen:

Reziproke Vektortripel haben reziproke Mischprodukte.

$\mathfrak{a}$, $\mathfrak{b}$, $\mathfrak{c}$ seien drei nichtkomplanare Vektoren mit dem Mischprodukt

$$m = \mathfrak{a}\mathfrak{b}\mathfrak{c}.$$

Das dem Tripel $(\mathfrak{a}, \mathfrak{b}, \mathfrak{c})$ reziproke Tripel besteht aus den Vektoren

$$\mathfrak{A} = \frac{\mathfrak{b} \times \mathfrak{c}}{m}, \qquad \mathfrak{B} = \frac{\mathfrak{c} \times \mathfrak{a}}{m}, \qquad \mathfrak{C} = \frac{\mathfrak{a} \times \mathfrak{b}}{m}$$

und hat das Mischprodukt

$$M = \mathfrak{A}\mathfrak{B}\mathfrak{C}.$$

Die Behauptung heißt

$$\boxed{M m = 1}\,.$$

Zum Beweise setzen wir

$$\mathfrak{b}\times\mathfrak{c}=\mathfrak{p},\qquad \mathfrak{c}\times\mathfrak{a}=\mathfrak{q},\qquad \mathfrak{a}\times\mathfrak{b}=\mathfrak{r}$$

und bilden zunächst das Produkt $\mathfrak{p}\times\mathfrak{q}$. Nach der Vektorviererprodukt-formel ist

$$\mathfrak{p}\times\mathfrak{q}=\overline{\mathfrak{b}\mathfrak{c}}\times\overline{\mathfrak{c}\mathfrak{a}}=(\mathfrak{a}\,\mathfrak{b}\,\mathfrak{c})\,\mathfrak{c}-(\mathfrak{b}\,\mathfrak{c}\,\mathfrak{c})\,\mathfrak{a}=m\,\mathfrak{c}.$$

Ähnlich ist

$$\mathfrak{q}\times\mathfrak{r}=m\,\mathfrak{a}\qquad\text{und}\qquad \mathfrak{r}\times\mathfrak{p}=m\,\mathfrak{b}.$$

Nunmehr wird

$$M=\mathfrak{A}\,\mathfrak{B}\,\mathfrak{C}=\frac{\mathfrak{p}\,\mathfrak{q}\,\mathfrak{r}}{m^3}=\frac{\mathfrak{p}\times\mathfrak{q}\cdot\mathfrak{r}}{m^3}=\frac{m\,\mathfrak{c}\cdot\mathfrak{r}}{m^3}=\frac{\mathfrak{c}\cdot\mathfrak{r}}{m^2}=\frac{m}{m^2}=\frac{1}{m}.$$

§ 8. Transformation von Vektoren und Koordinaten.

Wir denken uns zwei Koordinatensysteme — Rechtssysteme — mit dem gemeinsamen Ursprung O: das XYZ-System mit den Grundvektoren $\mathfrak{E}$, $\mathfrak{O}$, $\mathfrak{U}$ und das xyz-System mit den Grundvektoren $\mathfrak{e}$, $\mathfrak{o}$, $\mathfrak{u}$, die wir kurz als »altes« und »neues« System von einander unterscheiden.

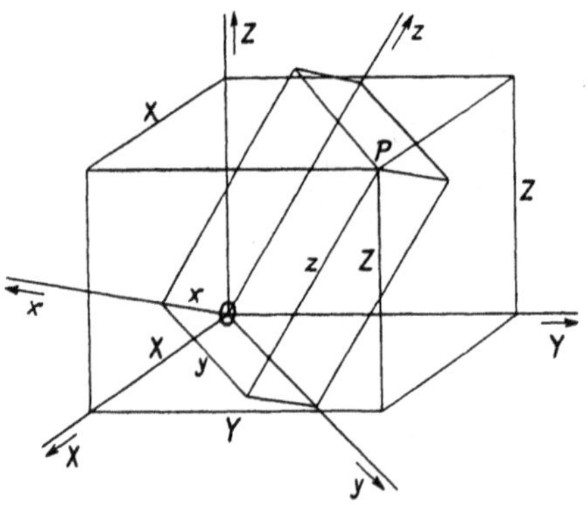

Bild 24.

Ein Punkt P habe im alten System die Koordinaten X, Y, Z, im neuen die Koordinaten x, y, z; welche Beziehungen bestehen zwischen diesen Koordinaten?

Wir gliedern unsere Untersuchung in zwei Abschnitte: im ersten behandeln wir die am meisten gebrauchten, weil sich durch besonders einfache Eigenschaften auszeichnenden rechtwinkligen Systeme, im zweiten die seltener gebrauchten schiefwinkligen Systeme.

I. Orthogonalsysteme.

Die Koordinaten oder Maßzahlen der Einheitsvektoren $\mathfrak{e}$, $\mathfrak{o}$, $\mathfrak{u}$ in bezug auf das alte System seien bzw. (α, β, γ), $(\alpha', \beta', \gamma')$, $(\alpha'', \beta'', \gamma'')$, so daß die drei Transformationsformeln für die Grundvektoren:

$$(1)\qquad \left\{\begin{aligned}\mathfrak{e}&=\alpha\,\mathfrak{E}+\beta\,\mathfrak{O}+\gamma\,\mathfrak{U}\\ \mathfrak{o}&=\alpha'\,\mathfrak{E}+\beta'\,\mathfrak{O}+\gamma'\,\mathfrak{U}\\ \mathfrak{u}&=\alpha''\mathfrak{E}+\beta''\mathfrak{O}+\gamma''\mathfrak{U}\end{aligned}\right.$$

gelten. Die Größen α, β, γ sind also die Richtungscosinus des Einheitsvektors $\mathfrak{e}$ im alten System, zugleich die Skalarprodukte $\mathfrak{E}\mathfrak{e}$, $\mathfrak{O}\mathfrak{e}$, $\mathfrak{U}\mathfrak{e}$;

ebenso sind α', β', γ' die Richtungscosinus von $\mathfrak{o}$ im alten System und zugleich die Skalarprodukte $\mathfrak{E}\mathfrak{o}$, $\mathfrak{O}\mathfrak{o}$, $\mathfrak{U}\mathfrak{o}$; endlich α'', β'', γ'' sind die Richtungscosinus von $\mathfrak{u}$ im XYZ-System und gleichzeitig die Skalarprodukte $\mathfrak{E}\mathfrak{u}$, $\mathfrak{O}\mathfrak{u}$, $\mathfrak{U}\mathfrak{u}$. Demgemäß besteht die Matrixgleichung

$$\begin{pmatrix} \alpha & \beta & \gamma \\ \alpha' & \beta' & \gamma' \\ \alpha'' & \beta'' & \gamma'' \end{pmatrix} = \begin{pmatrix} \mathfrak{E}\mathfrak{e} & \mathfrak{O}\mathfrak{e} & \mathfrak{U}\mathfrak{e} \\ \mathfrak{E}\mathfrak{o} & \mathfrak{O}\mathfrak{o} & \mathfrak{U}\mathfrak{o} \\ \mathfrak{E}\mathfrak{u} & \mathfrak{O}\mathfrak{u} & \mathfrak{U}\mathfrak{u} \end{pmatrix}.$$

Sie liefert, wenn man sie statt nach Zeilen nach Spalten und zwar von rechts nach links liest, die Umkehrungsformeln

$$(\bar{1}) \qquad \begin{cases} \mathfrak{E} = \alpha\mathfrak{e} + \alpha'\mathfrak{o} + \alpha''\mathfrak{u} \\ \mathfrak{O} = \beta\mathfrak{e} + \beta'\mathfrak{o} + \beta''\mathfrak{u} \\ \mathfrak{U} = \gamma\mathfrak{e} + \gamma'\mathfrak{o} + \gamma''\mathfrak{u}. \end{cases}$$

Es ist bequem und übersichtlich, die sechs Formeln (1) und $(\bar{1})$ durch das Schema

(I)

	$\mathfrak{E}$	$\mathfrak{O}$	$\mathfrak{U}$
$\mathfrak{e}$	α	β	γ
$\mathfrak{o}$	α'	β'	γ'
$\mathfrak{u}$	α''	β''	γ''

zu einer »einzigen Beziehung« zusammenzufassen, was so zu verstehen ist, daß wir aus dem Schema (I) je nach Bedarf die Formeln (1) oder $(\bar{1})$ oder auch beide Formelgruppen zugleich »ablesen«.

Die Darstellung des Vektors $\overrightarrow{OP} = \mathfrak{r}$ durch die Basen der beiden Systeme führt zu den Gleichungen

$$\mathfrak{r} = X\mathfrak{E} + Y\mathfrak{O} + Z\mathfrak{U} \qquad \text{und} \qquad \mathfrak{r} = x\mathfrak{e} + y\mathfrak{o} + z\mathfrak{u},$$

aus denen die wichtige Formel

$$X\mathfrak{E} + Y\mathfrak{O} + Z\mathfrak{U} = x\mathfrak{e} + y\mathfrak{o} + z\mathfrak{u}$$

folgt.

Multiplizieren wir sie sukzessive skalar mit $\mathfrak{e}$, $\mathfrak{o}$, $\mathfrak{u}$, so entstehen die gesuchten Transformationsformeln für die Koordinaten:

$$\begin{cases} x = X\,\mathfrak{E}\mathfrak{e} + Y\,\mathfrak{O}\mathfrak{e} + Z\,\mathfrak{U}\mathfrak{e}, \\ y = X\,\mathfrak{E}\mathfrak{o} + Y\,\mathfrak{O}\mathfrak{o} + Z\,\mathfrak{U}\mathfrak{o}, \\ z = X\,\mathfrak{E}\mathfrak{u} + Y\,\mathfrak{O}\mathfrak{u} + Z\,\mathfrak{U}\mathfrak{u}, \end{cases}$$

die sich gemäß obiger Matrixgleichung einfacher

$$(2) \qquad \boxed{\begin{aligned} x &= \alpha\ X + \beta\ Y + \gamma\ Z \\ y &= \alpha'\ X + \beta'\ Y + \gamma'\ Z \\ z &= \alpha''X + \beta''Y + \gamma''Z \end{aligned}}$$

schreiben.

Multiplizieren wir sie dagegen sukzessive skalar mit $\mathfrak{E}$, $\mathfrak{O}$, $\mathfrak{U}$, so erhalten wir ähnlich

$$(\bar{2}) \qquad \boxed{\begin{aligned} X &= \alpha x + \alpha' y + \alpha'' z \\ Y &= \beta x + \beta' y + \beta'' z \\ Z &= \gamma x + \gamma' y + \gamma'' z \end{aligned}}\ .$$

Die neuen Koordinaten x, y, z des Punktes P sind daher mit den alten X, Y, Z durch die Beziehungen (2) und ($\bar{2}$) verbunden, was wir wieder kurz durch das Schema

(II)

	X	Y	Z
x	α	β	γ
y	α'	β'	γ'
z	α''	β''	γ''

ausdrücken, das eben hier die Rolle jener Beziehungen übernimmt.

Der Vergleich von (2) und ($\bar{2}$) mit (1) und ($\bar{1}$) oder von (II) mit (I) zeigt, daß die neuen Koordinaten x, y, z mit den alten Koordinaten X, Y, Z durch dieselben Beziehungen verbunden sind wie die neuen Grundvektoren $\mathfrak{e}$, $\mathfrak{o}$, $\mathfrak{u}$ mit den alten $\mathfrak{E}$, $\mathfrak{O}$, $\mathfrak{U}$.

Das Ergebnis unserer Überlegung bildet die

Transformation:

	$\mathfrak{E}$	$\mathfrak{O}$	$\mathfrak{U}$
$\mathfrak{e}$	α	β	γ
$\mathfrak{o}$	α'	β'	γ'
$\mathfrak{u}$	α''	β''	γ''

bzw.

	X	Y	Z
x	α	β	γ
y	α'	β'	γ'
z	α''	β''	γ''

.

Der Name »Transformation« erklärt sich dadurch, daß z. B. Funktionen der Koordinaten x, y, z durch (2) in Funktionen der Koordinaten X, Y, Z umgeformt, »transformiert« werden können.

Von besonderem Interesse ist die aus den neun Richtungscosinus aufgebaute Transformationsdeterminante

$$d = \begin{vmatrix} \alpha & \beta & \gamma \\ \alpha' & \beta' & \gamma' \\ \alpha'' & \beta'' & \gamma'' \end{vmatrix},$$

deren wichtigste Eigenschaften wir hier zusammenstellen.

1. Orthogonalitätsformeln:

Zwischen den Elementen der Transformationsdeterminante bestehen die

12 Orthogonalitätsbedingungen

$$\alpha^2+\beta^2+\gamma^2=1,\quad \alpha'^2+\beta'^2+\gamma'^2=1,\quad \alpha''^2+\beta''^2+\gamma''^2=1,$$
$$\alpha'\alpha''+\beta'\beta''+\gamma'\gamma''=0,\quad \alpha''\alpha+\beta''\beta+\gamma''\gamma=0,\quad \alpha\alpha'+\beta\beta'+\gamma\gamma'=0,$$
$$\alpha^2+\alpha'^2+\alpha''^2=1,\quad \beta^2+\beta'^2+\beta''^2=1,\quad \gamma^2+\gamma'^2+\gamma''^2=1,$$
$$\beta\gamma+\beta'\gamma'+\beta''\gamma''=0,\quad \gamma\alpha+\gamma'\alpha'+\gamma''\alpha''=0,\quad \alpha\beta+\alpha'\beta'+\alpha''\beta''=0,$$

die sich in die kurze Regel fassen lassen:

Das Quadrat jeder Reihe der Transformationsdeterminante ist Eins, das Produkt von je zwei Parallelreihen Null.

Um ihre Richtigkeit einzusehen, erwäge man z. B. daß die linke Seite der ersten Bedingung das Quadrat des Ausdrucks $\alpha\mathfrak{E}+\beta\mathfrak{O}+\gamma\mathfrak{U}$ ist, der nach (1) gleich $\mathfrak{e}$ ist, daß ferner die linke Seite der vierten Bedingung das Skalarprodukt der Vektoren $\alpha'\mathfrak{E}+\beta'\mathfrak{O}+\gamma'\mathfrak{U}$ und $\alpha''\mathfrak{E}+\beta''\mathfrak{O}+\gamma''\mathfrak{U}$ ist, die nach (1) gleich $\mathfrak{o}$ bzw. $\mathfrak{u}$ sind, usw.

2. Adjunkteneigenschaft:

Die Adjunkte jedes Elements der Transformationsdeterminante ist dem Element gleich.

Die Adjunkten

$$A'=\gamma\beta''-\beta\gamma'',\qquad B'=\alpha\gamma''-\gamma\alpha'',\qquad \Gamma'=\beta\alpha''-\alpha\beta''$$

der zweiten Zeile von d z. B. sind die Koordinaten des Vektorprodukts der beiden Vektoren

$$\mathfrak{u}=\alpha''\mathfrak{E}+\beta''\mathfrak{O}+\gamma''\mathfrak{U}\qquad\text{und}\qquad \mathfrak{e}=\alpha\mathfrak{E}+\beta\mathfrak{O}+\gamma\mathfrak{U}$$

im alten System, da nämlich:

$$\mathfrak{u}\times\mathfrak{e}=A'\mathfrak{E}+B'\mathfrak{O}+\Gamma'\mathfrak{U}.$$

Da dieses Produkt aber $\mathfrak{o}$ ist und

$$\mathfrak{o}=\alpha'\mathfrak{E}+\beta'\mathfrak{O}+\gamma'\mathfrak{U}$$

ist, so haben wir die Gleichungen

$$A'=\alpha',\qquad B'=\beta',\qquad \Gamma'=\gamma'\quad\text{usw.}$$

3. Die Transformationsdeterminate hat den Wert 1.

Der Beweis dieses Satzes folgt sofort aus der Adjunkteneigenschaft. Entwickeln wir d z. B. nach der zweiten Zeile:

$$d=\alpha'A'+\beta'B'+\gamma'\Gamma',$$

so wird

$$d=\alpha'^2+\beta'^2+\gamma'^2=1.$$

Koordinatentransformation in der Ebene.

Die obigen Formeln vereinfachen sich erheblich, wenn es sich um eine Transformation in der Ebene handelt, wenn also ein XY-System mit den Grundvektoren $\mathfrak{E}$ und $\mathfrak{U}$ und ein ursprungsgleiches xy-System mit den Grundvektoren $\mathfrak{e}$ und $\mathfrak{o}$ aufeinander bezogen werden sollen. An Stelle von neun Richtungscosinus braucht man hier nur zwei, nämlich die Richtungscosinus λ und μ des Vektors $\mathfrak{e}$ im alten System (XY-System). Ist nämlich θ der Winkel, den der Vektor $\mathfrak{e}$ mit dem Grundvektor $\mathfrak{E}$ bildet, also $\cos\theta = \lambda$, so ist der Winkel, den $\mathfrak{e}$ mit $\mathfrak{O}$ bildet, das Komplement von θ, folglich $\sin\theta = \mu$. Da ferner $\mathfrak{o}$ mit $\mathfrak{E}$ den Winkel $90^0 + \theta$, mit $\mathfrak{O}$ den Winkel θ bildet, sind die Richtungscosinus von $\mathfrak{o}$ im XY-System $-\mu$ und λ.

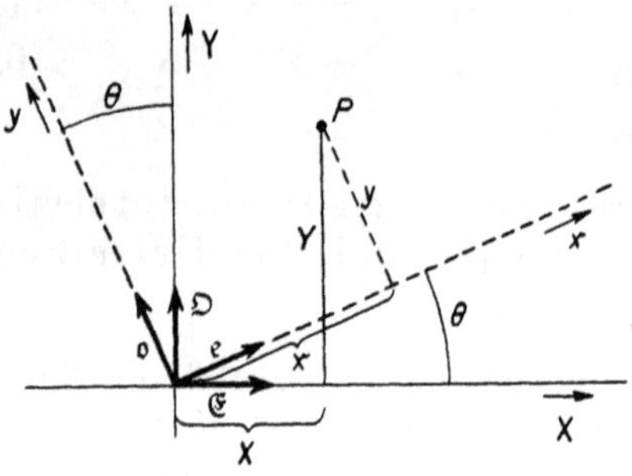

Bild 25.

Unsere Transformation erhält die Form

	$\mathfrak{E}$	$\mathfrak{O}$
$\mathfrak{e}$	λ	μ
$\mathfrak{o}$	$-\mu$	λ

bzw.

	X	Y
x	λ	μ
y	$-\mu$	λ

,

wo also λ den Cosinus und μ den Sinus des Winkels θ bedeutet, den die positive x-Achse mit der positiven X-Achse bildet.

Es gelten demnach z. B. die Transformationsgleichungen:

$$\boxed{x = \lambda X + \mu Y, \qquad y = \lambda Y - \mu X},$$

in denen, um es zu wiederholen, X und Y die Koordinaten eines beliebigen Punktes P im alten System und x und y die Koordinaten desselben Punktes im neuen System sind.

Es ist übrigens ein leichtes, diese Transformationsformeln aus der beistehenden Figur abzulesen.

Unsere Transformation läßt sich auch anwenden auf die Drehung eines Koordinatensystems um seinen Ursprung.

Wir können in unserer Figur die Vektoren $\mathfrak{e}$ und $\mathfrak{o}$, sowie die Strecke OP entstanden denken durch Drehung des von $\mathfrak{e}$ und $\mathfrak{o}$ gebildeten rechten Winkels, dessen Schenkel vor der Drehung auf $\mathfrak{E}$ und $\mathfrak{O}$ lagen, und in dessen Raume der Punkt P vor der Drehung im XY-System die Koordinaten x und y hatte. Dabei ist θ der Drehungswinkel.

Wir sehen, daß der Punkt P nach der Drehung im XY-System die Koordinaten X und Y hat. Damit haben wir folgenden

Drehungssatz:

Werden die Grundvektoren $\mathfrak{E}$ und $\mathfrak{D}$ eines festen ebenen Koordinatensystems und ein mit ihnen starr verbundener Punkt mit den Koordinaten x und y um den Koordinatenursprung um den Winkel 0 gedreht, so gehen die Vektoren in neue Einheitsvektoren $\mathfrak{e}$ und $\mathfrak{d}$, der Punkt in eine neue Lage mit den neuen Koordinaten X und Y über, und es gelten die Drehungsformeln

$$\boxed{\begin{matrix} \mathfrak{e} = \lambda\mathfrak{E} + \mu\mathfrak{D} \\ \mathfrak{d} = \lambda\mathfrak{D} - \mu\mathfrak{E} \end{matrix}}\,, \qquad \boxed{\begin{matrix} X = \lambda x - \mu y \\ Y = \mu x + \lambda y \end{matrix}}\,,$$

wobei λ den Cosinus und μ den Sinus des Drehungswinkels bedeutet.

II. Schiefwinklige Systeme.

Wir suchen jetzt die Transformation für schiefwinklige Koordinatensysteme, genauer gesagt für Systeme mit beliebig gestellten Achsen, indem wir den Fall der Orthogonalität von zwei oder drei Achsen miteinbegreifen.

Die Koordinaten der Vektoren $\mathfrak{e}$, $\mathfrak{d}$, $\mathfrak{u}$ im alten System seien (α, β, γ), $(\alpha', \beta', \gamma')$, $(\alpha'', \beta'', \gamma'')$, so daß die drei Formeln

[1] $$\left\{\begin{aligned} \mathfrak{e} &= \alpha\,\mathfrak{E} + \beta\,\mathfrak{D} + \gamma\,\mathfrak{U} \\ \mathfrak{d} &= \alpha'\,\mathfrak{E} + \beta'\,\mathfrak{D} + \gamma'\,\mathfrak{U} \\ \mathfrak{u} &= \alpha''\mathfrak{E} + \beta''\mathfrak{D} + \gamma''\mathfrak{U} \end{aligned}\right.$$

gelten.

Um auch umgekehrt $\mathfrak{E}$, $\mathfrak{D}$ und $\mathfrak{U}$ durch $\mathfrak{e}$, $\mathfrak{d}$, $\mathfrak{u}$ auszudrücken, lösen wir diese Gleichungen nach den »Unbekannten« $\mathfrak{E}$, $\mathfrak{D}$, $\mathfrak{U}$ auf. Das ist möglich, da die Koeffizientendeterminante

$$d = \begin{matrix} \alpha & \beta & \gamma \\ \alpha' & \beta' & \gamma' \\ \alpha'' & \beta'' & \gamma'' \end{matrix}$$

nicht verschwindet. Wäre sie nämlich gleich Null, so verschwände auch ihre Transponierte

$$\begin{matrix} \alpha & \alpha' & \alpha'' \\ \beta & \beta' & \beta'' \\ \gamma & \gamma' & \gamma'' \end{matrix}\,,$$

und es gäbe drei eigentliche, d. h. nicht sämtlich verschwindende Zahlen λ, μ, ν, die die drei Gleichungen

$$\begin{aligned} \alpha\lambda + \alpha'\mu + \alpha''\nu &= 0, \\ \beta\lambda + \beta'\mu + \beta''\nu &= 0, \\ \gamma\lambda + \gamma'\mu + \gamma''\nu &= 0 \end{aligned}$$

befriedigen. Dann wäre aber nach [1]

$$\lambda\,\mathfrak{e} + \mu\,\mathfrak{o} + \nu\,\mathfrak{u} = 0,$$

was unmöglich ist, da die Vektoren $\mathfrak{e}$, $\mathfrak{o}$, $\mathfrak{u}$ als Grundvektoren linear unabhängig sind.

Die Auflösung ergibt

$$[\bar{1}] \qquad \begin{cases} \mathfrak{E} = A\,\mathfrak{e} + A'\,\mathfrak{o} + A''\,\mathfrak{u} \\ \mathfrak{O} = B\,\mathfrak{e} + B'\,\mathfrak{o} + B''\,\mathfrak{u} \\ \mathfrak{U} = \Gamma\,\mathfrak{e} + \Gamma'\,\mathfrak{o} + \Gamma''\,\mathfrak{u} \end{cases},$$

wobei die Elemente der Determinante

$$D = \begin{vmatrix} A & B & \Gamma \\ A' & B' & \Gamma' \\ A'' & B'' & \Gamma'' \end{vmatrix}$$

die durch d geteilten Adjunkten der homologen Elemente von d sind. Multiplizieren wir die erste Gleichung von [1] skalar sukzessive mit den zu $\mathfrak{E}$, $\mathfrak{O}$, $\mathfrak{U}$ reziproken Vektoren $\mathfrak{E}_1$, $\mathfrak{O}_1$, $\mathfrak{U}_1$, so bekommen wir für die Koeffizienten α, β, γ die Werte

$$\alpha = \mathfrak{e}\,\mathfrak{E}_1, \qquad \beta = \mathfrak{e}\,\mathfrak{O}_1, \qquad \gamma = \mathfrak{e}\,\mathfrak{U}_1.$$

Ähnlich erhalten wir aus den anderen beiden Formeln von [1] die Gleichungen

$$\alpha' = \mathfrak{o}\,\mathfrak{E}_1, \qquad \beta' = \mathfrak{o}\,\mathfrak{O}_1, \qquad \gamma' = \mathfrak{o}\,\mathfrak{U}_1$$

und

$$\alpha'' = \mathfrak{u}\,\mathfrak{E}_1, \qquad \beta'' = \mathfrak{u}\,\mathfrak{O}_1, \qquad \gamma'' = \mathfrak{u}\,\mathfrak{U}_1.$$

Die gefundenen neun Gleichungen fassen wir zu einer Matrixgleichung zusammen:

$$\begin{pmatrix} \alpha & \beta & \gamma \\ \alpha' & \beta' & \gamma' \\ \alpha'' & \beta'' & \gamma'' \end{pmatrix} = \begin{pmatrix} \mathfrak{e}\,\mathfrak{E}_1 & \mathfrak{e}\,\mathfrak{O}_1 & \mathfrak{e}\,\mathfrak{U}_1 \\ \mathfrak{o}\,\mathfrak{E}_1 & \mathfrak{o}\,\mathfrak{O}_1 & \mathfrak{o}\,\mathfrak{U}_1 \\ \mathfrak{u}\,\mathfrak{E}_1 & \mathfrak{u}\,\mathfrak{O}_1 & \mathfrak{u}\,\mathfrak{U}_1 \end{pmatrix}.$$

Durch sukzessive skalare Multuplikation der Formeln [$\bar{1}$] mit den zu $\mathfrak{e}$, $\mathfrak{o}$, $\mathfrak{u}$ reziproken Vektoren $\mathfrak{e}_1$, $\mathfrak{o}_1$, $\mathfrak{u}_1$ ergibt sich ebenso die Matrixgleichung

$$\begin{pmatrix} A & B & \Gamma \\ A' & B' & \Gamma' \\ A'' & B'' & \Gamma'' \end{pmatrix} = \begin{pmatrix} \mathfrak{E}\,\mathfrak{e}_1 & \mathfrak{O}\,\mathfrak{e}_1 & \mathfrak{U}\,\mathfrak{e}_1 \\ \mathfrak{E}\,\mathfrak{o}_1 & \mathfrak{O}\,\mathfrak{o}_1 & \mathfrak{U}\,\mathfrak{o}_1 \\ \mathfrak{E}\,\mathfrak{u}_1 & \mathfrak{O}\,\mathfrak{u}_1 & \mathfrak{U}\,\mathfrak{u}_1 \end{pmatrix}.$$

Auch hier führt die Darstellung des Vektors $\overrightarrow{OP} = \mathfrak{r}$ zu der Formel

$$X\,\mathfrak{E} + Y\,\mathfrak{O} + Z\,\mathfrak{U} = x\,\mathfrak{e} + y\,\mathfrak{o} + z\,\mathfrak{u}.$$

Um sie nach x, y, z aufzulösen, multiplizieren wir sie skalar bzw. mit $\mathfrak{e}_1$, $\mathfrak{o}_1$, $\mathfrak{u}_1$ und bekommen

$$\begin{aligned} x &= X\,\mathfrak{E}\mathfrak{e}_1 + Y\,\mathfrak{O}\mathfrak{e}_1 + Z\,\mathfrak{U}\mathfrak{e}_1, \\ y &= X\,\mathfrak{E}\mathfrak{o}_1 + Y\,\mathfrak{O}\mathfrak{o}_1 + Z\,\mathfrak{U}\mathfrak{o}_1, \\ z &= X\,\mathfrak{E}\mathfrak{u}_1 + Y\,\mathfrak{O}\mathfrak{u}_1 + Z\,\mathfrak{U}\mathfrak{u}_1 \end{aligned}$$

oder auf Grund der zweiten der soeben gewonnenen Matrixgleichungen

[2] $$\left\{\begin{aligned} x &= A\;\;X + B\;\;Y + \Gamma\;\;Z \\ y &= A'\;X + B'\;Y + \Gamma'\;Z \\ z &= A''X + B''Y + \Gamma''Z \end{aligned}\right. .$$

Die Auflösung nach X, Y, Z vollzieht sich ebenso durch Skalarmultiplikation mit bzw. $\mathfrak{E}_1$, $\mathfrak{O}_1$, $\mathfrak{U}_1$ und folgende Heranziehung der andern Matrixgleichung. Es entsteht

[$\overline{2}$] $$\left\{\begin{aligned} X &= \alpha\,x + \alpha'\,y + \alpha''\,z \\ Y &= \beta\,x + \beta'\,y + \beta''\,z \\ Z &= \gamma\,x + \gamma'\,y + \gamma''\,z \end{aligned}\right. .$$

Die beiden Formelsysteme [2] und [$\overline{2}$] stellen die gesuchte Koordinatentransformation dar.

Die Bedeutung der Transformationskoeffizienten ist aus den beiden aufgestellten Matrixgleichungen ersichtlich.

Die Einprägung der gefundenen Formeln und gleichzeitige Erfassung der Koeffizientenbedeutung gelingt am besten durch die

Zusammenstellung der Transformationsformeln:

$$\left\{\begin{aligned} \mathfrak{e} &= \alpha\;\;\mathfrak{E} + \beta\;\;\mathfrak{O} + \gamma\;\;\mathfrak{U} \\ \mathfrak{o} &= \alpha'\;\mathfrak{E} + \beta'\;\mathfrak{O} + \gamma'\;\mathfrak{U} \\ \mathfrak{u} &= \alpha''\mathfrak{E} + \beta''\mathfrak{O} + \gamma''\mathfrak{U} \end{aligned}\right. ,\qquad \left\{\begin{aligned} \mathfrak{E} &= A\,\mathfrak{e} + A'\,\mathfrak{o} + A''\mathfrak{u} \\ \mathfrak{O} &= B\,\mathfrak{e} + B'\,\mathfrak{o} + B''\mathfrak{u} \\ \mathfrak{U} &= \Gamma\,\mathfrak{e} + \Gamma'\,\mathfrak{o} + \Gamma''\mathfrak{u} \end{aligned}\right.$$

$$\left\{\begin{aligned} x &= A\;\;X + B\;\;Y + \Gamma\;\;Z \\ y &= A'\;X + B'\;Y + \Gamma'\;Z \\ z &= A''X + B''Y + \Gamma''Z \end{aligned}\right. ,\qquad \left\{\begin{aligned} X &= \alpha\,x + \alpha'\,y + \alpha''\,z \\ Y &= \beta\,x + \beta'\,y + \beta''\,z \\ Z &= \gamma\,x + \gamma'\,y + \gamma''\,z \end{aligned}\right. .$$

Hier wird durch die sechs Vektorformeln zugleich die Bedeutung der Transformationskoeffizienten, durch die sechs Koordinatenformeln die Koordinatentransformation fixiert. Dazu ist noch zu merken, daß die Elemente der Determinante $D = |A\;B'\;\Gamma''|$ die durch d geteilten Adjunkten der homologen Elemente von $d = |\alpha\;\beta'\;\gamma''|$, natürlich auch die Elemente von d die durch D geteilten Adjunkten der homologen Elemente von D sind.

Transformation für Koordinatensysteme einer Ebene.

Das XY-System mit dem Ursprung O habe die Grundvektoren $\mathfrak{E}$ und $\mathfrak{O}$, das xy-System mit demselben Ursprung die Grundvektoren $\mathfrak{e}$ und $\mathfrak{o}$. Ein beliebiger Punkt P habe im ersten System die Koordinaten X und Y, im zweiten die Koordinaten x und y. Dann gilt für den Vektor

Bild 26.

$O\vec{P} = \mathfrak{r}$ die Doppeldarstellung

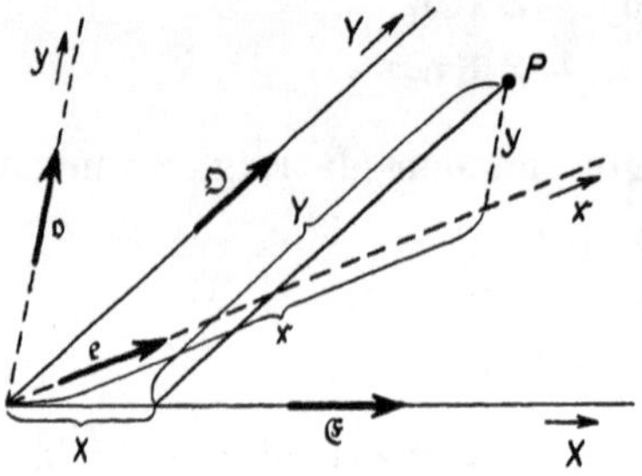

$$\mathfrak{r} = X\,\mathfrak{E} + Y\,\mathfrak{O} = x\,\mathfrak{e} + y\,\mathfrak{o}.$$

Um die Transformation zu erhalten, wenden wir auf $\mathfrak{r}$ den aus dem Projektionssatze von § 2 unmittelbar folgenden Satz an:

Die (arithmetische) Projektion einer Vektorsumme $\mathfrak{A} + \mathfrak{B} + \ldots$ auf eine zu dem beliebigen Vektor $\mathfrak{H}$ senkrechte Gerade ist

$$A \sin \mathfrak{H}\,\mathfrak{A} + B \sin \mathfrak{H}\,\mathfrak{B} + \ldots,$$

wo A, B, $\ldots$ die Beträge von $\mathfrak{A}$, $\mathfrak{B}$, $\ldots$ und $\sin \mathfrak{H}\,\mathfrak{A}$, $\sin \mathfrak{H}\,\mathfrak{B}$, $\ldots$ die Sinus der von $\mathfrak{H}$ mit $\mathfrak{A}$, $\mathfrak{B}$, $\ldots$ gebildeten Winkel bedeuten.

Wir wählen 1. $\mathfrak{H} = \mathfrak{o}$, 2. $\mathfrak{H} = \mathfrak{e}$, setzen in nicht mißzuverstehender Weise

im 1. Falle $\sin \mathfrak{H}\,\mathfrak{E} = \sin y\,X$, $\sin \mathfrak{H}\,\mathfrak{O} = \sin y\,Y$, $\sin \mathfrak{H}\,\mathfrak{e} = \sin y\,x$,

im 2. Falle $\sin \mathfrak{H}\,\mathfrak{E} = \sin x\,X$, $\sin \mathfrak{H}\,\mathfrak{O} = \sin x\,Y$, $\sin \mathfrak{H}\,\mathfrak{o} = \sin x\,y$

(wobei also $\sin xy + \sin yx = 0$ ist) und haben

$$\boxed{\begin{aligned} x \sin y\,x &= X \sin y\,X + Y \sin y\,Y \\ y \sin x\,y &= X \sin x\,X + Y \sin x\,Y \end{aligned}}.$$

Durch die Wahl $\mathfrak{H} = \mathfrak{O}$ bzw. $\mathfrak{H} = \mathfrak{E}$ erhalten wir auf dieselbe Art

$$\boxed{\begin{aligned} X \sin Y\,X &= x \sin Y\,x + y \sin Y\,y \\ Y \sin X\,Y &= x \sin X\,x + y \sin X\,y \end{aligned}}.$$

Die beiden gefundenen Formelpaare stellen die gesuchte Koordinatentransformation dar.

Die Sinus der in ihnen auftretenden Winkel sind die Sinus der von den paarweise zusammentretenden Koordinatenachsen gebildeten Winkel, also bekannte Zahlen.

§ 9. Die Eulerwinkel.

In der Transformation

	$\mathfrak{E}$	$\mathfrak{O}$	$\mathfrak{U}$
$\mathfrak{e}$	α	β	γ
$\mathfrak{o}$	α'	β'	γ'
$\mathfrak{u}$	α''	β''	γ''

bzw.

	X	Y	Z
x	α	β	γ
y	α'	β'	γ'
z	α''	β''	γ''

wird die Beziehung zwischen den beiden Dreibeinen ($\mathfrak{E}$, $\mathfrak{O}$, $\mathfrak{U}$) und ($\mathfrak{e}$, $\mathfrak{o}$, $\mathfrak{u}$) bzw. zwischen den Orthogonalsystemen (X, Y, Z) und (x, y, z) durch die Cosinus der neun Winkel vermittelt, die die Achsen des einen Systems mit denen des andern bilden. Der Umstand aber, daß die Cosinus dieser neun Winkel durch die sechs Beziehungen

$$\alpha^2+\beta^2+\gamma^2=1, \qquad \alpha'^2+\beta'^2+\gamma'^2=1, \qquad \alpha''^2+\beta''^2+\gamma''^2=1$$
$$\alpha'\alpha''+\beta'\beta''+\gamma'\gamma''=0, \qquad \alpha''\alpha+\beta''\beta+\gamma''\gamma=0, \qquad \alpha\alpha'+\beta\beta'+\gamma\gamma'=0$$

miteinander verknüpft sind, weist darauf hin, daß zur Fixierung jener Beziehungen bereits drei Winkel ausreichen müssen. Diese drei Winkel jedoch aus den genannten neun Winkeln auszuwählen, ist wegen der Unbestimmtheit dieser Wahl nicht ratsam. Es ist vorteilhafter, sich der drei Winkel zu bedienen, die schon Euler für diesen Zweck vorschlug, und die seither allgemein dafür gebraucht werden.

Diese Eulerwinkel erhält man folgendermaßen.

Wir nennen den gemeinsamen Ursprung der beiden Koordinatensysteme O, die Gerade OK, in der die xy-Ebene die XY-Ebene schneidet, Knotenlinie, den Winkel, den die Knotenlinie in der XY-Ebene mit der X-Achse bzw. in der xy-Ebene mit der x-Achse bildet, Ω bzw. ω, so daß, wenn φ den Winkel bedeutet, um den man die Knotenlinie in der xy-Ebene im positiven Sinne drehen muß, um sie auf die x-Achse zu bringen, $\varphi+\omega=360^0$ ist, weiter den Winkel, den die z-Achse mit der Z-Achse, zugleich der Vektor $\mathfrak{u}$ mit dem Vektor $\mathfrak{U}$, zugleich auch die xy-Ebene mit der XY-Ebene bildet, θ und führen die Abkürzungen

$$\cos\Omega=P, \qquad \cos\omega=\cos\varphi=p, \qquad \cos\theta=\lambda$$
$$\sin\Omega=Q, \qquad \sin\omega=-\sin\varphi=q, \qquad \sin\theta=\mu$$

ein.

Wir bringen nun das Dreibein ($\mathfrak{E}$, $\mathfrak{O}$, $\mathfrak{U}$) aus seiner ursprünglichen Lage durch drei sukzessive Drehungen in die Lage ($\mathfrak{e}$, $\mathfrak{o}$, $\mathfrak{u}$).

1. Wir drehen es um die Z-Achse um den Winkel Ω in die Lage ($\mathfrak{E}_1$, $\mathfrak{O}_1$, $\mathfrak{U}_1$), so daß $\mathfrak{E}_1$ auf die Knotenlinie und $\mathfrak{U}_1$ auf $\mathfrak{U}$ fällt. Dann ist (§ 8)

$$\mathfrak{E}_1=P\,\mathfrak{E}+Q\,\mathfrak{O}, \qquad \mathfrak{O}_1=-Q\,\mathfrak{E}+P\,\mathfrak{O}, \qquad \mathfrak{U}_1=\mathfrak{U}.$$

2. Wir drehen das Dreibein ($\mathfrak{E}_1$, $\mathfrak{O}_1$, $\mathfrak{U}_1$) um die Knotenlinie, d. h. um $\mathfrak{E}_1$ um den Winkel θ in die Lage ($\mathfrak{E}_2$, $\mathfrak{O}_2$, $\mathfrak{U}_2$), so daß $\mathfrak{U}_2$ auf $\mathfrak{u}$ (in die z-Achse) und $\mathfrak{O}_2$ in die xy-Ebene fällt. Dann ist

$$\mathfrak{E}_2 = \mathfrak{E}_1, \qquad \mathfrak{O}_2 = \lambda\,\mathfrak{O}_1 + \mu\,\mathfrak{U}_1, \qquad \mathfrak{U}_2 = -\mu\,\mathfrak{O}_1 + \lambda\,\mathfrak{U}_1.$$

3. Wir drehen das Dreibein ($\mathfrak{E}_2$, $\mathfrak{O}_2$, $\mathfrak{U}_2$) um die z-Achse (um $\mathfrak{u}$) um den Winkel φ in die Lage ($\mathfrak{E}_3$, $\mathfrak{O}_3$, $\mathfrak{U}_3$), so daß $\mathfrak{E}_3$ auf $\mathfrak{e}$, $\mathfrak{O}_3$ auf $\mathfrak{o}$ und $\mathfrak{U}_3$ auf $\mathfrak{u}$ fällt. Dann ist

$$\mathfrak{e} = p\,\mathfrak{E}_2 - q\,\mathfrak{O}_2, \qquad \mathfrak{o} = q\,\mathfrak{E}_2 + p\,\mathfrak{O}_2, \qquad \mathfrak{u} = \mathfrak{U}_2.$$

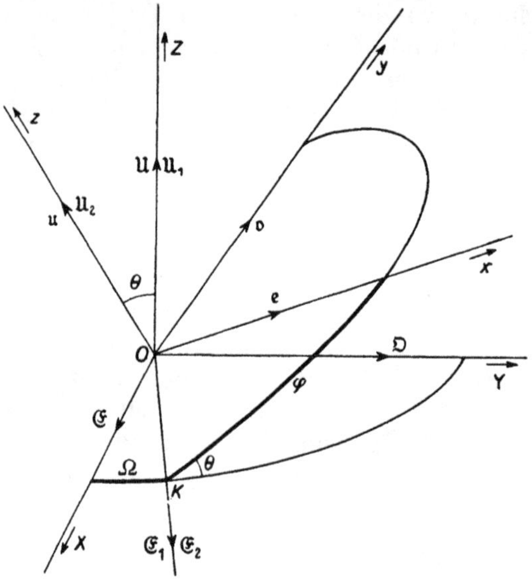

Die Einheitsvektoren sind nur nach Richtung eingezeichnet.

Bild 27.

Drücken wir hier $\mathfrak{E}_2$, $\mathfrak{O}_2$, $\mathfrak{U}_2$ durch $\mathfrak{E}_1$, $\mathfrak{O}_1$, $\mathfrak{U}_1$, sodann letztere durch $\mathfrak{E}$, $\mathfrak{O}$, $\mathfrak{U}$ aus, so ergibt sich

Eulers Transformation:

	$\mathfrak{E}$	$\mathfrak{O}$	$\mathfrak{U}$
$\mathfrak{e}$	$Pp + Qq\lambda$	$Qp - Pq\lambda$	$-q\mu$
$\mathfrak{o}$	$Pq - Qp\lambda$	$Qq + Pp\lambda$	$+p\mu$
$\mathfrak{u}$	$+Q\mu$	$-P\mu$	λ

bzw. das System

$$\begin{aligned} x &= (Pp + Qq\lambda)\,X + (Qp - Pq\lambda)\,Y - q\mu Z, \\ y &= (Pq - Qp\lambda)\,X + (Qq + Pp\lambda)\,Y + p\mu Z, \\ z &= Q\mu\,X \qquad\qquad - P\mu\,Y \qquad\qquad + \lambda Z \end{aligned}$$

der Eulerschen Transformationsformeln.

Durch die Eulersche Transformation wird die Verknüpfung zwischen altem und neuem Koordinatensystem, zwischen altem und neuem Dreibein unter Zuhilfenahme von nur drei Winkeln (Ω, ω, θ), den Eulerwinkeln, hergestellt.

In der Eulertransformation

	X	Y	Z
x	$Pp + Qq\lambda$	$Qp - Pq\lambda$	$-q\mu$
y	$Pq - Qp\lambda$	$Qq + Pp\lambda$	$p\mu$
z	$Q\mu$	$-P\mu$	λ

bedeuten (X, Y, Z) und (x, y, z) die Koordinaten ein und desselben Punktes im alten XYZ-System und im neuen xyz-System.

Man kann dieser Transformation aber noch eine andere Bedeutung unterlegen, bei der nur ein einziges Koordinatensystem auftritt.

Ein Körper, dessen Punkte durch ihre Koordinaten in diesem System festgelegt sind, gerate durch eine gewisse Drehung um den Ursprung des Koordinatensystems in eine neue Lage. Hat dabei der Körperpunkt M, der vor der Drehung die Koordinaten $x\,|y|\,z$ besaß' nach der Drehung die durch Eulers Transformation fixierten Koordinaten $X\,|\,Y\,|\,Z$, so nennen wir die Drehung eine Eulerdrehung. Es gilt nämlich folgender

Satz von Euler:

Die Eulerdrehung ist das Ergebnis der sukzessiven Achsendrehungen

φ um die z-Achse,
θ um die x-Achse,
Ω um die z-Achse.

Beweis. Der Punkt M gerate durch die genannten Drehungen sukzessive nach $M_1\,(x_1\,|y_1|\,z_1)$, $M_2\,(x_2\,|y_2|\,z_2)$, $M_3\,(x_3\,|y_3|\,z_3)$.

Dann ist der Reihe nach (§ 8)

$$
\begin{aligned}
x_1 &= p\,x + q\,y\,, & y_1 &= -q\,x + p\,y\,, & z_1 &= z\,;\\
x_2 &= x_1\,, & y_2 &= \lambda\,y_1 - \mu\,z_1\,, & z_2 &= \mu\,y_1 + \lambda\,z_1\,;\\
x_3 &= P x_2 - Q\,y_2\,, & y_3 &= Q\,x_2 + P\,y_2\,, & z_3 &= z_2\,.
\end{aligned}
$$

Durch Elimination von x_1, y_1, z_1 und x_2, y_2, z_2 folgt hieraus

$$
\begin{aligned}
x_3 &= (Pp + Qq\,\lambda)\,x + (Pq - Qp\,\lambda)\,y + Q\mu\,z\,,\\
y_3 &= (Qp - Pq\,\lambda)\,x + (Qq + Pp\,\lambda)\,y - P\mu\,z\,,\\
z_3 &= \quad -q\,\mu\,x \quad + \quad p\,\mu\,y \quad + \lambda\,z
\end{aligned}
$$

oder im Hinblick auf die Eulerschen Transformationsgleichungen

$$x_3 = X, \qquad y_3 = Y, \qquad z_3 = Z,$$

w. z. b. w.

Es ist vielleicht nicht unnütz, die doppelte Auffassung der Eulertransformation nochmals in einem Satze zum Ausdruck zu bringen.

Die Transformation

	X	Y	Z
x	α	β	γ
y	α'	β'	γ'
z	α''	β''	γ''

$$\text{mit} \begin{pmatrix} \alpha & \beta & \gamma \\ \alpha' & \beta' & \gamma' \\ \alpha'' & \beta'' & \gamma'' \end{pmatrix} = \begin{pmatrix} Pp + Qq\lambda & Qp - Pq\lambda & -q\mu \\ Pq - Qp\lambda & Qq + Pp\lambda & p\mu \\ Q\mu & -P\mu & \lambda \end{pmatrix}$$

kann zweierlei bedeuten:

1. die Beziehung zwischen den alten Koordinaten $X|Y|Z$ eines Punktes im alten Koordinatensystem (dem XYZ-System) und den neuen Koordinaten $x|y|z$ desselben Punktes im neuen System (xyz-System). Dabei sind die Richtungscosinus der x-Achse, y-Achse, z-Achse in bezug auf das alte System bzw. (α, β, γ), $(\alpha', \beta', \gamma')$, $(\alpha'', \beta'', \gamma'')$;

2. die Beziehung zwischen den alten Koordinaten $x|y|z$ eines Punktes in einem festen Koordinatensystem und den neuen Koordinaten $X|Y|Z$, die dieser Punkt in demselben Koordinatensystem erhält, wenn er um den Koordinatenursprung die Eulerdrehung ausgeführt hat. Diese Eulerdrehung ist die Folge der drei sukzessiven Drehungen φ, Θ, Ω um bzw. die z-Achse, x-Achse, z-Achse, wobei Cosinus und Sinus dieser Eulerwinkel bzw. die Werte $(p, -q)$, (λ, μ), (P, Q) haben.

§ 10. Das Zentroid.

Es erweist sich oft als vorteilhaft, jedem Punkte eines Systems von Punkten eine besondere Zahl zuzuordnen oder zu assoziieren, die man passend als die Stärke des Punktes bezeichnet. Ein derartiges Punktsystem nennt man auch wohl einen Punkthaufen. Die Summe der Stärken aller Punkte des Haufens heißt dann die Stärke des Punkthaufens. Wir betrachten nur Punkthaufen mit nichtverschwindender Stärke.

Um die Position eines beliebigen Punktes P festzulegen, wählen wir einen Fixpunkt O, den »Ursprung«, und bestimmen P durch seinen vektoriellen Abstand vom Ursprung oder

$$\text{Ortsvektor } \overrightarrow{OP} = \mathfrak{r}.$$

Unter dem Moment des Punktes P für den Ursprung versteht man das Produkt aus seiner Stärke und seinem Ortsvektor. Im Hinblick auf diese Redeweise nennt man den Ursprung auch Momentenpunkt.

Unter dem Moment eines Punkthaufens versteht man die Summe der Momente seiner Punkte.

Unter dem Zentroid des Punkthaufens endlich versteht man den Punkt, dessen Stärke mit der Stärke des Haufens, dessen Moment mit dem Moment des Haufens übereinstimmt. Sind $P_1, P_2, \ldots, P_n$ die Haufenpunkte, $\mu_1, \mu_2, \ldots, \mu_n$ ihre Stärken, $\mathfrak{r}_1, \mathfrak{r}_2, \ldots, \mathfrak{r}_n$ ihre Ortsvektoren, so ist das Zentroid des Haufens oder, wie man auch sagt, das Zentroid der Punkte $P_1, P_2, \ldots, P_n$ der Punkt Z mit dem Ortsvektor $\overrightarrow{OZ} = \mathfrak{r}$, dessen Stärke

$$(1) \qquad \mu = \mu_1 + \mu_2 + \ldots + \mu_n,$$

dessen Moment

$$(2) \qquad \mu\mathfrak{r} = \mu_1\mathfrak{r}_1 + \mu_2\mathfrak{r}_2 + \ldots + \mu_n\mathfrak{r}_n$$

ist.

Die Wichtigkeit des Zentroidbegriffes gründet sich auf seine drei Fundamentaleigenschaften, die in den folgenden drei Sätzen ihren Niederschlag finden.

Satz 1. Das Zentroid ändert seine Lage nicht, wenn die Stärken aller Punkte des Haufens und seines Zentroids mit ein und demselben Faktor multipliziert werden.

Satz 2. Das Zentroid ist von der Lage des Momentenpunkts oder Ursprungs unabhängig.

Satz 3. Das Zentroid eines Punkthaufens ist zugleich das Zentroid der Zentroide seiner Teile.

Der Beweis des Satzes 1 folgt ohne weiteres aus den Definitionsformeln (1) und (2).

Beweis zu Satz 2. Bei Einführung eines neuen Momentenpunkts O' gilt neben (2) die Gleichung

$$(2') \qquad \mu\mathfrak{r}' = \mu_1\mathfrak{r}'_1 + \mu_2\mathfrak{r}'_2 + \ldots + \mu_n\mathfrak{r}'_n,$$

wo $\mathfrak{r}'_\nu$ den neuen Ortsvektor $\overrightarrow{O'P_\nu}$ des Punktes P_ν, $\mathfrak{r}'$ den neuen Ortsvektor $\overrightarrow{O'Z'}$ des neuen Zentroids bedeutet. Nun ist mit $\overrightarrow{O'O} = \mathfrak{o}$

$$\mathfrak{r}'_\nu = \overrightarrow{O'P_\nu} = \overrightarrow{O'O} + \overrightarrow{OP_\nu} = \mathfrak{o} + \mathfrak{r}_\nu$$

sowie

$$\mathfrak{r}' = \overrightarrow{O'Z'} = \overrightarrow{O'O} + \overrightarrow{OZ} + \overrightarrow{ZZ'} = \mathfrak{o} + \mathfrak{r} + \overrightarrow{ZZ'}.$$

Substituieren wir diese Werte in (2'), so verwandelt sie sich wegen (1) und (2) in

$$\mu \overrightarrow{ZZ'} = 0.$$

Folglich ist $\overrightarrow{ZZ'}$ gleich Null, und das neue Zentroid Z' fällt mit dem alten, Z, zusammen. Das Zentroid ändert sich also bei Änderung des Ursprungs nicht.

Beweis zu Satz 3. Wir zerlegen den Punkthaufen $(P_1, P_2, \ldots, P_n)$ in etwa drei Teile: I, bestehend aus den Punkten $A_1, A_2, \ldots, A_a$ mit den Stärken $\alpha_1, \alpha_2, \ldots, \alpha_a$ und den Ortsvektoren $\mathfrak{A}_1, \mathfrak{A}_2, \ldots, \mathfrak{A}_a$, II, bestehend aus den Punkten $B_1, B_2, \ldots, B_b$ mit den Stärken $\beta_1, \beta_2, \ldots, \beta_b$ und den Ortsvektoren $\mathfrak{B}_1, \mathfrak{B}_2, \ldots, \mathfrak{B}_b$ und III, bestehend aus den Punkten $C_1, C_2, \ldots, C_c$ mit den Stärken $\gamma_1, \gamma_2, \ldots, \gamma_c$ und den Ortsvektoren $\mathfrak{C}_1, \mathfrak{C}_2, \ldots, \mathfrak{C}_c$. Setzen wir dann

$$\alpha \mathfrak{A} = \alpha_1 \mathfrak{A}_1 + \alpha_2 \mathfrak{A}_2 + \ldots + \alpha_a \mathfrak{A}_a \qquad \text{mit } \alpha = \alpha_1 + \alpha_2 + \ldots + \alpha_a,$$
$$\beta \mathfrak{B} = \beta_1 \mathfrak{B}_1 + \beta_2 \mathfrak{B}_2 + \ldots + \beta_b \mathfrak{B}_b \qquad \text{mit } \beta = \beta_1 + \beta_2 + \ldots + \beta_b,$$
$$\gamma \mathfrak{C} = \gamma_1 \mathfrak{C}_1 + \gamma_2 \mathfrak{C}_2 + \ldots + \gamma_c \mathfrak{C}_c \qquad \text{mit } \gamma = \gamma_1 + \gamma_2 + \ldots + \gamma_c,$$

so sind $\mathfrak{A}, \mathfrak{B}, \mathfrak{C}$ die Ortsvektoren der Zentroide der drei Teile I, II, III mit den Stärken α, β, γ. Daher bestimmt sich der Ortsverkehr $\mathfrak{z}$ des Zentroids dieser drei Zentroide durch die Vorschrift

$$(\alpha + \beta + \gamma)\,\mathfrak{z} = \alpha \mathfrak{A} + \beta \mathfrak{B} + \gamma \mathfrak{C}.$$

Anderseits ist der Ortsvektor $\mathfrak{r}$ des Zentroids des vorgelegten Haufens durch die Gleichung

$$(\alpha + \beta + \gamma)\mathfrak{r} = \alpha_1 \mathfrak{A}_1 + \ldots + \alpha_a \mathfrak{A}_a + \beta_1 \mathfrak{B}_1 + \ldots + \beta_b \mathfrak{B}_b + \gamma_1 \mathfrak{C}_1 + \ldots + \gamma_c \mathfrak{C}_c$$

definiert. Aus der Übereinstimmung der rechten Seiten der beiden gefundenen Gleichungen folgt die der linken und damit

$$\mathfrak{z} = \mathfrak{r}, \qquad \text{w. z. b. w.}$$

Zentroid des Punktpaares.

Um das Zentroid Z der beiden Punkte A und B mit den Stärken α und β zu ermitteln, wählen wir zweckmäßig Z als Ursprung. Wir haben dann

$$\alpha \overrightarrow{ZA} + \beta \overrightarrow{ZB} = 0$$

und damit Kollinearität der beiden Vektoren $\overrightarrow{ZA}$ und $\overrightarrow{ZB}$.

Das Zentroid Z des Punktpaares (A, B) liegt auf der Verbindungslinie AB, und zwar innerhalb oder außerhalb der Strecke AB, je nachdem die Stärken α und β gleiche oder entgegengesetzte Vorzeichen haben. Das Zentroid Z teilt die Verbindungslinie der beiden gegebenen Punkte im umgekehrten Verhältnis ihrer Stärken, derart, daß das Teilverhältnis $AZ : BZ$ den Wert $\beta : \alpha$ hat.

Dabei gilt das Teilverhältnis als positiv oder negativ, je nachdem Z innerhalb oder außerhalb der Strecke AB liegt.

Der gefundene Satz befähigt uns sofort zu einer sehr einfachen Lösung der wichtigen

Aufgabe: Den Ortsvektor

$$\vec{OP} = \mathfrak{p}$$

des Punktes P zu finden, der die Verbindungslinie von zwei gegebenen Punkten A und B mit den Ortsvektoren

$$\vec{OA} = \mathfrak{a}, \qquad \vec{OB} = \mathfrak{b}$$

in dem vorgeschriebenen Verhältnis

$$AP : BP = m : n$$

teilt.

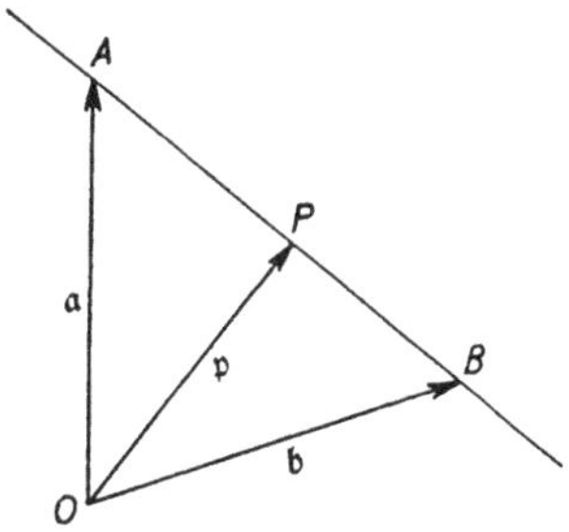

Bild 28.

Das Verhältnis $AP : BP$ gilt als positiv oder negativ, je nachdem P innerhalb oder außerhalb der Strecke AB liegt.

Wir assoziieren dem Punkte A die Stärke n, dem Punkte B die Stärke m; dann ist P das Zentroid von A und B. Darauf wählen wir O als Momentenpunkt und haben

$$(m+n)\,\mathfrak{p} = n\mathfrak{a} + m\mathfrak{b}$$

oder

$$\boxed{\mathfrak{p} = \frac{n\mathfrak{a} + m\mathfrak{b}}{m+n}}.$$

Setzen wir

$$\frac{n}{m+n} = \lambda, \qquad \frac{m}{m+n} = \mu,$$

so ist etwas einfacher

$$\mathfrak{p} = \lambda\mathfrak{a} + \mu\mathfrak{b} \qquad \text{mit } \lambda + \mu = 1.$$

Ist umgekehrt der Ortsvektor $\vec{OP} = \mathfrak{p}$ eines Punktes P Linearkompositum

$$\mathfrak{p} = \lambda\mathfrak{a} + \mu\mathfrak{b} \qquad \text{mit } \lambda + \mu = 1$$

der beiden Vektoren

$$\vec{OA} = \mathfrak{a} \qquad \text{und} \qquad \vec{OB} = \mathfrak{b},$$

so liegt seine Spitze P auf der Geraden AB und teilt AB im Verhältnis $\mu : \lambda$.

Daher gilt der

Kollinearitätssatz:

Die notwendige und hinreichende Bedingung für Kollinearität von drei Punkten A, B, P ist die Gleichung

$$\boxed{\mathfrak{p} = \lambda\mathfrak{a} + \mu\mathfrak{b}} \qquad \text{mit } \lambda + \mu = 1,$$

in welcher $\mathfrak{a}$, $\mathfrak{b}$, $\mathfrak{p}$ die Ortsvektoren der drei Punkte A, B, P sind und

$$\mu : \lambda = AP : BP$$

das Teilverhältnis des Punktes P für die Punkte A und B bedeutet.

Dabei gilt das Teilverhältnis als positiv oder negativ, je nachdem P innerhalb oder außerhalb der Strecke AB liegt. In der Proportion $\mu : \lambda = AP : BP$ sind also AP und BP keine Strecken, sondern Koordinaten. Die Koordinate AP (BP) wird positiv oder negativ gerechnet, je nachdem die Vektoren $\overrightarrow{AB}$ und $\overrightarrow{AP}$ ($\overrightarrow{BA}$ und $\overrightarrow{BP}$) gleich oder entgegengesetzt gerichtet sind.

Läßt man in der Gleichung

$$\mathfrak{p} = \lambda\mathfrak{a} + \mu\mathfrak{b} \qquad \text{mit } \lambda + \mu = 1$$

die Parameter λ und μ variieren, so durchläuft der Punkt P sämtliche Punkte der geraden Linie AB.

Die Gleichung

$$\mathfrak{p} = \lambda\mathfrak{a} + \mu\mathfrak{b} \qquad \text{mit } \lambda + \mu = 1$$

ist die »Vektorgleichung« der geraden Linie AB.

Wir bringen die Kollinearitätsbedingung noch auf eine etwas andere Form.

Sind $\mathfrak{a}$, $\mathfrak{b}$, $\mathfrak{c}$ die Ortsvektoren von drei kollinearen Punkten A, B, C, so besteht etwa die Gleichung

$$\mathfrak{c} = \lambda\mathfrak{a} + \mu\mathfrak{b} \qquad \text{mit } \lambda + \mu = 1.$$

Wir schreiben sie

$$\alpha\mathfrak{a} + \beta\mathfrak{b} + \gamma\mathfrak{c} = 0 \qquad \text{mit } \alpha = \lambda,\ \beta = \mu,\ \gamma = -1,$$

so daß

$$\alpha + \beta + \gamma = 0$$

ist.

Gilt umgekehrt die Gleichung

$$\alpha\mathfrak{a} + \beta\mathfrak{b} + \gamma\mathfrak{c} = 0$$

mit der Nebenbedingung

$$\alpha + \beta + \gamma = 0,$$

so ist, etwa γ als von Null verschieden voraussetzend,

$$\mathfrak{c} = \lambda\mathfrak{a} + \mu\mathfrak{b}$$

mit

$$\lambda = -\alpha : \gamma, \qquad \mu = -\beta : \gamma \qquad \text{und} \qquad \lambda + \mu = 1.$$

Die drei Punkte A, B, C sind daher kollinear. Nun stellt die Relation

$$\alpha\mathfrak{a} + \beta\mathfrak{b} + \gamma\mathfrak{c} = 0$$

die Bedingung für lineare Abhängigkeit der drei Vektoren $\mathfrak{a}$, $\mathfrak{b}$, $\mathfrak{c}$ dar.

Unser Kollinearitätssatz erhält also die Form:

Drei Punkte sind dann und nur dann kollinear, wenn ihre Ortsvektoren linear abhängig sind und die Koeffizientensumme der Abhängigkeitsrelation verschwindet.

In Zeichen:

$$\boxed{\alpha\mathfrak{a} + \beta\mathfrak{b} + \gamma\mathfrak{c} = 0} \quad \text{mit} \quad \boxed{\alpha + \beta + \gamma = 0}\,.$$

Zentroid des Punkttripels.

Um das Zentroid der drei Punkte A, B, C mit den Stärken α, β, γ zu finden, verfährt man nach Zentroidsatz 3 etwa folgendermaßen. Man zerlegt den Punkthaufen in die beiden Teile (A, B) und C, bestimmt zunächst das auf der Geraden AB liegende Zentroid K des Punktpaares (A, B), das die Stärke $\varkappa = \alpha + \beta$ besitzt, sodann das Zentroid Z der beiden Punkte K und C mit den Stärken $\varkappa$ und γ. Es teilt die Verbindungslinie CK im Verhältnis

$$CZ : KZ = \varkappa : \gamma.$$

Z ist das Zentroid des Punkttripels (A, B, C). Das Zentroid von drei Punkten liegt also stets in der Ebene dieser drei Punkte.

Wie beim Punktpaar finden wir hier die Bedingungsgleichung

$$\alpha\,\overrightarrow{ZA} + \beta\,\overrightarrow{ZB} + \gamma\,\overrightarrow{ZC} = 0$$

für das Zentroid Z des Tripels (A, B, C). Auch sie bestätigt die Komplanarität der drei Vektoren $\overrightarrow{ZA}$, $\overrightarrow{ZB}$, $\overrightarrow{ZC}$ (§ 5).

Ist P ein beliebiger Punkt einer Ebene ABC, so existieren wegen der Komplanarität der drei Vektoren $\overrightarrow{PA}$, $\overrightarrow{PB}$, $\overrightarrow{PC}$ stets drei nicht sämtlich verschwindende Konstanten α, β, γ derart, daß

$$\alpha\,\overrightarrow{PA} + \beta\,\overrightarrow{PB} + \gamma\,\overrightarrow{PC} = 0$$

ist.

Da A, B, C nicht kollinear sind, kann die Summe $\alpha + \beta + \gamma$ nicht verschwinden. [Wäre $\alpha + \beta + \gamma = 0$, so wäre $\alpha + \beta = -\gamma$ und

$$\overrightarrow{PC} = \frac{\alpha}{\alpha+\beta}\,\overrightarrow{PA} + \frac{\beta}{\alpha+\beta}\,\overrightarrow{PB},$$

lägen daher nach dem oben über die Endpunkte von Ortsvektoren angegebenen Satze die Punkte A, B, C auf einer Geraden.]

Da ferner nur das Verhältnis $\alpha : \beta : \gamma$ angebbar ist, so denken wir α, β und γ so gewählt, daß ihre Summe Eins ist.

Durch das so bestimmte Zahlentripel (α, β, γ) ist der Punkt P eindeutig festgelegt; einen von P verschiedenen Punkt Q mit der Eigenschaft

$$\alpha \overrightarrow{QA} + \beta \overrightarrow{QB} + \gamma \overrightarrow{QC} = 0$$

kann es nicht geben. In der Tat: Aus

$$\overrightarrow{QA} = \overrightarrow{QP} + \overrightarrow{PA}$$

und den entsprechenden Werten für $\overrightarrow{QB}$ und $\overrightarrow{QC}$ folgt

$$\alpha \overrightarrow{QA} + \beta \overrightarrow{QB} + \gamma \overrightarrow{QC} = (\alpha + \beta + \gamma) \overrightarrow{QP} + \alpha \overrightarrow{PA} + \beta \overrightarrow{PB} + \gamma \overrightarrow{PC}$$

oder wegen $\alpha + \beta + \gamma = 1$

$$\overrightarrow{QP} = 0$$

oder

$$Q = P.$$

Unser Tripel (α, β, γ) bestimmt also eindeutig die Lage oder den Stand des Punktes P; wie nennen α, β, γ deshalb die Standgrößen des Punktes P.

Wir kommen nunmehr zu der wichtigen Aufgabe: Gegeben sind ein Dreieck ABC, ein Ursprung O, der der Ebene des Dreiecks nicht anzugehören braucht, und die Ortsvektoren

$$\overrightarrow{OA} = \mathfrak{a}, \qquad \overrightarrow{OB} = \mathfrak{b}, \qquad \overrightarrow{OC} = \mathfrak{c}.$$

Gesucht wird der Ortsvektor

$$\overrightarrow{OP} = \mathfrak{p}$$

eines in der Dreiecksebene liegenden Punktes P, dessen Standgrößen α, β, γ gegeben sind.

Lösung. Wir gehen aus von der Relation

$$\alpha \overrightarrow{PA} + \beta \overrightarrow{PB} + \gamma \overrightarrow{PC} = 0,$$

assoziieren den Punkten A, B, C die Stärken α, β, γ und sehen, daß P das Zentroid des Punkttripels (A, B, C) ist. Darauf wählen wir O als Momentenpunkt und haben für das Zentroid P die Formel

$$(\alpha + \beta + \gamma) \overrightarrow{OP} = \alpha \overrightarrow{OA} + \beta \overrightarrow{OB} + \gamma \overrightarrow{OC}$$

oder

$$\boxed{\mathfrak{p} = \alpha \mathfrak{a} + \beta \mathfrak{b} + \gamma \mathfrak{c}},$$

durch welche die gestellte Aufgabe gelöst ist.

Umgekehrt folgt aus der Voraussetzung

$$\mathfrak{p} = \alpha\mathfrak{a} + \beta\mathfrak{b} + \gamma\mathfrak{c} \qquad \text{mit } \alpha + \beta + \gamma = 1$$

leicht, daß der Endpunkt P von $\mathfrak{p}$ in der Ebene des Dreiecks ABC liegt.

Das Ergebnis unserer Überlegung ist der

Komplanaritätssatz:

Die notwendige und hinreichende Bedingung für Komplanarität von vier Punkten A, B, C, P ist die Gleichung

$$\boxed{\mathfrak{p} = \alpha\mathfrak{a} + \beta\mathfrak{b} + \gamma\mathfrak{c}} \qquad \text{mit } \alpha + \beta + \gamma = 1,$$

in welcher $\mathfrak{a}$, $\mathfrak{b}$, $\mathfrak{c}$, $\mathfrak{p}$ die Ortsvektoren der vier Punkte A, B, C, P und α, β, γ gewisse Parameter mit der Summe 1 bedeuten.

Läßt man in der Gleichung

$$\mathfrak{p} = \alpha\mathfrak{a} + \beta\mathfrak{b} + \gamma\mathfrak{c} \qquad \text{mit } \alpha + \beta + \gamma = 1$$

die Parameter α, β, γ beliebig variieren, so durchläuft der Punkt P alle Punkte der Ebene ABC.

Die Gleichung

$$\mathfrak{p} = \alpha\mathfrak{a} + \beta\mathfrak{b} + \gamma\mathfrak{c} \qquad \text{mit } \alpha + \beta + \gamma = 1$$

ist die Vektorgleichung der Ebene ABC.

Wir bringen den Komplanaritätssatz in ähnlicher Weise wie oben den Kollinearitätssatz auf eine etwas andere Form. Da diese Umformung von der dortigen nicht wesentlich verschieden ist, wird es genügen, das Ergebnis auszusprechen:

Komplanaritätssatz:

Vier Punkte sind dann und nur dann komplanar, wenn ihre Ortsvektoren linear abhängig sind und die Koeffizientensumme der Abhängigkeitsrelation verschwindet. Ausführlich:

Vier Punkte A, B, C, D mit den Ortsvektoren

$$\overrightarrow{OA} = \mathfrak{a}, \qquad \overrightarrow{OB} = \mathfrak{b}, \qquad \overrightarrow{OC} = \mathfrak{c}, \qquad \overrightarrow{OD} = \mathfrak{d}$$

sind komplanar, wenn vier eigentliche Zahlen α, β, γ, δ existieren, für die die Bedingungen

$$\boxed{\alpha\mathfrak{a} + \beta\mathfrak{b} + \gamma\mathfrak{c} + \delta\mathfrak{d} = 0}$$

und

$$\boxed{\alpha + \beta + \gamma + \delta = 0}$$

erfüllt sind.

Zentroidkonstruktion für einen beliebigen Punkthaufen.

Um das Zentroid eines vorgelegten Punkthaufens zu konstruieren, zerlege man den Haufen irgendwie in Punktpaare und Punkttripel und ermittle deren Zentroide.

Den aus den gefundenen Zentroiden bestehenden Punkthaufen behandle man gerade so.

Durch Fortsetzung dieses Verfahrens kommt man schließlich zu einem Punktpaar oder Punkttripel, dessen Zentroid das Zentroid des vorgelegten Haufens darstellt.

Zentroid einer Fläche.

Eine vorgelegte Fläche werde in eine sehr große Anzahl sehr kleiner Teile zerlegt. Man wähle in jedem Teile einen beliebigen Punkt aus und assoziiere ihm als Stärke den Inhalt des Flächenteils. Der so entstandene Punkthaufen besitzt ein Zentroid Z. Der Grenzpunkt, dem dieses Zentroid bei unbegrenzter Verkleinerung der Flächenteilchen zustrebt, heißt das Zentroid der vorgelegten Fläche.

Nennen wir die vorgelegte Fläche und zugleich ihren Inhalt F, die Teile, in die wir sie zerlegen, $f_1, f_2, \ldots$, die Ortsvektoren der in diesen Teilen ausgewählten Punkte $\mathfrak{r}_1, \mathfrak{r}_2, \ldots$, den Ortsvektor des Zentroids Z $\mathfrak{S}$, so gilt die Gleichung

$$F\mathfrak{S} = f_1\mathfrak{r}_1 + f_2\mathfrak{r}_2 + \ldots$$

Beim Übergang zur Grenze nimmt sie die Form an

$$\boxed{F\mathfrak{R} = \int \mathfrak{r}\, dF},$$

wo $\mathfrak{R}$ den Ortsvektor des Zentroids und dF das Flächenelement der vorgelegten Fläche bedeutet, und wo die Integration über diese Fläche zu erstrecken ist.

Ist die Fläche eben, und sind (x, y) bzw. (X, Y) die Koordinaten von $\mathfrak{r}$ bzw. $\mathfrak{R}$, so liefert unsere Integralformel die beiden Formeln

$$FX = \int x\, dF, \qquad FY = \int y\, dF,$$

die die Koordinaten (X, Y) des gesuchten Zentroids der Fläche bestimmen.

Zentroid eines Raumes.

Das Zentroid eines begrenzten Raumes V wird ähnlich definiert. Man zerlegt V in sehr kleine Teilräume $v_1, v_2, \ldots$, wählt in v_ν irgendwo einen Punkt mit dem Ortsvektor $\mathfrak{r}_\nu$ und assoziiert ihm als Stärke den Inhalt v_ν des betreffenden Raumteils. Das Zentroid des so entstandenen Punkthaufens strebt bei unbegrenzter Verkleinerung der Teilräume gegen einen Grenzpunkt, der das Zentroid des vorgelegten Raumes ist. Für den Ortsvektor $\mathfrak{R}$ dieses Zentroids gilt die Formel

$$\boxed{V\mathfrak{R} = \int \mathfrak{r}\, dV},$$

wo die Integration über den Raum V zu erstrecken ist. Sie läßt sich in die drei cartesischen Formeln auflösen

$$VX = \int x\, dV, \qquad VY = \int y\, dV, \qquad VZ = \int z\, dV,$$

in denen x, y, z die Koordinaten von $\mathfrak{r}$ und X, Y, Z die Koordinaten des gesuchten Zentroids bedeuten.

§ 11. Vektorische Ableitung.

Durchläuft die unabhängige Veränderliche u ein gewisses, etwa von u_1 bis u_2 reichendes Intervall, und ist jedem Punkte des Intervalls ein Vektor $\mathfrak{s}$ zugeordnet, so ist dieser eine Funktion — eine vektorische Funktion oder Vektorfunktion — des Arguments u, was wir durch die Schreibung

$$\mathfrak{s} = \mathfrak{F}(u) \qquad \text{oder} \qquad \mathfrak{s} = \mathfrak{s}(u)$$

zum Ausdruck bringen.

Grenzwert eines Vektors.

Man sagt: die Vektorfunktion $\mathfrak{s} = \mathfrak{F}(u)$ strebt bei unbegrenzter Annäherung des Arguments u an den Wert u_0 gegen den Grenzwert $\mathfrak{s}_0 = \mathfrak{F}(u_0) = \mathfrak{F}_0$, wenn sich zu jedem positiven ε ein positives δ derart angeben läßt, daß für jeden die Bedingung

$$|u - u_0| < \delta$$

befriedigenden u-Wert

$$|\mathfrak{F}(u) - \mathfrak{F}_0| < \varepsilon$$

ausfällt. Man schreibt diesen Sachverhalt kurz

$$\lim_{u \to u_0} \mathfrak{F}(u) = \mathfrak{F}_0 .$$

Differenzenquotient.

Unter dem Differenzenquotienten der Vektorfunktion $\mathfrak{F}(u)$ für die beiden Argumentwerte u und U versteht man den vektoriellen Quotienten

$$\mathfrak{D} = \frac{\mathfrak{F}(U) - \mathfrak{F}(u)}{U - u} .$$

Ableitung oder Differentialquotient.

Unter dem Differentialquotienten oder der Ableitung der Funktion $\mathfrak{s} = \mathfrak{F}(u)$ an der Stelle u versteht man den Grenzwert, dem ihr Differenzenquotient $\mathfrak{D}$ bei festgehaltenem u zustrebt, wenn sich das variable U dem Werte u unbegrenzt nähert. Für diese Ableitung existieren die Bezeichnungen

$$\mathfrak{s}', \qquad D\mathfrak{s}, \qquad \mathfrak{F}'(u), \qquad \frac{d\mathfrak{s}}{du},$$

so daß

$$\mathfrak{s}' = D\mathfrak{s} = \mathfrak{F}'(u) = \frac{d\mathfrak{s}}{du} = \lim_{U \to u} \frac{\mathfrak{F}(U) - \mathfrak{F}(u)}{U - u}$$

ist. Außerdem schreibt man noch

$$d\mathfrak{s} = \mathfrak{s}'\,du \qquad \text{oder} \qquad d\mathfrak{F}(u) = \mathfrak{F}'(u)\,du$$

und nennt $d\mathfrak{s}$ bzw. $d\mathfrak{F}(u)$ ein Vektordifferential, das durch das unendlich kleine Wachstum du des Arguments hervorgebrachte Differential des Vektors $\mathfrak{s}$.

Man sieht leicht ein, daß die gewöhnlichen Regeln für die Berechnungen von Grenzwerten und Ableitungen auch im Vektorkalkül erhalten bleiben, insofern sich ja jeder Vektor $\mathfrak{s} = \mathfrak{F}(u)$ auf die Form

$$\mathfrak{s} = \mathfrak{i}\,\varphi(u) + \mathfrak{j}\,\psi(u) + \mathfrak{k}\,\chi(u)$$

bringen läßt, in der φ, ψ, χ gewöhnliche reelle Funktionen des Arguments u sind, und die betreffenden Regeln alsdann lediglich auf die Funktionen φ, ψ, χ anzuwenden sind.

Es wird deshalb genügen, die wichtigsten Differenzierungsregeln hier zusammenzustellen.

1. Für jeden konstanten Vektor $\mathfrak{C}$ ist $D\mathfrak{C} = 0$.
2. Eine Summe wird gliedweise differenziert. Z. B.

$$D(\mathfrak{S} + \mathfrak{s}) = D\,\mathfrak{S} + D\,\mathfrak{s}.$$

3. $D(\mathfrak{S} \cdot \mathfrak{s}) = \mathfrak{S} \cdot D\mathfrak{s} + (D\mathfrak{S}) \cdot \mathfrak{s} = \mathfrak{S} \cdot D\mathfrak{s} + \mathfrak{s} \cdot D\mathfrak{S}$,

$$D(\mathfrak{S} \times \mathfrak{s}) = \mathfrak{S} \times D\mathfrak{s} + (D\mathfrak{S}) \times \mathfrak{s} = \mathfrak{S} \times D\mathfrak{s} - \mathfrak{s} \times D\mathfrak{S}$$

Für die Ableitung eines Produkts sind noch die beiden Sonderfälle von Bedeutung, wo die beiden Faktoren gleich und wo einer von ihnen eine vektorische Konstante ist. Die entsprechenden Formeln lauten

$$D(\mathfrak{s} \cdot \mathfrak{s}) = D(\mathfrak{s}^2) = 2\,\mathfrak{s}\,D\mathfrak{s} = 2\,\mathfrak{s}\mathfrak{s}',$$

$$D(\mathfrak{s} \times \mathfrak{s}) = 0 \qquad (\text{da } \mathfrak{s} \times \mathfrak{s} = 0),$$

$$D(\mathfrak{C} \cdot \mathfrak{s}) = \mathfrak{C} \cdot D\mathfrak{s}, \qquad D(\mathfrak{C} \times \mathfrak{s}) = \mathfrak{C} \times D\mathfrak{s}.$$

Da außerdem $\mathfrak{s}^2 = s^2$ ist, wenn s den Betrag von $\mathfrak{s}$ bedeutet, so gilt noch die wichtige Formel

$$\boxed{\mathfrak{s}\,\mathfrak{s}' = s\,s'},$$

die sich auch

$$\boxed{D\,s = \mathfrak{s}_1\,D\mathfrak{s}}$$

schreiben läßt, falls man den mit $\mathfrak{s}$ richtungsgleichen Einheitsvektor $\mathfrak{s}_1$ einführt. (Es ist $\mathfrak{s} = s\,\mathfrak{s}_1$.)

Vektoranstieg.

Die in den angeführten Formeln auftretenden Differentiationen erfolgen nach dem Argument (u). In dem besonders häufig vorkommenden Falle, wo das Argument die Zeit t ist, bezeichnet man die Ableitung der Vektorfunktion $\mathfrak{s} = \mathfrak{F}(t)$ durch einen über $\mathfrak{s}$ bzw. $\mathfrak{F}$ gesetzten Punkt, so daß

$$\frac{d\mathfrak{s}}{dt} = \dot{\mathfrak{s}} \qquad \text{oder} \qquad \frac{d\mathfrak{F}(t)}{dt} = \dot{\mathfrak{F}}(t)$$

ist. Man nennt $\dot{\mathfrak{s}}$ (nach Wiechert) den Anstieg des Vektors $\mathfrak{s}$.

Bei der zweiten Ableitung (die gewöhnlich durch zwei angehängte Striche bezeichnet wird) werden in diesem Falle zwei Punkte verwandt:

$$\frac{d^2\mathfrak{s}}{dt^2} = \ddot{\mathfrak{s}} \qquad \text{oder} \qquad \frac{d^2\mathfrak{F}(t)}{dt^2} = \ddot{\mathfrak{F}}(t).$$

Da die beiden Ableitungen $\dot{\mathfrak{s}}$ und $\ddot{\mathfrak{s}}$ in der Mathematik, namentlich aber in der Physik eine große Rolle spielen, ist es geboten, ihre hervorstechenden Eigenschaften etwas näher zu betrachten.

Wir vergegenwärtigen uns zunächst die anschauliche Bedeutung von $\dot{\mathfrak{s}}$ und $\ddot{\mathfrak{s}}$. Zu dem Zwecke tragen wir den zeitlich veränderlichen Vektor $\mathfrak{s}$ von einem Fixpunkte O (Ursprung eines Koordinatensystems) aus ab, so daß

$$\overrightarrow{OP} = \mathfrak{s} = \mathfrak{F}(t)$$

ist. Sein Endpunkt P oder, wie wir besser sagen, seine Spitze P beschreibt dann eine ebene oder räumliche Kurve: die »Bahn« oder den »Weg« der Spitze P, den »Hodograph« des Vektors. Der Vektor $\mathfrak{s}$ wird deshalb auch Wegvektor oder Bahnvektor genannt.

Im Augenblicke t befindet sich die Vektorspitze in P, in dem wenig späteren Augenblicke $T = t + \tau$ etwa in Q; sie beschreibt in der kleinen Zeitspanne τ einen kurzen, von P nach Q führenden Bahnbogen. Je kleiner die Zeitspanne τ ist, desto weniger weicht dieser Bogen von der Strecke PQ ab, so daß wir bei hinreichend kleinem τ den Weg

$$\mathfrak{w} = \overrightarrow{PQ}$$

angenähert als den Weg — nach Länge und Richtung — der Vektorspitze während der Zeit τ ansehen können.

Wir schließen nun: die Vektorspitze beschreibt in τ Sekunden den Weg $\mathfrak{w}$, sonach in einer Sekunde den Weg $\mathfrak{w} : \tau$; der Quotient

$$\mathfrak{g} = \mathfrak{w} : \tau$$

ist die durchschnittliche Geschwindigkeit der Vektorspitze während der Spanne τ. Demnach ist der Grenzwert des Quotienten $\mathfrak{g}$ für unbegrenzt abnehmendes τ als die wahre Geschwindigkeit $\mathfrak{v}$ der Vektorspitze (nach Betrag und Richtung) im Augenblicke t anzusprechen.

Nun ist aber

$$\mathfrak{w} = \overrightarrow{PQ} = \overrightarrow{OQ} - \overrightarrow{OP} = \mathfrak{F}(T) - \mathfrak{F}(t),$$

mithin

$$\mathfrak{g} = \frac{\mathfrak{w}}{\tau} = \frac{\mathfrak{F}(T) - \mathfrak{F}(t)}{T - t}.$$

Der genannte Grenzwert von $\mathfrak{g}$ ist daher der Differentialquotient $\dot{\mathfrak{s}}$ der Funktion $\mathfrak{s} = \mathfrak{F}(t)$ an der Stelle t, in Zeichen:

$$\boxed{\mathfrak{v} = \dot{\mathfrak{s}}},$$

in Worten:

der Anstieg $\dot{\mathfrak{s}}$ des Wegvektors $\mathfrak{s}$ ist die Geschwindigkeit der Vektorspitze.

Aus diesem Grunde wird der Anstieg $\dot{\mathfrak{s}}$ auch die Geschwindigkeit des Vektors $\mathfrak{s}$ genannt.

Die analogen Betrachtungen über den Vektor $\mathfrak{v}$ führen uns zu dem Satze:

der Anstieg $\dot{\mathfrak{v}}$ der Vektorgeschwindigkeit $\mathfrak{v}$ ist die Beschleunigung $\mathfrak{q}$ der Wegvektorspitze.

In Zeichen

$$\boxed{\mathfrak{q} = \dot{\mathfrak{v}} = \ddot{\mathfrak{s}}}.$$

Aus diesem Grunde wird die zweite Ableitung $\ddot{\mathfrak{s}}$ des Vektors $\mathfrak{s}$ nach der Zeit auch als Beschleunigung des Vektors $\mathfrak{s}$ bezeichnet.

Die einfachsten Bahnen einer Wegvektorspitze sind die geradlinige und die kreisförmige. Im ersten Falle ist $\mathfrak{v}$ zu $\mathfrak{s}$ gleich oder entgegengesetzt gerichtet, also $\mathfrak{s} \times \mathfrak{v} = 0$, im zweiten Falle steht $\mathfrak{v}$ auf $\mathfrak{s}$ senkrecht, ist also $\mathfrak{s} \cdot \mathfrak{v} = 0$.

Umgekehrt folgt aus $\mathfrak{s} \times \mathfrak{v} = \mathfrak{s} \times \dot{\mathfrak{s}} = 0$ die Unveränderlichkeit der Richtung von $\mathfrak{s}$, aus $\mathfrak{s} \cdot \mathfrak{v} = \mathfrak{s} \cdot \dot{\mathfrak{s}} = 0$ die Konstanz des Vektorbetrages s.

Beweis. Im ersten Falle bilden wir den Anstieg $\dot{\mathfrak{s}}_1$ des mit $\mathfrak{s}$ gleichgerichteten Einheitsvektors $\mathfrak{s}_1 = \mathfrak{s} : s$. Wir bekommen

$$\dot{\mathfrak{s}}_1 = \frac{s\dot{\mathfrak{s}} - \mathfrak{s}\dot{s}}{s^2} = \frac{ss\dot{\mathfrak{s}} - \mathfrak{s}s\dot{s}}{s^3} = \frac{\widetilde{\mathfrak{s}\mathfrak{s}}\dot{\mathfrak{s}} - \mathfrak{s}\widetilde{\mathfrak{s}\dot{\mathfrak{s}}}}{s^3}.$$

Nach dem Entwicklungssatze ist aber der Zähler des letzten Bruches das Kreuzkreuzprodukt

$$\mathfrak{s} \times \dot{\mathfrak{s}} \times \mathfrak{s},$$

bei dem es übrigens einerlei ist, ob man es $\mathfrak{s} \times (\dot{\mathfrak{s}} \times \mathfrak{s})$ oder $(\mathfrak{s} \times \dot{\mathfrak{s}}) \times \mathfrak{s}$ liest, folglich nach Voraussetzung Null. Aus dem Verschwinden von $\dot{\mathfrak{s}}_1$ folgt aber die Konstanz von $\mathfrak{s}_1$:

$$\mathfrak{s}_1 = \mathfrak{C}$$

und hieraus

$$\mathfrak{s} = \mathfrak{C} s.$$

Der Vektor $\mathfrak{s}$ hat daher dauernd die Richtung von $\mathfrak{C}$.

Im zweiten Falle folgt aus $\mathfrak{s} \cdot \dot{\mathfrak{s}} = 0$ die Konstanz der Primitivfunktion $\mathfrak{s}^2$ von $2\,\mathfrak{s} \cdot \dot{\mathfrak{s}}$ und damit die Konstanz von s.

Das Ergebnis dieser Überlegung ist der Satz:

Die Gleichung

$$\boxed{\mathfrak{s} \cdot \dot{\mathfrak{s}} = 0} \qquad \text{bzw.} \qquad \boxed{\mathfrak{s} \times \dot{\mathfrak{s}} = 0}$$

ist die notwendige und hinreichende Bedingung für die Unveränderlichkeit des Betrages bzw. der Richtung des Vektors $\mathfrak{s}$.

Als Nebenergebnis der obigen Umformung des Einheitsvektoranstiegs $\dot{\mathfrak{s}}_1$ buchen wir die bemerkenswerte Formel

$$\boxed{\dot{\mathfrak{s}}_1 = \frac{\mathfrak{s} \times \dot{\mathfrak{s}} \times \mathfrak{s}}{s^3}}$$

für den mit $\mathfrak{s}$ gleichgerichteten Einheitsvektor $\mathfrak{s}_1$.

Neben dem Vektorprodukt $\mathfrak{p} = \mathfrak{s} \times \dot{\mathfrak{s}}$ fassen wir auch seinen Anstieg $\dot{\mathfrak{p}}$ ins Auge und bilden das Vektorprodukt beider:

$$\mathfrak{p} \times \dot{\mathfrak{p}} = \mathfrak{p} \times (\mathfrak{s} \times \ddot{\mathfrak{s}} + \dot{\mathfrak{s}} \times \dot{\mathfrak{s}}) = \mathfrak{p} \times (\mathfrak{s} \times \ddot{\mathfrak{s}}).$$

Hier wenden wird rechts den Entwicklungssatz an und erhalten

$$\mathfrak{p} \times \dot{\mathfrak{p}} = \widetilde{\mathfrak{p}\mathfrak{s}}\,\mathfrak{s} - \widetilde{\mathfrak{p}\mathfrak{s}}\,\ddot{\mathfrak{s}} = \widetilde{\mathfrak{p}\ddot{\mathfrak{s}}}\,\mathfrak{s},$$

insofern das Mischprodukt $\mathfrak{s} \times \dot{\mathfrak{s}} \cdot \mathfrak{s}$ $(= \mathfrak{p} \cdot \mathfrak{s})$ verschwindet.

Da aber $\mathfrak{p} \cdot \ddot{\mathfrak{s}}$ das Mischprodukt

$$M = \mathfrak{s}\,\dot{\mathfrak{s}}\,\ddot{\mathfrak{s}}$$

der drei Vektoren $\mathfrak{s}$, $\dot{\mathfrak{s}}$, $\ddot{\mathfrak{s}}$ ist, so entsteht die bemerkenswerte Formel

$$\boxed{\mathfrak{p} \times \dot{\mathfrak{p}} = M\,\mathfrak{s}} \qquad \text{mit } \mathfrak{p} = \mathfrak{s} \times \dot{\mathfrak{s}} \text{ und } M = \mathfrak{s}\,\dot{\mathfrak{s}}\,\ddot{\mathfrak{s}}.$$

Aus ihr folgt in dem besonderen Falle, wo das Mischprodukt M verschwindet, nach dem obigen Satze die Unveränderlichkeit der Richtung des Vektors $\mathfrak{p} = \mathfrak{s} \times \dot{\mathfrak{s}}$. Da nun die Faktoren $\mathfrak{s}$ und $\dot{\mathfrak{s}}$ zur Richtung von $\mathfrak{p}$ senkrecht laufen und damit jeder zu dieser Richtung normalen Ebene parallel laufen, so gilt noch der Satz:

Das Verschwinden des Mischprodukts $\mathfrak{s}\,\dot{\mathfrak{s}}\,\ddot{\mathfrak{s}}$ bedeutet Parallelität der Vektoren $\mathfrak{s}$ und $\dot{\mathfrak{s}}$ zu einer festen Ebene.

Zum Schluß unserer Betrachtung über den Vektoranstieg noch ein Wort über die Projektion dieses Anstiegs auf eine Gerade bzw. Ebene. Die Projektion eines Vektors werde wie im § 2 durch einen angehängten Strich bezeichnet. Wir bilden die Differenz

$$\mathfrak{D} - \mathfrak{v} = \frac{\mathfrak{S} - \mathfrak{s}}{T - t} - \mathfrak{v}$$

zwischen dem Differenzenquotienten $\mathfrak{D}$ und dem Anstieg $\mathfrak{v} = \dot{\mathfrak{s}}$ des Vektors $\mathfrak{s}$ und wenden auf sie den Satz von der Projektion der Vektorsumme (§ 2) an. Das gibt

$$(\mathfrak{D} - \mathfrak{v})' = \frac{\mathfrak{S}' - \mathfrak{s}'}{T - t} - \mathfrak{v}',$$

wo der Minuend der rechten Seite den Differenzenquotient der Vektorprojektion $\mathfrak{s}'$, der Subtrahend die Projektion des Vektoranstiegs darstellt.

Wenn T dem festgehaltenen Argumentwerte t unbegrenzt zustrebt, konvergiert die linke Seite dieser Gleichung gegen Null, der Minuend der rechten Seite gegen den Anstieg der Vektorprojektion $\mathfrak{s}'$. Dieser Anstieg ist deshalb gleich $\mathfrak{v}'$.

Damit haben wir den einprägsamen Satz:

Die Projektion des Anstiegs eines Vektors ist gleich dem Anstieg der Projektion des Vektors.

Hier kann statt »Anstieg« auch »Geschwindigkeit« gesagt werden.

Bezeichnet man den Anstieg bzw. die Projektion des Vektors $\mathfrak{s}$ mit $A\mathfrak{s}$ bzw. $P\mathfrak{s}$, so gestattet der Satz die kurze Schreibung

$$PA\mathfrak{s} = AP\mathfrak{s}.$$

Wenden wir diese Formel auf den Vektor $\mathfrak{v}\ (= \dot{\mathfrak{s}})$ an:

$$PA\mathfrak{v} = AP\mathfrak{v},$$

und bedenken, daß $A\mathfrak{v}$ die Beschleunigung $\ddot{\mathfrak{s}}$ von $\mathfrak{s}$, ferner $P\mathfrak{v} = PA\mathfrak{s} = AP\mathfrak{s} = A\mathfrak{s}'$ ist, so folgt

$$P\ddot{\mathfrak{s}} = AA\mathfrak{s}',$$

in Worten:

Die Projektion der Beschleunigung eines Vektors ist gleich der Beschleunigung der Projektion des Vektors.

Sind mehr als eine unabhängige Variable vorhanden, etwa die drei Argumente u, v, w, die ein gewisses z. B. durch die Bedingungen

$$|u - u_0| < a, \qquad |v - v_0| < b, \qquad |w - w_0| < c$$

gegebenes Gebiet bestimmen, und ist jedem »Punkte« (u, v, w) dieses Gebiets ein Vektor $\mathfrak{S}$ zugeordnet, so ist dieser eine Vektorfunktion

$$\mathfrak{S} = \mathfrak{F}(u, v, w)$$

der drei Argumente u, v, w in dem genannten Gebiete.

An Stelle der gewöhnlichen durch das Leibnizsche d bezeichneten Ableitung nach einem Argument (s. o.) treten dann die durch das Jacobische ∂ bezeichneten partiellen Ableitungen nach den drei Argumenten u, v, w:

$$\frac{\partial \mathfrak{S}}{\partial u} = \frac{\partial \mathfrak{F}(u, v, w)}{\partial u}, \quad \frac{\partial \mathfrak{S}}{\partial v} = \frac{\partial \mathfrak{F}(u, v, w)}{\partial v}, \quad \frac{\partial \mathfrak{S}}{\partial w} = \frac{\partial \mathfrak{F}(u, v, w)}{\partial w},$$

die abgekürzt auch

$$\mathfrak{S}_u, \quad \mathfrak{S}_v, \quad \mathfrak{S}_w \qquad \text{oder} \qquad \mathfrak{F}_u, \quad \mathfrak{F}_v, \quad \mathfrak{F}_w$$

geschrieben werden.

Auf diese ersten Partialableitungen folgen dann die zweiten partiellen Derivierten

$$\frac{\partial^2 \mathfrak{S}}{\partial u^2} = \mathfrak{S}_{uu}, \quad \frac{\partial^2 \mathfrak{S}}{\partial u\, \partial v} = \mathfrak{S}_{uv}, \quad \frac{\partial^2 \mathfrak{S}}{\partial u\, \partial w} = \mathfrak{S}_{uw}$$

$$\frac{\partial^2 \mathfrak{S}}{\partial v\, \partial u} = \mathfrak{S}_{vu} = \mathfrak{S}_{uv}, \quad \frac{\partial^2 \mathfrak{S}}{\partial v^2} = \mathfrak{S}_{vv} \quad \text{usw.}$$

Der Taylorsche Satz nimmt im Vektoriellen, wie man leicht erkennt, die folgende Form an:

Besitzt eine vektorische Funktion $\mathfrak{F}(x)$ an jeder Stelle eines Intervalls des Arguments x eine bestimmte endliche $n$te Ableitung $\mathfrak{F}^n(x)$, so gilt für jedes Wertepaar x und $X = x + h$ des Intervalls die Taylorsche Entwicklung

$$\mathfrak{F}(x + h) = \mathfrak{F}(x) + \mathfrak{F}'(x)\, h + \mathfrak{F}''(x)\, \frac{h^2}{2!} + \ldots + \mathfrak{F}^{n-1}(x)\, \frac{h^{n-1}}{(n-1)!} + \mathfrak{R},$$

wo das Restglied $\mathfrak{R}$ den Wert

$$\mathfrak{R} = \mathfrak{E}\, \frac{h^n}{n!}$$

hat, in welchem $\mathfrak{E}$ ein endlicher Vektor ist, der mit unbegrenzt abnehmendem $|h|$ gegen $\mathfrak{F}^n(x)$ konvergiert.

Die Übertragung

$$\mathfrak{R} = \mathfrak{F}^n(z)\, \frac{h^n}{n!}$$

(in der z einen geeigneten Zwischenwert zwischen x und X bedeutet) der in der Differentialrechnung üblichen Lagrangeschen Schreibweise des Restgliedes ist im Vektorischen aber nicht zulässig.

§ 12. Relativbewegung.

Wir untersuchen die Bewegungen eines Punktes M (eines Mobils) in bezug auf zwei rechtwinklige Koordinatensysteme: ein festes Koordinatensystem, das sog. Ruhsystem, und ein bewegliches Koordinatensystem, das sog. Laufsystem.

Die jeweilige Lage des Laufsystems wird durch seine drei mit der Zeit veränderlichen Grundvektoren $\mathfrak{e}$, $\mathfrak{o}$, $\mathfrak{u}$ und den auf das Ruhsystem bezogenen Ortsvektor $\mathfrak{L}$ seines Ursprungs bestimmt.

Die Koordinatenachsen und Grundvektoren des Ruhsystems bezeichnen wir mit den Buchstaben X, Y, Z und $\mathfrak{E}$, $\mathfrak{O}$, $\mathfrak{U}$, die Koordinatenachsen des Laufsystems mit x, y, z.

Ebenso seien die Koordinaten von M im Ruhsystem X, Y, Z, im Laufsystem x, y, z, die Ortsvektoren von M, $\mathfrak{R}$ bzw. $\mathfrak{r}$.

Dann gelten die drei Gleichungen

$$\mathfrak{R} = X\mathfrak{E} + Y\mathfrak{O} + Z\mathfrak{U}, \qquad \mathfrak{r} = x\mathfrak{e} + y\mathfrak{o} + z\mathfrak{u},$$
$$\mathfrak{R} = \mathfrak{L} + \mathfrak{r}.$$

Nennen wir noch die auf das Ruhsystem bezogenen Maßzahlen der Vektoren $\mathfrak{e}$, $\mathfrak{o}$, $\mathfrak{u}$ bzw. (α, β, γ), $(\alpha', \beta', \gamma')$, $(\alpha'', \beta'', \gamma'')$, so besteht das

Vektorschema

	$\mathfrak{E}$	$\mathfrak{O}$	$\mathfrak{U}$
$\mathfrak{e}$	α	β	γ
$\mathfrak{o}$	α'	β'	γ'
$\mathfrak{u}$	α''	β''	γ''

Koordinatenschema

	X	Y	Z
x	α	β	γ
y	α'	β'	γ'
z	α''	β''	γ''

(vgl. § 8).

Die Ableitungen veränderlicher Größen nach der Zeit bezeichnen wir durch Punkte.

Zeitliche Veränderung der Grundvektoren $\mathfrak{e}$, $\mathfrak{o}$, $\mathfrak{u}$.

Es ist

$$\mathfrak{e} = \alpha\mathfrak{E} + \beta\mathfrak{O} + \gamma\mathfrak{U},$$

mithin

$$\dot{\mathfrak{e}} = \dot{\alpha}\mathfrak{E} + \dot{\beta}\mathfrak{O} + \dot{\gamma}\mathfrak{U}.$$

Hier ersetzen wir $\mathfrak{E}$, $\mathfrak{O}$, $\mathfrak{U}$ nach dem Vektorschema und erhalten

$$\dot{\mathfrak{e}} = \dot{\alpha}(\alpha\mathfrak{e} + \alpha'\mathfrak{o} + \alpha''\mathfrak{u}) + \dot{\beta}(\beta\mathfrak{e} + \beta'\mathfrak{o} + \beta''\mathfrak{u}) + \dot{\gamma}(\gamma\mathfrak{e} + \gamma'\mathfrak{o} + \gamma''\mathfrak{u})$$

oder, indem wir nach $\mathfrak{e}$, $\mathfrak{o}$, $\mathfrak{u}$ ordnen,

$$\dot{\mathfrak{e}} = (\alpha\dot{\alpha} + \beta\dot{\beta} + \gamma\dot{\gamma})\mathfrak{e} + (\alpha'\dot{\alpha} + \beta'\dot{\beta} + \gamma'\dot{\gamma})\mathfrak{o} + (\alpha''\dot{\alpha} + \beta''\dot{\beta} + \gamma''\dot{\gamma})\mathfrak{u}.$$

Die hier auftretenden Klammerausdrücke sind aber nichts anderes als die Skalarprodukte

$$\mathfrak{e}\dot{\mathfrak{e}}, \qquad \mathfrak{o}\dot{\mathfrak{e}}, \qquad \mathfrak{u}\dot{\mathfrak{e}},$$

so daß wir schreiben können

$$\text{(1)} \qquad \dot{\mathfrak{e}} = \widetilde{\mathfrak{e}\dot{\mathfrak{e}}}\,\mathfrak{e} + \widetilde{\mathfrak{o}\dot{\mathfrak{e}}}\,\mathfrak{o} + \widetilde{\mathfrak{u}\dot{\mathfrak{e}}}\,\mathfrak{u}.$$

Entsprechende Formeln gelten für die andern beiden Grundvektoren $\mathfrak{o}$ und $\mathfrak{u}$.

Nun ist

$$\mathfrak{e}\mathfrak{e} = 1, \qquad \mathfrak{e}\mathfrak{o} = 0, \qquad \mathfrak{e}\mathfrak{u} = 0,$$

mithin, wenn wir differenzieren,

$$\mathfrak{e}\dot{\mathfrak{e}} = 0, \qquad \mathfrak{o}\dot{\mathfrak{e}} = -\mathfrak{e}\dot{\mathfrak{o}}, \qquad \mathfrak{u}\dot{\mathfrak{e}} = -\mathfrak{e}\dot{\mathfrak{u}}.$$

Ähnlich folgt aus den Formeln

$$\mathfrak{o}\mathfrak{o} = 1, \qquad \mathfrak{u}\mathfrak{u} = 1, \qquad \mathfrak{o}\mathfrak{u} = 0,$$

$$\mathfrak{o}\dot{\mathfrak{o}} = 0, \qquad \mathfrak{u}\dot{\mathfrak{u}} = 0, \qquad \dot{\mathfrak{o}}\mathfrak{u} = -\mathfrak{o}\dot{\mathfrak{u}}.$$

Mit Einführung der drei Größen

$$a = \dot{\mathfrak{o}}\mathfrak{u} = -\mathfrak{o}\dot{\mathfrak{u}}, \qquad b = \dot{\mathfrak{u}}\mathfrak{e} = -\mathfrak{u}\dot{\mathfrak{e}}, \qquad c = \dot{\mathfrak{e}}\mathfrak{o} = -\mathfrak{e}\dot{\mathfrak{o}},$$

nehmen die Formeln (1) und die entsprechenden für $\dot{\mathfrak{o}}$ und $\dot{\mathfrak{u}}$ die Gestalt an:

$$\text{(2)} \qquad \boxed{\dot{\mathfrak{e}} = c\,\mathfrak{o} - b\,\mathfrak{u}, \qquad \dot{\mathfrak{o}} = a\,\mathfrak{u} - c\,\mathfrak{e}, \qquad \dot{\mathfrak{u}} = b\,\mathfrak{e} - a\,\mathfrak{o}}\,.$$

Sie lassen sich auf eine noch einfachere Form bringen, wenn wir den sog. Drehvektor oder Darbouxvektor

$$\boxed{\mathfrak{d} = a\,\mathfrak{e} + b\,\mathfrak{o} + c\,\mathfrak{u}}$$

einführen, dessen Maßzahlen im Laufsystem

$$a = \dot{\mathfrak{o}}\mathfrak{u}, \qquad b = \dot{\mathfrak{u}}\mathfrak{e}, \qquad c = \dot{\mathfrak{e}}\mathfrak{o}$$

sind, und dessen Betrag

$$d = \sqrt{a^2 + b^2 + c^2}$$

ist. Bilden wir nämlich die drei Vektorprodukte des Darbouxvektors mit den drei Grundvektoren $\mathfrak{e}$, $\mathfrak{o}$, $\mathfrak{u}$, so entsteht

$$\text{(3)} \qquad \boxed{\dot{\mathfrak{e}} = \mathfrak{d} \times \mathfrak{e}, \qquad \dot{\mathfrak{o}} = \mathfrak{d} \times \mathfrak{o}, \qquad \dot{\mathfrak{u}} = \mathfrak{d} \times \mathfrak{u}}\,.$$

Aus (3) folgt sofort:

Die Geschwindigkeiten $\dot{\mathfrak{e}}$, $\dot{\mathfrak{o}}$, $\dot{\mathfrak{u}}$ der Grundvektoren des Laufsystems stehen alle drei auf dem Darbouxvektor senkrecht. Sie sind mithin komplanar, was übrigens auch aus der nach (2) gültigen Abhängigkeitsrelation

$$a\dot{\mathfrak{e}} + b\dot{\mathfrak{o}} + c\dot{\mathfrak{u}} = 0$$

hervorgeht.

Nach diesen mühelos gewonnenen Ergebnissen vollzieht sich alles andere höchst einfach.

Wir entwickeln zunächst eine Formel für die Geschwindigkeit $\dot{\mathfrak{s}}$ eines beliebigen zeitlich veränderlichen Ortsvektors

$$\mathfrak{s} = \xi\mathfrak{e} + \eta\mathfrak{o} + \zeta\mathfrak{u}$$

des Laufsystems. Sie besteht der Gleichung

$$\dot{\mathfrak{s}} = (\dot{\xi}\mathfrak{e} + \dot{\eta}\mathfrak{o} + \dot{\zeta}\mathfrak{u}) + (\xi\dot{\mathfrak{e}} + \eta\dot{\mathfrak{o}} + \zeta\dot{\mathfrak{u}})$$

gemäß aus zwei Teilen

$$'\mathfrak{s} = \dot{\xi}\mathfrak{e} + \dot{\eta}\mathfrak{o} + \dot{\zeta}\mathfrak{u} \qquad \text{und} \qquad \mathfrak{s}' = \xi\dot{\mathfrak{e}} + \eta\dot{\mathfrak{o}} + \zeta\dot{\mathfrak{u}}\,.$$

Der erste von ihnen,

$$'\mathfrak{s} = \dot{\xi}\mathfrak{e} + \dot{\eta}\mathfrak{o} + \dot{\zeta}\mathfrak{u}\,,$$

ist die Relativgeschwindigkeit der Vektorspitze, d. h. die Geschwindigkeit, mit der sich die Spitze des Vektors $\mathfrak{s}$ in bezug auf das Laufsystem bewegt.

Der zweite Teil, $\mathfrak{s}'$, schreibt sich nach (3)

$$\mathfrak{s}' = \xi\,\overline{\mathfrak{d}\mathfrak{e}} + \eta\,\overline{\mathfrak{d}\mathfrak{o}} + \zeta\,\overline{\mathfrak{d}\mathfrak{u}}\,,$$

und dies ist

$$\mathfrak{s}' = \overline{\mathfrak{d}\mathfrak{s}} = \mathfrak{d} \times \mathfrak{s}\,.$$

Die gesuchte Geschwindigkeit (der Anstieg von $\mathfrak{s}$) wird also

$$\boxed{\dot{\mathfrak{s}} = {}'\mathfrak{s} + \mathfrak{d} \times \mathfrak{s}}\,. \tag{4}$$

Ist im besonderen $\mathfrak{s}$ unser Ortsvektor $\mathfrak{r}$, so haben wir

$$\dot{\mathfrak{r}} = {}'\mathfrak{r} + \mathfrak{d} \times \mathfrak{r}\,, \tag{4a}$$

wo $'\mathfrak{r} = \mathfrak{v}$ die Relativgeschwindigkeit des Mobils M bedeutet.

Ist $\mathfrak{s}$ der Darbouxvektor $\mathfrak{d}$, so haben wir wegen $\mathfrak{d} \times \mathfrak{d} = 0$ einfach

$$\dot{\mathfrak{d}} = {}'\mathfrak{d}\,. \tag{4b}$$

Die fundamentale Formel (4) eröffnet uns den Zugang zu den Bewegungsformeln des Punktes M.

I. Geschwindigkeitsformel.

Aus

$$\mathfrak{R} = \mathfrak{L} + \mathfrak{r}$$

erhalten wir durch Ableitung nach der Zeit die Geschwindigkeit $\mathfrak{V}$ des Mobils M:

$$\mathfrak{V} = \dot{\mathfrak{R}} = \dot{\mathfrak{L}} + \dot{\mathfrak{r}},$$

also wegen (4a)

$$\mathfrak{V} = \dot{\mathfrak{L}} + \mathfrak{v} + \mathfrak{d} \times \mathfrak{r}$$

oder, etwas anders geschrieben,

(5) $$\boxed{\mathfrak{V} = \mathfrak{G} + \mathfrak{v}} \qquad \text{mit } \mathfrak{G} = \dot{\mathfrak{L}} + \mathfrak{d} \times \mathfrak{r}.$$

Die Größe $\dot{\mathfrak{L}}$ ist die Geschwindigkeit des Laufsystemursprungs, sie wird Translationsgeschwindigkeit des Laufsystems genannt.

Die Größe $\mathfrak{G}$ ist die Geschwindigkeit, die der Punkt M haben würde, wenn er mit dem Laufsystem starr verbunden wäre, so daß er in diesem System ruhte (also $\mathfrak{v} = 0$ wäre). Sie wird Führungsgeschwindigkeit genannt.

Formel (5) lehrt also:

Die Geschwindigkeit $\mathfrak{V}$ des Punktes M setzt sich aus der Führungsgeschwindigkeit $\mathfrak{G}$ und der Relativgeschwindigkeit $\mathfrak{v}$ zusammen.

Die Führungsgeschwindigkeit besteht selbst wieder auch aus zwei Teilen, der Translationsgeschwindigkeit $\dot{\mathfrak{L}}$ und der Coriolisgeschwindigkeit

$$\mathfrak{g} = \mathfrak{d} \times \mathfrak{r},$$

deren Name auf den französischen Physiker Coriolis (1792—1843) zurückgeht, der zuerst (1835) die Relativbewegung genauer untersucht hat.

Über die Translationsgeschwindigkeit ist nichts besonderes zu bemerken.

Um die Bedeutung der Coriolisgeschwindigkeit $\mathfrak{g}$ zu erfassen, zeichnen wir vom Ursprung O des Laufsystems den Darbouxvektor $\overrightarrow{OD} = \mathfrak{d}$ und den Ortsvektor $\overrightarrow{OM} = \mathfrak{r}$ des Punktes M. Wir zeichnen in M den Coriolisvektor

$$\overrightarrow{MC} = \mathfrak{g} = \mathfrak{d} \times \mathfrak{r}.$$

Er steht auf der Ebene OMD senkrecht, und sein Betrag ist $g = d\varrho$, wo ϱ das von M auf OD gefällte Lot bedeutet.

Denken wir uns also eine Drehung des Laufsystems um OD als Drehachse mit der Drehgeschwindigkeit oder Drehschnelle (Winkelgeschwindigkeit) d, so hätte der Punkt M infolge dieser Drehung gerade die Geschwindigkeit $\mathfrak{g}$.

Das Auftreten der Coriolisgeschwindigkeit lehrt demnach, daß das Laufsystem im Augenblicke t eine momentane Drehung um eine durch seinen Ursprung laufende »augenblickliche Drehachse« ausführt, wobei die Richtung des Darbouxvektors die Richtung der augenblicklichen Drehachse, der Betrag des Darbouxvektors die augenblickliche Drehschnelle angibt und die Drehung für einen von O aus in der Richtung des Darbouxvektors (der Drehachse) blickenden Beobachter Uhrzeigersinn hat. Die Corolisgeschwindigkeit ist die dem Punkte M infolge dieser Drehung zukommende Geschwindigkeit.

Unser Ergebnis erklärt zugleich die oben für den Vektor $\mathfrak{d}$ angegebene Benennung »Drehvektor«.

II. Beschleunigungsformel.

Durch Ableitung von (5) bekommen wir die Beschleunigung $\mathfrak{A} = \dot{\mathfrak{V}} = \ddot{\mathfrak{R}}$ des Punktes M:

$$\mathfrak{A} = \dot{\mathfrak{G}} + \dot{\mathfrak{v}}.$$

Nun folgt aus

$$\mathfrak{G} = \dot{\mathfrak{L}} + \mathfrak{g}$$

$$\dot{\mathfrak{G}} = \ddot{\mathfrak{L}} + \dot{\mathfrak{g}},$$

d. h., da $\dot{\mathfrak{g}}$ nach (4) den Wert

$$'\mathfrak{g} + \mathfrak{d} \times \mathfrak{g} = {}'\mathfrak{d} \times \mathfrak{r} + \mathfrak{d} \times {}'\mathfrak{r} + \mathfrak{d} \times \mathfrak{g} = \dot{\mathfrak{d}} \times \mathfrak{r} + \mathfrak{d} \times \mathfrak{v} + \mathfrak{d} \times \mathfrak{g}$$

hat,

$$\dot{\mathfrak{G}} = \ddot{\mathfrak{L}} + \mathfrak{d} \times \mathfrak{g} + \dot{\mathfrak{d}} \times \mathfrak{r} + \mathfrak{d} \times \mathfrak{v}$$

oder

$$\dot{\mathfrak{G}} = \mathfrak{B} + \mathfrak{d} \times \mathfrak{v} \qquad \text{mit } \mathfrak{B} = \ddot{\mathfrak{L}} + \mathfrak{d} \times \mathfrak{g} + \dot{\mathfrak{d}} \times \mathfrak{r}.$$

Für $\dot{\mathfrak{v}}$ erhalten wir

$$\dot{\mathfrak{v}} = {}'\mathfrak{v} + \mathfrak{d} \times \mathfrak{v},$$

wo

$$'\mathfrak{v} = \mathfrak{a} = \ddot{x}\,\mathfrak{e} + \ddot{y}\,\mathfrak{o} + \ddot{z}\,\mathfrak{u}$$

die Relativbeschleunigung $\mathfrak{a}$ des Punktes M (im Laufsystem) bedeutet. Die Beschleunigungsformel lautet daher

$$\boxed{\mathfrak{A} = \mathfrak{B} + \mathfrak{a} + \mathfrak{b}} \tag{6}$$

mit

$$\boxed{\mathfrak{B} = \ddot{\mathfrak{L}} + \mathfrak{d} \times \mathfrak{g} + \dot{\mathfrak{d}} \times \mathfrak{r}}, \qquad \boxed{\mathfrak{b} = 2\,\mathfrak{d} \times \mathfrak{v}}.$$

Sie enthält den

Satz von Coriolis:

Die (absolute) Beschleunigung des Mobils M besteht aus drei Teilen:

1. der Führungsbeschleunigung $\mathfrak{B} = \ddot{\mathfrak{L}} + \mathfrak{d} \times \mathfrak{g} + \dot{\mathfrak{d}} \times \mathfrak{r}$,
2. der Relativbeschleunigung $\mathfrak{a}$,
3. der Coriolisbeschleunigung $\mathfrak{b} = 2\,\mathfrak{d} \times \mathfrak{v}$.

Die Führungsbeschleunigung ist die Beschleunigung, die das Mobil M haben würde, wenn es mit dem Laufsystem starr verbunden wäre, wenn es also gegen das Laufsystem weder Geschwindigkeit ($\mathfrak{v}$) noch Beschleunigung ($\mathfrak{a}$) hätte. Ihr erster Bestandteil $\ddot{\mathfrak{L}}$ ist die Beschleunigung des Laufsystemursprungs gegen das Ruhsystem und heißt Translationsbeschleunigung des Laufsystems.

Die Coriolissche Arbeit über Relativbewegung steht im Journal de l'École Polytechnique (XXIVe cahier, 1835).

Ein Fall verdient seines häufigen Vorkommens wegen besondere Erwähnung: der Fall, wo der Ursprung bzw. die z-Achse des Laufsystems mit dem Ursprung O bzw. der Z-Achse des Ruhsystems zusammenfällt und das Laufsystem mit der konstanten Schnelle k um die Z-Achse rotiert derart, daß die x-Achse zur Zeit t mit der X-Achse den gleichförmig wachsenden Winkel $\varphi = kt$ bildet und die Grundvektoren $\mathfrak{e}$, $\mathfrak{o}$, $\mathfrak{u}$ des Laufsystems zur Zeit t die Werte

$$\mathfrak{e} = \mathfrak{E} \cos\varphi + \mathfrak{O} \sin\varphi, \qquad \mathfrak{o} = -\mathfrak{E} \sin\varphi + \mathfrak{O} \cos\varphi, \qquad \mathfrak{u} = \mathfrak{U}$$

haben.

Wir berechnen zunächst die Anstiege dieser Grundvektoren. Aus

$$\dot{\mathfrak{e}} = -\mathfrak{E} k \sin\varphi + \mathfrak{O} k \cos\varphi, \qquad \dot{\mathfrak{o}} = -\mathfrak{E} k \cos\varphi - \mathfrak{O} k \sin\varphi, \qquad \mathfrak{u} = \mathfrak{U}$$

folgt

$$\dot{\mathfrak{e}} = k\mathfrak{o}, \qquad \dot{\mathfrak{o}} = -k\mathfrak{e}, \qquad \dot{\mathfrak{u}} = 0.$$

Hieraus ergeben sich sofort die Maßzahlen a, b, c des Darbouxvektors $\mathfrak{d}$:

$$a = \dot{\mathfrak{o}}\,\mathfrak{u} = -k\mathfrak{e}\,\mathfrak{u} = 0, \qquad b = \dot{\mathfrak{u}}\,\mathfrak{e} = 0, \qquad c = \dot{\mathfrak{e}}\,\mathfrak{o} = k\mathfrak{o}^2 = k.$$

Der Betrag des Darbouxvektors ist also die Drehschnelle k, seine Richtung die Richtung der Drehachse.

Wegen $\ddot{\mathfrak{L}} = 0$ und $\dot{\mathfrak{d}} = 0$ hat die Führungsbeschleunigung hier den einfachen Wert

$$\mathfrak{B} = \mathfrak{d} \times \mathfrak{g} = \mathfrak{d} \times \overline{\mathfrak{d}\mathfrak{r}} = \widetilde{\mathfrak{d}\mathfrak{r}}\,\mathfrak{d} - d^2\mathfrak{r}.$$

Die Verhältnisse werden noch einfacher, wenn wir nur auf die Bewegung von Punkten der xy-Ebene achten. Für einen solchen Punkt P mit dem Ortsvektor

$$\overrightarrow{OP} = \mathfrak{R} = X\mathfrak{E} + Y\mathfrak{O} = \mathfrak{r} = x\mathfrak{e} + y\mathfrak{o}$$

verschwindet das Skalarprodukt $\widetilde{\mathfrak{d}\mathfrak{r}}$, und wir bekommen die einfache Beschleunigungsformel

$$\boxed{\mathfrak{A} = \mathfrak{a} - d^2\mathfrak{r} + 2\,\mathfrak{d} \times \mathfrak{v}} \qquad \text{mit } d = k.$$

§ 13. Nabla.

Punktfunktion und Feld.

Eine veränderliche Größe — Skalar oder Vektor —, die von einem variablen Punkt P abhängt, heißt Punktfunktion; der Punkt wird Aufpunkt genannt. Die Dichte an den verschiedenen Stellen eines Körpers ist z. B. eine skalare Punktfunktion, die Feldstärke an den verschiedenen Stellen eines elektrischen Feldes ist eine vektorielle Punktfunktion.

Das Gebiet des Raumes, in dem der Aufpunkt liegen kann (das der Aufpunkt beschreibt) wird als Feld (Skalarfeld, Vektorfeld), demgemäß die veränderliche Größe auch als Feldfunktion — Feldskalar bzw. Feldvektor —, kurzweg auch als »Feld« bezeichnet.

Der Aufpunkt P wird gewöhnlich durch seine Koordinaten (x, y, z) in einem (festen) rechtwinkligen Koordinatensystem mit der Basis $(\mathfrak{i}, \mathfrak{j}, \mathfrak{k})$ und dem Ursprung O oder durch seinen Ortsvektor $\overrightarrow{OP} = \mathfrak{r}$ festgelegt.

Eine Punktfunktion ist also nichts anderes als eine skalare oder vektorielle Funktion des Ortsvektors $\mathfrak{r} = x\mathfrak{i} + y\mathfrak{j} + z\mathfrak{k}$.

Ist eine Feldfunktion ϑ (also eine skalare Funktion φ oder eine vektorielle Funktion $\mathfrak{s}$) vorgelegt, so erhebt sich vor allem die Frage nach der durch Veränderung des Aufpunkts P bedingten Veränderung der Feldgröße ϑ. Genauer gefragt:

Welchen Zuwachs $d\vartheta$ erfährt die Feldgröße ϑ durch eine unendlich kleine Verrückung $d\mathfrak{r}$ des Aufpunkts P?

Wir untersuchen zuerst den Fall, daß ϑ ein Skalar $\varphi = \varphi(x, y, z)$ ist.

Hier erhalten wir einfach

$$d\varphi = \frac{\partial \varphi}{\partial x} dx + \frac{\partial \varphi}{\partial y} dy + \frac{\partial \varphi}{\partial z} dz,$$

wo dx, dy, dz die Maßzahlen von $d\mathfrak{r}$ sind.

Der Zuwachs $d\varphi$ ist demnach das Skalarprodukt der beiden Vektoren

$$\mathfrak{i}\frac{\partial \varphi}{\partial x} + \mathfrak{j}\frac{\partial \varphi}{\partial y} + \mathfrak{k}\frac{\partial \varphi}{\partial z}$$

und

$$d\mathfrak{r} = \mathfrak{i}\,dx + \mathfrak{j}\,dy + \mathfrak{k}\,dz.$$

Der erste dieser beiden Vektoren wurde von dem Engländer Hamilton (Sir William Rowan Hamilton, 1805—1865) mit $\nabla\varphi$ bezeichnet, so daß also

$$\boxed{\nabla \varphi = \mathfrak{i}\frac{\partial \varphi}{\partial x} + \mathfrak{j}\frac{\partial \varphi}{\partial y} + \mathfrak{k}\frac{\partial \varphi}{\partial z}}$$

ist.

Mit Benutzung dieser Hamiltonschen Abkürzung schreibt sich nun der Zuwachs $d\varphi$ einfach

$$d\varphi = d\mathfrak{r} \cdot \nabla \varphi .$$

Die Definition von $\nabla\varphi$ gibt Veranlassung, den sog. Lückenausdruck oder Operator

$$\nabla = \mathfrak{i}\frac{\partial}{\partial x} + \mathfrak{j}\frac{\partial}{\partial y} + \mathfrak{k}\frac{\partial}{\partial z}$$

zu betrachten, der, an sich sinnlos, seinen Sinn dadurch bekommt, daß man die auf den Bruchstrichen gelassene Lücke passend — hier durch den Buchstaben φ — ausfüllt, oder daß man — wie man sagt — auf φ den Operator ∇ anwendet.

Das Zeichen ∇ erinnert an die Form einer alten assyrischen Harfe und wird im Hinblick auf den Namen dieses Instruments Nabla genannt. Es wird auch oft als Hamiltonoperator bezeichnet. Rein formal können wir ∇ als einen fiktiven Vektor mit den »Koordinaten« $\frac{\partial}{\partial x}$, $\frac{\partial}{\partial y}$, $\frac{\partial}{\partial z}$ betrachten.

Wir können dann beispielsweise ebenso formal das Skalarprodukt $d\mathfrak{r} \cdot \nabla$ der beiden Vektoren $d\mathfrak{r}$ und ∇ bilden und erhalten

$$\boxed{d\mathfrak{r} \cdot \nabla = dx\frac{\partial}{\partial x} + dy\frac{\partial}{\partial y} + dz\frac{\partial}{\partial z}}\,.$$

Dies ist wieder ein Lückenausdruck oder Operator. Füllen wir die Lücke wieder mit φ aus, so bekommen wir

$$(d\mathfrak{r} \cdot \nabla)\varphi = dx\frac{\partial \varphi}{\partial x} + dy\frac{\partial \varphi}{\partial y} + dz\frac{\partial \varphi}{\partial z}$$

oder

(1) $$\boxed{d\varphi = (d\mathfrak{r} \cdot \nabla)\varphi}\,.$$

Diese Formel heißt in Worten:

Man erhält die Änderung $d\varphi$ einer skalaren Feldfunktion, indem man auf letztere den Operator $d\mathfrak{r} \cdot \nabla$ anwendet. Gleichzeitig ergibt sich die Identität

$$\boxed{d\mathfrak{r} \cdot (\nabla \varphi) = (d\mathfrak{r} \cdot \nabla)\varphi}\,,$$

auf deren linker Seite das Skalarprodukt der beiden Vektoren $d\mathfrak{r}$ und

$\nabla\varphi$, auf deren rechter Seite der Operator $d\mathfrak{r}\cdot\nabla$ und der Lückenbuchstabe φ steht.

An zweiter Stelle betrachten wir die Änderung $d\mathfrak{s}$ einer vektoriellen Punktfunktion $\mathfrak{s}$. Die Maßzahlen von $\mathfrak{s}$ seien u, v, w, so daß

$$\mathfrak{s} = u\mathfrak{i} + v\mathfrak{j} + w\mathfrak{k}$$

ist. Jetzt entsteht

$$d\mathfrak{s} = \mathfrak{i}\,du + \mathfrak{j}\,dv + \mathfrak{k}\,dw =$$

$$= \left\{\begin{aligned} &\mathfrak{i}\left(\frac{\partial u}{\partial x}dx + \frac{\partial u}{\partial y}dy + \frac{\partial u}{\partial z}dz\right) \\ &+\mathfrak{j}\left(\frac{\partial v}{\partial x}dx + \frac{\partial v}{\partial y}dy + \frac{\partial v}{\partial z}dz\right) \\ &+\mathfrak{k}\left(\frac{\partial w}{\partial x}dx + \frac{\partial w}{\partial y}dy + \frac{\partial w}{\partial z}dz\right) \end{aligned}\right\} =$$

$$= dx\frac{\partial \mathfrak{s}}{\partial x} + dy\frac{\partial \mathfrak{s}}{\partial y} + dz\frac{\partial \mathfrak{s}}{\partial z}$$

oder unter Heranziehung des Operators $d\mathfrak{r}\cdot\nabla$

(2) $$\boxed{d\mathfrak{s} = (d\mathfrak{r}\cdot\nabla)\mathfrak{s}}\,.$$

Man läßt in (1) und (2) die Klammern meist weg und schreibt einfacher

$$d\varphi = d\mathfrak{r}\cdot\nabla\varphi, \qquad d\mathfrak{s} = d\mathfrak{r}\cdot\nabla\mathfrak{s},$$

wobei der Punkt andeuten soll, daß zuerst der Lückenausdruck $d\mathfrak{r}\cdot\nabla$ zu bilden, dann erst die Lücke mit φ bzw. $\mathfrak{s}$ zu besetzen ist.

Es gilt demnach der

Fundamentalsatz:

Die durch die Aufpunktverrückung $d\mathfrak{r}$ bewirkte Änderung einer skalaren oder vektoriellen Feldgröße ϑ ergibt sich durch Anwendung des Operators $d\mathfrak{r}\cdot\nabla$ auf ϑ:

$$\boxed{d\vartheta = d\mathfrak{r}\cdot\nabla\vartheta}\,.$$

Anmerkung. Neben dem hier betrachteten skalaren Operator $d\mathfrak{r}\cdot\nabla$ kommt auch der Lückenausdruck $\mathfrak{S}\cdot\nabla$ vor, wo $\mathfrak{S}$ ein beliebiger Vektor mit den rechtwinkligen Koordinaten U, V, W ist. Seine Definitionsgleichung heißt natürlich

$$\boxed{\mathfrak{S}\cdot\nabla = U\frac{\partial}{\partial x} + V\frac{\partial}{\partial y} + W\frac{\partial}{\partial z}}\,.\text{*)}$$

*) Im besonderen ist $\mathfrak{i}\cdot\nabla = \frac{\partial}{\partial x}$, $\mathfrak{j}\cdot\nabla = \frac{\partial}{\partial y}$, $\mathfrak{k}\cdot\nabla = \frac{\partial}{\partial z}$.

Durch Ausfüllung der Lücke mit dem Skalar φ entsteht der Skalar

$$\boxed{\mathfrak{S}\cdot\nabla\varphi = U\frac{\partial\varphi}{\partial x} + V\frac{\partial\varphi}{\partial y} + W\frac{\partial\varphi}{\partial z}},$$

was mit dem Skalarprodukt von $\mathfrak{S}$ und $\nabla\varphi$ übereinstimmt, so daß

$$\boxed{(\mathfrak{S}\cdot\nabla)\varphi = \mathfrak{S}\cdot(\nabla\varphi)}$$

ist.

Durch Besetzung der Lücke mit dem Vektor $\mathfrak{s} = u\,|v|\,w$ entsteht der Vektor

$$\boxed{\mathfrak{S}\cdot\nabla\mathfrak{s} = U\frac{\partial\mathfrak{s}}{\partial x} + V\frac{\partial\mathfrak{s}}{\partial y} + W\frac{\partial\mathfrak{s}}{\partial z}} = U\mathfrak{s}_x + V\mathfrak{s}_y + W\mathfrak{s}_z,$$

dessen Koordinaten man erhält, wenn man die Lücke im Lückenausdruck

$$\mathfrak{S}\cdot\nabla = U\frac{\partial}{\partial x} + V\frac{\partial}{\partial y} + W\frac{\partial}{\partial z}$$

sukzessive durch die Maßzahlen u, v, w von $\mathfrak{s}$ ausfüllt, so daß z. B. die erste Koordinate (Abszisse) von $\mathfrak{S}\cdot\nabla\mathfrak{s}$ den Wert $U\frac{\partial u}{\partial x} + V\frac{\partial u}{\partial y} + W\frac{\partial u}{\partial z}$ hat.

Während aber
die Gleichung $(\mathfrak{S}\cdot\nabla)\varphi = \mathfrak{S}\cdot(\nabla\varphi)$ richtig ist,
gilt die Gleichung $(\mathfrak{S}\cdot\nabla)\mathfrak{s} = \mathfrak{S}\cdot(\nabla\mathfrak{s})$ nicht!

Gradient.

Der Vektor $\nabla\varphi$ wird Gradient der Punktfunktion φ an der Stelle $P(x, y, z)$ genannt und nach H. Weber (Riemann-Weber, Partielle Differentialgleichungen der math. Physik, 1900) heute allgemein grad φ geschrieben:

$$\boxed{\operatorname{grad}\varphi = \nabla\varphi}.$$

Wir verwenden hier auch noch die abgekürzte Bezeichnung $\dot{\varphi}$, so daß

$$\dot{\varphi} = \operatorname{grad}\varphi = \nabla\varphi = \frac{\partial\varphi}{\partial x}\,\Big|\,\frac{\partial\varphi}{\partial y}\,\Big|\,\frac{\partial\varphi}{\partial z} = \varphi_x\,|\,\varphi_y\,|\,\varphi_z\,.$$

Richtungsableitung.

Schreitet man vom Aufpunkt P in der durch den beliebigen Einheitsvektor $\mathfrak{e}$ gekennzeichneten Richtung um eine unendlich kurze Strecke dn fort, so ist der dadurch bewirkte Zuwachs von φ nach (1)

$$d\varphi = \dot{\varphi}\,\mathfrak{e}\,dn.$$

Man schreibt auch

$$\boxed{\frac{d\varphi}{dn} = \mathfrak{e}\,\mathrm{grad}\,\varphi}\,.$$

Die linke Seite dieser Gleichung ist die sog. Ableitung der Feldfunktion φ nach der Richtung des Einheitsvektors $\mathfrak{e}$ — Richtungsableitung — *).

Unsere Formel enthält den

Satz von der Richtungsableitung:

Die Ableitung der skalaren Feldfunktion φ nach der durch den Einheitsvektor $\mathfrak{e}$ bestimmten Richtung ist das skalare $\mathfrak{e}$-fache des Funktionsgradienten.

Im allgemeinen ist $\mathfrak{e}\dot{\varphi}$ (wegen des Zwischenwinkelcosinus) kleiner als der Betrag von $\dot{\varphi}$. Nur wenn Fortschreitungsrichtung und Gradientrichtung übereinstimmen, ist $\mathfrak{e}\dot{\varphi}$ dem Gradientbetrage gleich. So ergibt sich der wichtige

Zusatz:

Die nach der Richtung stärksten Anwachsens der Feldfunktion φ genommene Richtungsableitung der Funktion stellt den Betrag ihres Gradienten, jene Richtung die Richtung des Gradienten dar.

Man ermittle demnach im Aufpunkte die Richtung, in welcher die Feldfunktion φ am stärksten wächst; die zu dieser Richtung gehörige Ableitung von φ ist der Betrag, die Richtung selbst die Richtung von grad φ.

Dieser Sachverhalt liefert eine anschauliche Deutung des Gradienten.

Gradient und Niveaufläche.

Die Punkte, in denen die Feldfunktion φ einen konstanten Wert c hat, bilden im allgemeinen eine krumme Fläche, eine sog. Niveaufläche der Funktion φ, deren Gleichung

$$\varphi = c$$

lautet.

Schreitet man von einem Punkte M der Niveaufläche in der Fläche ein unendlich kleines Stück $d\mathfrak{r}$ fort, so ist die dadurch bewirkte Zunahme der Feldfunktion nach der obigen Zuwachsformel

$$d\varphi = d\mathfrak{r} \cdot \nabla\varphi = d\mathfrak{r} \cdot \mathrm{grad}\,\varphi,$$

*) Die Richtungsableitung wurde von Lamé eingeführt. Lamé schrieb $\frac{d\varphi}{dn}$, während heute meist $\frac{\partial\varphi}{\partial n}$ geschrieben wird.

wegen der Konstanz von φ ($\varphi = c$)

$$d\varphi = 0.$$

Für jeden in der Niveaufläche liegenden Fortschritt $d\mathfrak{r}$ ist demnach

$$d\mathfrak{r} \cdot \operatorname{grad} \varphi = 0.$$

Daher steht grad φ auf der Fläche $\varphi = c$ senkrecht.

Der Gradient einer Punktfunktion φ steht auf der Niveaufläche der Funktion senkrecht; er gibt die Richtung der wachsenden φ an.

Der Wert unserer Punktfunktion an der Stelle M sei φ, die durch M laufende Niveaufläche heiße $\overline{\varphi}$. Wir erteilen dem Funktionswerte φ einen kleinen Zuwachs $d\varphi$ und nennen die zu dem neuen Funktionswerte $\varphi + d\varphi$ gehörige Niveaufläche entsprechend $\overline{\varphi + d\varphi}$. Wir zeichnen in M die Normale MS von $\overline{\varphi}$ bis zum Schnitt S mit $\overline{\varphi + d\varphi}$ und stellen uns die Aufgabe, den Abstand $dn = MS$ der beiden benachbarten Niveauflächen an der Stelle M zu berechnen.

Nach dem Satze von der Richtungsableitung ist

$$\frac{d\varphi}{dn} = \mathfrak{n} \operatorname{grad} \varphi,$$

wo $\mathfrak{n}$ den mit $\overrightarrow{MS}$ gleichgerichteten Einheitsvektor bedeutet. Mithin gilt die Abstandsformel

$$\boxed{dn = \Phi\, d\varphi} \qquad \text{mit } \Phi = 1 : \mathfrak{n} \operatorname{grad} \varphi.$$

Der Faktor Φ heiße Abstandsbeiwert der Niveaufläche $\overline{\varphi}$ an der Stelle M.

Da $\grave{\varphi}$ und $\mathfrak{n}$ parallel sind, können wir

$$\grave{\varphi} = \sigma \mathfrak{n}$$

schreiben, wo σ ein Skalar ist. Setzen wir diesen Wert in der Gleichung

$$\mathfrak{n} \grave{\varphi} = 1 : \Phi$$

ein, so folgt

$$\sigma = 1 : \Phi,$$

und wir erhalten noch die bemerkenswerte Formel

$$\boxed{\mathfrak{n} \cdot \operatorname{grad} \varphi = \operatorname{grad} \varphi : \mathfrak{n} = 1 : \Phi}.$$

Divergenz und Rotation.

Hamilton betrachtete auch das Skalarprodukt $\nabla \cdot \mathfrak{s}$ sowie das Vektorprodukt $\nabla \times \mathfrak{s}$ des Fiktivvektors ∇ mit dem Vektor $\mathfrak{s} = u\,|v|\,w$.

I. Bei formaler Ausführung der Multiplikation bekommen wir im ersten Falle

$$\nabla \cdot \mathfrak{s} = \left(\mathfrak{i}\frac{\partial}{\partial x} + \mathfrak{j}\frac{\partial}{\partial y} + \mathfrak{k}\frac{\partial}{\partial z}\right) \cdot (u\mathfrak{i} + v\mathfrak{j} + w\mathfrak{k}) =$$

$$= \frac{\partial u}{\partial x} + \frac{\partial v}{\partial y} + \frac{\partial w}{\partial z} = u_x + v_y + w_z\,.$$

Der so erhaltene Skalar wird nach dem Vorschlage von Clifford (Elements of Dynamics, 1878) die Divergenz des Vektors $\mathfrak{s}$ genannt und div $\mathfrak{s}$ — in diesem Buche hin und wieder auch $\hat{\mathfrak{s}}$ — geschrieben. Wir haben also die Gleichung

$$\boxed{\operatorname{div}\mathfrak{s} = \nabla \cdot \mathfrak{s} = \frac{\partial u}{\partial x} + \frac{\partial v}{\partial y} + \frac{\partial w}{\partial z}} \qquad \text{mit } \mathfrak{s} = u\,|\,v\,|\,w.$$

Läßt man den Punkt zwischen ∇ und $\mathfrak{s}$ weg, so heißt das: die Lücke des Lückenausdrucks ∇ ist durch $\mathfrak{s}$ zu besetzen. Das gibt

$$\nabla \mathfrak{s} = \mathfrak{i}\frac{\partial \mathfrak{s}}{\partial x} + \mathfrak{j}\frac{\partial \mathfrak{s}}{\partial y} + \mathfrak{k}\frac{\partial \mathfrak{s}}{\partial z}\,.$$

Ersetzen wir hier rechts $\mathfrak{s}$ durch $u\mathfrak{i} + v\mathfrak{j} + w\mathfrak{k}$, so entsteht

$$\nabla \mathfrak{s} = \mathfrak{i}\cdot(\mathfrak{i}\,u_x + \mathfrak{j}\,v_x + \mathfrak{k}\,w_x) + \mathfrak{j}\cdot(\mathfrak{i}\,u_y + \mathfrak{j}\,v_y + \mathfrak{k}\,w_y) + \mathfrak{k}\cdot(\mathfrak{i}\,u_z + \mathfrak{j}\,v_z + \mathfrak{k}\,w_z),$$

was auf Grund der sechs Gleichungen

$$\mathfrak{i}^2 = 1, \qquad \mathfrak{j}^2 = 1, \qquad \mathfrak{k}^2 = 1, \qquad \mathfrak{j}\mathfrak{k} = 0, \qquad \mathfrak{k}\mathfrak{i} = 0, \qquad \mathfrak{i}\mathfrak{j} = 0$$

in

$$\nabla \mathfrak{s} = u_x + v_y + w_z$$

übergeht. Demnach ist auch

$$\boxed{\operatorname{div}\mathfrak{s} = \nabla \mathfrak{s} = \mathfrak{i}\cdot\frac{\partial \mathfrak{s}}{\partial x} + \mathfrak{j}\cdot\frac{\partial \mathfrak{s}}{\partial y} + \mathfrak{k}\cdot\frac{\partial \mathfrak{s}}{\partial z}}\,.$$

Eine anschauliche Vorstellung des Divergenzbegriffs verschaffen wir uns, wenn wir den Feldvektor $\mathfrak{s}$ als Schnelligkeit einer Flüssigkeitsbewegung deuten, deren Komponenten im Punkte $P\,(x, y, z)$ u, v, w sind. Bedeutet f eine unendlich kleine Fläche am Orte $P\,(x, y, z)$, $\mathfrak{f}$ den zu der als positiv ausgewählten Seite der Fläche gehörigen Flächenvektor, so ist die (in cm³ gemessene) Flüssigkeitsmenge, die sekundlich die Fläche von der negativen zur positiven Seite durchsetzt $q = \mathfrak{s}\mathfrak{f}$.

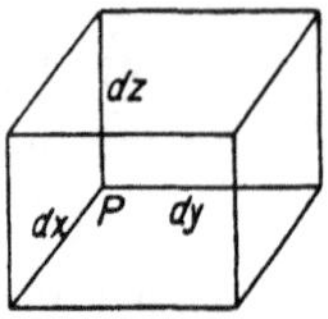

Bild 29.

Wir denken uns jetzt einen an der Stelle P befindlichen unendlich kleinen Quader mit den Kanten dx, dy, dz, dessen Vorder- und Rückseite je den Inhalt $dy \cdot dz$, dessen linke und rechte Seite je den Inhalt $dz \cdot dx$, dessen Grund- und Deckfläche je den Inhalt $dx \cdot dy$ haben, und dessen Rückfläche, linke Seitenfläche und Grundfläche sich in P treffen. Wir bestimmen das

Flüssigkeitsquantum, das zur Zeit t sekundlich aus diesem Quader herauskommt. Dazu ist nichts weiter nötig, als das obige Skalarprodukt q für jede der sechs Quaderseiten zu ermitteln und die gefundenen Posten zu addieren.

Für die Rückfläche bekommen wir

$$q = -\mathfrak{s}\,\mathrm{i}\,dy\,dz = -u\,dy\,dz,$$

für die Vorderfläche

$$q = (\mathfrak{s} + \mathfrak{s}_x\,dx)\,\mathrm{i}\,dy\,dz = +u\,dy\,dz + u_x\,dx\,dy\,dz,$$

für diese beiden Flächen zusammen daher das Quantum $u_x\,dx\,dy\,dz$. Ebenso bekommen wir für die linke und rechte Quaderseite das Gesamtquantum $v_y\,dx\,dy\,dz$, für die Grund- und Deckfläche das Quantum $w_z\,dx\,dy\,dz$.

Das aus dem Quader herausfließende Flüssigkeitsquantum ist demnach

$$dq = (u_x + v_y + w_z)\,dx\,dy\,dz$$

oder, wenn wir das Quadervolumen mit $d\tau$ bezeichnen,

$$dq = \operatorname{div}\mathfrak{s}\cdot d\tau.$$

Die Divergenz des (Schnelligkeits-)Vektors $\mathfrak{s}$ am Orte P ist also das sekundlich aus dem in P befindlichen Einheitsquader hervorbrechende Flüssigkeitsquantum.

Jede Stelle, an der die Divergenz nicht verschwindet, wird daraufhin als Quelle des Vektors $\mathfrak{s}$ und seine Divergenz an dieser Stelle als Quellenergiebigkeit dieser Stelle bezeichnet.

II. Im zweiten Falle liefert die vektorielle Multiplikation

des Fiktivvektors $\nabla = \frac{\partial}{\partial x} \mid \frac{\partial}{\partial y} \mid \frac{\partial}{\partial z}$

mit dem Vektor $\mathfrak{s} = u \mid v \mid w$

den Vektor

$$\nabla \times \mathfrak{s} = \frac{\partial w}{\partial y} - \frac{\partial v}{\partial z} \;\Big|\; \frac{\partial u}{\partial z} - \frac{\partial w}{\partial x} \;\Big|\; \frac{\partial v}{\partial x} - \frac{\partial u}{\partial y}.$$

Der Vektor $\nabla \times \mathfrak{s}$ mit den Komponenten (Maßzahlen)

$$\mathring{u} = \frac{\partial w}{\partial y} - \frac{\partial v}{\partial z}, \quad \mathring{v} = \frac{\partial u}{\partial z} - \frac{\partial w}{\partial x}, \quad \mathring{w} = \frac{\partial v}{\partial x} - \frac{\partial u}{\partial y}$$

wird die Rotation (Maxwell), kürzer der Rotor oder der Quirl (Wiechert), bisweilen auch noch nach einem gleichfalls von Maxwell herrührenden Worte der curl des Vektors $\mathfrak{s}$ genannt, und unsere Definitionsformel lautet

$$\boxed{\operatorname{rot}\mathfrak{s} = \left(\frac{\partial w}{\partial y} - \frac{\partial v}{\partial z}\right)\mathrm{i} + \left(\frac{\partial u}{\partial z} - \frac{\partial w}{\partial x}\right)\mathrm{j} + \left(\frac{\partial v}{\partial x} - \frac{\partial u}{\partial y}\right)\mathfrak{k}},$$

was auch auf die Determinantenform

$$\mathrm{rot}\,\mathfrak{s} = \begin{vmatrix} \mathfrak{i} & \mathfrak{j} & \mathfrak{k} \\ \dfrac{\partial}{\partial x} & \dfrac{\partial}{\partial y} & \dfrac{\partial}{\partial z} \\ u & v & w \end{vmatrix}$$

gebracht werden kann.

Als dritte Definitionsformel für rot $\mathfrak{s}$ merken wir uns

$$\boxed{\mathrm{rot}\,\mathfrak{s} = \mathfrak{i} \times \frac{\partial \mathfrak{s}}{\partial x} + \mathfrak{j} \times \frac{\partial \mathfrak{s}}{\partial y} + \mathfrak{k} \times \frac{\partial \mathfrak{s}}{\partial z}}\,.$$

Sie erklärt sich folgendermaßen. Die rechte Seite dieser Gleichung hat den Wert

$$\mathfrak{i} \times (\mathfrak{i}\, u_x + \mathfrak{j}\, v_x + \mathfrak{k}\, w_x) + \mathfrak{j} \times (\mathfrak{i}\, u_y + \mathfrak{j}\, v_y + \mathfrak{k}\, w_y) + \mathfrak{k} \times (\mathfrak{i}\, u_z + \mathfrak{j}\, v_z + \mathfrak{k}\, w_z),$$

der bei Ausführung der Multiplikation wegen der sechs Relationen

$$\mathfrak{i} \times \mathfrak{i} = 0, \quad \mathfrak{j} \times \mathfrak{j} = 0, \quad \mathfrak{k} \times \mathfrak{k} = 0, \quad \mathfrak{j} \times \mathfrak{k} = \mathfrak{i}, \quad \mathfrak{k} \times \mathfrak{i} = \mathfrak{j}, \quad \mathfrak{i} \times \mathfrak{j} = \mathfrak{k}$$

in

$$\mathfrak{i}\,(w_y - v_z) + \mathfrak{j}\,(u_z - w_x) + \mathfrak{k}\,(v_x - u_y),$$

d. h. in rot $\mathfrak{s}$ übergeht.

Wir werden für rot $\mathfrak{s}$ bisweilen die Abkürzung $\mathring{\mathfrak{s}}$ und entsprechend für die Maßzahlen des Rotors die Abkürzungen $\mathring{u}$, $\mathring{v}$, $\mathring{w}$ gebrauchen.

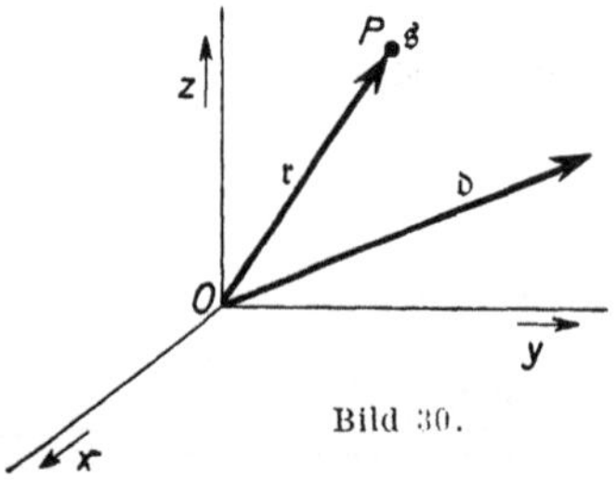

Bild 30.

Die Begründung für die Bezeichnung »Rotation«, zugleich eine anschauliche Vorstellung eines Rotors, erhalten wir etwa folgendermaßen:

Ein starrer Körper rotiere um den festen Koordinatenursprung O (§ 12); seine augenblickliche Drehachse sei durch den Drehvektor $\mathfrak{d} = a\,|b|\,c$ gegeben; die Schnelligkeit des Körperpunktes $P\,(x\,|y|\,z)$ ist dann

$$\mathfrak{s} = \mathfrak{d} \times \mathfrak{r}.$$

Der Quirl dieses Vektors $\mathfrak{s}$ wird dann

$$\mathrm{rot}\,\mathfrak{s} = \begin{vmatrix} \mathfrak{i} & \mathfrak{j} & \mathfrak{k} \\ \dfrac{\partial}{\partial x} & \dfrac{\partial}{\partial y} & \dfrac{\partial}{\partial z} \\ bz - cy & cx - az & ay - bx \end{vmatrix} = 2a\,\mathfrak{i} + 2b\,\mathfrak{j} + 2c\,\mathfrak{k}.$$

oder

$$\mathrm{rot}\,\mathfrak{s} = 2\,\mathfrak{d}.$$

Die Rotation unseres Vektors $\mathfrak{s}$ ist also die doppelte Drehgeschwindigkeit des starren Körpers.

Wir brauchen hier statt »Drehgeschwindigkeit« (Winkelgeschwindigkeit) nur »Rotationsgeschwindigkeit« zu sagen, um zu sehen, daß der Ausdruck Rotation nicht gerade gut gewählt ist, daß es besser ist, Rotor oder Quirl zu sagen.

Am Schlusse dieses Paragraphen beweisen wir noch den wichtigen Satz:

Der Gradient einer skalaren Feldfunktion φ, sowie der Quirl und die Divergenz einer vektoriellen Feldfunktion $\mathfrak{s}$ sind Invarianten, d. h. bleiben von Änderungen des Koordinatensystems unberührt.

Beweis. Um die Invarianz von $\operatorname{grad}\varphi$ einzusehen, benutzen wir die Inkrementformel

$$\text{(I)} \qquad \boxed{d\varphi = \operatorname{grad}\varphi \cdot d\mathfrak{r}}\,.$$

Wir zeigen zunächst, daß sie $\operatorname{grad}\varphi$ eindeutig definiert. Gäbe es nämlich neben $\grave{\varphi}$ noch eine zweite Punktfunktion ψ, deren Skalarprodukt mit $d\mathfrak{r}$ den Zuwachs $d\varphi$ der vorgelegten Feldgröße φ anzeigt, so wäre

$$\psi\, d\mathfrak{r} = \grave{\varphi}\, d\mathfrak{r} \qquad \text{oder} \qquad (\psi - \grave{\varphi})\, d\mathfrak{r} = 0.$$

Da aber die Richtung des Inkrements $d\mathfrak{r}$ ganz beliebig gewählt werden kann, ist die letzte Gleichung nur möglich, wenn

$$\psi = \grave{\varphi} = \operatorname{grad}\varphi$$

ist.

Da nun die durch die Formel

$$d\varphi = \grave{\varphi}\, d\mathfrak{r}$$

definierte Größe $\grave{\varphi}$ vom Koordinatensystem unabhängig ist, bleibt $\operatorname{grad}\varphi$ jeder Koordinatentransformation gegenüber invariant.

Um die Invarianz des Rotors nachzuweisen, benutzen wir die bemerkenswerte Formel

$$\text{(II)} \qquad \boxed{d\mathfrak{r}\,\overset{\circ}{\mathfrak{s}}\,\delta\mathfrak{r} = \begin{vmatrix} d\mathfrak{r} & d\mathfrak{s} \\ \delta\mathfrak{r} & \delta\mathfrak{s} \end{vmatrix}}\,,$$

in der $d\mathfrak{r}$ und $\delta\mathfrak{r}$ zwei beliebig ausgewählte Inkremente des Ortsvektors $\overrightarrow{OP} = \mathfrak{r}$, $d\mathfrak{s}$ und $\delta\mathfrak{s}$ die entsprechenden Zuwächse des Feldvektors $\mathfrak{s}$ sind und die linke Seite das Mischprodukt der drei Vektoren $d\mathfrak{r}$, $\operatorname{rot}\mathfrak{s}$ und $\delta\mathfrak{r}$ ist.

Der Beweis dieser Formel ergibt sich leicht durch Auswertung der auf der rechten Seite stehenden Determinante Δ. Zunächst ist

$$\varDelta = \begin{vmatrix} \mathfrak{i}\,dx + \mathfrak{j}\,dy + \mathfrak{k}\,dz & \begin{cases} (u_x\,dx + u_y\,dy + u_z\,dz)\,\mathfrak{i} \\ +(v_x\,dx + v_y\,dy + v_z\,dz)\,\mathfrak{j} \\ +(w_x\,dx + w_y\,dy + w_z\,dz)\,\mathfrak{k} \end{cases} \\ \mathfrak{i}\,\delta x + \mathfrak{j}\,\delta y + \mathfrak{k}\,\delta z & \begin{cases} (u_x\,\delta x + u_y\,\delta y + u_z\,\delta z)\,\mathfrak{i} \\ +(v_x\,\delta x + v_y\,\delta y + v_z\,\delta z)\,\mathfrak{j} \\ +(w_x\,\delta x + w_y\,\delta y + w_z\,\delta z)\,\mathfrak{k} \end{cases} \end{vmatrix}.$$

Durch Anwendung des Additionssatzes und der Relationen $\mathfrak{i}^2 = \mathfrak{j}^2 = \mathfrak{k}^2 = 1$ und $\mathfrak{j}\mathfrak{k} = \mathfrak{k}\mathfrak{i} = \mathfrak{i}\mathfrak{j} = 0$ vereinfacht sich dies zu

$$\varDelta = \begin{vmatrix} dx & u_y\,dy + u_z\,dz \\ \delta x & u_y\,\delta y + u_z\,\delta z \end{vmatrix} + \begin{vmatrix} dy & v_z\,dz + v_x\,dx \\ \delta y & v_z\,\delta z + v_x\,\delta x \end{vmatrix} + \begin{vmatrix} dz & w_x\,dx + w_y\,dy \\ \delta z & w_x\,\delta x + w_y\,\delta y \end{vmatrix}$$

oder $\varDelta =$

$$(w_y - v_z)(dz\,\delta y - dy\,\delta z) + (u_z - w_x)(dx\,\delta z - dz\,\delta x) + (v_x - u_y)(dy\,\delta x - dx\,\delta y)$$

oder endlich

$$\varDelta = \mathring{u}\,(dz\,\delta y - dy\,\delta z) + \mathring{v}\,(dx\,\delta z - dz\,\delta x) + \mathring{w}\,(dy\,\delta x - dx\,\delta y).$$

Die rechte Seite dieser Gleichung ist aber die Determinante

$$\begin{vmatrix} dx & dy & dz \\ \mathring{u} & \mathring{v} & \mathring{w} \\ \delta x & \delta y & \delta z \end{vmatrix},$$

wie man durch Entwicklung nach der zweiten Zeile sofort erkennt.

Durch die Formel (II) ist der Feldvektor $\mathring{\mathfrak{s}}$ eindeutig bestimmt.

Gäbe es nämlich noch einen zweiten die Formel befriedigenden Vektor $\mathfrak{S}$, so müßte

$$d\mathfrak{r}\;\mathfrak{S}\;\delta\mathfrak{r} = d\mathfrak{r}\;\mathring{\mathfrak{s}}\;\delta\mathfrak{r}$$

oder

$$(\mathfrak{S} - \mathring{\mathfrak{s}}) \cdot d\mathfrak{r} \times \delta\mathfrak{r} = 0$$

sein. Das ist aber wegen der willkürlichen Wahl für die Richtung des Vektors $d\mathfrak{r} \times \delta\mathfrak{r}$ nur möglich, wenn $\mathfrak{S} - \mathring{\mathfrak{s}}$ verschwindet. Also kann nur $\mathfrak{S} = \mathring{\mathfrak{s}}$ sein.

Der Anblick der Formel (II) lehrt unmittelbar die Unabhängigkeit des Rotors $\mathring{\mathfrak{s}} = \operatorname{rot}\mathfrak{s}$ von der Wahl des Koordinatensystems.

Der Nachweis endlich der Invarianz der Divergenz folgt aus dem Anblick der interessanten Formel

$$\text{(III)} \qquad \boxed{\operatorname{div}\mathfrak{s} = \mathfrak{E}\,(\operatorname{grad}\widetilde{\mathfrak{E}\mathfrak{s}} + \operatorname{rot}\overline{\mathfrak{E}\mathfrak{s}})},$$

in welcher $\mathfrak{E}$ irgendeinen Einheitsvektor bedeutet, und vermittels welcher sich die Divergenz auf Gradient und Rotor zurückführen läßt.

Fehlt also nur der Beweis dieser Formel. Ist aber etwa $\mathfrak{E} = \lambda\,|\mu|\,\nu$, so haben wir

$$\widetilde{\mathfrak{E}\mathfrak{s}} = \lambda\, u + \mu\, v + \nu\, w$$

und

$$\overline{\mathfrak{E}\mathfrak{s}} = \mu w - \nu v\,|\,\nu u - \lambda w\,|\,\lambda v - \mu u .$$

Daher ist z. B. die Abszisse (erste Maßzahl)

von grad $\widetilde{\mathfrak{E}\mathfrak{s}}$ $\qquad \lambda\, u_x + \mu\, v_x + \nu\, w_x ,$

von rot $\overline{\mathfrak{E}\mathfrak{s}}$ $\qquad \lambda\, v_y - \mu\, u_y - \nu\, u_z + \lambda\, w_z ,$

mithin die Abszisse von grad $\widetilde{\mathfrak{E}\mathfrak{s}}$ + rot $\overline{\mathfrak{E}\mathfrak{s}}$

$$\lambda\,(u_x + v_y + w_z) + \mu\,(v_x - u_y) - \nu\,(u_z - w_x)$$

oder

$$\lambda\,\hat{\mathfrak{s}} + \mu\,\mathring{w} - \nu\,\mathring{v} .$$

Genau so erhält man für die Ordinate und Applikate von grad $\widetilde{\mathfrak{E}\mathfrak{s}}$ + rot $\overline{\mathfrak{E}\mathfrak{s}}$

$$\mu\,\hat{\mathfrak{s}} + \nu\,\mathring{u} - \lambda\,\mathring{w} \qquad \text{bzw.} \qquad \nu\,\hat{\mathfrak{s}} + \lambda\,\mathring{v} - \mu\,\mathring{u} ,$$

folglich für das Skalarprodukt aus $\mathfrak{E} = \lambda\,|\mu|\,\nu$ und grad $\widetilde{\mathfrak{E}\mathfrak{s}}$ + rot $\overline{\mathfrak{E}\mathfrak{s}}$ einfach $\hat{\mathfrak{s}} = \operatorname{div} \mathfrak{s}$, w. z. b. w.

Aus der Invarianz der Feldfunktionen div und rot gegenüber Koordinatentransformationen ergeben sich noch zwei einfache Spezialsätze für die Ebene.

Die Punkte $P\,(x, y, z)$ einer Ebene seien auf ein in dieser Ebene gelegenes rechtwinkliges XY-System bezogen, in dem also der Punkt P die Koordinaten X, Y hat. Ferner sei jedem Punkte P der Ebene ein in der Ebene liegender Feldvektor $\mathfrak{S}$ (gleich $u\,|v|\,w$) zugeordnet, dessen Koordinaten im XY-System U und V sind.

Die angedeuteten Sätze heißen:

Die Divergenz des Vektors $\mathfrak{S}$ ist

$$\boxed{\operatorname{div} \mathfrak{S} = \frac{\partial U}{\partial X} + \frac{\partial V}{\partial Y}}\,.$$

Der Quirl des Vektors $\mathfrak{S}$ ist

$$\boxed{\operatorname{rot} \mathfrak{S} = \left(\frac{\partial V}{\partial X} - \frac{\partial U}{\partial Y}\right) \mathfrak{K}}\,,$$

wo $\mathfrak{K}$ der zur Ebene normale Einheitsvektor ist, der mit den Einheitsvektoren der X- und Y-Achse ein Rechtssystem bildet.

Um sie zu beweisen, brauchen wir nur das XY-System durch Einführung einer Z-Achse zu einem XYZ-Rechtssystem zu ergänzen und mit dessen Benutzung div $\mathfrak{S}$ und rot $\mathfrak{S}$ nach den Definitionsvorschriften hinzuschreiben.

§ 14. Rechnung mit den Operatoren grad, div, rot.

Wir stellen in diesem Paragraphen einige Formeln zusammen, die für das Rechnen mit den Differentialoperatoren div, grad, rot nützlich sind.

In diesen Formeln bedeuten Φ und φ skalare, $\mathfrak{S}$ und $\mathfrak{s}$ vektorische Feldfunktionen, U, V, W die auf ein rechtwinkliges xyz-Koordinatensystem bezogenen Maßzahlen von $\mathfrak{S}$ und u, v, w die Koordinaten von $\mathfrak{s}$.

Ferner bezeichnen wir, falls für die Koordinaten eines Vektors $\mathfrak{v}$ keine besonderen Buchstaben eingeführt werden, die Erstkoordinate (Abszisse) des Vektors mit $1(\mathfrak{v})$, die Ordinate mit $2(\mathfrak{v})$ und die Applikate mit $3(\mathfrak{v})$.

Eine erste Formelgruppe enthält das Distributivgesetz der drei Operatoren div, grad, rot:

$$\boxed{\begin{aligned} \operatorname{div}(\mathfrak{S}+\mathfrak{s}) &= \operatorname{div}\mathfrak{S}+\operatorname{div}\mathfrak{s} \\ \operatorname{grad}(\Phi+\varphi) &= \operatorname{grad}\Phi+\operatorname{grad}\varphi \\ \operatorname{rot}(\mathfrak{S}+\mathfrak{s}) &= \operatorname{rot}\mathfrak{S}+\operatorname{rot}\mathfrak{s} \end{aligned}}\,.$$

Die Richtigkeit dieser Gleichungen wird der Leser ohne Mühe bestätigen.

Die zweite Formelgruppe enthält die sechs Formeln von Heaviside (Electromagnetic Theory, London 1893, vol. I), die über die Anwendung der drei Differentialoperatoren auf Produkte Auskunft geben. Sie besteht aus zwei Formeltripeln: im ersten ist mindestens ein Faktor des Produkts ein Skalar, im zweiten sind beide Faktoren Vektoren.

Erstes Tripel:

$$\boxed{\begin{aligned} \operatorname{div}\varphi\mathfrak{s} &= \varphi\operatorname{div}\mathfrak{s}+\mathfrak{s}\operatorname{grad}\varphi \\ \operatorname{grad}\Phi\varphi &= \Phi\operatorname{grad}\varphi+\varphi\operatorname{grad}\Phi \\ \operatorname{rot}\varphi\mathfrak{s} &= \varphi\operatorname{rot}\mathfrak{s}-\mathfrak{s}\times\operatorname{grad}\varphi \end{aligned}}\,.$$

Auch hier sind die Beweise sehr einfach. Wir beschränken uns etwa auf den der dritten Formel.

Es ist

$$\operatorname{rot}\varphi\mathfrak{s} = \operatorname{rot}(\varphi u\,|\,\varphi v\,|\,\varphi w),$$

mithin z. B.

$$1(\operatorname{rot}\varphi\mathfrak{s}) = \frac{\partial\varphi w}{\partial y} - \frac{\partial\varphi v}{\partial z}$$

oder

$$1(\operatorname{rot}\varphi\mathfrak{s}) = \varphi(w_y - v_z) - (v\varphi_z - w\varphi_y)$$

oder

$$1(\operatorname{rot}\varphi\mathfrak{s}) = \varphi\,1(\operatorname{rot}\mathfrak{s}) - 1(\mathfrak{s}\times\operatorname{grad}\varphi) = 1(\varphi\operatorname{rot}\mathfrak{s}) - 1(\mathfrak{s}\times\operatorname{grad}\varphi).$$

Zyklische Vertauschung liefert

$$2\,(\mathrm{rot}\,\varphi\mathfrak{s}) = 2\,(\varphi\,\mathrm{rot}\,\mathfrak{s}) - 2\,(\mathfrak{s}\times\mathrm{grad}\,\varphi)$$

und

$$3\,(\mathrm{rot}\,\varphi\mathfrak{s}) = 3\,(\varphi\,\mathrm{rot}\,\mathfrak{s}) - 3\,(\mathfrak{s}\times\mathrm{grad}\,\varphi).$$

Die Zusammenziehung der drei letzten Gleichungen zu einer Vektorgleichung liefert die Formel

$$\mathrm{rot}\,\varphi\mathfrak{s} = \varphi\,\mathrm{rot}\,\mathfrak{s} - \mathfrak{s}\times\mathrm{grad}\,\varphi,$$

w. z. b. w.

Zweites Tripel:

$$\boxed{\begin{array}{ll} \mathrm{div} & \overline{\mathfrak{S}\mathfrak{s}} = \mathfrak{s}\,\mathrm{rot}\,\mathfrak{S} - \mathfrak{S}\,\mathrm{rot}\,\mathfrak{s} \\ \mathrm{grad} & \widetilde{\mathfrak{S}\mathfrak{s}} = \mathfrak{S}\cdot\nabla\,\mathfrak{s} + \mathfrak{s}\cdot\nabla\,\mathfrak{S} + \mathfrak{S}\times\mathrm{rot}\,\mathfrak{s} + \mathfrak{s}\times\mathrm{rot}\,\mathfrak{S} \\ \mathrm{rot} & \overline{\mathfrak{S}\mathfrak{s}} = (\mathfrak{s}\cdot\nabla + \nabla\cdot\mathfrak{s})\,\mathfrak{S} - (\mathfrak{S}\cdot\nabla + \nabla\cdot\mathfrak{S})\,\mathfrak{s} \end{array}}$$

Beweis der ersten Formel. Es ist div $(\mathfrak{S}\times\mathfrak{s})$ gleich

$$\mathrm{div}\,\overline{\mathfrak{S}\mathfrak{s}} = \mathrm{div}\,(Vw - Wv\,|\,Wu - Uw\,|\,Uv - Vu) =$$

$$= \left\{\begin{array}{l} Vw_x + wV_x - Wv_x - vW_x \\ + Wu_y + uW_y - Uw_y - wU_y \\ + Uv_z + vU_z - Vu_z - uV_z \end{array}\right\} =$$

$$= \left\{\begin{array}{l} [u\,(W_y - V_z) + v\,(U_z - W_x) + w\,(V_x - U_y)] \\ - [U\,(w_y - v_z) + V\,(u_z - w_x) + W\,(v_x - u_y)] \end{array}\right\} =$$

$$= [u\mathring{U} + v\mathring{V} + w\mathring{W}] - [U\mathring{u} + V\mathring{v} + W\mathring{w}] =$$

$$= \mathfrak{s}\mathring{\mathfrak{S}} - \mathfrak{S}\mathring{\mathfrak{s}} = \mathfrak{s}\,\mathrm{rot}\,\mathfrak{S} - \mathfrak{S}\,\mathrm{rot}\,\mathfrak{s}.$$

Beweis der zweiten Formel. Es ist

$$\mathrm{grad}\,\widetilde{\mathfrak{S}\mathfrak{s}} = \mathrm{grad}\,(Uu + Vv + Ww),$$

mithin z. B.

$$1\,(\mathrm{grad}\,\widetilde{\mathfrak{S}\mathfrak{s}}) = Uu_x + uU_x + Vv_x + vV_x + Ww_x + wW_x.$$

Dies schreiben wir

$$\left\{\begin{array}{l} [Uu_x + Vu_y + Wu_z] + [V(v_x - u_y) - W(u_z - w_x)] \\ + [uU_x + vU_y + wU_z] + [v\,(V_x - U_y) - w\,(U_z - W_x)] \end{array}\right\}.$$

Die hier auftretenden eckigen Klammerausdrücke sind der Reihe nach (§ 13)

$$1\,(\mathfrak{S}\cdot\nabla\mathfrak{s}), \qquad 1\,(\mathfrak{S}\times\mathrm{rot}\,\mathfrak{s}), \qquad 1\,(\mathfrak{s}\cdot\nabla\,\mathfrak{S}), \qquad 1\,(\mathfrak{s}\times\mathrm{rot}\,\mathfrak{S}),$$

sodaß

$$1\,(\mathrm{grad}\,\widetilde{\mathfrak{S}\mathfrak{s}}) = 1\,(\mathfrak{S}\cdot\nabla\mathfrak{s} + \mathfrak{s}\cdot\nabla\,\mathfrak{S} + \mathfrak{S}\times\mathrm{rot}\,\mathfrak{s} + \mathfrak{s}\times\mathrm{rot}\,\mathfrak{S}).$$

Da eine analoge Gleichung für die 2. und 3. Koordinate gilt, so folgt

$$\operatorname{grad} \widetilde{\mathfrak{S}\mathfrak{s}} = \mathfrak{S} \cdot \nabla \mathfrak{s} + \mathfrak{s} \cdot \nabla \mathfrak{S} + \mathfrak{S} \times \operatorname{rot} \mathfrak{s} + \mathfrak{s} \times \operatorname{rot} \mathfrak{S}.$$

Beweis der dritten Formel. Es ist rot ($\mathfrak{S} \times \mathfrak{s}$) gleich

$$\operatorname{rot} \overline{\mathfrak{S}\mathfrak{s}} = \operatorname{rot} (Vw - Wv \mid Wu - Uw \mid Uv - Vu),$$

mithin z. B.

$$\begin{aligned} 1 (\operatorname{rot} \overline{\mathfrak{S}\mathfrak{s}}) &= U v_y + v U_y - V u_y - u V_y - W u_z - u W_z + U w_z + w U_z \\ &= \left\{ \begin{array}{c} U (u_x + v_y + w_z) - u (U_x + V_y + W_z) \\ - (U u_x + V u_y + W u_z) + (u U_x + v U_y + w U_z) \end{array} \right\} = \\ &= U \hat{\mathfrak{s}} - u \hat{\mathfrak{S}} - 1 (\mathfrak{S} \cdot \nabla \mathfrak{s}) + 1 (\mathfrak{s} \cdot \nabla \mathfrak{S}) \\ &= 1 (\hat{\mathfrak{s}} \mathfrak{S}) - 1 (\hat{\mathfrak{S}} \mathfrak{s}) + 1 (\mathfrak{s} \cdot \nabla \mathfrak{S}) - 1 (\mathfrak{S} \cdot \nabla \mathfrak{s}) \end{aligned}$$

oder

$$1 (\operatorname{rot} \overline{\mathfrak{S}\mathfrak{s}}) = 1 (\hat{\mathfrak{s}} \mathfrak{S} + \mathfrak{s} \cdot \nabla \mathfrak{S} - \hat{\mathfrak{S}} \mathfrak{s} - \mathfrak{S} \cdot \nabla \mathfrak{s}).$$

Hier können wir die Koordinatennummer 1 durch 2 und auch durch 3 ersetzen. Die vektorische Schreibweise des entstehenden Gleichungstripels lautet

$$\operatorname{rot} \overline{\mathfrak{S}\mathfrak{s}} = \hat{\mathfrak{s}} \mathfrak{S} + \mathfrak{s} \cdot \nabla \mathfrak{S} - \hat{\mathfrak{S}} \mathfrak{s} - \mathfrak{S} \cdot \nabla \mathfrak{s}$$

oder

$$\operatorname{rot} \overline{\mathfrak{S}\mathfrak{s}} = (\nabla \cdot \mathfrak{s}) \mathfrak{S} + (\mathfrak{s} \cdot \nabla) \mathfrak{S} - (\nabla \cdot \mathfrak{S}) \mathfrak{s} - (\mathfrak{S} \cdot \nabla) \mathfrak{s}$$

oder endlich

$$\operatorname{rot} \overline{\mathfrak{S}\mathfrak{s}} = (\nabla \cdot \mathfrak{s} + \mathfrak{s} \cdot \nabla) \mathfrak{S} - (\nabla \cdot \mathfrak{S} + \mathfrak{S} \cdot \nabla) \mathfrak{s},$$

w. z. b. w.

In der dritten Formelgruppe erscheinen die Relationen, in denen sich die drei Operatoren div, grad und rot zu je zweien zu neuen Operatoren zusammensetzen. Rein formal gebildet ergeben sich folgende neun zusammengesetzten Operatoren

div div,	div grad,	div rot,
grad div,	grad grad,	grad rot,
rot div,	rot grad,	rot rot,

von denen sich aber bei näherem Zusehen die vier Operatoren

div div, grad grad, grad rot, rot div

als sinnlos erweisen.

Weitere zwei, die aus diesen durch Vertauschung entstehen, reduzieren die operierte Größe auf Null:

$$\boxed{\operatorname{rot} \operatorname{grad} \varphi = 0} \qquad \boxed{\operatorname{div} \operatorname{rot} \mathfrak{s} = 0}.$$

In der Tat. Aus

$$\text{grad}\,\varphi = \varphi_x|\varphi_y|\varphi_z$$

folgt z. B.

$$1\,(\text{rot grad}\,\varphi) = \varphi_{zy} - \varphi_{yz} = 0.$$

Ebenso verschwindet 2 (rot grad φ) wie auch 3 (rot grad φ).

Weiter ist

$$\text{rot}\,\mathfrak{s} = \text{rot}\,(u|v|w) = w_y - v_z\,|\,u_z - w_x\,|\,v_x - u_y,$$

mithin

$$\text{div rot}\,\mathfrak{s} = (w_{yx} - v_{zx}) + (u_{zy} - w_{xy}) + (v_{xz} - u_{yz}) = 0.$$

Sonach bleiben nur folgende drei Operatoren zu erörtern:

$$\text{I} = \text{div grad}, \qquad \text{II} = \text{grad div}, \qquad \text{III} = \text{rot rot}.$$

Zunächst ist Iφ gleich

$$\text{div grad}\,\varphi = \text{div}\,(\varphi_x|\varphi_y|\varphi_z) = \varphi_{xx} + \varphi_{yy} + \varphi_{zz},$$

ausführlich

$$\text{div grad}\,\varphi = \frac{\partial^2 \varphi}{\partial x^2} + \frac{\partial^2 \varphi}{\partial y^2} + \frac{\partial^2 \varphi}{\partial z^2}.$$

Der neue Lückenausdruck

$$\frac{\partial^2}{\partial x^2} + \frac{\partial^2}{\partial y^2} + \frac{\partial^2}{\partial z^2}$$

wird Laplaceoperator genannt und durch $\varDelta$ bezeichnet, so daß

$$\boxed{\text{div grad} = \varDelta = \frac{\partial^2}{\partial x^2} + \frac{\partial^2}{\partial y^2} + \frac{\partial^2}{\partial z^2}}$$

und mit Besetzung der Lücke durch den Skalar φ

$$\boxed{\text{div grad}\,\varphi = \varDelta\,\varphi = \frac{\partial^2 \varphi}{\partial x^2} + \frac{\partial^2 \varphi}{\partial y^2} + \frac{\partial^2 \varphi}{\partial z^2}}$$

wird.

Die Größe $\varDelta\varphi$ heißt die Laplaceableitung der Funktion φ.

Auch die Laplaceableitung $\varDelta\mathfrak{s}$ eines Feldvektors $\mathfrak{s}$ existiert.

Während nämlich der Operator div grad nur auf Skalare angewandt werden kann, gestattet der Laplaceoperator $\varDelta$ auch die Anwendung auf Vektoren, indem

$$\varDelta\,\mathfrak{s} = \frac{\partial^2 \mathfrak{s}}{\partial x^2} + \frac{\partial^2 \mathfrak{s}}{\partial y^2} + \frac{\partial^2 \mathfrak{s}}{\partial z^2}$$

ist. Das geht auch aus der Schreibung

$$\varDelta = \text{grad div} - \text{rot rot}$$

hervor, die wir jetzt herleiten wollen, und die uns zugleich die noch fehlende Eigenschaft der beiden Operatoren grad div und rot rot liefert.

Es ist $\mathrm{II}\mathfrak{s}$ gleich

$$\operatorname{grad}\operatorname{div}\mathfrak{s} = \operatorname{grad}(u_x + v_y + w_z) = \operatorname{grad} u_x + \operatorname{grad} v_y + \operatorname{grad} w_z,$$

mithin z. B.

$$\begin{aligned} 1\,(\operatorname{grad}\operatorname{div}\mathfrak{s}) &= u_{xx} + v_{yx} + w_{zx} \\ &= u_{xx} + u_{yy} + u_{zz} + \frac{\partial (v_x - u_y)}{\partial y} - \frac{\partial (u_z - w_x)}{\partial z} \\ &= \Delta u + \frac{\partial \mathring{w}}{\partial y} - \frac{\partial \mathring{v}}{\partial z} \end{aligned}$$

oder

$$1\,(\operatorname{grad}\operatorname{div}\mathfrak{s}) = 1\,(\Delta\mathfrak{s}) + 1\,(\operatorname{rot}\mathring{\mathfrak{s}}).$$

Hier ersetzen wir die Koordinatennummer 1 durch 2 und 3 und fassen das erhaltene Gleichungstripel zur Vektorformel

$$\operatorname{grad}\operatorname{div}\mathfrak{s} = \Delta\mathfrak{s} + \operatorname{rot}\mathring{\mathfrak{s}}$$

zusammen. So ergibt sich

$$\boxed{\operatorname{grad}\operatorname{div}\mathfrak{s} = \operatorname{rot}\operatorname{rot}\mathfrak{s} + \Delta\mathfrak{s}}\,.$$

Die vier Formeln

$$\operatorname{rot}\operatorname{grad}\varphi = 0, \qquad \operatorname{div}\operatorname{rot}\mathfrak{s} = 0,$$

$$\operatorname{div}\operatorname{grad}\varphi = \Delta\varphi, \qquad \operatorname{grad}\operatorname{div}\mathfrak{s} = \Delta\mathfrak{s} + \operatorname{rot}\operatorname{rot}\mathfrak{s}$$

stammen von Maxwell (The Scientific Papers of J. C. Maxwell, Cambridge, 1890, vol II).

In Anlehnung an seine Ausdrucksweise fassen wir sie folgendermaßen in

Regeln:

Der Gradient einer skalaren Feldfunktion hat keinen Rotor.

Der Rotor einer vektorischen Feldfunktion hat keine Divergenz.

Die Divergenz des Gradienten einer skalaren Feldfunktion ist die Laplaceableitung der Funktion.

Der Gradient der Divergenz einer vektorischen Feldfunktion ist die Laplaceableitung der Funktion vermehrt um den Quirl ihres Quirls.

Zusatz. Bisweilen findet man den Laplaceoperator Δ auch in der Schreibung ∇^2, die sich folgendermaßen erklärt. Fassen wir den Hamiltonoperator

$$\nabla = \mathfrak{i}\frac{\partial}{\partial x} + \mathfrak{j}\frac{\partial}{\partial y} + \mathfrak{k}\frac{\partial}{\partial z}$$

als (fiktiven) Vektor auf, so ist sein skalares Quadrat $\nabla \cdot \nabla$ oder ∇^2

$$\mathfrak{i}^2\frac{\partial^2}{\partial x^2} + \mathfrak{j}^2\frac{\partial^2}{\partial y^2} + \mathfrak{k}^2\frac{\partial^2}{\partial z^2} + 2\,\mathfrak{j}\mathfrak{k}\frac{\partial}{\partial y}\frac{\partial}{\partial z} + 2\,\mathfrak{k}\mathfrak{i}\frac{\partial}{\partial z}\frac{\partial}{\partial x} + 2\,\mathfrak{i}\mathfrak{j}\frac{\partial}{\partial x}\frac{\partial}{\partial y}.$$

Da aber die drei Skalarprodukte $\mathfrak{j}\mathfrak{k}$, $\mathfrak{k}\mathfrak{i}$, $\mathfrak{i}\mathfrak{j}$ wegen der Orthogonalität der Beine des Dreibeins ($\mathfrak{i}$, $\mathfrak{j}$, $\mathfrak{k}$) verschwinden und die Skalarquadrate $\mathfrak{i}^2$, $\mathfrak{j}^2$, $\mathfrak{k}^2$ den Wert Eins haben, so bleibt

$$\nabla^2 = \frac{\partial^2}{\partial x^2} + \frac{\partial^2}{\partial y^2} + \frac{\partial^2}{\partial z^2}$$

oder

$$\boxed{\nabla^2 = \Delta}.$$

§ 15. Krummlinige Koordinaten.

Wir denken uns in einem Felde drei Punktfunktionen p, q, r derart, daß durch jeden Punkt M des Feldes drei Niveauflächen $\bar{p}$, $\bar{q}$, $\bar{r}$ laufen, die sich in M orthogonal schneiden. Zu jedem Feldpunkte M gehört dann ein Wertetripel der drei Parameter p, q, r, und umgekehrt ist durch ein Wertetripel p, q, r der drei Punktfunktionen ein Punkt M des Feldes eindeutig bestimmt.

Die drei Parameterwerte p, q, r sind demnach Standgrößen oder Koordinaten des Punktes M; sie heißen rechtwinklige krummlinige Koordinaten oder nach ihrem Entdecker Lamékoordinaten. [Gabriel Lamé, Crelles Journal, Bde 2 (1827), 5 (1830) und 16 (1841).]

Die Abstandsbeiwerte (§ 13) der Niveauflächen $\bar{p}$, $\bar{q}$, $\bar{r}$ an der Stelle M nennen wir P, Q, R. Jeder von ihnen ist eine Funktion des Punktes M und damit eine Funktion der Lamékoordinaten p, q, r.

Das einfachste Beispiel derartiger krummliniger Koordinaten sind die gewöhnlichen kartesischen Koordinaten x, y, z. Hier ist

$$p = x, \qquad q = y, \qquad r = z,$$

und die Niveauflächen $\bar{p}$, $\bar{q}$, $\bar{r}$ sind zur x-Achse, y-Achse, z-Achse normale Ebenen. Es ist

$$P = 1, \qquad Q = 1, \qquad R = 1.$$

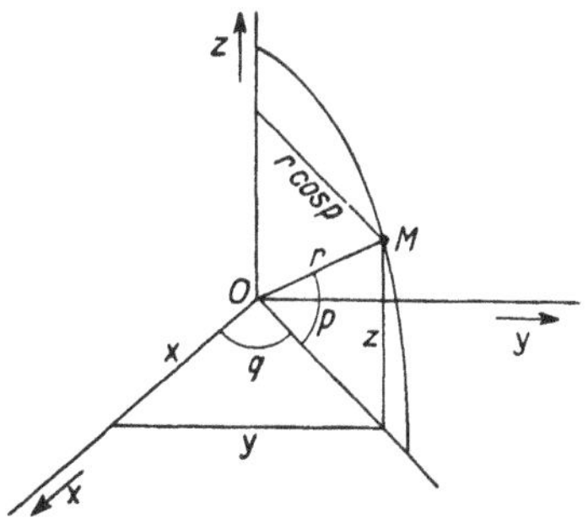

Bild 31.

Das nächst einfache Beispiel bilden die Polarkoordinaten, bei denen jeder Raumpunkt M durch seine Entfernung r vom Ursprung O, seine Breite p und seine Länge q festgelegt wird. Dabei bedeutet die Breite des Punktes M die Neigung der Strecke OM gegen die xy-Ebene, die Länge den Winkel, den die die z-Achse und die Gerade OM enthaltende Ebene mit der zx-Ebene bildet.

(Die rechtwinkligen Koordinaten von M sind

$$x = r \cos p \cos q, \qquad y = r \cos p \sin q, \qquad z = r \sin p.)$$

Die Niveaufläche $\bar{r}$ ist eine um das Zentrum O mit dem Radius r beschriebene Kugel, $\bar{p}$ ist ein Kegel mit dem Scheitel O mit der z-Achse als Achse und mit dem Öffnungswinkel $\pi - 2p$ und $\bar{q}$ ist eine die z-Achse enthaltende mit der zx-Ebene den Winkel q bildende Ebene. Hier wird

$$P = r, \qquad Q = r \cos p, \qquad R = 1.$$

Zylinderkoordinaten:

$$p = z, \qquad q = \varrho, \qquad r = \lambda$$

sind der Abstand z des Punktes M von der xy-Ebene, die Projektion $OM' = \varrho$ von OM auf diese Ebene und der Winkel λ, den die Ebene $O\,M\,M'$ mit der zx-Ebene bildet.

Die Niveaufläche $\bar{p}$ ist eine um p von der xy-Ebene entfernte Parallelebene, $\bar{q}$ ist ein Kreiszylinder mit der z-Achse als Achse mit q als Halbmesser, $\bar{r}$ endlich ist eine die z-Achse enthaltende Ebene, die mit der zx-Ebene den Winkel λ bildet.
Diesmal ist

$$P = 1, \qquad Q = 1, \qquad R = q.$$

Wir bezeichnen die Schnittkurve von zwei Flächen I und II kurz mit I II.

Im Punkte M stoßen die drei Schnittkurven $\bar{q}\bar{r}$, $\bar{r}\bar{p}$, $\bar{p}\bar{q}$ zusammen und stehen hier aufeinander senkrecht [außerdem steht $\bar{q}\bar{r}$ in M auf $\bar{p}$, ebenso $\bar{r}\bar{p}$ auf $\bar{q}$ und $\bar{p}\bar{q}$ auf $\bar{r}$ senkrecht]. Wir nennen die drei von M (als Berührungspunkt) ausgehenden Tangenten an diese Schnittkurven, deren Richtungen wir so auswählen, daß sie ein Rechtssystem bilden, die zur Stelle M gehörigen Koordinatenachsen und bezeichnen die Grundvektoren dieses von Aufpunkt zu Aufpunkt veränderlichen Koordinatensystems mit $\mathfrak{P}$, $\mathfrak{Q}$, $\mathfrak{R}$. Diese drei Einheitsvektoren sind ebenfalls Funktionen der krummlinigen Koordinaten p, q, r.

Unsere Aufgabe lautet:

I. Den Gradient einer skalaren Funktion φ des Aufpunkts M durch φ und seine Ableitungen nach den Argumenten p, q, r, sowie durch die Grundvektoren $\mathfrak{P}$, $\mathfrak{Q}$, $\mathfrak{R}$ auszudrücken.

II. Die Divergenz und Rotation einer vektoriellen Funktion

$$\mathfrak{s} = u\,\mathfrak{P} + v\,\mathfrak{Q} + w\,\mathfrak{R}$$

des Aufpunkts M durch ihre Maßzahlen u, v, w und deren Ableitungen nach p, q, r, sowie durch die Grundvektoren $\mathfrak{P}$, $\mathfrak{Q}$, $\mathfrak{R}$ auszudrücken.

Lösung von I. Die Maßzahlen (Koordinaten) von grad $\varphi = \dot{\varphi}$ im variablen System sind (§ 5)

$$\mathfrak{P}\,\dot{\varphi}, \qquad \mathfrak{Q}\,\dot{\varphi}, \qquad \mathfrak{R}\,\dot{\varphi}.$$

Anderseits ist z. B. $\mathfrak{P}\dot{\varphi}$ (§ 13) die nach der Richtung von $\mathfrak{P}$ genommene Ableitung von $\dot{\varphi}$. Nennen wir also den Abstand der beiden benachbarten Niveauflächen $\overline{p}$ und $\overline{p+dp}$ an der Stelle M de, so ist (§ 13)

$$de = P\,d\,p$$

und die genannte Richtungsableitung

$$\frac{d\varphi}{de} = \frac{d\varphi}{P\,d\,p} = \frac{1}{P}\,\frac{\partial\varphi}{\partial p} = \frac{1}{P}\,\varphi_p.$$

Folglich wird

$$\mathfrak{P}\,\dot{\varphi} = \frac{1}{P}\,\varphi_p$$

und ebenso

$$\mathfrak{Q}\,\dot{\varphi} = \frac{1}{Q}\,\varphi_q, \qquad \mathfrak{R}\,\dot{\varphi} = \frac{1}{R}\,\varphi_r.$$

Die Maßzahlen von grad φ im variablen System sind

$$(1) \qquad \boxed{\mathfrak{P}\,\mathrm{grad}\,\varphi = \frac{1}{P}\,\frac{\partial\varphi}{\partial p}, \qquad \mathfrak{Q}\,\mathrm{grad}\,\varphi = \frac{1}{Q}\,\frac{\partial\varphi}{\partial q}, \qquad \mathfrak{R}\,\mathrm{grad}\,\varphi = \frac{1}{R}\,\frac{\partial\varphi}{\partial r}}.$$

der Gradient selbst ist

$$(1) \qquad \boxed{\mathrm{grad}\,\varphi = \frac{\mathfrak{P}}{P}\,\frac{\partial\varphi}{\partial p} + \frac{\mathfrak{Q}}{Q}\,\frac{\partial\varphi}{\partial q} + \frac{\mathfrak{R}}{R}\,\frac{\partial\varphi}{\partial r}}$$

oder

$$\mathrm{grad}\,\varphi = \frac{\mathfrak{P}}{P}\,\varphi_p + \frac{\mathfrak{Q}}{Q}\,\varphi_q + \frac{\mathfrak{R}}{R}\,\varphi_r.$$

Zwei Sonderfälle sind von Bedeutung:

1. φ ist eine der krummlinigen Koordinaten p, q, r;
2. φ ist einer der Abstandsbeiwerte P, Q, R. Im ersten Falle erhalten wir

$$(2) \qquad \boxed{\mathrm{grad}\,p = \frac{\mathfrak{P}}{P}, \qquad \mathrm{grad}\,q = \frac{\mathfrak{Q}}{Q}, \qquad \mathrm{grad}\,r = \frac{\mathfrak{R}}{R}},$$

welche Formeln einfacher aus der Formel

$$\mathrm{grad}\,\varphi = \mathfrak{n} : \Phi$$

von § 13 hervorgehen.

Im zweiten Falle entsteht das Formeltripel

$$(3)\qquad \boxed{\begin{aligned} \operatorname{grad} P &= \frac{\mathfrak{P}}{P} P_p + \frac{\mathfrak{Q}}{Q} P_q + \frac{\mathfrak{R}}{R} P_r \\ \operatorname{grad} Q &= \frac{\mathfrak{P}}{P} Q_p + \frac{\mathfrak{Q}}{Q} Q_q + \frac{\mathfrak{R}}{R} Q_r \\ \operatorname{grad} R &= \frac{\mathfrak{P}}{P} R_p + \frac{\mathfrak{Q}}{Q} R_q + \frac{\mathfrak{R}}{R} R_r \end{aligned}}\,.$$

Lösung von II. Wir berechnen zunächst die Quirle der Grundvektoren $\mathfrak{P}$, $\mathfrak{Q}$, $\mathfrak{R}$. Dabei gehen wir von rot $\dot{p}$ aus.

Nach (2) und Heavisides Rotorformel (§ 14) ist

$$\operatorname{rot} \dot{p} = \operatorname{rot} \frac{\mathfrak{P}}{P} = \frac{1}{P} \operatorname{rot} \mathfrak{P} - \mathfrak{P} \times \operatorname{grad} \frac{1}{P} = \frac{1}{P} \operatorname{rot} \mathfrak{P} + \frac{\mathfrak{P} \times \operatorname{grad} P}{P^2}\,.$$

nach Maxwells Regel (§ 14)

$$\operatorname{rot} \dot{p} = \operatorname{rot} \operatorname{grad} p = 0\,.$$

Folglich wird

$$P \operatorname{rot} \mathfrak{P} = \operatorname{grad} P \times \mathfrak{P}$$

oder im Hinblick auf den obigen Wert von grad P

$$P \operatorname{rot} \mathfrak{P} = \left(\frac{\mathfrak{P}}{P} P_p + \frac{\mathfrak{Q}}{Q} P_q + \frac{\mathfrak{R}}{R} P_r \right) \times \mathfrak{P} = \frac{P_r}{R} \mathfrak{Q} - \frac{P_q}{Q} \mathfrak{R}\,.$$

Durch zyklische Vertauschung gehen hieraus die Werte von Q rot $\mathfrak{Q}$ und R rot $\mathfrak{R}$ hervor. Wir bekommen das Formeltripel

$$(4)\qquad \boxed{\begin{aligned} P \operatorname{rot} \mathfrak{P} &= \dot{P} \times \mathfrak{P} = \frac{P_r}{R} \mathfrak{Q} - \frac{P_q}{Q} \mathfrak{R} \\ Q \operatorname{rot} \mathfrak{Q} &= \dot{Q} \times \mathfrak{Q} = \frac{Q_p}{P} \mathfrak{R} - \frac{Q_r}{R} \mathfrak{P} \\ R \operatorname{rot} \mathfrak{R} &= \dot{R} \times \mathfrak{R} = \frac{R_q}{Q} \mathfrak{P} - \frac{R_p}{P} \mathfrak{Q} \end{aligned}}\,.$$

Nunmehr ist es leicht, den Quirl des Vektors

$$\mathfrak{s} = u \mathfrak{P} + v \mathfrak{Q} + w \mathfrak{R}$$

zu ermitteln. Nach dem Distributivgesetz des Operators rot ist zunächst

$$\operatorname{rot} \mathfrak{s} = \operatorname{rot} u \mathfrak{P} + \operatorname{rot} v \mathfrak{Q} + \operatorname{rot} w \mathfrak{R}\,.$$

Hier läßt sich jeder Summand der rechten Seite nach Heavisides Rotorformel umformen. Dadurch entsteht

$$\operatorname{rot} \mathfrak{s} = u \mathring{\mathfrak{P}} + v \mathring{\mathfrak{Q}} + w \mathring{\mathfrak{R}} - \mathfrak{P} \times \dot{u} - \mathfrak{Q} \times \dot{v} - \mathfrak{R} \times \dot{w}\,.$$

Hier ersetzen wir die Quirle $\mathring{\mathfrak{P}}$, $\mathring{\mathfrak{Q}}$, $\mathring{\mathfrak{R}}$ gemäß (4) durch $\dot{P} \times \mathfrak{P} : P$, $\dot{Q} \times \mathfrak{Q} : Q$, $\dot{R} \times \mathfrak{R} : R$ und bekommen

$$\mathring{\mathfrak{s}} = \frac{u \dot{P} + P \dot{u}}{P} \times \mathfrak{P} + \frac{v \dot{Q} + Q \dot{v}}{Q} \times \mathfrak{Q} + \frac{w \dot{R} + R \dot{w}}{R} \times \mathfrak{R}$$

oder

$$\mathring{\mathfrak{s}} = \frac{\operatorname{grad} P u}{P} \times \mathfrak{P} + \frac{\operatorname{grad} Q v}{Q} \times \mathfrak{Q} + \frac{\operatorname{grad} R w}{R} \times \mathfrak{R}.$$

Nun wird z. B. die erste Maßzahl von $\mathring{\mathfrak{s}}$ im variablen System

$$\begin{aligned} \mathfrak{P} \mathring{\mathfrak{s}} &= \frac{\operatorname{grad} Q v}{Q} \times \mathfrak{Q} \cdot \mathfrak{P} + \frac{\operatorname{grad} R w}{R} \times \mathfrak{R} \cdot \mathfrak{P} \\ &= \frac{\operatorname{grad} R w}{R} \cdot \mathfrak{R} \times \mathfrak{P} - \frac{\operatorname{grad} Q v}{Q} \cdot \mathfrak{P} \times \mathfrak{Q} \\ &= \frac{\operatorname{grad} R w}{R} \cdot \mathfrak{Q} - \frac{\operatorname{grad} Q v}{Q} \cdot \mathfrak{R}. \end{aligned}$$

Die rechte Seite dieser Gleichung hat aber nach (1) den Wert

$$\left(\frac{\partial R w}{\partial q} - \frac{\partial Q v}{\partial r} \right) : Q R.$$

Durch zyklische Vertauschung entstehen hieraus die Werte von $\mathfrak{Q} \mathring{\mathfrak{s}}$ und $\mathfrak{R} \mathring{\mathfrak{s}}$. Folglich:

Die Maßzahlen der Rotation des Vektors

$$\mathfrak{s} = u \, \mathfrak{P} + v \, \mathfrak{Q} + w \, \mathfrak{R}$$

im variablen System sind

$$(5) \qquad \boxed{\begin{aligned} \mathring{u} &= \mathfrak{P} \mathring{\mathfrak{s}} = \left(\frac{\partial R w}{\partial q} - \frac{\partial Q v}{\partial r} \right) : Q R \\ \mathring{v} &= \mathfrak{Q} \mathring{\mathfrak{s}} = \left(\frac{\partial P u}{\partial r} - \frac{\partial R w}{\partial p} \right) : R P \\ \mathring{w} &= \mathfrak{R} \mathring{\mathfrak{s}} = \left(\frac{\partial Q v}{\partial p} - \frac{\partial P u}{\partial q} \right) : P Q \end{aligned}},$$

die Rotation selbst ist

$$\boxed{\operatorname{rot} \mathfrak{s} = \mathring{\mathfrak{s}} = \mathring{u} \, \mathfrak{P} + \mathring{v} \, \mathfrak{Q} + \mathring{w} \, \mathfrak{R}}.$$

Nun zur Divergenz von $\mathfrak{s}$!

Wir ermitteln zunächst die Divergenzen der Grundvektoren $\mathfrak{P}$, $\mathfrak{Q}$, $\mathfrak{R}$.

Nach Heavisides Divergenzformel ist

$$\operatorname{div} \mathfrak{P} = \operatorname{div} \overline{\mathfrak{Q}\mathfrak{R}} = \mathfrak{R} \operatorname{rot} \mathfrak{Q} - \mathfrak{Q} \operatorname{rot} \mathfrak{R}.$$

Hier ersetzen wir rot $\mathfrak{Q}$ und rot $\mathfrak{R}$ gemäß (4) und erhalten

$$(6) \qquad \boxed{P \operatorname{div} \mathfrak{P} = \frac{Q_p}{Q} + \frac{R_p}{R}}.$$

Ähnlich wird

$$(6) \qquad \boxed{Q \operatorname{div} \mathfrak{Q} = \frac{R_q}{R} + \frac{P_q}{P}}, \qquad \boxed{R \operatorname{div} \mathfrak{R} = \frac{P_r}{P} + \frac{Q_r}{Q}}.$$

Nach dem Distributivgesetz des Operators div ist nun

$$\operatorname{div} \mathfrak{s} = \operatorname{div} u\, \mathfrak{P} + \operatorname{div} v\, \mathfrak{Q} + \operatorname{div} w\, \mathfrak{R}.$$

Hier formen wir jedes Glied der rechten Seite nach Heavisides Divergenzformel um und erhalten

$$\operatorname{div} \mathfrak{s} = u \hat{\mathfrak{P}} + v \hat{\mathfrak{Q}} + w \hat{\mathfrak{R}} + \mathfrak{P} \dot{u} + \mathfrak{Q} \dot{v} + \mathfrak{R} \dot{w}.$$

Ersetzen wir die rechts stehenden Divergenzen durch die eben angegebenen Werte, die Gradienten gemäß (1), so ergibt sich

$$\hat{\mathfrak{s}} = u\left(\frac{Q_p}{PQ} + \frac{R_p}{RP}\right) + v\left(\frac{R_q}{QR} + \frac{P_q}{PQ}\right) + w\left(\frac{P_r}{RP} + \frac{Q_r}{QR}\right) + \frac{u_p}{P} + \frac{v_q}{Q} + \frac{w_r}{R}$$

$$= \frac{u}{P}\left[\frac{u_p}{u} + \frac{Q_p}{Q} + \frac{R_p}{R}\right] + \frac{v}{Q}\left[\frac{v_q}{v} + \frac{R_q}{R} + \frac{P_q}{P}\right] + \frac{w}{R}\left[\frac{w_r}{w} + \frac{P_r}{P} + \frac{Q_r}{Q}\right].$$

Die hier auftretenden eckigen Klammerausdrücke sind die bezogenen Partialableitungen

$$\frac{\partial Q R u}{\partial p} : Q R u, \qquad \frac{\partial R P v}{\partial q} : R P v, \qquad \frac{\partial P Q w}{\partial r} : P Q w.$$

Folglich ist

(7)

$$\boxed{\operatorname{div} \mathfrak{s} = \operatorname{div}(u \mathfrak{P} + v \mathfrak{Q} + w \mathfrak{R}) = \left[\frac{\partial Q R u}{\partial p} + \frac{\partial R P v}{\partial q} + \frac{\partial P Q w}{\partial r}\right] : P Q R}.$$

Auf Grund der Formeln (1) und (7) können wir nun auch die Laplaceableitung $\Delta \varphi$ des Skalars φ in krummlinigen Koordinaten ausdrücken.

Es ist

$$\Delta \varphi = \operatorname{div} \operatorname{grad} \varphi.$$

Nach (1) haben wir

$$\dot{\varphi} = \operatorname{grad} \varphi = \frac{\mathfrak{P}}{P} \varphi_p + \frac{\mathfrak{Q}}{Q} \varphi_q + \frac{\mathfrak{R}}{R} \varphi_r,$$

darauf nach (7)

$$\operatorname{div} \varphi = \left[\frac{\partial Q R \varphi_p : P}{\partial p} + \frac{\partial R P \varphi_q : Q}{\partial q} + \frac{\partial P Q \varphi_r : R}{\partial r} \right] : P Q R,$$

sonach

$$\boxed{P Q R \Delta \varphi = \left(\frac{Q R}{P} \varphi_p \right)_p + \left(\frac{R P}{Q} \varphi_q \right)_q + \left(\frac{P Q}{R} \varphi_r \right)_r},$$

wobei, wie üblich, Φ_q z. B. die partielle Ableitung der Funktion $\Phi = \Phi(p, q, r)$ nach q bedeutet.

So erhält man z. B. für Polarkoordinaten p, q, r, bei denen

$$x = r \cos p \cos q, \qquad y = r \cos p \sin q, \qquad z = r \sin p$$

ist,

$$r^2 \cos p \,.\, \Delta \varphi = \frac{\partial}{\partial p} \left(\frac{\partial \varphi}{\partial p} \cos p \right) + \frac{1}{\cos p} \frac{\partial^2 \varphi}{\partial q^2} + r \cos p \frac{\partial^2 (r \varphi)}{\partial r^2},$$

welche Formel z. B. für die Theorie der Kugelfunktionen fundamental ist.

Raumelement.

Die durch den Punkt M laufenden Niveauflächen $\bar{p}$, $\bar{q}$, $\bar{r}$ und die drei Nachbarflächen $\overline{p + dp}$, $\overline{q + dq}$, $\overline{r + dr}$ begrenzen ein unendlich kleines Quader, dessen auf den Schnittlinien $\overline{q r}$, $\overline{r p}$, $\overline{p q}$ liegende Kanten die Längen $P\,dp$, $Q\,dq$, $R\,dr$ haben (§ 13), dessen Inhalt demnach $P\,dp \cdot Q\,dq \cdot R\,dr$ ist.

Das Raumelement ist bei Verwendung krummliniger Orthogonalkoordinaten p, q, r

$$\boxed{d V = P Q R \, dp \, dq \, dr},$$

wo P, Q, R die Abstandsbeiwerte der Niveauflächen $\bar{p}$, $\bar{q}$, $\bar{r}$ an der Stelle (p, q, r) bedeuten.

§ 16. Nablaintegrale.

Wir betrachten in diesem Paragraphen eine Reihe von Integralformeln, in denen die Differentialoperatoren div, grad, rot auftreten. Da

$$\operatorname{div} \mathfrak{s} = \nabla \cdot \mathfrak{s}, \qquad \operatorname{grad} \varphi = \nabla \varphi, \qquad \operatorname{rot} \mathfrak{s} = \nabla \times \mathfrak{s}$$

ist, so vermittelt der Operator Nabla (∇) die zwischen diesen Formeln bestehende Verwandtschaft, so daß wir die betreffenden Integrale zusammenfassend als Nablaintegrale bezeichnen können.

Den Kern- und Ausgangspunkt unserer Untersuchung bildet die Flußformel — auch Divergenztheorem genannt — die die Aufgabe löst, ein Hüllenintegral eines Feldvektors in ein Raumintegral zu verwandeln, das sich über den von der Hülle begrenzten Raum erstreckt.

Vorgelegt sei eine vektorielle Punktfunktion (Feldvektor) $\mathfrak{S}$, die in einem gewissen Felde samt ihren ersten Ableitungen stetig ist. In diesem Felde liege irgendwo eine Hülle H, die den Raum in ein von der Hülle begrenztes (eingeschlossenes) Innengebiet G und ein außerhalb der Hülle gelegenes Außengebiet G' zerlegt. Wir wählen die Außenseite der Hülle als ihre positive Seite und nennen das Flächenelement der Hülle dH, seinen die Richtung der äußeren Hüllennormale anzeigenden Vektor (§ 3) $d\mathfrak{H}$ [so daß $|d\mathfrak{H}| = dH$].

Wir stellen uns die Aufgabe, das über die Hülle H erstreckte Oberflächenintegral

$$J = \int \mathfrak{S}\, d\mathfrak{H}$$

in ein Raumintegral zu verwandeln. Wir nennen das Integral J das Hüllenintegral des Feldvektors $\mathfrak{S}$ oder auch den die Hülle durchsetzenden (aus der Hülle austretenden) Fluß des Vektors $\mathfrak{S}$, kürzer: den Fluß des Vektors $\mathfrak{S}$ für die Hülle H. Die letztere Redeweise wird verständlich, wenn man sich $\mathfrak{S}$ als die Schnelligkeit einer Flüssigkeit vorstellt, die, irgendwie im Innern der Hülle entstanden, durch die Hülle nach außen strömt. Das durch das Hüllenelement dH sekundlich nach außen strömende Flüssigkeitsquantum ist dann $\mathfrak{S}\, d\mathfrak{H}$, so daß aus der Hülle sekundlich insgesamt das Flüssigkeitsquantum J ausfließt.

Die Lösung unserer Aufgabe erfolgt am schnellsten mittels der Gaußschen Integralformel

$$\int \frac{\partial f}{\partial n}\, d\tau = \int f\, N\, d\sigma,$$

durch welche das über den Raum τ zu erstreckende Integral der linken Seite in das über die Oberfläche σ des Raumes zu erstreckende Integral der rechten Seite verwandelt wird. Dabei bedeutet f eine Funktion der Koordinaten x, y, z des Raumpunktes $P(x, y, z)$, n irgendeine dieser Koordinaten und N den Kosinus des Winkels, den die an der Stelle $d\sigma$ errichtete Außennormale der Hülle σ mit der positiven n-Achse bildet.

(Gauß, Theoria attractionis corporum sphaeroidicorum ellipticorum homogeneorum methodo nova tractata. Commentationes societatis regiae scientiarum Gottingensis recentiores. Vol. II. Gottingae 1813.)

Beim Beweise der Gaußschen Formel nehmen wir der Einfachheit wegen an, daß jede den Raum τ durchsetzende, der n-Achse parallele Gerade die Hülle σ nur zweimal trifft. [Ist diese Annahme nicht erfüllt, so zerlege man den Raum in Teile, für die sie zutrifft, und wende die Gaußsche Formel auf jeden dieser Teile an. Dabei heben sich die über die gemeinsamen Begrenzungsflächen von zwei aneinander stoßenden Teilräumen erstreckten Anteile der zu addierenden einzelnen Hüllenintegrale fort, so daß die Summe dieser Hüllenintegrale das über die Ausgangshülle erstreckte Integral wird.]

Wir zerlegen den Raum τ durch Zylinder mit solchen Parallelen als Erzeugenden in eine sehr große Anzahl sehr dünner stabartiger Räume von so kleinem Querschnitt, daß die zur Hülle σ gehörigen Begrenzungsflächen der Stäbe als ebene Flächenstücke angesehen werden können.

Einer dieser Stäbe, sein Querschnitt sei $\varkappa$, schneide aus der Hülle σ die beiden Flächenelemente σ_1 und σ_2 aus, wobei n an der Stelle σ_1 bzw. σ_2 den Wert n_1 bzw. $n_2 > n_1$ haben möge. Das über den Stab erstreckte Raumintegral ist dann

$$i = \int \frac{\partial f}{\partial n} d\tau = \varkappa \int_{n_1}^{n_2} \frac{\partial f}{\partial n} dn = \varkappa (f_2 - f_1),$$

wo f_1 bzw. f_2 der Wert der Feldfunktion f an der Stelle σ_1 bzw. σ_2 ist.

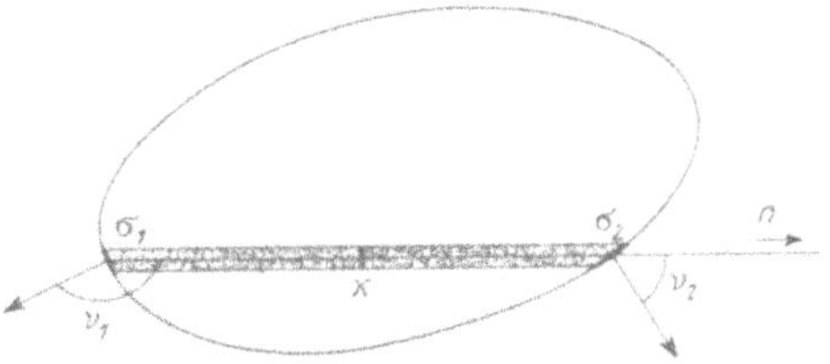

Bild 32.

Nun kann aber der Inhalt $\varkappa$ sowohl als Projektion von σ_1 als auch von σ_2 auf den Querschnitt aufgefaßt werden. In dem einen Falle ist der Neigungswinkel von σ_1 gegen $\varkappa$ das Supplement des Winkels ν_1, den die in σ_1 errichtete Außennormale der Hülle σ mit der n-Achse bildet, im andern Falle ist der Neigungswinkel zwischen $\varkappa$ und σ_2 der Winkel ν_2, den die Außennormale der Hülle σ in σ_2 mit der n-Achse bildet. Nennen wir also die Kosinus der Winkel ν_1 und ν_2, N_1 und N_2, so ist

$$\varkappa = -N_1 \sigma_1 = +N_2 \sigma_2,$$

mithin

$$i = f_1 N_1 \sigma_1 + f_2 N_2 \sigma_2.$$

Das über den ganzen Raum τ erstreckte Integral der Ableitung $\frac{\partial f}{\partial n}$ ist daher

$$\Sigma i = \int_\tau \frac{\partial f}{\partial n} d\tau = \int_\sigma f N d\sigma, \quad \text{w. z. b. w.}$$

Bei dem hier gegebenen, auf die Gaußsche Abhandlung zurückgehenden Beweise unserer Formel wurde mehr auf Kürze der Darstellung als auf Fixierung der zugrunde liegenden Voraussetzungen geachtet.

Die Gaußsche Formel gilt unter folgenden zwei Voraussetzungen:

I. Die Funktion $f(x, y, z)$ ist im Integrationsbereich stetig ableitbar*).

II. Die Integrationshülle ist regulär.

Der Begriff der regulären Hülle baut sich auf folgenden Vorbegriffen auf:

1. Ein Bogen ist eine Kurve, die — bei geeigneter Lage der Koordinatenachsen — durch die beiden Gleichungen

$$x = \varphi(z), \qquad y = \psi(z)$$

bestimmt ist, in denen z ein endliches, etwa von $z = z_1$ bis $z = z_2$ reichendes Intervall durchläuft, φ und ψ in diesem Intervall stetig ableitbar sind und für ungleiche Werte Z und z des Intervalls niemals

$$\varphi(Z) = \varphi(z) \qquad \text{und zugleich} \qquad \psi(Z) = \psi(z)$$

ist. Ein Bogen hat also keine vielfachen Punkte.

2. Ein Umlauf ist eine aus einer endlichen Anzahl sukzessiver Bögen bestehende Kurve, bei der der Anfangspunkt des ersten Bogens mit dem Endpunkt des letzten und der Anfangspunkt jedes andern Bogens mit dem Endpunkt des ihm vorhergehenden Bogens zusammenfällt und die Bögen außer diesen Verknüpfungspunkten keinen Punkt gemeinsam haben.

3. Ein Bezirk ist ein von einem ebenen Umlauf umschlossener Bereich.

4. Ein Blatt ist eine Fläche, die — bei geeigneter Lage der Koordinatenachsen — durch die Gleichung

$$z = f(x, y)$$

bestimmt ist, in welcher der Punkt (x, y) der xy-Ebene einen Bezirk dieser Ebene beschreibt und $f(x, y)$ in diesem Bezirke stetig ableitbar ist. Der Rand des Blattes ist die Gesamtheit der Bögen, deren Projektionen auf die xy-Ebene die den Umlauf des Bezirks bildenden Bögen sind. Unter einer Kante des Blattes versteht man einen Bogen seines Randes, unter einer Ecke einen Punkt, in dem zwei Bögen des Randes zusammenstoßen.

*) Eine Funktion mehrerer Argumente heißt in einem Bereiche stetig ableitbar (stetig differenzierbar), wenn die Erstableitungen der Funktion nach ihren Argumenten im Bereich stetig sind. Eine Funktion eines Arguments heißt stetig ableitbar in einem Bereiche, wenn die Ableitung der Funktion im Bereiche stetig ist.

5. Eine reguläre Fläche ist ein System von endlich vielen Blättern, die folgendermaßen zusammengesetzt sind:

Zwei Blätter haben entweder keinen Punkt oder eine Ecke oder eine Kante gemeinsam. Sie sind die Endglieder einer Blattkette, bei der jedes Blatt mit dem nächsten eine Kante gemeinsam hat.

Drei oder mehr Blätter können höchstens gemeinsame Ecken besitzen.

Alle Blätter mit gemeinsamer Ecke bilden eine Kette, bei der jedes Blatt mit dem nächsten eine in jener Ecke endigende Kante gemeinsam hat.

Eine reguläre Hülle endlich ist eine reguläre Fläche, bei der jede Kante genau zwei Blättern angehört; sie ist eine geschlossene Fläche.

Lesern, die auf die ausführliche Begründung der Gaußschen Formel (bzw. Flußformel) Wert legen, seien die folgenden Bücher genannt:

Courant, Differential- und Integralrechnung (Bd. 2),
Kellogg, Foundations of Potential Theory,
Goursat, Cours d'Analyse (Tome 1).

Nach diesem Exkurs über die Gaußsche Formel kehren wir zu unserer eigentlichen Aufgabe der Verwandlung des Hüllenintegrals J in ein Raumintegral zurück.

Sind (u, v, w) die Maßzahlen von $\mathfrak{S}$, ferner λ, μ, ν die Richtungskosinus der äußeren Hüllennormale an der Stelle dH, zugleich die Richtungskosinus des Vektors $d\,\mathfrak{H}$, so ist

$$\mathfrak{S}\, d\,\mathfrak{H} = (\lambda u + \mu v + \nu w)\, d\,H$$

und

$$J = \int (\lambda u + \mu v + \nu w)\, dH.$$

Nach der Gaußschen Formel ist aber die rechte Seite dieser Gleichung das über den von der Hülle umschlossenen Raum G erstreckte Integral

$$\int \left(\frac{\partial u}{\partial x} + \frac{\partial v}{\partial y} + \frac{\partial w}{\partial z} \right) dG.$$

Bedenken wir nun, daß der Integrand dieses Integrals $\operatorname{div} \mathfrak{S}$ ist, so entsteht die fundamentale

Flußformel:

$$\boxed{\int \mathfrak{S}\, d\mathfrak{H} = \int \operatorname{div} \mathfrak{S}\, dG},$$

die für jede reguläre Hülle eines Feldes gilt, in dem der Vektor $\mathfrak{S}$ stetig differenzierbar ist. Wir fassen sie in Worte:

Divergenztheorem:

Der Fluß eines Feldvektors für eine Hülle ist gleich dem über das Hülleninnere erstreckten Raumintegral der Vektordivergenz.

Das Divergenztheorem gilt auch umgekehrt:

Ist für jede Hülle im Felde des Vektors $\mathfrak{v}$ und des Skalars φ das über den Hüllenraum erstreckte Integral des Skalars φ gleich dem Fluß des Vektors $\mathfrak{v}$ für die Hülle, so ist φ die Divergenz von $\mathfrak{v}$.

Beweis. Nach Voraussetzung ist $\int \varphi\, dG$, nach der Flußformel $\int \hat{\mathfrak{v}}\, dG$ gleich dem Fluß des Vektors $\mathfrak{v}$ für die Hülle von G. Mithin gilt die Gleichung

$$\int \varphi\, dG = \int \hat{\mathfrak{v}}\, dG \qquad \text{oder} \qquad \int (\varphi - \hat{\mathfrak{v}})\, dG = 0$$

für jedes Gebiet G des Feldes.

Nennen wir den Mittelwert der Funktion $\varphi - \hat{\mathfrak{v}}$ im Raume G m, so ist nach dem ersten Mittelwertsatze der Integralrechnung

$$\int (\varphi - \hat{\mathfrak{v}})\, dG = mG$$

und folglich

$$m = 0.$$

Da diese Gleichung für jedes Gebiet G des Feldes gilt, so ist in jedem Punkte $\varphi - \hat{\mathfrak{v}} = 0$ oder $\varphi = \hat{\mathfrak{v}}$, w. z. b. w.

Bedeutet M den Mittelwert der Divergenz $\hat{\mathfrak{s}}$ im Raum G, so läßt sich die rechte Seite der Flußformel $G\,M$ schreiben, und wir erhalten die Gleichung

$$M = \int \mathfrak{s}\, d\mathfrak{H} : G,$$

deren rechte Seite passend spezifischer Fluß des Vektors $\mathfrak{s}$ für die Hülle H genannt wird.

Wir wenden diese Formel auf eine kleine, den Punkt $P(x, y, z)$ umgebende Hülle an. Schrumpft diese Hülle so zusammen, daß ihre Punkte der Stelle P unbegrenzt näher kommen, so strebt die linke Seite unserer Gleichung dem Grenzwerte $\hat{\mathfrak{s}}$ zu, den die Divergenz im Punkte P hat. Demselben Grenzwerte strebt daher auch die rechte Seite zu, so daß wir die bemerkenswerte Formel

$$\operatorname{div} \mathfrak{s} = \lim_{G \to 0} \frac{\int \mathfrak{s}\, d\mathfrak{H}}{G}$$

bekommen. In Worten:

Die Divergenz eines Vektors in einem Punkte ist der Grenzwert des spezifischen Flusses des Vektors für eine den Punkt umgebende, gegen Null konvergierende Hülle.

Auch dieser Satz zeigt, daß die Divergenz von der Wahl der Koordinatenachsen unabhängig ist (vgl. § 13).

Die Gaußsche Formel und der Flußsatz lassen sich sinngemäß auf die Ebene übertragen.

Die Punkte der Ebene werden durch ihre rechtwinkligen Koordinaten x, y eines der Ebene angehörigen xy-Systems festgelegt. Ist $f(x, y)$ eine im einen Bezirke B der Ebene stetig ableitbare Funktion, so heißen die

Formeln von Gauß:

$$\int \frac{\partial f}{\partial x}\, dB = \int \lambda f\, dU, \qquad \int \frac{\partial f}{\partial y}\, dB = \int \mu f\, dU,$$

wo die links stehenden Flächenintegrale über den Bezirk B, die rechts stehenden Kurvenintegrale über den Umlauf U des Bezirks zu erstrecken sind, und wo λ und μ die beiden Richtungskosinus der zur Stelle dU gehörigen äußeren Umlaufsnormale bedeuten.

Der Beweis dieser Formeln ist dem oben gegebenen ganz ähnlich. (An Stelle der dort verwandten Stäbe treten schmale Trapeze, die mit dem Umlauf je zwei Bogenelemente gemeinsam haben.)

Aus den Gaußschen Formeln folgt dann sofort die für jeden stetig ableitbaren Feldvektor $\mathfrak{s}$ unserer Ebene gültige Divergenzformel oder

Flußformel:

$$\boxed{\int \mathfrak{s}\, d\mathfrak{U} = \int \operatorname{div} \mathfrak{s}\, dB}\,.$$

In ihr bedeutet $d\mathfrak{U} = \mathfrak{n}\, dU$ den »Vektor« des Umlaufelements dU, nämlich das dU-fache des Einheitsvektors $\mathfrak{n}$, der die Richtung der zu dU gehörigen äußeren Umlaufsnormale anzeigt.

In Worten lautet sie:

Der Fluß eines Vektors für einen ebenen Umlauf ist gleich dem über den Bezirk des Umlaufs erstreckten Integral der Vektordivergenz.

Anwendungen der Flußformel.

I. Der Gradientensatz.

$\varphi = \varphi(x, y, z)$ sei eine stetig ableitbare skalare Feldfunktion. Wir wenden die Flußformel an auf eine im Felde liegende, den Raum G umschließende reguläre Hülle H und den Vektor

$$\mathfrak{s} = \mathfrak{K}\varphi,$$

wo $\mathfrak{K}$ irgendeinen konstanten Vektor bedeutet. Nun ist nach Heavisides Divergenzformel (§ 14)

$$\operatorname{div} \mathfrak{s} = \mathfrak{K} \operatorname{grad} \varphi,$$

mithin nach der Flußformel

$$\int \mathfrak{K} \varphi \, d\mathfrak{H} = \int \mathfrak{K} \operatorname{grad} \varphi \, dG$$

oder

$$\mathfrak{K} \int \varphi \, d\mathfrak{H} = \mathfrak{K} \int \operatorname{grad} \varphi \, dG.$$

Da diese Gleichung für jeden konstanten Vektor $\mathfrak{K}$ gilt, ergibt sich die

Gradientformel:

$$\boxed{\int \operatorname{grad} \varphi \, dG = \int \varphi \, d\mathfrak{H}},$$

durch welche das Raumintegral eines Gradienten in ein Hüllenintegral verwandelt wird.

Bedeutet $\mathfrak{n}$ den Einheitsvektor, der die Richtung der zum Hüllenelement dH gehörigen äußeren Normale der Hülle anzeigt, so ist $d\mathfrak{H} = \mathfrak{n}\, dH$, und die Gradientformel schreibt sich

$$\boxed{\int \operatorname{grad} \varphi \, dG = \int \mathfrak{n} \varphi \, dH}.$$

II. Die Quirlformel.

Wir wenden die Flußformel an auf den Vektor $\mathfrak{K} \times \mathfrak{S}$, wo $\mathfrak{K}$ irgendeinen konstanten Vektor und $\mathfrak{S}$ einen stetig ableitbaren Feldvektor bedeutet, und auf die reguläre den Raum G einschließende Hülle H.

Nach Heavisides Divergenzformel (§ 14) ist

$$\operatorname{div} \overline{\mathfrak{K}\mathfrak{S}} = - \mathfrak{K} \operatorname{rot} \mathfrak{S},$$

mithin nach der Flußformel

$$\int \mathfrak{K} \times \mathfrak{S} \cdot d\mathfrak{H} = - \int \mathfrak{K} \operatorname{rot} \mathfrak{S} \, dG.$$

Wir ersetzen das unter dem Integralzeichen der linken Seite stehende Mischprodukt durch $\mathfrak{K} \cdot \mathfrak{S} \times d\mathfrak{H}$ und erhalten

$$\int \mathfrak{K} \cdot \mathfrak{S} \times d\mathfrak{H} = - \int \mathfrak{K} \operatorname{rot} \mathfrak{S} \, dG$$

oder

$$\mathfrak{K} \int \mathfrak{S} \times d\mathfrak{H} = - \mathfrak{K} \int \operatorname{rot} \mathfrak{S} \, dG.$$

Wegen der Willkür von $\mathfrak{K}$ folgt hieraus die

Rotorformel:

$$\boxed{\int \operatorname{rot} \mathfrak{S} \, dG = - \int \mathfrak{S} \times d\mathfrak{H}},$$

durch welche das Raumintegral eines Rotors (Quirls) in ein Hüllenintegral verwandelt wird.

Bei Einführung des Einheitsvektors $\mathfrak{n}$ der äußeren Hüllennormale schreibt sie sich

$$\boxed{\int \operatorname{rot}\mathfrak{z}\, dG = \int \mathfrak{n} \times \mathfrak{z}\, dH}.$$

Ähnlich wie wir oben die Divergenz als Grenzwert des spezifischen Vektorflusses erkannten, gewinnen wir aus der Rotorformel die Limesgleichung

$$\operatorname{rot}\mathfrak{z} = -\lim_{G \to 0} \frac{\int \mathfrak{z} \times d\mathfrak{H}}{G},$$

aus welcher gleichfalls gefolgert werden kann, daß der Rotor eines Vektors in bezug auf Koordinatensysteme invariant ist (§ 13).

III. Der Satz von Stokes.

Der im Jahre 1854 in Smith's Prize Examination Papers von Stokes veröffentlichte Satz enthält eine Beziehung zwischen der Zirkulation eines Vektors in einem Umlaufe und dem Fluß des Vektorquirls für eine durch den Umlauf berandete Fläche.

Vorgelegt sei der in einem Felde stetig ableitbare Vektor $\mathfrak{S}$, sowie eine in diesem Felde gelegene, durch den Umlauf R berandete reguläre Fläche F. Eine der beiden Seiten der Fläche ist als positive Seite ausgewählt und ihr der dazu passende Umlaufsinn des Randes R als positiver Umlaufsinn zugeordnet. Positive Flächenseite und positiver Umlaufsinn gehören so zueinander, daß die magnetischen Kraftlinien eines im Flächenrande im positiven Umlaufsinne zirkulierenden elektrischen Stromes die Fläche von der negativen zur positiven Seite durchsetzen. (Cfr. § 3.)

Ein Punkt P durchlaufe den Rand R im positiven Umlaufsinne. Sein variabler Ortsverkehr sei $\overrightarrow{OP} = \mathfrak{r}$, das vektorielle Bogenelement des Umlaufs also $d\mathfrak{r}$, der Betrag desselben, zugleich die Länge des Bogenelements ds, wobei, wie üblich, s den Weg bedeutet, den der den Rand durchlaufende Punkt von einem festen Anfangspunkte aus bis zur Stelle P zurücklegt. Das Flächenelement der Fläche F sei dF, sein Vektor $d\mathfrak{F}$.

Unter der **Zirkulation** des Vektors $\mathfrak{S}$ im Umlauf R versteht man das über den Umlauf erstreckte Kurvenintegral $\int \mathfrak{S}\, d\mathfrak{r}$.

Satz von Stokes:

Die Zirkulation eines stetig ableitbaren Vektors im Rande einer regulären Fläche ist gleich dem die Fläche durchsetzenden Fluß des Vektorquirls.

In Zeichen:

$$\int \mathfrak{S}\, d\mathfrak{r} = \int \overset{\circ}{\mathfrak{S}}\, d\mathfrak{F}$$

oder

$$\boxed{\int \mathfrak{S}\, d\mathfrak{r} = \int \operatorname{rot} \mathfrak{S} \cdot d\mathfrak{F}}.$$

Nennen wir die Koordinaten von $\mathfrak{S}$ U, V, W, die von $\mathfrak{r}$ x, y, z, die Richtungskosinus des Flächenelementvektors $d\mathfrak{F}$, zugleich die Richtungskosinus der auf der positiven Seite der Fläche an der Stelle des Flächenelements dF errichteten Flächennormale λ, μ, ν, so schreibt sich Stokes Formel

$$\int U\,dx + V\,dy + W\,dz = \int [\lambda (W_y - V_z) + \mu (U_z - W_x) + \nu (V_x - U_y)]\, dF.$$

In diesen Formeln ist das Flächenintegral der rechten Seite über die Fläche F, das Kurvenintegral der linken Seite über den Rand der Fläche zu erstrecken.

Beweis. Die Fläche F sei zunächst eben. Wir führen zwei Einheitsvektoren ein: den Vektor $\mathfrak{n}$, welcher die Richtung der zur Stelle P gehörigen äußeren Umlaufsnormale angibt, und den Vektor $\mathfrak{N}$, welcher die Richtung der auf der positiven Flächenseite errichteten Flächennormale anzeigt.

Dann ist der »Vektor des Bogenelements« $d\mathfrak{s} = \mathfrak{n}\, ds$ und außerdem $d\mathfrak{r} = \mathfrak{N} \times d\mathfrak{s}$. Damit ergibt sich für die Zirkulation $Z = \int \mathfrak{S}\, d\mathfrak{r}$ der Wert

$$Z = \int \mathfrak{S} \cdot \mathfrak{N} \times d\mathfrak{s}.$$

Hier vertauschen wir Punkt und Kreuz und bekommen

$$Z = \int \mathfrak{S} \times \mathfrak{N} \cdot d\mathfrak{s} = \int \mathfrak{P} \cdot d\mathfrak{s},$$

wenn wir den Vektor $\mathfrak{S} \times \mathfrak{N}$ mit $\mathfrak{P}$ bezeichnen. Die Zirkulation ist also nichts anderes als der den Umlauf durchsetzende Fluß des Vektors $\mathfrak{P}$. Nach dem Flußsatze ist dieser

$$\int \mathfrak{P} \cdot d\mathfrak{s} = \int \operatorname{div} \mathfrak{P}\, dF.$$

Für $\operatorname{div} \mathfrak{P} = \operatorname{div} \overline{\mathfrak{S}\,\mathfrak{N}}$ schreiben wir auf Grund von Heavisides Divergenzformel $\mathfrak{N} \operatorname{rot} \mathfrak{S}$ und erhalten

$$Z = \int \mathfrak{N} \operatorname{rot} \mathfrak{S}\, dF = \int \operatorname{rot} \mathfrak{S} \cdot d\mathfrak{F}.$$

Folglich ist

$$\int \mathfrak{S}\, d\mathfrak{r} = \int \overset{\circ}{\mathfrak{S}}\, d\mathfrak{F}.$$

Die Stokessche Formel gilt sonach für ebene Flächen.

Ist die Fläche F nicht eben, so zerlege man sie in hinreichend viele hinreichend kleine Flächenstücke, die als eben angesehen werden können.

Auf jedes dieser Stücke wende man Stokes Formel an und addiere die erhaltenen Gleichungen. Auf der linken Seite der entstehenden Gleichung heben sich alle Produkte $\mathfrak{S}\, d\mathfrak{r}$ fort, die nicht zur Zirkulation im Rande von F gehören, so daß nur die Zirkulation in diesem Rande stehen bleibt; auf der rechten Seite entsteht der Fluß des Vektorquirls $\mathring{\mathfrak{S}}$ für die Fläche F. Wiederum ist die Zirkulation des Vektors $\mathfrak{S}$ im Rande der Fläche F gleich dem die Fläche durchsetzenden Fluß seines Quirls; der Stokessche Satz gilt auch für nichtebene Flächen, wenigstens solange die obige Zerlegung zulässig ist, was eben bei regulären Flächen (wie hier nicht näher ausgeführt werden soll) zutrifft.

Stokes Satz läßt sich umkehren:

Ist für jeden Umlauf und jede von ihm berandete Fläche im Felde der beiden Vektoren $\mathfrak{s}$ und $\mathfrak{v}$ der Fluß des Vektors $\mathfrak{v}$ für die Fläche gleich der Zirkulation des Vektors $\mathfrak{s}$ in dem Umlauf, so ist $\mathfrak{v}$ der Quirl von $\mathfrak{s}$.

Beweis. Nach Voraussetzung ist $\int \mathfrak{v}\, d\,\mathfrak{F}$, nach Stokes Satz $\int \mathring{\mathfrak{s}}\, d\,\mathfrak{F}$ gleich der Zirkulation. Folglich gilt die Gleichung

$$\int \mathfrak{v}\, d\mathfrak{F} = \int \mathring{\mathfrak{s}}\, d\mathfrak{F} \qquad \text{oder} \qquad \int (\mathfrak{v} - \mathring{\mathfrak{s}})\, d\mathfrak{F} = 0$$

für jede im Felde liegende Fläche. Wir wenden sie auf ein ebenes Flächenstück F an, welches so klein ist, daß die Differenz $\mathfrak{v} - \mathring{\mathfrak{s}}$ in seinen Punkten als konstant angesehen werden kann. Dann wird

$$(\mathfrak{v} - \mathring{\mathfrak{s}})\, \mathfrak{F} = 0,$$

wo $\mathfrak{F}$ den Vektor von F bedeutet. Da nun die Richtung von $\mathfrak{F}$ ganz willkürlich ist, kann diese Gleichung nur bestehen, wenn $\mathfrak{v} - \mathring{\mathfrak{s}}$ verschwindet, d. h. wenn

$$\mathfrak{v} = \mathring{\mathfrak{s}} = \operatorname{rot} \mathfrak{s}$$

ist.

Anwendungen.

Geometrische Anwendungen.

§ 17. Planimetrische Anwendungen.

Der Lehrsatz von Pythagoras.

Im rechtwinkligen Dreieck ABC mit den Katheten $BC = a$, $CA = b$ und der Hypotenuse $AB = c$ sei

$$\overrightarrow{CB} = \mathfrak{a}, \qquad \overrightarrow{CA} = \mathfrak{b}, \qquad \overrightarrow{AB} = \mathfrak{c},$$

also

$$\mathfrak{c} = \mathfrak{a} - \mathfrak{b}.$$

Hieraus folgt durch Quadrierung

$$\mathfrak{c}^2 = \mathfrak{a}^2 + \mathfrak{b}^2 - 2\,\mathfrak{a}\,\mathfrak{b}$$

oder, da $\mathfrak{a}\mathfrak{b}$ wegen der Orthogonalität von $\mathfrak{a}$ und $\mathfrak{b}$ verschwindet,

$$\boxed{c^2 = a^2 + b^2}.$$

Merkwürdige Punkte.

I. Die drei Seitenhalbierer eines Dreiecks schneiden sich in einem Punkte und zwar so, daß der an die Dreiecksecke stoßende Abschnitt jedes Seitenhalbierers doppelt so groß ist wie der an die Seitenmitte stoßende.

Beweis. Man behafte jede Ecke des Dreiecks ABC mit der Stärke 1 und betrachte das Zentroid S der drei Ecken. Da das Zentroid M von A und B in der Mitte von AB liegt und die Stärke 2 hat, so liegt das Zentroid S auf dem Seitenhalbierer CM derart, daß

$$CS : MS = 2 : 1$$

ist. Mithin läuft jeder Seitenhalbierer durch S, womit der Satz bewiesen ist.

Die Bezeichnung S soll daran erinnern, daß der Schnittpunkt der drei Seitenhalbierer der Schwerpunkt des Dreiecks ist (§ 27).

II. Die drei Höhen eines Dreiecks schneiden sich in einem Punkte.

Beweis. Wir wählen das Umkreiszentrum U des Dreiecks ABC als Ursprung und bezeichnen den Ortsvektor jedes Punktes P durch den entsprechenden kleinen deutschen Buchstaben:

$$\overrightarrow{UP} = \mathfrak{p}.$$

Wir achten auf den Vektor

$$\overrightarrow{UO} = \mathfrak{o} = \mathfrak{a} + \mathfrak{b} + \mathfrak{c}$$

$$(= \overrightarrow{UA} + \overrightarrow{UB} + \overrightarrow{UC}).$$

Aus

$$\overrightarrow{CO} = \mathfrak{o} - \mathfrak{c} = \mathfrak{a} + \mathfrak{b}$$

und der Orthogonalität von $\mathfrak{a} + \mathfrak{b}$ und $\overrightarrow{AB}$ folgt, daß CO auf AB senkrecht steht. Daher:

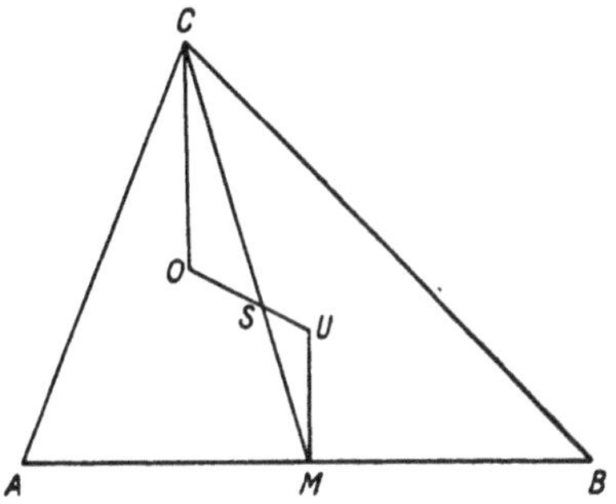

Bild 33.

Jede Dreieckshöhe läuft durch das »Orthozentrum« O.

Satz von Euler.

III. Die drei merkwürdigen Punkte:

Umkreiszentrum U, Schwerpunkt S und Orthozentrum O liegen auf einer Geraden, der sog. Eulergeraden und zwar so, daß

$$SO = 2\,SU.$$

Beweis. Aus

$$\overrightarrow{CS} = 2\,\overrightarrow{SM} \qquad \text{und} \qquad \overrightarrow{CO}\,(= \mathfrak{a} + \mathfrak{b}) = 2\,\overrightarrow{UM}$$

folgt durch Subtraktion

$$\overrightarrow{OS} = 2\,\overrightarrow{SU},$$

womit Eulers Satz bewiesen ist.

IV. Die drei Winkelhalbierer eines Dreiecks schneiden sich in einem Punkte.

Beweis. Wir betrachten das Zentroid J der drei mit den Stärken a, b, c behafteten Punkte A, B, C.

Das Zentroid von A und B liegt im Punkte W der Strecke AB so, daß

(1) $$AW : BW = b : a$$

ist, das Zentroid J dann auf CW. Andererseits ist für jeden Punkt P auf dem Halbierer des Winkels γ

$$\overrightarrow{CP} = \mu\left(\frac{\mathfrak{a}}{a} + \frac{\mathfrak{b}}{b}\right),$$

wo $\mathfrak{a}$ bzw. $\mathfrak{b}$ den Vektor $\overrightarrow{CB}$ bzw. $\overrightarrow{CA}$ und μ eine geeignete positive Zahl bedeutet.

Wir nehmen

$$\mu = \frac{a\,b}{a+b}$$

und bekommen für den zugehörigen Punkt P durch Subtraktion

$$\overrightarrow{CP} = \frac{b}{a+b}\,\mathfrak{a} + \frac{a}{a+b}\,\mathfrak{b}.$$

Nach dem Kollinearitätssatze von § 10 liegt dieser Punkt P auf AB und teilt AB im Verhältnis

(2) $$AP : BP = b : a.$$

Aus (1) und (2) folgt, daß P auf W fällt. Gleichzeitig ergibt sich der

Satz vom Winkelhalbierer:

Der Halbierer eines Dreieckswinkels teilt die Gegenseite im Verhältnis der Anseiten.

Da nun jeder Winkelhalbierer des Dreiecks ABC durch das Zentroid J läuft, so schneiden sich die drei Winkelhalbierer in einem Punkte (J).

Der Spitzentransversalensatz.

Dieser kaum bekannte, doch sehr brauchbare Satz lautet:

Jede durch die Spitze eines gleichschenkligen Dreiecks gezogene Transversale erzeugt auf der Basis zwei Abschnitte, deren Produkt ebenso groß ist wie der quadratische Unterschied von Schenkel und Transversale.

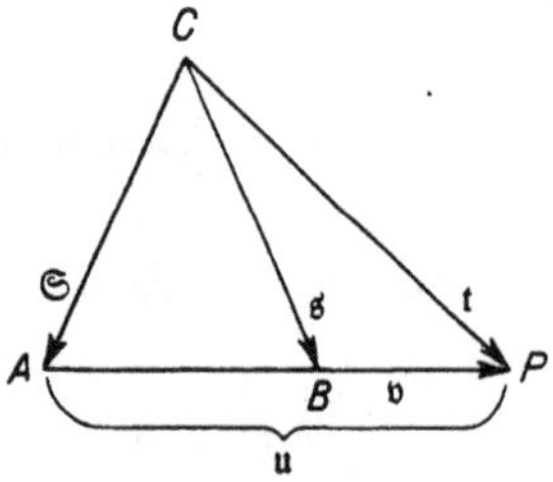

Bild 34.

M. a. W.: Ist P ein Punkt auf der Basis AB (oder ihrer Verlängerung) eines gleichschenkligen Dreiecks ABC, so ist

$$\boxed{AP \cdot BP = CA^2 - CP^2}$$

oder

$$\boxed{AP \cdot BP = CP^2 - CA^2},$$

je nachdem P innerhalb oder außerhalb der Strecke AB liegt.

Beweis. Es sei $CA = CB = s$, $CP = t$, $AP = u$, $BP = v$, $\overrightarrow{CA} = \mathfrak{S}$, $\overrightarrow{CB} = \mathfrak{s}$, $\overrightarrow{CP} = \mathfrak{t}$, $\overrightarrow{AP} = \mathfrak{u}$, $\overrightarrow{BP} = \mathfrak{v}$, so daß

$$\mathfrak{u} = \mathfrak{t} - \mathfrak{S} \qquad \text{und} \qquad \mathfrak{v} = \mathfrak{t} - \mathfrak{s}$$

ist. Wir bilden das Skalarprodukt $\mathfrak{u}\mathfrak{v}$, ersetzen den Faktor $\mathfrak{u}$ durch $\mathfrak{t} + \mathfrak{s} - (\mathfrak{S} + \mathfrak{s})$, bedenken, daß $(\mathfrak{S} + \mathfrak{s})$ auf $\mathfrak{v}$ senkrecht steht, $(\mathfrak{S} + \mathfrak{s})\,\mathfrak{v}$ also verschwindet und haben

$$\mathfrak{u}\mathfrak{v} = (\mathfrak{t} + \mathfrak{s})(\mathfrak{t} - \mathfrak{s}) = \mathfrak{t}^2 - \mathfrak{s}^2 = t^2 - s^2.$$

$\mathfrak{u}\mathfrak{v}$ ist aber andererseits gleich uv oder gleich $-uv$, je nachdem P außerhalb oder innerhalb der Basis liegt.

Die heronische Formel.

Aufgabe. Den Inhalt eines Dreiecks aus den drei Seiten zu berechnen.

Lösung. Das Dreieck ABC habe die Seiten a, b, c. Wir führen die Vektoren

$$\overrightarrow{CA} = \mathfrak{b} \qquad \text{und} \qquad \overrightarrow{CB} = \mathfrak{a}$$

ein. Der Doppelinhalt des Dreiecks ist dann

$$2J = |\mathfrak{a} \times \mathfrak{b}|.$$

Nach der Beziehung zwischen Skalar- und Vektorprodukt ist aber

$$|\mathfrak{a} \times \mathfrak{b}|^2 + |\mathfrak{a} \cdot \mathfrak{b}|^2 = a^2 b^2,$$

mithin

$$4J^2 = a^2 b^2 - \widetilde{\mathfrak{a}\mathfrak{b}}^2.$$

Nun ist aber (§ 3)

$$2\,\widetilde{\mathfrak{a}\mathfrak{b}} = a^2 + b^2 - c^2,$$

sonach

$$\boxed{16J^2 = 4a^2b^2 - (a^2 + b^2 - c^2)^2},$$

mit welcher Formel die gestellte Aufgabe gelöst ist.

Die gefundene Relation gestattet zwei Umformungen.

I. Durch Beseitigung der Klammer entsteht

$$\boxed{16J^2 = 2(b^2c^2 + c^2a^2 + a^2b^2) - (a^4 + b^4 + c^4)}.$$

II. Durch Umwandlung der rechten Seite in ein Produkt ergibt sich

$$16J^2 = (2ab + a^2 + b^2 - c^2)(2ab - a^2 - b^2 + c^2)$$

oder

$$16J^2 = ([a+b]^2 - c^2)(c^2 - [a-b]^2).$$

Durch Verwandlung der beiden rechtsseitigen runden Klammern in Produkte entsteht schließlich

$$16J^2 = (a+b+c)(b+c-a)(c+a-b)(a+b-c)$$

oder bei Einführung des Halbumfangs

$$s = \frac{a+b+c}{2}$$

die

Heronische Formel:

$$\boxed{J = \sqrt{s(s-a)(s-b)(s-c)}}.$$

Der apollonische Ortskreis.

Aufgabe. **Den Ort des Punktes zu suchen, dessen Abstände von zwei gegebenen Punkten ein vorgeschriebenes Verhältnis haben.**

Lösung. Wir nennen die beiden gegebenen Punkte A und B, ihre gegenseitige Entfernung e, das vorgeschriebene Verhältnis — apollonische Verhältnis —

$$\alpha = m : n,$$

wobei $m > n$ sei, den beweglichen Punkt P, seine veränderlichen Abstände von A und B

$$A P = x \qquad \text{und} \qquad B P = y.$$

Auf der Verlängerung von AB nehmen wir einen — vorläufig noch unbestimmten — Hilfspunkt M an und führen die Vektoren

$$\overrightarrow{AP} = \mathfrak{x}, \qquad \overrightarrow{BP} = \mathfrak{y}, \qquad \overrightarrow{AM} = \mathfrak{u}, \qquad \overrightarrow{BM} = \mathfrak{v}, \qquad \overrightarrow{MP} = \mathfrak{r}$$

ein, so daß

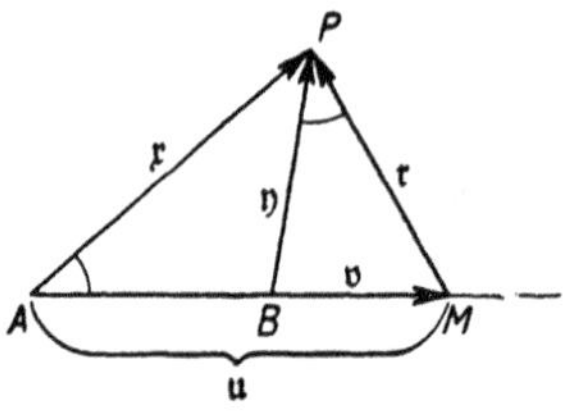

Bild 35.

$$\mathfrak{x} = \mathfrak{r} + \mathfrak{u} \qquad \text{und} \qquad \mathfrak{y} = \mathfrak{r} + \mathfrak{v}$$

ist.

Nach der Ortsbedingung ist nun

$$\mathfrak{x}^2 = \alpha^2\,\mathfrak{y}^2$$

oder

$$\mathfrak{r}^2 + \mathfrak{u}^2 + 2\,\mathfrak{r}\,\mathfrak{u} = \alpha^2\,\mathfrak{r}^2 + \alpha^2\,\mathfrak{v}^2 + 2\,\alpha^2\,\mathfrak{r}\,\mathfrak{v}$$

oder

$$(\alpha^2 - 1)\,\mathfrak{r}^2 + 2\,\mathfrak{r}\,[\alpha^2\,\mathfrak{v} - \mathfrak{u}] = \mathfrak{u}^2 - \alpha^2\,\mathfrak{v}^2.$$

Um einfache Verhältnisse zu bekommen, wählen wir M so, daß der eckige Klammerausdruck verschwindet, daß also

$$\mathfrak{u} = \alpha^2\,\mathfrak{v} \qquad \text{oder} \qquad u = \alpha^2\,v$$

wird. Aus den beiden Bedingungen

$$u - v = e, \qquad u = \alpha^2\,v$$

für M ergeben sich seine Abstände von A und B zu

$$u = \frac{m^2}{D}\,e, \qquad v = \frac{n^2}{D}\,e \qquad \text{mit } D = m^2 - n^2.$$

Setzen wir diese Werte in der vereinfachten Gleichung

$$(\alpha^2 - 1)\, r^2 = u^2 - \alpha^2 v^2$$

ein, so entsteht

$$r = \frac{m n}{D}\, e.$$

Das heißt aber: der Abstand des Ortspunktes P von dem festen Hilfspunkte M ist eine Konstante.

Ergebnis:

Satz von Apollonius.

Der Ort des Punktes, dessen Abstände von zwei gegebenen Punkten ein vorgeschriebenes Verhältnis haben, ist ein Kreis, der apollonische Ortskreis. Ist (A, B) das vorgelegte Punktepaar, $m : n$ das vorgeschriebene — unecht gebrochene — Verhältnis, so liegt der Mittelpunkt M des apollonischen Kreises auf der Verlängerung von AB in den Abständen

$$\boxed{A M = u = \frac{m^2}{D}\, e, \quad B M = v = \frac{n^2}{D}\, e} \quad \text{mit } D = m^2 - n^2,$$

und der Radius des Kreises ist

$$\boxed{r = \sqrt{u v} = \frac{m n}{D}\, e}.$$

Liegt P nicht auf dem apollonischen Kreise, so ist, wenn wir

$$\overrightarrow{AP} = \mathfrak{x}, \qquad \overrightarrow{BP} = \mathfrak{y}, \qquad \overrightarrow{MP} = \mathfrak{s}$$

setzen, wegen

$$\mathfrak{x} = \mathfrak{s} + \mathfrak{u}, \qquad \mathfrak{y} = \mathfrak{s} + \mathfrak{v}, \qquad \mathfrak{u} = \alpha^2\, \mathfrak{v}$$

$$\mathfrak{x}^2 - \alpha^2 \mathfrak{y}^2 = \mathfrak{u}^2 - \alpha^2 \mathfrak{v}^2 - (\alpha^2 - 1)\, \mathfrak{s}^2 = (\alpha^2 - 1)\, (\mathfrak{r}^2 - \mathfrak{s}^2).$$

Folglich ist $\mathfrak{x}^2 - \alpha^2 \mathfrak{y}^2$ positiv oder negativ, je nachdem P innerhalb oder außerhalb des apollonischen Kreises liegt.

Das Verhältnis $A P : B P$ ist demnach größer oder kleiner als das vorgeschriebene Verhältnis $\alpha = m : n$, je nachdem der Punkt P innerhalb oder außerhalb des apollonischen Kreises liegt.

Der Satz von Ptolemäus.

Im Kreisviereck ist das Diagonalenprodukt gleich der Summe der Gegenseitenprodukte.

Beweis. Die Seiten des Kreisvierecks seien $AB = a$, $BC = b$, $CD = c$, $DA = d$, die Diagonalen $AC = e$, $BD = f$, die mit den

Vektoren $\overrightarrow{AB}$, $\overrightarrow{BC}$, $\overrightarrow{CD}$, $\overrightarrow{DA}$, $\overrightarrow{AC}$, $\overrightarrow{BD}$ gleichgerichteten Einheitsvektoren $\mathfrak{a}$, $\mathfrak{b}$, $\mathfrak{c}$, $\mathfrak{d}$, $\mathfrak{e}$, $\mathfrak{f}$. Dann ist

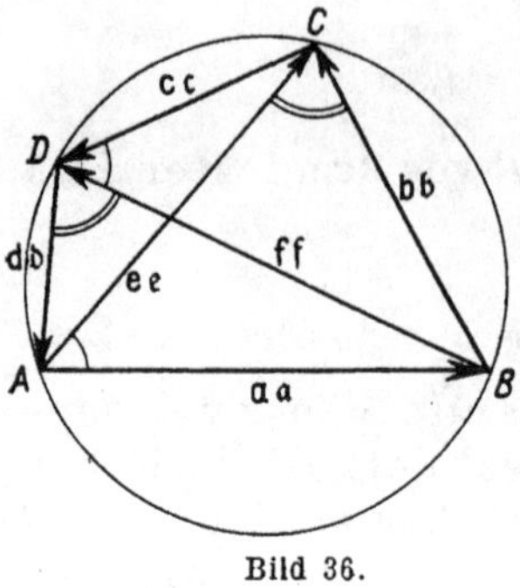

Bild 36.

$$e\,\mathfrak{e} = a\,\mathfrak{a} + b\,\mathfrak{b}.$$

Multiplizieren wir diese Gleichung skalar mit $\mathfrak{e}$, so entsteht

$$e = a\,\mathfrak{a}\mathfrak{e} + b\,\mathfrak{b}\mathfrak{e}$$

und, wenn wir bedenken, daß $\mathfrak{a}\mathfrak{e} = \mathfrak{c}\mathfrak{f}$ und $\mathfrak{b}\mathfrak{e} = -\mathfrak{d}\mathfrak{f}$ ist,

$$e = a\,\mathfrak{c}\mathfrak{f} - b\,\mathfrak{d}\mathfrak{f}.$$

Durch Multiplikation mit f wird hieraus

$$e f = a\,\mathfrak{c}\,f\,\mathfrak{f} - b\,\mathfrak{d}\,f\,\mathfrak{f}.$$

Für $f\,\mathfrak{f}$ schreiben wir $b\,\mathfrak{b} + c\,\mathfrak{c}$ bzw. $-d\,\mathfrak{d} - a\,\mathfrak{a}$ und bekommen so

$$e f = a\mathfrak{c}\,(b\mathfrak{b} + c\mathfrak{c}) + b\mathfrak{d}\,(d\mathfrak{d} + a\,\mathfrak{a}) = a c + b\,d + a\,b\,(\mathfrak{b}\mathfrak{c} + \mathfrak{a}\mathfrak{d}).$$

Da $\mathfrak{b}\mathfrak{c}$ und $\mathfrak{a}\mathfrak{d}$ aber entgegengesetztgleich sind, ergibt sich

$$e f = a c + b d.$$

Der Vierecksinhalt.

Aufgabe. Den Inhalt eines Vierecks durch die Seiten und Diagonalen auszudrücken.

Lösung. Die Seiten des Vierecks seien $AB = a$, $BC = b$, $CD = c$, $DA = a$, die Diagonalen $AC = e$, $BD = f$, der Inhalt J. Wir führen die Vektoren

$$\mathfrak{e} = \overrightarrow{AC} \qquad \text{und} \qquad \mathfrak{f} = \overrightarrow{BD}$$

ein. Durch die Diagonalen AC und BD zerfällt das Viereck in die vier Dreiecke ABO, BCO, CDO, DAO, deren Inhalte in dieser Reihenfolge

$$\frac{1}{2} OA\cdot OB \sin\omega,\ \frac{1}{2} OB\cdot OC \sin\omega,\ \frac{1}{2} OC\cdot OD \sin\omega,\ \frac{1}{2} OD\cdot OA \sin\omega$$

sind, wenn ω den Zwischenwinkel von $\mathfrak{e}$ und $\mathfrak{f}$ bedeutet. Die durch Addition dieser vier Werte entstehende Summe ist aber, wie man sofort erkennt, der halbe Betrag des Vektorprodukts $\mathfrak{e}\times\mathfrak{f}$. Daher gilt die einfache Inhaltsformel

$$2J = |\mathfrak{e}\times\mathfrak{f}|,$$

die sich mit Einführung des Vierecksvektors $\mathfrak{J}$ (§ 3) auch

$$2\,\mathfrak{J} = \mathfrak{e}\times\mathfrak{f}$$

schreiben läßt.

Nach der Beziehung zwischen Skalar- und Vektorprodukt (§ 3) ist aber

$$|\mathfrak{e} \times \mathfrak{f}|^2 = e^2 f^2 - |\mathfrak{e} \cdot \mathfrak{f}|^2,$$

mithin

$$16\, J^2 = 4\, e^2 f^2 - (2\, \mathfrak{e} \cdot \mathfrak{f})^2.$$

Nach Formel (2) von § 3 ist weiter

$$2\, \mathfrak{e} \cdot \mathfrak{f} = b^2 + d^2 - a^2 - c^2.$$

Die gesuchte Formel für den Vierecksinhalt lautet demnach

$$\boxed{16\, J^2 = 4\, e^2 f^2 - (b^2 + d^2 - a^2 - c^2)^2}\,.$$

Für Kreisvierecke, in denen

$$ef = ac + bd$$

ist, verwandelt sie sich in

$$16\, J^2 = (2\, ac + 2\, bd)^2 - (b^2 + d^2 - a^2 - c^2)^2.$$

Hier läßt sich die rechte Seite als Produkt der beiden Ausdrücke

$$(b + d)^2 - (a - c)^2 \qquad \text{und} \qquad (a + c)^2 - (b - d)^2$$

schreiben. Der erste dieser Ausdrücke ist

$$(b + d + a - c) \cdot (b + d + c - a),$$

der zweite

$$(a + c + b - d) \cdot (a + c + d - b).$$

Damit wird

$$16\, J^2 = (b + c + d - a)\, (c + d + a - b)\, (d + a + b - c)\, (a + b + c - d).$$

Führen wir noch den halben Vierecksumfang

$$s = \frac{a + b + c + d}{2}$$

ein, so verwandelt sich die letzte Gleichung in die

Heronische Formel für das Kreisviereck:

$$\boxed{J = \sqrt{(s - a)\, (s - b)\, (s - c)\, (s - d)}}\,.$$

Wir beantworten noch die interessante Frage: Welches von allen Vierecken mit gegebenen Seiten hat den größten Inhalt?

Führen wir noch die Vektoren

$$\overrightarrow{AB} = \mathfrak{a}, \qquad \overrightarrow{AD} = \mathfrak{d}; \qquad \overrightarrow{CD} = \mathfrak{c}, \qquad \overrightarrow{CB} = \mathfrak{b}$$

ein, so läßt sich der doppelte Vierecksvektor schreiben

(1) $$2\, \mathfrak{J} = \mathfrak{a} \times \mathfrak{d} + \mathfrak{c} \times \mathfrak{b}.$$

Aus

$$2\,\mathfrak{a}\cdot\mathfrak{d} = a^2 + d^2 - f^2, \qquad 2\,\mathfrak{c}\cdot\mathfrak{b} = c^2 + b^2 - f^2$$

folgt ferner

$$(2) \qquad \mathfrak{a}\cdot\mathfrak{d} - \mathfrak{c}\cdot\mathfrak{b} = \frac{a^2 + d^2 - c^2 - b^2}{2} \quad (= K).$$

Durch Addition der quadrierten Gleichungen (1) und (2) ergibt sich

$$4\,J^2 + K^2 = 2\,(a^2 d^2 + c^2 b^2) + 2\,\overline{\mathfrak{a}\mathfrak{d}}\cdot\overline{\mathfrak{c}\mathfrak{b}} - 2\,\widetilde{\mathfrak{a}\mathfrak{d}}\cdot\widetilde{\mathfrak{c}\mathfrak{b}}.$$

Nun ist aber, unter α bzw. γ den Winkel DAB bzw. BCD verstanden,

$$\overline{\mathfrak{a}\mathfrak{d}}\cdot\overline{\mathfrak{c}\mathfrak{b}} = a\,d \sin\alpha\cdot b\,c\sin\gamma, \quad \widetilde{\mathfrak{a}\mathfrak{d}}\cdot\widetilde{\mathfrak{c}\mathfrak{b}} = a\,d\cos\alpha\cdot b\,c\cos\gamma.$$

Folglich wird

$$4\,J^2 = 2\,(a^2 d^2 + b^2 c^2) - K^2 - 2\,ab\,cd\cos(\alpha + \gamma).$$

Die rechte Seite dieser Gleichung erreicht ihren größten Wert, wenn $\cos(\alpha + \gamma)$ am kleinsten, nämlich gleich -1 wird, d. h. wenn α und γ Supplemente sind, das Viereck also ein Kreisviereck ist.

Von allen Vierecken mit gegebenen Seiten hat das Kreisviereck den größten Inhalt.

Harmonie im Vierseit.

Die Sätze von Menelaos und Ceva.

Wir zeichnen ein Dreieck ABC. Auf der Verlängerung von AB nehmen wir den Punkt D willkürlich an und ziehen eine Transversale, die BC in A', CA in B' trifft. Wir zeichnen die Verbindungslinien AA' und BB' und nennen ihren Schnittpunkt O. Schließlich ziehen wir die Verbindungsgerade CO und nennen ihre Schnittpunkte mit AB und $A'B'$ C' und E. Die entstandene Figur kann aufgefaßt werden als ein Vierseit mit den vier Seiten AC, AA', BC, BB', den drei Gegeneckenpaaren (A, B), (A', B'), (O, C), den drei Diagonalen AB, $A'B'$, CO und den drei Diagonalpunkten C', D, E. Wir wählen O als Ursprung und bezeichnen den zu einem beliebigen Punkte P führenden Ortsvektor $\overrightarrow{OP}$ durch den P entsprechenden kleinen deutschen Buchstaben, also durch $\mathfrak{p}$.

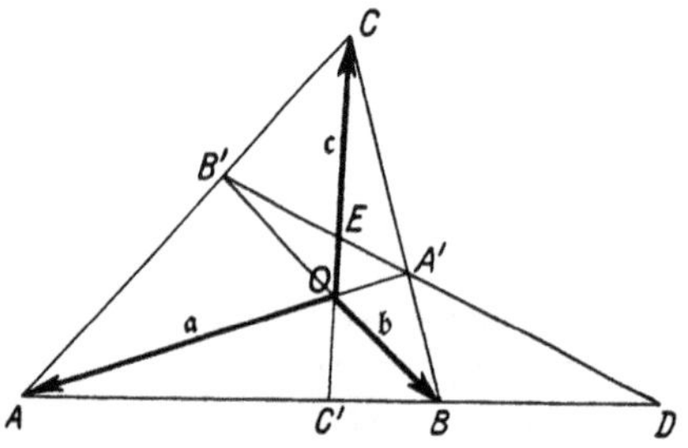

Bild 37.

Da die drei Vektoren $\mathfrak{a}$, $\mathfrak{b}$, $\mathfrak{c}$ komplanar sind, besteht zwischen ihnen die lineare Relation

$$(1) \qquad \alpha\,\mathfrak{a} + \beta\,\mathfrak{b} + \gamma\,\mathfrak{c} = 0.$$

Wir setzen

$$\beta+\gamma=\alpha', \qquad \gamma+\alpha=\beta', \qquad \alpha+\beta=\gamma'.$$

Nach (1) liegt die Spitze des Vektors

$$\frac{\alpha\mathfrak{a}+\beta\mathfrak{b}}{\alpha+\beta}=\frac{\alpha\mathfrak{a}+\beta\mathfrak{b}}{\gamma'}$$

auf der Geraden OC, nach dem Kollinearitätssatz von § 10 auf der Geraden AB. Daher ist C' diese Spitze und

(2) $$\mathfrak{c}'=\frac{\alpha\mathfrak{a}+\beta\mathfrak{b}}{\alpha+\beta} \quad \text{oder} \quad \gamma'\mathfrak{c}'=\alpha\mathfrak{a}+\beta\mathfrak{b}.$$

Genau so findet man

(3) $$\mathfrak{a}'=\frac{\beta\mathfrak{b}+\gamma\mathfrak{c}}{\beta+\gamma} \quad \text{oder} \quad \alpha'\mathfrak{a}'=\beta\mathfrak{b}+\gamma\mathfrak{c}$$

und

(4) $$\mathfrak{b}'=\frac{\gamma\mathfrak{c}+\alpha\mathfrak{a}}{\gamma+\alpha} \quad \text{oder} \quad \beta'\mathfrak{b}'=\gamma\mathfrak{c}+\alpha\mathfrak{a}.$$

Nunmehr betrachten wir den Vektor

$$\frac{\alpha'\mathfrak{a}'-\beta'\mathfrak{b}'}{\alpha'-\beta'}=\frac{\alpha\mathfrak{a}-\beta\mathfrak{b}}{\alpha-\beta}.$$

Seine doppelte Schreibweise zeigt, daß seine Spitze sowohl auf $A'B'$ als auch auf AB liegt. Diese Spitze ist daher der Punkt D, und wir haben

(5) $$\mathfrak{d}=\frac{\alpha\mathfrak{a}-\beta\mathfrak{b}}{\alpha-\beta}=\frac{\alpha'\mathfrak{a}'-\beta'\mathfrak{b}'}{\alpha'-\beta'}.$$

Darauf betrachten wir den Vektor

$$\frac{\alpha'\mathfrak{a}'+\beta'\mathfrak{b}'}{\alpha'+\beta'}=\frac{\gamma\mathfrak{c}}{\sigma+\gamma} \qquad \text{mit } \sigma=\alpha+\beta+\gamma.$$

Seine Doppelschreibung lehrt, daß seine Spitze sowohl auf $A'B'$ als auch auf OC liegt, mithin auf E fällt. Demnach ist

(6) $$\mathfrak{e}=\frac{\alpha'\mathfrak{a}'+\beta'\mathfrak{b}'}{\alpha'+\beta'}=\frac{\gamma}{\sigma+\gamma}\,\mathfrak{c}.$$

Aus (2) und (5) folgt nach dem Kollinearitätssatze

$$AC' : BC'=\beta:\alpha \qquad \text{und} \qquad AD:BD=-\beta:\alpha$$

und hieraus

(7) $$AC' : BC' = -AD : BD.$$

Aus (6) und (5) folgt ebenso

(8) $$A'E : B'E = -A'D : B'D.$$

Weiter folgt aus

$$\mathfrak{c}' = -\frac{\gamma}{\gamma'}\,\mathfrak{c} \qquad \text{und} \qquad \mathfrak{e} = \frac{\gamma}{\sigma+\gamma}\,\mathfrak{c}$$

$$\overrightarrow{OC'} = \frac{\gamma}{\gamma'}\cdot\overrightarrow{CO} \qquad \text{und} \qquad \overrightarrow{OE} = \frac{\gamma}{\sigma+\gamma}\cdot\overrightarrow{OC}$$

und hieraus

$$\overrightarrow{CE} = \frac{\sigma}{\sigma+\gamma}\cdot\overrightarrow{CO} \qquad \text{sowie} \qquad \overrightarrow{CC'} = \frac{\sigma}{\gamma'}\cdot\overrightarrow{CO},$$

so daß

(9) $$CE : OE = -CC' : OC'$$

ist.

Die drei Gleichungen (7), (8), (9) enthalten den

Satz von der Harmonie im Vierseit:

Zwei beliebige Gegenecken eines Vierseits und die auf ihrer Verbindungslinie liegenden Diagonalpunkte sind vier harmonische Punkte.

Aus (3) ergibt sich nach § 10

$$BA' : CA' = \gamma : \beta$$

ebenso aus (4)

$$CB' : AB' = \alpha : \gamma.$$

Multiplizieren wir diese Gleichungen mit

$$AD : BD = -\beta : \alpha$$

so entsteht die Formel

$$\frac{BA'}{CA'}\cdot\frac{CB'}{AB'}\cdot\frac{AD}{BD} = -1.$$

Sie enthält den

Satz von Menelaos:

Erzeugt eine Transversale auf den Seiten eines Dreiseits sechs Abschnitte, so hat der Bruch dieser sechs Abschnitte den Wert —1.

Multiplizieren wir die beiden obigen Gleichungen dagegen mit

$$AC' : BC' = \beta : \alpha,$$

so entsteht die Formel

$$\frac{BA'}{CA'}\cdot\frac{CB'}{AB'}\cdot\frac{AC'}{BC'} = 1.$$

Sie bildet den

Satz von Ceva:

Laufen drei Ecktransversalen eines Dreiecks durch einen Punkt, so hat der Bruch der sechs Abschnitte, die die Transversalen auf den Dreiecksseiten erzeugen, den Wert + 1.

Satz von Pappus.

Das Doppelverhältnis von vier kollinearen Punkten bleibt durch Zentralprojektion ungeändert.

Beweis. Vier Punkte A, B, C, D einer Geraden g mögen durch Zentralprojektion aus dem Zentrum Z in die vier Punkte A', B', C', D' der Geraden g' übergehen. Wir bezeichnen den vom Ursprung Z aus gerechneten Ortsvektor eines beliebigen Punktes P durch $\mathfrak{p}$. Da C und D auf der Geraden AB liegen, ist nach dem Kollinearitätssatze von §10

$$\mathfrak{c} = \lambda\mathfrak{a} + \mu\mathfrak{b} \qquad \text{mit } \lambda + \mu = 1$$

und

$$\mathfrak{d} = \Lambda\mathfrak{a} + M\mathfrak{b} \qquad \text{mit } \Lambda + M = 1.$$

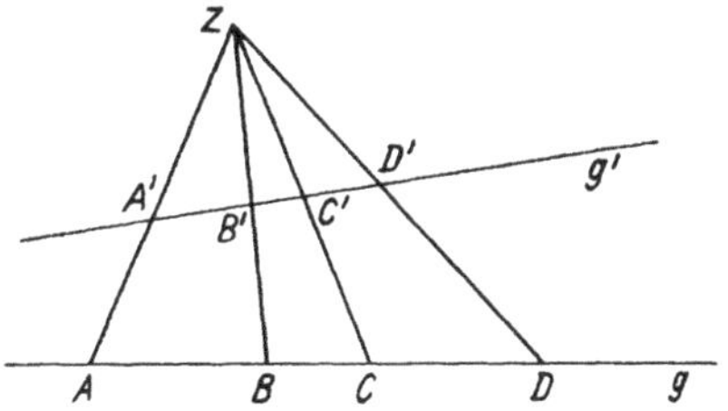

Bild 38.

Nun ist das Teilverhältnis von C für die Punkte A, B

$$AC : BC = \mu : \lambda,$$

ebenso das Teilverhältnis von D für (A, B)

$$AD : BD = M : \Lambda,$$

mithin das Doppelverhältnis der vier Punkte A, B, C, D

$$(1) \qquad (ABCD) = \frac{AC}{BC} : \frac{AD}{BD} = \frac{\mu}{\lambda} : \frac{M}{\Lambda}.$$

Weiter ist etwa

$$\mathfrak{a}' = \alpha\mathfrak{a}, \qquad \mathfrak{b}' = \beta\mathfrak{b}, \qquad \mathfrak{c}' = \gamma\mathfrak{c},$$

mithin

$$\mathfrak{c}' = \gamma(\lambda\mathfrak{a} + \mu\mathfrak{b}) = \frac{\gamma\lambda}{\alpha}\mathfrak{a}' + \frac{\gamma\mu}{\beta}\mathfrak{b}'.$$

Hieraus folgt ähnlich wie oben

$$A'C' : B'C' = \frac{\mu}{\beta} : \frac{\lambda}{\alpha}.$$

Ebenso wird

$$A'D' : B'D' = \frac{M}{\beta} : \frac{\Lambda}{\alpha}.$$

Daher ist

$$(2) \qquad (A'B'C'D') = \frac{A'C'}{B'C'} : \frac{A'D'}{B'D'} = \frac{\mu}{\lambda} : \frac{M}{\Lambda}.$$

Aus (1) und (2) folgt die Behauptung:

$$(A'B'C'D') = (ABCD).$$

(Pappus von Alexandria, um 300 n. Chr., Collectiones mathematicae.)

§ 18. Trigonometrische Anwendungen.

Der Cosinussatz.

Im Dreieck ABC, dessen Seiten und Winkel wie üblich a, b, c bzw. α, β, γ heißen, sei

$$\overrightarrow{CB} = \mathfrak{a}, \qquad \overrightarrow{CA} = \mathfrak{b}, \qquad \overrightarrow{AB} = \mathfrak{c},$$

also

$$\mathfrak{c} = \mathfrak{a} - \mathfrak{b}.$$

Hieraus folgt durch Quadrierung

$$\mathfrak{c}^2 = \mathfrak{a}^2 + \mathfrak{b}^2 - 2\,\mathfrak{a}\mathfrak{b}$$

oder

$$\boxed{c^2 = a^2 + b^2 - 2\,a\,b\cos\gamma}.$$

Diese Formel bildet den Cosinussatz der Ebene.

Der Sinussatz.

Unter Beibehaltung der bei der Herleitung des Cosinussatzes benutzten Bezeichnungen ist

$$\mathfrak{a} \times \mathfrak{c} = \mathfrak{a} \times (\mathfrak{a} - \mathfrak{b}) = -\mathfrak{a} \times \mathfrak{b}.$$

Die linke Seite dieser Gleichung hat den Betrag $ac \sin\beta$, die rechte $ab \sin\gamma$. Folglich ist $ac \sin\beta = ab \sin\gamma$ oder

$$\boxed{\sin\beta : \sin\gamma = b : c}.$$

Diese Formel bildet den Sinussatz.

Das Additionstheorem der Kreisfunktionen.

In einem dreiachsigen rechtwinkligen Koordinatensystem xyz mit dem Ursprung O und den Grundvektoren $\mathfrak{i}$, $\mathfrak{j}$, $\mathfrak{k}$ zeichnen wir in der xy-Ebene zwei Einheitsvektoren

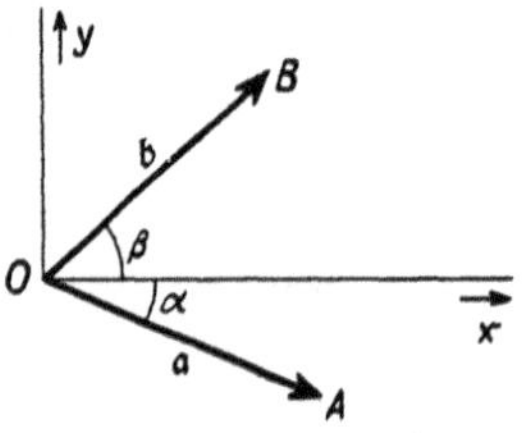

Bild 39.

$$\overrightarrow{OA} = \mathfrak{a} \qquad \text{und} \qquad \overrightarrow{OB} = \mathfrak{b},$$

die mit der positiven x-Achse die Winkel α und β bilden, derart daß die Vektoren $\mathfrak{a} \times \mathfrak{i}$ und $\mathfrak{i} \times \mathfrak{b}$ die Richtung von $\mathfrak{k}$ haben, daß also

$$\mathfrak{a} = \cos\alpha \,|\, -\sin\alpha \,|\, 0, \quad \mathfrak{b} = \cos\beta \,|\, \sin\beta \,|\, 0$$

ist. Dann haben Skalarprodukt und Vektorprodukt dieser Vektoren die Werte

$$\mathfrak{a} \cdot \mathfrak{b} = \cos(\alpha + \beta) \qquad \text{und} \qquad \mathfrak{a} \times \mathfrak{b} = \mathfrak{k}\sin(\alpha + \beta).$$

Drücken wir Skalarprodukt und Vektorprodukt durch die Maßzahlen der Vektoren aus (§ 6), so ergibt sich

$$\mathfrak{a} \cdot \mathfrak{b} = \cos\alpha\cos\beta - \sin\alpha\sin\beta$$

und

$$\mathfrak{a} \times \mathfrak{b} = 0\,|0|\,\cos\alpha\sin\beta + \sin\alpha\cos\beta .$$

Durch den Vergleich der beiden für $\mathfrak{a} \cdot \mathfrak{b}$ bzw. $\mathfrak{a} \times \mathfrak{b}$ gefundenen Werte erhalten wir die bekannten fundamentalen Formeln

$$\boxed{\begin{aligned} \cos(\alpha + \beta) &= \cos\alpha\cos\beta - \sin\alpha\sin\beta \\ \sin(\alpha + \beta) &= \sin\alpha\cos\beta + \cos\alpha\sin\beta \end{aligned}}\,,$$

die das Additionstheorem der Kreisfunktionen Cosinus und Sinus darstellen.

Die hier gegebene Ableitung ist durch größte Einfachheit ausgezeichnet.

Die analogen Formeln

$$\sin(\alpha - \beta) = \sin\alpha\cos\beta - \cos\alpha\sin\beta$$

und

$$\cos(\alpha - \beta) = \cos\alpha\cos\beta + \sin\alpha\sin\beta$$

für das Subtraktionstheorem werden ganz ähnlich abgeleitet.

Dem Leser sei diese Ableitung zur Übung empfohlen.

Die Hauptsätze der Sphärik.

I. Der Cosinussatz.

Auf einer Kugel vom Mittelpunkt O und Halbmesser r liege ein sphärisches Dreieck ABC mit den Seiten $BC = a$, $CA = b$, $AB = c$ und den Gegenwinkeln α, β, γ. Zeichnen wir die Tangente CH bzw. CK an den Hauptkreisbogen a bzw. b bis zum Schnitt H bzw. K mit OB bzw. OA, so ist

$$\sphericalangle\, HCK = \gamma .$$

Wir führen die 5 Vektoren

$$\overrightarrow{OC} = \mathfrak{r}, \qquad \overrightarrow{OH} = \mathfrak{X}, \qquad \overrightarrow{CH} = \mathfrak{x}, \qquad \overrightarrow{OK} = \mathfrak{Y}, \qquad \overrightarrow{CK} = \mathfrak{y}$$

ein, deren Beträge r, X, x, Y, y seien.

Nun ist

$$\mathfrak{X}\,\mathfrak{Y} = X\,Y\cos c .$$

Hier substituieren wir links

$$\mathfrak{X} = \mathfrak{r} + \mathfrak{x}, \qquad \mathfrak{Y} = \mathfrak{r} + \mathfrak{y}$$

und bekommen durch Multiplikation

$$\mathfrak{r}\mathfrak{r} + \mathfrak{r}\mathfrak{y} + \mathfrak{r}\mathfrak{x} + \mathfrak{x}\mathfrak{y} = X\,Y\cos c .$$

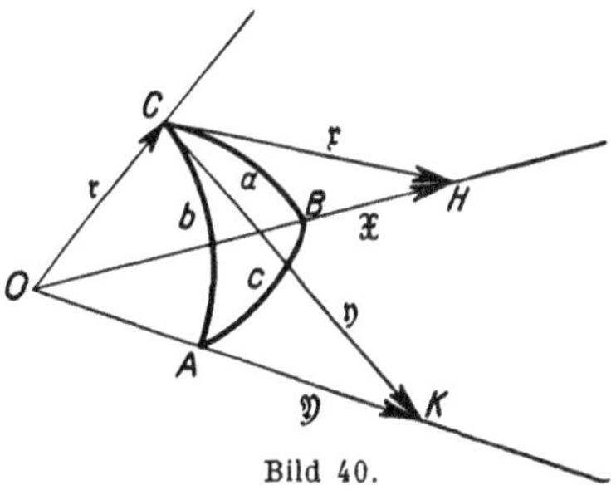

Bild 40.

Von den links stehenden Skalarprodukten fallen $\mathfrak{r}\mathfrak{y}$ und $\mathfrak{r}\mathfrak{x}$ fort, da $\mathfrak{r}$ auf $\mathfrak{x}$ und $\mathfrak{y}$ senkrecht steht; $\mathfrak{r}\mathfrak{r}$ ist r^2, und für $\mathfrak{x}\mathfrak{y}$ schreiben wir $xy \cos \gamma$. So entsteht

$$r^2 + xy \cos \gamma = XY \cos c$$

oder

$$\cos c = \frac{r}{X}\frac{r}{Y} + \frac{x}{X}\frac{y}{Y}\cos \gamma.$$

Aus den rechtwinkligen Dreiecken OCH und OCK aber lesen wir ab:

$$\frac{r}{X} = \cos a, \qquad \frac{x}{X} = \sin a$$

und

$$\frac{r}{Y} = \cos b, \qquad \frac{y}{Y} = \sin b.$$

Durch Substitution dieser Werte in die gefundene Gleichung geht diese in

$$\boxed{\cos c = \cos a \cos b + \sin a \sin b \cos \gamma}$$

über, welche Formel den wichtigsten Satz der Kugelgeometrie, den Cosinussatz, darstellt.

Es ist von Interesse, auch folgende Herleitung des Cosinussatzes zu betrachten, die auf der Skalarviererproduktformel des § 7 beruht. Wir wählen den Kugelhalbmesser als Längeneinheit, führen die drei Vektoren

$$\overrightarrow{OA} = \mathfrak{A}, \qquad \overrightarrow{OB} = \mathfrak{B}, \qquad \overrightarrow{OC} = \mathfrak{C}$$

ein und betrachten das Skalarviererprodukt

$$\overline{\mathfrak{A}\mathfrak{C}} \cdot \overline{\mathfrak{B}\mathfrak{C}}.$$

Die Beträge seiner Faktoren $\overline{\mathfrak{A}\mathfrak{C}}$ und $\overline{\mathfrak{B}\mathfrak{C}}$ sind $\sin b$ und $\sin a$. Da nun der Vektor $\overline{\mathfrak{A}\mathfrak{C}}$ auf der Ebene OAC, der Vektor $\overline{\mathfrak{B}\mathfrak{C}}$ auf der Ebene OBC senkrecht steht, bilden diese beiden Vektoren den Winkel γ miteinander, ist mithin

$$\overline{\mathfrak{A}\mathfrak{C}} \cdot \overline{\mathfrak{B}\mathfrak{C}} = \sin a \sin b \cos \gamma.$$

Nach § 7 hat aber unser Viererprodukt den Wert

$$\begin{vmatrix} \mathfrak{A}\mathfrak{B} & \mathfrak{A}\mathfrak{C} \\ \mathfrak{C}\mathfrak{B} & \mathfrak{C}\mathfrak{C} \end{vmatrix} = \begin{vmatrix} \cos c & \cos b \\ \cos a & 1 \end{vmatrix} = \cos c - \cos a \cos b.$$

Die Gleichsetzung der beiden gefundenen Werte für das Viererprodukt liefert sofort den Cosinussatz:

$$\cos c = \cos a \cos b + \sin a \sin b \cos \gamma.$$

Der Sinussatz.

Um den Sinussatz zu bekommen, wenden wir auf die beiden soeben betrachteten Vektorprodukte $\overline{\mathfrak{A}\mathfrak{C}}$ und $\overline{\mathfrak{B}\mathfrak{C}}$ die Vektorviererproduktformel (§ 7) an:

$$\overline{\mathfrak{A}\mathfrak{C}} \times \overline{\mathfrak{B}\mathfrak{C}} = (\mathfrak{A}\mathfrak{C}\mathfrak{C})\,\mathfrak{B} - (\mathfrak{A}\mathfrak{C}\mathfrak{B})\,\mathfrak{C}.$$

Das erste der hier rechts stehenden Mischprodukte verschwindet (§ 4), das zweite schreibt sich $-(\mathfrak{A}\mathfrak{B}\mathfrak{C})$, und es wird einfacher

$$\overline{\mathfrak{A}\mathfrak{C}} \times \overline{\mathfrak{B}\mathfrak{C}} = (\mathfrak{A}\mathfrak{B}\mathfrak{C})\,\mathfrak{C}.$$

Wir denken uns $\mathfrak{A}$, $\mathfrak{B}$, $\mathfrak{C}$ so orientiert, daß das Mischprodukt $\mathfrak{A}\mathfrak{B}\mathfrak{C}$ positiv ist, so daß es zugleich den Betrag der rechten Seite der letzten Gleichung darstellt.

Da nun die Vektoren $\overline{\mathfrak{A}\mathfrak{C}}$ und $\overline{\mathfrak{B}\mathfrak{C}}$ den Winkel γ einschließen, so ist der Betrag der linken Seite $\sin a \sin b \sin\gamma$, und wir erhalten die Gleichung

$$\sin a \sin b \sin\gamma = \mathfrak{A}\mathfrak{B}\mathfrak{C}.$$

Durch zyklische Vertauschung entstehen aus ihr die Formeln

$$\sin b \sin c \sin\alpha = \mathfrak{A}\mathfrak{B}\mathfrak{C} \qquad \text{und} \qquad \sin c \sin a \sin\beta = \mathfrak{A}\mathfrak{B}\mathfrak{C},$$

so daß

$$\sin b \sin c \sin\alpha = \sin c \sin a \sin\beta = \sin a \sin b \sin\gamma$$

wird. Teilen wir diese Formel durch $\sin a \sin b \sin c$, so ergibt sich der

Sinussatz:

$$\boxed{\frac{\sin\alpha}{\sin a} = \frac{\sin\beta}{\sin b} = \frac{\sin\gamma}{\sin c}}.$$

Trigonometrische Reihen.

Wir stellen uns die Aufgabe, die beiden trigonometrischen Reihen

$$\cos\alpha + \cos(\alpha+\delta) + \cos(\alpha+2\delta) + \dots + \cos(\alpha+\overline{n-1}\,\delta)$$

und

$$\sin\alpha + \sin(\alpha+\delta) + \sin(\alpha+2\delta) + \dots + \sin(\alpha+\overline{n-1}\,\delta)$$

zu summieren.

Lösung. In einer Ebene fixieren wir ein rechtwinkliges Koordinatensystem und zeichnen, im Ursprung $O = P_0$ beginnend, die n Einheitsvektoren $\overrightarrow{P_0P_1}$, $\overrightarrow{P_1P_2}$, $\overrightarrow{P_2P_3}$, ..., $\overrightarrow{P_{n-1}P_n}$ mit den Neigungen

$$\alpha,\ \alpha+\delta,\ \alpha+2\delta,\ \dots,\ \alpha+\overline{n-1}\,\delta$$

gegen die x-Achse. Die Koordinaten des Einheitsvektors $\overrightarrow{P_\nu P_{\nu+1}}$ sind dann

$$x_\nu = \cos(\alpha+\nu\delta), \qquad y_\nu = \sin(\alpha+\nu\delta).$$

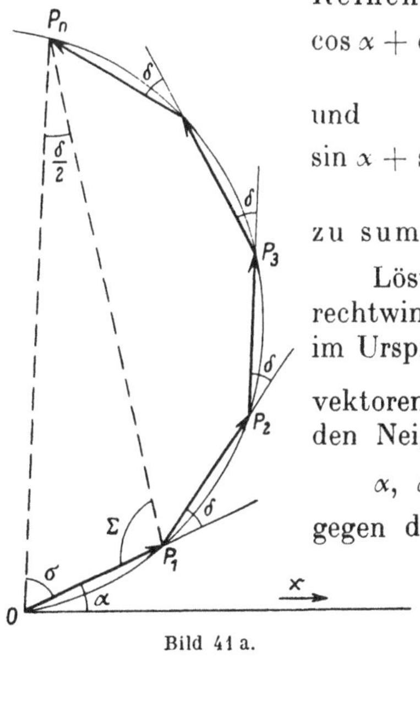

Bild 41 a.

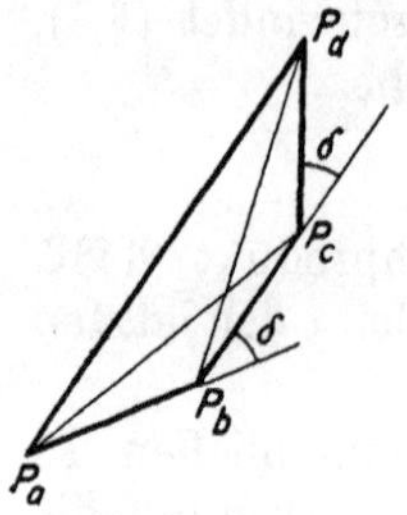

Bild 41 b.

Wir greifen drei aufeinanderfolgende Strecken $P_a P_b$, $P_b P_c$, $P_c P_d$ unseres Streckenzuges heraus und bilden aus ihnen die beiden gleichschenkligen Dreiecke $P_a P_b P_c$ und $P_b P_c P_d$. Jedes von ihnen besitzt an seiner Spitze den Außenwinkel δ, so daß jeder der vier Basiswinkel $\frac{1}{2}\delta$ ist. Im besonderen ist

$$\sphericalangle P_b P_a P_c = \sphericalangle P_b P_d P_c = \frac{\delta}{2},$$

so daß im Viereck $P_a P_b P_c P_d$ auf der Seite $P_b P_c$ gleiche Winkel stehen. Das Viereck ist also ein Kreisviereck. Je vier sukzessive Ecken unseres Streckenzuges liegen demnach auf einem Kreise. Daraus ergibt sich, daß alle $(n+1)$ Ecken O, P_1, P_2, ..., P_n des Streckenzuges auf einem Kreise liegen.

Wir achten insonderheit auf die drei Sehnen $OP_1 = 1$, $P_1 P_n$ und $OP_n = s$ dieses Kreises. Ihre Peripheriewinkel (bzw. deren Supplemente) sind $\frac{\delta}{2}$, $\sigma = (n-1)\frac{\delta}{2}$ und $\Sigma = \pi - n\frac{\delta}{2}$. Aus dem Dreieck $OP_1 P_n$ folgt daher nach dem Sinussatze

$$s : 1 = \sin \Sigma : \sin \frac{\delta}{2}$$

oder

$$s = \frac{\sin n \frac{\delta}{2}}{\sin \frac{\delta}{2}}.$$

Nach dem Satze von der Projektion des Vektorecks (§ 2) ist nun die Summe der Projektionen der n Einheitsvektoren auf eine beliebige Gerade gleich der Projektion des Vektors $\overrightarrow{OP_n} = \mathfrak{s}$ auf die Gerade. Wählen wir als Gerade die x-Achse bzw. y-Achse, so können wir sagen:

Die Summe der Abszissen bzw. Ordinaten der n Einheitsvektoren ist gleich der Abszisse bzw. Ordinate von $\mathfrak{s}$. Da nun $\mathfrak{s}$ mit der x-Achse den Winkel

$$\mu = \alpha + \sigma = \alpha + \frac{n-1}{2}\delta$$

bildet, so sind die Koordinaten von $\mathfrak{s}$

$$s \cos \mu \qquad \text{und} \qquad s \sin \mu,$$

und wir erhalten die Formeln

$$\sum_{\nu}^{0,\,n-1} x_\nu = s \cos \mu$$

und

$$\sum_{\nu}^{0,\,n-1} y_\nu = s \sin \mu.$$

Substituieren wir hier die obigen Werte von x_ν, y_ν und s, so erhalten wir die verlangten

Summenformeln:

$$\boxed{\begin{aligned}\cos\alpha + \cos(\alpha+\delta) + \cos(\alpha+2\delta) + \ldots + \cos(\alpha+\overline{n-1}\,\delta) &= \dot{n}\cos\mu\\ \sin\alpha + \sin(\alpha+\delta) + \sin(\alpha+2\delta) + \ldots + \sin(\alpha+\overline{n-1}\,\delta) &= \dot{n}\sin\mu\end{aligned}},$$

wo
$$\dot{n} = \frac{\sin n\frac{\delta}{2}}{\sin\frac{\delta}{2}}$$

und
$$\mu = \alpha + \frac{n-1}{2}\delta$$

der Mittelwert der n Winkel α, $\alpha+\delta$, $\alpha+2\delta$, $\ldots$, $\alpha+\overline{n-1}\,\delta$ ist.

§ 19. Stereometrische Anwendungen.

Satz vom Ebenenlot.

Steht eine Gerade FP auf zwei durch ihren »Fußpunkt« F laufenden Geraden FA und FB einer Ebene senkrecht, so steht sie auf jeder durch F laufenden Geraden der Ebene senkrecht.

Beweis. FX sei eine beliebige Gerade der Ebene. Wir betrachten die Vektoren

$$\overrightarrow{FP} = \mathfrak{p}, \qquad \overrightarrow{FA} = \mathfrak{a}, \qquad \overrightarrow{FB} = \mathfrak{b}, \qquad \overrightarrow{FX} = \mathfrak{x}.$$

Wegen der Orthogonalität von $\mathfrak{p}$ und $\mathfrak{a}$ sowie von $\mathfrak{p}$ und $\mathfrak{b}$ ist dann

$$\mathfrak{p}\mathfrak{a} = 0, \qquad \mathfrak{p}\mathfrak{b} = 0.$$

Da die komplanaren Vektoren $\mathfrak{a}$, $\mathfrak{b}$, $\mathfrak{x}$ linear abhängig sind, ist (§ 5) $\mathfrak{x}$ Linearkompositum von $\mathfrak{a}$ und $\mathfrak{b}$:

$$\mathfrak{x} = \lambda\mathfrak{a} + \mu\mathfrak{b}.$$

Folglich ist

$$\mathfrak{p}\mathfrak{x} = \mathfrak{p}(\lambda\mathfrak{a} + \mu\mathfrak{b}) = \lambda\mathfrak{p}\mathfrak{a} + \mu\mathfrak{p}\mathfrak{b} = 0$$

oder

$$\mathfrak{p} \perp \mathfrak{x},$$ w. z. b. w.

Der klassische Beweis dieses Satzes bei Euclides umfaßt nicht weniger als 14 Kongruenzen von Dreieckspaaren.

Satz von den drei Loten.

Fällt man von einem Punkte P ein Lot PF auf eine Ebene, von F ein zweites Lot FO auf eine in der Ebene liegende Gerade OG, so ist auch PO ein Lot auf die Gerade OG.

Beweis. Wir betrachten die Vektoren

$$\overrightarrow{FP} = \mathfrak{h}, \quad \overrightarrow{OF} = \mathfrak{f}, \quad \overrightarrow{OP} = \mathfrak{p}, \quad \overrightarrow{OG} = \mathfrak{g},$$

so daß

$$\mathfrak{p} = \mathfrak{f} + \mathfrak{h}$$

ist. Nach Voraussetzung ist

$$\mathfrak{g}\mathfrak{h} = 0 \qquad \text{und} \qquad \mathfrak{g}\mathfrak{f} = 0.$$

Daher ist

$$\mathfrak{g}\mathfrak{p} = \mathfrak{g}(\mathfrak{f} + \mathfrak{h}) = \mathfrak{g}\mathfrak{f} + \mathfrak{g}\mathfrak{h} = 0$$

oder

$$\mathfrak{g} \quad \mathfrak{p}.$$

Schwerpunkt des Tetraeders.

Folgende zwei Tetraedersätze zu beweisen:

1. Die vier Verbindungslinien der Tetraederecken mit den Schwerpunkten ihrer Gegenseiten schneiden sich in einem Punkte und teilen einander im Verhältnis 1 : 3.

2. Die drei Verbindungslinien der Gegenkantenmitten des Tetraeders schneiden sich in einem Punkte und teilen einander im Verhältnis 1 : 1.

Beweis. Wir behaften jede Ecke des Tetraeders $ABCD$ mit der Stärke 1 und achten auf das Zentroid Z der vier Ecken. Aus § 10 wissen wir, daß das Zentroid der drei je mit der Stärke 1 behafteten Punkte A, B, C im Schwerpunkt S des Dreiecks ABC liegt und die Stärke 3 hat, und weiter, daß Z die Verbindungslinie der beiden Punkte D (mit der Stärke 1) und S (mit der Stärke 3) im Verhältnis $DZ : SZ = 3 : 1$ teilt. Für jede andere derartige Verbindungslinie gilt das gleiche. Die vier genannten Verbindungslinien laufen also alle durch Z und teilen einander im Verhältnis 1 : 3.

Um Satz 2 zu beweisen, benutzen wir eine andere Möglichkeit, das Zentroid Z zu konstruieren. Wir bestimmen zunächst das in der Mitte von AB liegende Zentroid M (mit der Stärke 2) der beiden Punkte A und B, hierauf das in der Mitte von CD liegende Zentroid N (mit der Stärke 2) der Punkte C und D. Das gesuchte Zentroid Z liegt dann als Zentroid von M und N in der Mitte von MN. Jede Verbindungslinie von Gegenkantenmitten läuft demnach durch Z.

Die in unsern beiden Sätzen erwähnten Schnittpunkte fallen in Z zusammen. Das Zentroid Z ist der sogenannte Schwerpunkt des Tetraeders.

Der Tetraederinhalt.

Aufgabe. Den Inhalt eines Tetraeders zu ermitteln, dessen Kanten gegeben sind.

Lösung. Das Tetraeder $OABC$ habe das Volumen V und die sechs Kanten

$$OA = p, \quad OB = q, \quad OC = r, \quad BC = a, \quad CA = b, \quad AB = c.$$

Neben ihnen betrachten wir die Vektoren

$$\overrightarrow{OA} = \mathfrak{p}, \quad \overrightarrow{OB} = \mathfrak{q}, \quad \overrightarrow{OC} = \mathfrak{r}, \quad \overrightarrow{BC} = \mathfrak{a}, \quad \overrightarrow{CA} = \mathfrak{b}, \quad \overrightarrow{AB} = \mathfrak{c},$$

die Projektion $\overrightarrow{OC'} = \mathfrak{r}'$ von $\mathfrak{r}$ auf die Ebene OAB und den Höhenvektor $\overrightarrow{C'C} = \mathfrak{h}$, dessen Länge h die Tetraederhöhe ist, wenn die Fläche G des Dreiecks OAB als Grundfläche dient.

Die Lösung der Aufgabe beruht auf der linearen Abhängigkeit von drei komplanaren Vektoren. Dieser zufolge besteht zwischen den drei komplanaren Vektoren

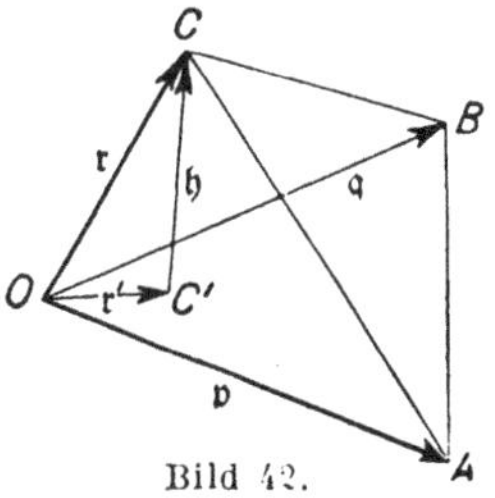

Bild 42.

$$\overrightarrow{OA} = \mathfrak{p}, \qquad \overrightarrow{OB} = \mathfrak{q}, \qquad \overrightarrow{OC'} = \mathfrak{r}'$$

eine lineare Relation:

$$\alpha\mathfrak{p} + \beta\mathfrak{q} + \gamma\mathfrak{r}' = 0.$$

Wir multiplizieren sie sukzessive skalar mit $\mathfrak{p}$, $\mathfrak{q}$, $\mathfrak{r}$ und erhalten das Homogensystem

$$\begin{cases} \mathfrak{p}\mathfrak{p}\alpha + \mathfrak{p}\mathfrak{q}\beta + \mathfrak{p}\mathfrak{r}'\gamma = 0 \\ \mathfrak{q}\mathfrak{p}\alpha + \mathfrak{q}\mathfrak{q}\beta + \mathfrak{q}\mathfrak{r}'\gamma = 0 \\ \mathfrak{r}\mathfrak{p}\alpha + \mathfrak{r}\mathfrak{q}\beta + \mathfrak{r}\mathfrak{r}'\gamma = 0 \end{cases}$$

linearer Gleichungen für die Unbekannten α, β, γ.

Nach Bézouts Satze verschwindet die Systemdeterminante:

$$\begin{vmatrix} \mathfrak{p}\mathfrak{p} & \mathfrak{p}\mathfrak{q} & \mathfrak{p}\mathfrak{r}' \\ \mathfrak{q}\mathfrak{p} & \mathfrak{q}\mathfrak{q} & \mathfrak{q}\mathfrak{r}' \\ \mathfrak{r}\mathfrak{p} & \mathfrak{r}\mathfrak{q} & \mathfrak{r}\mathfrak{r}' \end{vmatrix} = 0.$$

Ersetzen wir in ihr $\mathfrak{r}'$ durch $\mathfrak{r} - \mathfrak{h}$, so wird

$$\mathfrak{p}\mathfrak{r}' = \mathfrak{p}\mathfrak{r} - \mathfrak{p}\mathfrak{h}, \qquad \mathfrak{q}\mathfrak{r}' = \mathfrak{q}\mathfrak{r} - \mathfrak{q}\mathfrak{h}, \qquad \mathfrak{r}\mathfrak{r}' = \mathfrak{r}\mathfrak{r} - \mathfrak{r}\mathfrak{h}.$$

Da aber $\mathfrak{h}$ auf $\mathfrak{p}$ und $\mathfrak{q}$ senkrecht steht, verschwinden die Produkte $\mathfrak{p}\mathfrak{h}$ und $\mathfrak{q}\mathfrak{h}$; und da $\mathfrak{h}$ die Projektion von $\mathfrak{r}$ auf CC' ist, so hat $\mathfrak{r}\mathfrak{h}$ den Wert $rh \cdot h : r = h^2$. Wir bekommen also

$$\begin{vmatrix} \mathfrak{p}\mathfrak{p} & \mathfrak{p}\mathfrak{q} & \mathfrak{p}\mathfrak{r} \\ \mathfrak{q}\mathfrak{p} & \mathfrak{q}\mathfrak{q} & \mathfrak{q}\mathfrak{r} \\ \mathfrak{r}\mathfrak{p} & \mathfrak{r}\mathfrak{q} & \mathfrak{r}\mathfrak{r} - h^2 \end{vmatrix} = 0$$

oder

$$\begin{vmatrix} \mathfrak{p}\mathfrak{p} & \mathfrak{p}\mathfrak{q} & \mathfrak{p}\mathfrak{r} \\ \mathfrak{q}\mathfrak{p} & \mathfrak{q}\mathfrak{q} & \mathfrak{q}\mathfrak{r} \\ \mathfrak{r}\mathfrak{p} & \mathfrak{r}\mathfrak{q} & \mathfrak{r}\mathfrak{r} \end{vmatrix} = h^2 \begin{vmatrix} \mathfrak{p}\mathfrak{p} & \mathfrak{p}\mathfrak{q} \\ \mathfrak{q}\mathfrak{p} & \mathfrak{q}\mathfrak{q} \end{vmatrix}.$$

Die hier rechts stehende Determinante ist aber gleich $p^2 q^2 - \widetilde{\mathfrak{p}\mathfrak{q}}^2 = \overline{\mathfrak{p}\mathfrak{q}}^2 = 4G^2$; die rechte Seite demnach das 36fache Volumenquadrat des Tetraeders. Mithin ist

$$36\,V^2 = \begin{vmatrix} \mathfrak{p}\mathfrak{p} & \mathfrak{p}\mathfrak{q} & \mathfrak{p}\mathfrak{r} \\ \mathfrak{q}\mathfrak{p} & \mathfrak{q}\mathfrak{q} & \mathfrak{q}\mathfrak{r} \\ \mathfrak{r}\mathfrak{p} & \mathfrak{r}\mathfrak{q} & \mathfrak{r}\mathfrak{r} \end{vmatrix}.$$

Mit dieser fundamentalen Formel ist die Aufgabe gelöst, da die in ihr auftretenden Skalarprodukte bekannte Polynome der Kanten sind. Z. B. ist

$$\mathfrak{p}\mathfrak{p} = p^2, \qquad \mathfrak{p}\mathfrak{q} = (p^2 + q^2 - c^2) : 2.$$

Zahlenbeispiel: $p = 6$, $q = 7$, $r = 8$, $a = 9$, $b = 10$, $c = 11$. Hier ist

$$\begin{array}{lll} \mathfrak{p}\mathfrak{p} = 36, & \mathfrak{p}\mathfrak{q} = -18, & \mathfrak{p}\mathfrak{r} = 0, \\ \mathfrak{q}\mathfrak{p} = -18, & \mathfrak{q}\mathfrak{q} = 49, & \mathfrak{q}\mathfrak{r} = 16, \\ \mathfrak{r}\mathfrak{p} = 0, & \mathfrak{r}\mathfrak{q} = 16, & \mathfrak{r}\mathfrak{r} = 64, \end{array}$$

mithin

$$36\,V^2 = \begin{vmatrix} 36 & -18 & 0 \\ -18 & 49 & 16 \\ 0 & 16 & 64 \end{vmatrix} = 9 \cdot 16 \cdot 16 \cdot 36$$

und

$$V = 48.$$

Die Ausrechnung der obigen Determinante unter Beibehaltung der Buchstaben a, b, c, p, q, r ergibt übrigens die Eulersche Formel

$$144\,V^2 = \left\{ \begin{array}{l} \quad A P (B + C - A + Q + R - P) \\ + B Q (C + A - B + R + P - Q) \\ + C R (A + B - C + P + Q - R) \\ - A B C - A Q R - B R P - C P Q \end{array} \right\},$$

wo A, B, C, P, Q, R die Quadrate von a, b, c, p, q, r bedeuten.

Der Tetraederinhalt als Mischprodukt.

Der Inhalt T des Tetraeders $ABCD$ ist bekanntlich der sechste Teil des Inhalts des Spats mit den drei von der Ecke D ausgehenden Kanten DA, DB, DC. Da aber der Spatinhalt — vom Vorzeichen abgesehen — das Mischprodukt der drei Vektoren $\overrightarrow{DA}$, $\overrightarrow{DB}$, $\overrightarrow{DC}$ ist, so gilt die (bis aufs Vorzeichen richtige) Formel

$$6\,T = \overrightarrow{DA}\;\overrightarrow{DB}\;\overrightarrow{DC}.$$

Ersetzt man $\overrightarrow{DC}$ durch $\overrightarrow{DA} + \overrightarrow{AC}$, so wird die rechte Seite dieser Formel

$$\overrightarrow{DA}\ \overrightarrow{DB}\ (\overrightarrow{DA} + \overrightarrow{AC}) = \overrightarrow{DA}\ \overrightarrow{DB}\ \overrightarrow{AC},$$

da das beim Ausmultiplizieren entstehende erste Mischprodukt (wegen der Gleichheit zweier Faktoren) verschwindet.

Ersetzt man $\overrightarrow{DC}$ durch $\overrightarrow{DB} + \overrightarrow{BC}$, so entsteht gerade so die neue rechte Seite $\overrightarrow{DA}\ \overrightarrow{DB}\ \overrightarrow{BC}$. Demnach ist

$$6\,T = \overrightarrow{DA}\ \overrightarrow{DB}\ \overrightarrow{DC} = \overrightarrow{DA}\ \overrightarrow{DB}\ \overrightarrow{AC} = \overrightarrow{DA}\ \overrightarrow{DB}\ \overrightarrow{BC}.$$

Diese Formel enthält die einfache Regel:

Der sechsfache Tetraederinhalt ist (vom Vorzeichen abgesehen) das Mischprodukt aus irgend zwei Kanten einer Seitenfläche und irgendeiner Kante ihrer Gegenecke.

Satz von der Zwölfpunktekugel.

Die sechs Gegenkantenmitten und die sechs Fußpunkte der Gegenkantenlote eines Orthotetraeders*) liegen auf einer Kugel.

Beweis. Der Beweis besteht aus drei Schritten. Im Schritt I bestimmen wir in einem beliebigen Tetraeder $ABCD$ mit den Kanten

$$BC = a, \quad CA = b, \quad AB = c, \quad DA = p, \quad DB = q, \quad DC = r$$

die Abstände der Ecken und Kantenmitten vom Schwerpunkt des Tetraeders als Funktionen der sechs Kanten. Im Schritt II stellen wir die Bedingung auf, unter der ein Tetraeder ein Orthotetraeder ist und folgern aus I und II, daß die sechs Kantenmitten auf einer Kugel liegen, deren Zentrum der Schwerpunkt ist. Im Schritt III zeigen wir, daß die sechs Fußpunkte der Gegenkantenlote auch auf dieser Kugel liegen.

I. Wir setzen wieder

$$\overrightarrow{BC} = \mathfrak{a}, \quad \overrightarrow{CA} = \mathfrak{b}, \quad \overrightarrow{AB} = \mathfrak{c}, \quad \overrightarrow{DA} = \mathfrak{p}, \quad \overrightarrow{DB} = \mathfrak{q}, \quad \overrightarrow{DC} = \mathfrak{r},$$

nennen den Schwerpunkt S, die Mitte etwa der Kante DC M und führen die Vektoren

$$\overrightarrow{SA} = \mathfrak{A}, \quad \overrightarrow{SB} = \mathfrak{B}, \quad \overrightarrow{SC} = \mathfrak{C}, \quad \overrightarrow{SD} = \mathfrak{D}, \quad \overrightarrow{SM} = \mathfrak{M}$$

ein.

*) Ein Orthotetraeder ist ein Tetraeder, dessen Höhen durch einen Punkt — das Orthozentrum — laufen.

Der Schwerpunkt S ist durch die Formel

$$(1) \qquad \mathfrak{A} + \mathfrak{B} + \mathfrak{C} + \mathfrak{D} = 0$$

bestimmt. Aus ihr folgt

$$\mathfrak{D}^2 = (\mathfrak{A} + \mathfrak{B} + \mathfrak{C})^2 = 3(\mathfrak{A}^2 + \mathfrak{B}^2 + \mathfrak{C}^2) - (\mathfrak{C} - \mathfrak{B})^2 - (\mathfrak{A} - \mathfrak{C})^2 - (\mathfrak{B} - \mathfrak{A})^2$$

oder, da

$$\mathfrak{C} - \mathfrak{B} = \mathfrak{a}, \qquad \mathfrak{A} - \mathfrak{C} = \mathfrak{b}, \qquad \mathfrak{B} - \mathfrak{A} = \mathfrak{c}$$

ist,

$$\mathfrak{D}^2 + a^2 + b^2 + c^2 = 3(\mathfrak{A}^2 + \mathfrak{B}^2 + \mathfrak{C}^2).$$

Zu dieser Gleichung addieren wir die Identität

$$15\,\mathfrak{D}^2 = 9\,\mathfrak{D}^2 - 6(\mathfrak{A} + \mathfrak{B} + \mathfrak{C})\,\mathfrak{D}$$

und bekommen

$$16\,\mathfrak{D}^2 + a^2 + b^2 + c^2 = 3\,[(\mathfrak{A} - \mathfrak{D})^2 + (\mathfrak{B} - \mathfrak{D})^2 + (\mathfrak{C} - \mathfrak{D})^2]$$

oder da

$$\mathfrak{A} - \mathfrak{D} = \mathfrak{p}, \qquad \mathfrak{B} - \mathfrak{D} = \mathfrak{q}, \qquad \mathfrak{C} - \mathfrak{D} = \mathfrak{r}$$

ist,

$$(2) \qquad \boxed{16\,\mathfrak{D}^2 = 3(p^2 + q^2 + r^2) - (a^2 + b^2 + c^2)}\,.$$

Durch diese Formel wird der Abstand ($\mathfrak{D}$) einer Tetraederecke (D) vom Tetraederschwerpunkt S als Funktion der sechs Kanten dargestellt.

Für $\mathfrak{M}$ haben wir die beiden Gleichungen

$$2\,\mathfrak{M} = \mathfrak{C} + \mathfrak{D} \qquad \text{und [laut (1)]} \qquad 2\,\mathfrak{M} = -\mathfrak{A} - \mathfrak{B},$$

so daß wir schreiben dürfen

$$8\,\mathfrak{M}^2 = (\mathfrak{C} + \mathfrak{D})^2 + (\mathfrak{A} + \mathfrak{B})^2.$$

Durch Quadrierung von (1) ergibt sich, daß die beiden Summen $\mathfrak{A}^2 + \mathfrak{B}^2 + \mathfrak{C}^2 + \mathfrak{D}^2$ und $-2\mathfrak{A}\mathfrak{B} - 2\mathfrak{A}\mathfrak{C} - 2\mathfrak{A}\mathfrak{D} - 2\mathfrak{B}\mathfrak{C} - 2\mathfrak{B}\mathfrak{D} - 2\mathfrak{C}\mathfrak{D}$ denselben Wert Σ besitzen.

Nun ist einerseits

$$(\mathfrak{C} + \mathfrak{D})^2 + (\mathfrak{A} + \mathfrak{B})^2 + (\mathfrak{C} - \mathfrak{D})^2 + (\mathfrak{B} - \mathfrak{A})^2 = 2\,\Sigma,$$

anderseits

$$(\mathfrak{C} - \mathfrak{B})^2 + (\mathfrak{A} - \mathfrak{D})^2 + (\mathfrak{A} - \mathfrak{C})^2 + (\mathfrak{B} - \mathfrak{D})^2 + (\mathfrak{B} - \mathfrak{A})^2 + (\mathfrak{C} - \mathfrak{D})^2 = 4\,\Sigma.$$

Vermindern wir die zweifache vorletzte Gleichung um die letzte, so entsteht

$$16\,\mathfrak{M}^2 = (\mathfrak{C} - \mathfrak{B})^2 + (\mathfrak{A} - \mathfrak{D})^2 + (\mathfrak{A} - \mathfrak{C})^2 + (\mathfrak{B} - \mathfrak{D})^2 - (\mathfrak{B} - \mathfrak{A})^2 - (\mathfrak{C} - \mathfrak{D})^2$$

oder

$$(3) \qquad \boxed{16\,\mathfrak{M}^2 = (a^2 + p^2) + (b^2 + q^2) - (c^2 + r^2)}\,.$$

Durch diese Formel wird der Abstand ($\mathfrak{M}$) einer Kantenmitte (Mitte M von CD) vom Schwerpunkt als Funktion der sechs Kanten dargestellt. Die auf ihrer rechten Seite auftretenden Klammerausdrücke sind die drei Gegenkantennormen.

II. Um die Frage zu beantworten, wann die vier Höhen des Tetraeders $ABCD$ durch einen Punkt O laufen, nennen wir den Vektor $\overrightarrow{DO}$ $\mathfrak{o}$ und haben die vier Bedingungstripel

$$\begin{array}{lll} \mathfrak{a}(\mathfrak{o}-\mathfrak{p})=0, & \mathfrak{q}(\mathfrak{o}-\mathfrak{p})=0, & \mathfrak{r}(\mathfrak{o}-\mathfrak{p})=0; \\ \mathfrak{p}(\mathfrak{o}-\mathfrak{q})=0, & \mathfrak{b}(\mathfrak{o}-\mathfrak{q})=0, & \mathfrak{r}(\mathfrak{o}-\mathfrak{q})=0; \\ \mathfrak{p}(\mathfrak{o}-\mathfrak{r})=0, & \mathfrak{q}(\mathfrak{o}-\mathfrak{r})=0, & \mathfrak{c}(\mathfrak{o}-\mathfrak{r})=0; \\ \mathfrak{a}\mathfrak{o}=0, & \mathfrak{b}\mathfrak{o}=0, & \mathfrak{c}\mathfrak{o}=0, \end{array}$$

die sukzessive ausdrücken, daß die Geraden AO, BO, CO, DO auf den den Ecken A, B, C, D gegenüberliegenden Tetraederseiten senkrecht stehen. (Von jedem Tripel folgt übrigens irgendeine Bedingung aus den beiden andern.)

Aus diesen Bedingungen resultiert

$$\mathfrak{a}\mathfrak{p}=0, \qquad \mathfrak{b}\mathfrak{q}=0, \qquad \mathfrak{c}\mathfrak{r}=0;$$

in Worten: im Orthotetraeder sind je zwei Gegenkanten orthogonal.

Nun ist aber (§ 3) z. B.

$$2\,\mathfrak{a}\mathfrak{p}=(c^2+r^2)-(b^2+q^2),$$

mithin

$$b^2+q^2=c^2+r^2.$$

Ähnlich erhalten wir

$$c^2+r^2=a^2+p^2.$$

Im Orthotetraeder sind die drei Gegenkantennormen gleich:

$$\boxed{a^2+p^2=b^2+q^2=c^2+r^2}\,.\text{*)} \tag{4}$$

Aus (4) und (3) folgt nun sofort, daß im Orthotetraeder alle sechs Kantenmitten vom Schwerpunkt S gleich weit entfernt sind, mithin auf einer Kugel $\mathfrak{K}$ vom Zentrum S liegen.

III. Sei nunmehr U der Punkt, wo $\mathfrak{K}$ die Gerade DC zum zweiten Male scheidet, und $\mathfrak{u}$ der Vektor $\overrightarrow{DU}$.

Nach dem auf das Dreieck SMU und die Spitzentransversale SD angewandten Spitzentransversalensatze (§ 17) ist dann

$$\mathfrak{u}\cdot\frac{1}{2}\,\mathfrak{r}=\mathfrak{T}^2-\mathfrak{M}^2,$$

*) Umgekehrt ergibt sich aus (4) leicht, daß die vier Tetraederhöhen durch einen Punkt laufen.

welche Gleichung wegen (2), (3), (4) in

$$2\,\mathfrak{r}\mathfrak{u} = r^2 + p^2 - b^2$$

übergeht. [Man setzt $a^2 + p^2 = b^2 + q^2 = c^2 + r^2 = G$, ersetzt in (2) p^2, q^2, r^2 durch $G - a^2$, $G - b^2$, $G - c^2$, findet $4\,(\mathfrak{D}^2 - \mathfrak{M}^2) = 2\,G - a^2 - b^2 - c^2$ und ersetzt hier wieder $2\,G$ durch $a^2 + p^2 + c^2 + r^2$.]

Anderseits ist auch

$$2\,\mathfrak{r}\mathfrak{p} = r^2 + p^2 - b^2.$$

Mithin ergibt sich

(5) $$\mathfrak{r}\mathfrak{u} = \mathfrak{r}\mathfrak{p},$$

so daß $\mathfrak{u}$ die Richtung von $\mathfrak{r}$ oder die entgegengesetzte Richtung hat, je nachdem $\sphericalangle\, ADC$ spitz oder stumpf ist.

Ferner seien V und W die auf DC und AB liegenden Fußpunkte des auf diesen Kanten senkrechten Gegenkantenlots, sowie

$$\overrightarrow{DV} = \mathfrak{v}, \qquad \overrightarrow{AW} = \mathfrak{w}.$$

Dann ist

$$\overrightarrow{WV} = \mathfrak{v} - \mathfrak{p} - \mathfrak{w},$$

und da dieser Vektor auf $\mathfrak{v}$ senkrecht steht,

$$\mathfrak{v}\,(\mathfrak{v} - \mathfrak{p} - \mathfrak{w}) = 0$$

oder wegen $\mathfrak{v}\mathfrak{w} = 0$

(6) $$\mathfrak{v}\mathfrak{p} = v^2.$$

Infolge des positiven Wertes (v^2) von $\mathfrak{v}\mathfrak{p}$ hat $\mathfrak{v}$ die Richtung von $\mathfrak{r}$ oder die entgegengesetzte Richtung, je nachdem $\sphericalangle\, ADC$ spitz oder stumpf ist.

Die Vektoren $\mathfrak{u}$ und $\mathfrak{v}$ haben demnach 1⁰ dieselbe Richtung, 2⁰ [wie aus (5) und (6) abzulesen ist] denselben Betrag; sie sind daher gleich: $\mathfrak{u} = \mathfrak{v}$.

Daher fallen die Punkte U und V zusammen. Ein beliebiger Gegenkantenlotfußpunkt (V) liegt also auf der Kugel $\mathfrak{K}$.

Die Kugel $\mathfrak{K}$ vom Zentrum S und Radius $\sqrt{G} : 4$ läuft durch zwölf bemerkenswerte Tetraederpunkte: die sechs Kantenmitten und die sechs Fußpunkte der drei Gegenkantenlote.

Fünfpunktrelation und Tetraederumkugel.

Zwischen fünf beliebigen Raumpunkten A, B, C, D, O sind im ganzen zehn Verbindungsstrecken möglich:

$$OA = x, \quad OB = y, \quad OC = z, \quad OD = t;$$
$$DA = p, \quad DB = q, \quad DC = r;$$
$$BC = a, \quad CA = b, \quad AB = c.$$

Zwischen diesen Verbindungsstrecken besteht eine Beziehung, die sog. Fünfpunktrelation.

Um diese zu finden, führen wir die vier Vektoren

$$\overrightarrow{OA} = \mathfrak{x}, \qquad \overrightarrow{OB} = \mathfrak{y}, \qquad \overrightarrow{OC} = \mathfrak{z}, \qquad \overrightarrow{OD} = \mathfrak{t}$$

ein. Zwischen ihnen besteht (§ 5) eine lineare Relation:

$$\alpha\mathfrak{x} + \beta\mathfrak{y} + \gamma\mathfrak{z} + \delta\mathfrak{t} = 0,$$

in der die Koeffizienten α, β, γ, δ nicht alle verschwinden. Wir multiplizieren diese Relation skalar sukzessive mit $\mathfrak{x}$, $\mathfrak{y}$, $\mathfrak{z}$, $\mathfrak{t}$ und bekommen das Homogensystem

$$\begin{cases} \mathfrak{x}\mathfrak{x}\,\alpha + \mathfrak{x}\mathfrak{y}\,\beta + \mathfrak{x}\mathfrak{z}\,\gamma + \mathfrak{x}\mathfrak{t}\,\delta = 0 \\ \mathfrak{y}\mathfrak{x}\,\alpha + \mathfrak{y}\mathfrak{y}\,\beta + \mathfrak{y}\mathfrak{z}\,\gamma + \mathfrak{y}\mathfrak{t}\,\delta = 0 \\ \mathfrak{z}\mathfrak{x}\,\alpha + \mathfrak{z}\mathfrak{y}\,\beta + \mathfrak{z}\mathfrak{z}\,\gamma + \mathfrak{z}\mathfrak{t}\,\delta = 0 \\ \mathfrak{t}\mathfrak{x}\,\alpha + \mathfrak{t}\mathfrak{y}\,\beta + \mathfrak{t}\mathfrak{z}\,\gamma + \mathfrak{t}\mathfrak{t}\,\delta = 0 \end{cases}$$

für die eigentlichen Unbekannten α, β, γ, δ. Nach Bézouts Satze muß dann die Determinante Δ des Systems verschwinden. Somit besteht die Gleichung

$$\Delta = \begin{vmatrix} \mathfrak{x}\mathfrak{x} & \mathfrak{x}\mathfrak{y} & \mathfrak{x}\mathfrak{z} & \mathfrak{x}\mathfrak{t} \\ \mathfrak{y}\mathfrak{x} & \mathfrak{y}\mathfrak{y} & \mathfrak{y}\mathfrak{z} & \mathfrak{y}\mathfrak{t} \\ \mathfrak{z}\mathfrak{x} & \mathfrak{z}\mathfrak{y} & \mathfrak{z}\mathfrak{z} & \mathfrak{z}\mathfrak{t} \\ \mathfrak{t}\mathfrak{x} & \mathfrak{t}\mathfrak{y} & \mathfrak{t}\mathfrak{z} & \mathfrak{t}\mathfrak{t} \end{vmatrix} = 0.$$

Diese Gleichung ist die gesuchte Fünfpunktrelation. In der Tat sind sämtliche Elemente der Determinante Δ einfache Polynome der obengenannten zehn Verbindungsstrecken; z. B. (§ 3)

$$\mathfrak{x}\mathfrak{x} = x^2, \quad \mathfrak{x}\mathfrak{y} = \frac{x^2 + y^2 - c^2}{2}, \quad \mathfrak{x}\mathfrak{t} = \frac{x^2 + t^2 - p^2}{2} \text{ usw.}$$

Wir benutzen die Fünfpunktrelation zur Lösung der wichtigen

Aufgabe: Den Halbmesser der Kugel zu ermitteln, die einem Tetraeder umschrieben ist, dessen Kanten gegeben sind.

Das Tetraeder heiße $ABCD$, der Halbmesser seiner Umkugel h. Im übrigen gelten für die Kanten die oben angegebenen Bezeichnungen, so daß, wenn O den Kugelmittelpunkt bedeutet, jetzt

$$x = y = z = t = h$$

ist.

Um die Gleichung $\Delta = 0$ bequem schreiben zu können, ersetzen wir in Δ das Quadrat jeder Kante durch den entsprechenden großen Buchstaben, z. B. a^2 durch A, p^2 durch P, außerdem $2h^2$ durch ξ, multiplizieren zur Beseitigung des Nenners 2 jede Determinantenzeile mit 2 und haben dann

$$\begin{vmatrix} \xi & \xi - C & \xi - B & \xi - P \\ \xi - C & \xi & \xi - A & \xi - Q \\ \xi - B & \xi - A & \xi & \xi - R \\ \xi - P & \xi - Q & \xi - R & \xi \end{vmatrix} = 0.$$

Die entstandene Determinante säumen wir unten mit Einsen, rechts mit Nullen und bekommen

$$\begin{vmatrix} \xi & \xi - C & \xi - B & \xi - P & 0 \\ \xi - C & \xi & \xi - A & \xi - Q & 0 \\ \xi - B & \xi - A & \xi & \xi - R & 0 \\ \xi - P & \xi - Q & \xi - R & \xi & 0 \\ 1 & 1 & 1 & 1 & 1 \end{vmatrix} = 0.$$

Hier subtrahieren wir von jeder der ersten vier Zeilen das ξfache der fünften und erhalten, unter Weglassung aller Minuszeichen,

$$\begin{vmatrix} 0 & C & B & P & \xi \\ C & 0 & A & Q & \xi \\ B & A & 0 & R & \xi \\ P & Q & R & 0 & \xi \\ 1 & 1 & 1 & 1 & 1 \end{vmatrix} = 0.$$

Durch Entwicklung der neuen Determinante nach der letzten Spalte ergibt sich

$$S\xi + M = 0,$$

wo S die Summe der zu den ersten vier Elementen der letzten Spalte gehörigen Adjunkten und M die Adjunkte des letzten Elements dieser Spalte bedeutet. Durch Ausrechnung findet sich für S der obigen Eulerschen Formel gemäß der Wert 288 V^2, für M der Wert $H^2 + K^2 + L^2 - 2\,KL - 2\,LH - 2\,HK$, wo H, K, L die Produkte AP, BQ, CR sind.

Denken wir uns ein Dreieck mit den Seiten ap, bq, cr, so hat das 16fache Quadrat seines Inhalts J nach der heronischen Formel den Wert

$$16\,J^2 = 2\,KL + 2\,LH + 2\,HK - H^2 - K^2 - L^2.$$

Demnach gilt die Formel

$$18\,V^2 \xi = J^2$$

oder

$$\boxed{6\,Vh = J}.$$

Sie liefert den interessanten Satz:

Das sechsfache Produkt aus dem Volumen und Umkugelhalbmesser des Tetraeders ist gleich dem Inhalt eines Dreiecks, dessen Seiten die Gegenkantenprodukte des Tetraeders sind.

Man vergleiche hiermit die Abhandlungen von Siebeck im 62. und Kronecker im 72. Bande von Crelles Journal.

Der Satz von Desargues.

Faßt man die Ecken zweier Dreiecke ABC und DEF zu Paaren, etwa

$$(A, D), \qquad (B, E), \qquad (C, F)$$

zusammen, so sind die Ecken des einen Dreiecks denen des andern umkehrbar eindeutig zugeordnet: die Dreiecke sind aufeinander bezogen. Die beiden Ecken A und D heißen dann homolog, ebenso die beiden Ecken B und E, sowie auch die Ecken C und F. Auch die Seiten BC und EF heißen homolog, dgl. CA und FD wie auch AB und DE. Endlich nennt man auch die Dreiecke selbst homolog. Zwei solche Dreiecke, von denen wir voraussetzen, daß kein Paar homologer Ecken oder homologer Seiten zusammenfällt, heißen kopolar, wenn die drei Verbindungslinien homologer Ecken durch einen Punkt laufen; sie heißen koaxial, wenn die drei Schnittpunkte homologer Seiten auf einer Geraden liegen.

Der um 1636 von dem französischen Mathematiker und Ingenieur Girard Desargues (1593 bis 1662) gefundene fundamentale Satz lautet

Satz von den homologen Dreiecken:

Kopolare Dreiecke sind koaxial, koaxiale Dreiecke kopolar.

Beweis. ABC und $A'B'C'$ seien zwei homologe Dreiecke, in denen die Ecken A und A' ebenso B und B', drittens C und C' homolog sind, und bei denen die Verbindungslinien AA', BB', CC' durch einen Punkt O laufen.

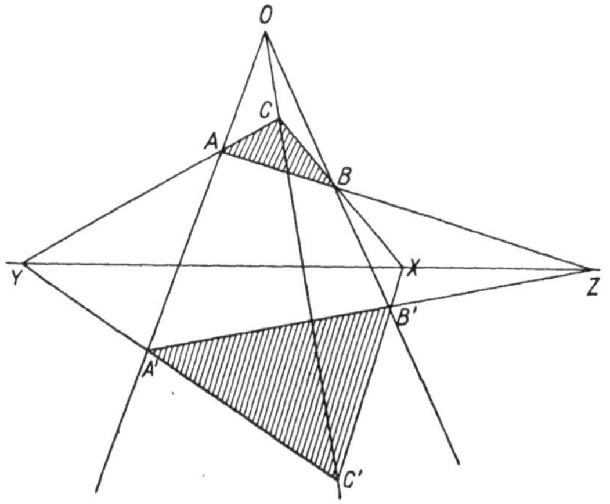

Bild 43.

Wir nennen den Schnittpunkt

der homologen Seiten	BC	und	$B'C'$	X,
» »	CA	»	$C'A'$	Y,
» » »	AB	»	$A'B'$	Z.

Wir wählen O als Ursprung und bezeichnen den Ortsvektor $\overrightarrow{OP}$ eines beliebigen Punktes P mit $\mathfrak{p}$. Dann ist etwa

$$\mathfrak{a} = a\,\mathfrak{A}, \qquad \mathfrak{b} = b\,\mathfrak{B}, \qquad \mathfrak{c} = c\,\mathfrak{C},$$
$$\mathfrak{a}' = a'\mathfrak{A}, \qquad \mathfrak{b}' = b'\mathfrak{B}, \qquad \mathfrak{c}' = c'\mathfrak{C},$$

wo $\mathfrak{A}$, $\mathfrak{B}$, $\mathfrak{C}$ bzw. den mit $\mathfrak{a}$, $\mathfrak{b}$, $\mathfrak{c}$ gleichgerichteten Einheitsvektor bedeutet. Nach dem Kollinearitätssatze (§ 10) haben wir z. B.

$$\mathfrak{x} = \mu b b'\mathfrak{B} + \nu c c'\mathfrak{C} = \mu b'\mathfrak{b} + \nu c'\mathfrak{c} = \mu b\mathfrak{b}' + \nu c\mathfrak{c}'$$

mit

$$\mu b + \nu c = 1 \qquad \text{und} \qquad \mu b' + \nu c' = 1.$$

Die beiden letzten Gleichungen liefern

$$\mu = \gamma : A, \quad \nu = -\beta : A \ \text{ mit } A = b c' - c b', \quad \beta = b' - b, \quad \gamma = c' - c,$$

so daß

$$\text{(1)} \qquad \mathfrak{x} = \frac{\gamma}{A} b b'\mathfrak{B} - \frac{\beta}{A} c c'\mathfrak{C}.$$

Durch zyklische Vertauschung folgt hieraus

$$\text{(2)} \qquad \mathfrak{y} = \frac{\alpha}{B} c c'\mathfrak{C} - \frac{\gamma}{B} a a'\mathfrak{A}$$

und

$$\text{(3)} \qquad \mathfrak{z} = \frac{\beta}{\Gamma} a a'\mathfrak{A} - \frac{\alpha}{\Gamma} b b'\mathfrak{B},$$

wobei

$$\alpha = a' - a, \qquad \beta = b' - b, \qquad \gamma = c' - c,$$
$$A = b c' - c b', \qquad B = c a' - a c', \qquad \Gamma = a b' - b a'$$

ist. Die Größen α, β, γ, A, B, Γ befriedigen die Gleichungen

$$\text{(4)} \quad A a + B b + \Gamma c = 0, \quad A a' + B b' + \Gamma c' = 0, \quad A\alpha + B\beta + \Gamma\gamma = 0.$$

Durch Multiplikation der Gleichungen (1), (2), (3) mit bzw. $A\alpha$, $B\beta$, $\Gamma\gamma$ und nachfolgende Addition entsteht

$$A\alpha\mathfrak{x} + B\beta\mathfrak{y} + \Gamma\gamma\mathfrak{z} = 0 \ \text{ mit } A\alpha + B\beta + \Gamma\gamma = 0.$$

Diese Doppelgleichung bedeutet aber (§ 10) Kollinearität der Spitzen X, Y, Z der drei Vektoren $\mathfrak{x}$, $\mathfrak{y}$, $\mathfrak{z}$. D. h. die drei Punkte X, Y, Z liegen auf einer Geraden.

(Die Koeffizienten $A\alpha$, $B\beta$, $\Gamma\gamma$ können nur dann gleichzeitig verschwinden, wenn A, B, Γ alle drei verschwinden [da α, β, γ alle drei als von Null verschieden vorausgesetzt wurden]. Wenn aber

$$A = B = \Gamma = 0$$

ist, besteht die Proportion

$$a : b : c = a' : b' : c'.$$

Dann ist gleichzeitig

$$BC \parallel B'C', \qquad CA \parallel C'A', \qquad A'B' \parallel AB,$$

und die Schnittpunkte X, Y, Z liegen auf der unendlich fernen Geraden.) Ist $A = 0$, so gestatten die Gleichungen für μ und ν keine Auflösung. Dann ist aber

$$b : c = b' : c'$$

d. h.

$$BC \parallel B'C',$$

und X liegt im Unendlichen.

In diesem Ausnahmefalle ist

$$\overrightarrow{BC} = \mathfrak{c} - \mathfrak{b} = c\,\mathfrak{C} - b\,\mathfrak{B}.$$

Anderseits ist

$$\overrightarrow{YZ} = \mathfrak{z} - \mathfrak{y} = \left(\frac{\beta}{\Gamma} + \frac{\gamma}{B}\right) a a' \mathfrak{A} - \alpha \frac{b'}{\Gamma} b\,\mathfrak{B} - \alpha \frac{c'}{B} c\,\mathfrak{C}.$$

Aus (4) folgt aber für $A = 0$

$$B b' + \Gamma c' = 0 \qquad \text{und} \qquad B\beta + \Gamma\gamma = 0$$

oder

$$-\frac{c'}{B} = +\frac{b'}{\Gamma} \qquad \text{und} \qquad \frac{\beta}{\Gamma} + \frac{\gamma}{B} = 0,$$

so daß

$$\overrightarrow{YZ} = \alpha \frac{b'}{\Gamma} (c\,\mathfrak{C} - b\,\mathfrak{B}) = \alpha \frac{b'}{\Gamma} \overrightarrow{BC}$$

wird. Daher sind BC, $B'C'$ und YZ parallel, und der Punkt X ist der unendlich ferne Punkt der Geraden YZ, so daß also auch in diesem Ausnahmefalle die drei Punkte X, Y, Z kollinear sind.

Der Fall »$A = 0$, $B = 0$« zieht wegen (4) $\Gamma = 0$ nach sich und führt damit auf den schon erörterten Fall

$$A = B = \Gamma = 0$$

zurück.

Um die Umkehrung zu beweisen, betrachte man die homologen Dreiecke $AA'Y$ und $BB'X$. Da sich die Verbindungslinien AB, $A'B'$, YX homologer Ecken in Z treffen, liegen die Schnittpunkte

1. O der homologen Seiten AA' und BB',
2. C » » » AY » BX,
3. C' » » » $A'Y$ » $B'X$

auf einer Geraden. Mithin laufen die drei Geraden AA', BB', CC' durch einen Punkt (O).

§ 20. Aus der analytischen Geometrie der Ebene.

Der Dreiecksinhalt.

In einem rechtwinkligen Koordinatensystem mit dem Ursprung O seien P_1 und P_2 zwei beliebige Punkte mit den Koordinaten (x_1, y_1) und (x_2, y_2), mit den Ortsvektoren $\overrightarrow{OP_1} = \mathfrak{r}_1$, $\overrightarrow{OP_2} = \mathfrak{r}_2$.

Nach § 6 ist

$$\mathfrak{r}_1 \times \mathfrak{r}_2 = (x_1 y_2 - y_1 x_2)\,\mathfrak{k},$$

wo $\mathfrak{k}$ einen Einheitsvektor bedeutet, der mit den Grundvektoren $\mathfrak{i}$ und $\mathfrak{j}$ unseres Koordinatensystems ein Rechtstripel bildet.

Nach § 3 ist

$$\mathfrak{r}_1 \times \mathfrak{r}_2 = 2\,\mathfrak{J},$$

wo $\mathfrak{J}$ den Vektor des Dreiecks $O P_1 P_2$ bedeutet, falls die Reihenfolge O, P_1, P_2, O den positiven Umlaufssinn angibt. Mithin ist

$$2\,\mathfrak{J} = (x_1 y_2 - y_1 x_2)\,\mathfrak{k}$$

oder, wenn wir den Inhalt J des Dreiecks positiv oder negativ rechnen, je nachdem $\mathfrak{J}$ und $\mathfrak{k}$ gleiche oder entgegengesetzte Richtungen haben,

$$\boxed{2J = x_1 y_2 - y_1 x_2},$$

in Determinantenform:

$$2J = \begin{vmatrix} x_1 & x_2 \\ y_1 & y_2 \end{vmatrix}.$$

Wir betrachten jetzt ein beliebiges Dreieck $P_1 P_2 P_3$, dessen Ecken die Koordinaten (x_1, y_1), (x_2, y_2), (x_3, y_3) haben, dessen Inhalt J gesucht ist.

Verschieben wir die Koordinatenachsen parallel mit sich selbst zum neuen Ursprung P_3, so erhalten P_1 und P_2 die Koordinaten $(x_1 - x_3, y_1 - y_3)$ und $(x_2 - x_3, y_2 - y_3)$, so daß nach obiger Formel

$$2J = \begin{vmatrix} x_1 - x_3 & x_2 - x_3 \\ y_1 - y_3 & y_2 - y_3 \end{vmatrix}$$

wird.

Nach dem Determinantenadditionssatze hat die gefundene Determinante den Wert

$$\begin{vmatrix} x_1 & x_2 \\ y_1 & y_2 \end{vmatrix} - \begin{vmatrix} x_1 & x_3 \\ y_1 & y_3 \end{vmatrix} + \begin{vmatrix} x_2 & x_3 \\ y_2 & y_3 \end{vmatrix},$$

und dies ist nach dem Determinantenentwicklungssatze die Determinante

$$\begin{vmatrix} x_1 & x_2 & x_3 \\ y_1 & y_2 & y_3 \\ 1 & 1 & 1 \end{vmatrix}.$$

Das Dreieck mit den Ecken (x_1, y_1), (x_2, y_2), (x_3, x_3) hat also den Doppelinhalt

$$2J = \begin{vmatrix} x_1 & y_1 & 1 \\ x_2 & y_2 & 1 \\ x_3 & y_3 & 1 \end{vmatrix}.$$

Die Determinante fällt positiv oder negativ aus, je nachdem die Ecken P_1, P_2, P_3 im entgegengesetzten oder direkten Sinne des Uhrzeigers aufeinander folgen.

Die Wattkurve.

Aufgabe. Ein Gelenkviereck hat eine feste Stange, die Basis, und drei bewegliche Stangen, von denen die an die Basis stoßenden gleich lang sind; welche Kurve beschreibt bei der Bewegung des Vierecks die Mitte der der Basis gegenüberliegenden Stange?

Lösung. $AB = 2a$, $BC = b$, $CD = 2c$, $DA = d = b$ seien die Seiten des Vierecks, O und M die Mitten der Basis AB und ihrer Gegenseite CD. Unsere Lösung beruht auf dem Hilfssatze:

Gleiche Gegenseiten eines Vierecks sind gegen den Halbierer der andern Gegenseiten gleich geneigt, und ihre Projektionen auf diesen Halbierer sind ihm gleich.

Um den Hilfssatz zu beweisen, führen wir folgende Vektoren ein:

$$\overrightarrow{OB} = \mathfrak{a},\ \overrightarrow{BC} = \mathfrak{b},\ \overrightarrow{MC} = \mathfrak{c},\ \overrightarrow{DM} = \mathfrak{c},\ \overrightarrow{AD} = \mathfrak{d},\ \overrightarrow{AO} = \mathfrak{a},\ \overrightarrow{OM} = \mathfrak{r}.$$

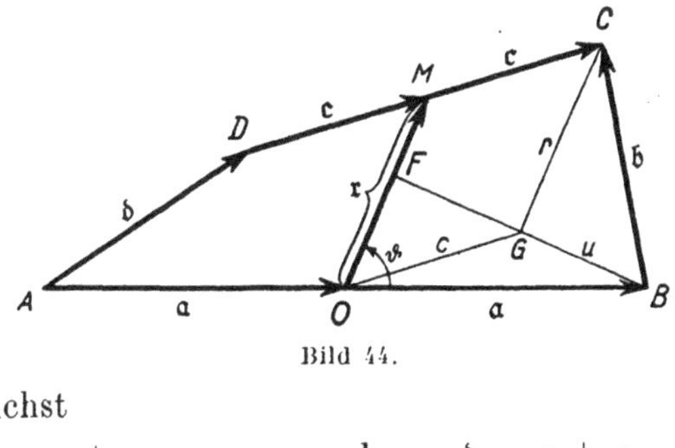

Bild 44.

Dann ist zunächst

$$\mathfrak{b} = \mathfrak{r} + \mathfrak{c} - \mathfrak{a} \qquad \text{und} \qquad \mathfrak{d} = \mathfrak{r} + \mathfrak{a} - \mathfrak{c}.$$

Durch Quadrierung dieser Gleichungen und Gleichsetzung der entstehenden Ausdrücke ergibt sich

$$\mathfrak{a}\mathfrak{r} = \mathfrak{c}\mathfrak{r}$$

und hieraus

$$\mathfrak{b}\mathfrak{r} = (\mathfrak{r} + \mathfrak{c} - \mathfrak{a})\,\mathfrak{r} = \mathfrak{r}^2 \qquad \text{und} \qquad \mathfrak{d}\mathfrak{r} = (\mathfrak{r} + \mathfrak{a} - \mathfrak{c})\,\mathfrak{r} = \mathfrak{r}^2,$$

also

$$\mathfrak{b}\mathfrak{r} = \mathfrak{d}\mathfrak{r},$$

womit der Hilfssatz bewiesen ist.

Die Gleichung der Kurve in Polarkoordinaten $OM = r$ und $\sphericalangle BOM = \vartheta$ ergibt sich nun leicht.

Wir fällen das Lot BF von B auf OM, sowie das Lot CG von C auf BF. Dann ist $CG \parallel OM$ und nach dem Hilfssatze $CG = OM$, folglich $OGCM$ ein Parallelogramm und damit $OG = c$.

Nunmehr wird

$$u = BG = BF - FG = a \sin\vartheta - \sqrt{c^2 - a^2 \cos^2\vartheta},$$

sowie

$$r = CG = \sqrt{b^2 - u^2}.$$

Die Gleichung der Kurve heißt demnach

$$r = \sqrt{b^2 - \left(a \sin\vartheta - \sqrt{c^2 - a^2 \cos^2\vartheta}\right)^2}.$$

Die Kurve wird Wattkurve genannt.

Tangentenkonstruktion bei Kurven mit gegebener Polargleichung.

Unter der Polargleichung einer Kurve verstehen wir die Gleichung der Kurve

$$f(r, s, \ldots) = 0$$

in Polarkoordinaten $r, s, \ldots$ Dabei bedeutet z. B. die Polarkoordinate r den Abstand des beweglichen Kurvenpunktes P von einem festen Punkte oder einer festen Geraden F.

Ist $P(r, s \ldots)$ ein beliebiger Kurvenpunkt, $Q(r + dr, s + ds, \ldots)$ ein benachbarter Kurvenpunkt, so gelten die Gleichungen $f(r, s, \ldots) = 0$ und $f(r + dr, s + ds, \ldots) = 0$. Durch Subtraktion der ersten von der zweiten entsteht

$$f_r\, dr + f_s\, ds + \ldots = 0,$$

unter z. B. f_r die partielle Ableitung $\frac{\partial f}{\partial r}$ verstanden.

Nun ist (§ 3)

$$dr = \mathfrak{w}\mathfrak{r}_1, \quad ds = \mathfrak{w}\mathfrak{s}_1, \ldots,$$

wenn $\mathfrak{w}$ den Vektor $\overrightarrow{PQ}$ und z. B. $\mathfrak{r}_1$ den mit $\overrightarrow{FP}$ gleichgerichteten Einheitsvektor bedeutet.

Mithin gilt die Gleichung

$$\mathfrak{w} \cdot (f_r \mathfrak{r}_1 + f_s \mathfrak{s}_1 + \ldots) = 0.$$

Sie lehrt, daß die Vektoren

$$\mathfrak{w} \quad \text{und} \quad \mathfrak{n} = f_r \mathfrak{r}_1 + f_s \mathfrak{s}_1 + \ldots$$

orthogonal sind.

Da nun $\mathfrak{w}$ die Richtung der durch P laufenden Kurventangente hat, so besitzt $\mathfrak{n}$ die Richtung der Kurvennormale. Wir nennen $\mathfrak{n}$ den Normalenvektor und haben den Satz:

Die Normale der Kurve

$$f(r, s, \ldots) = 0$$

hat die Richtung des Normalenvektors

$$\overrightarrow{PN} = \mathfrak{n} = f_r \mathfrak{r}_1 + f_s \mathfrak{s}_1 + \ldots .$$

Er liefert folgende einfache

Vorschrift für die Zeichnung der Normale:

Man markiere auf jeder Polarkoordinate des Kurvenpunkts P, z. B. auf $FP = r$ die Richtung des Vektors $\overrightarrow{FP}$ oder $\overrightarrow{PF}$, je nachdem die zugehörige partielle Ableitung (f_r) positiv oder negativ ist. Dann zeichne man mit P als Anfangspunkt Vektoren, die die markierten Richtungen haben, deren Beträge den Beträgen der Partialableitungen $f_r, f_s, \ldots$ proportional sind. Die Summe $\overrightarrow{PN}$ dieser Vektoren ist der Normalenvektor $\mathfrak{n}$.

Natürlich kann man die coinitialen Vektoren auch alle in entgegengesetzter Richtung zeichnen; ihre Summe liefert auch dann die Normale.

Einige Beispiele mögen den Nutzen unseres Satzes zeigen.

Beispiel 1. Die Ellipse. Sind F und G die Brennpunkte, $FP = r$, $GP = s$ die Brennstrahlen des Ellipsenpunktes P, so heißt die Ellipsengleichung

$$f(r, s) = r + s - 2a = 0,$$

unter 2a die große Achse verstanden. Hier ist

$$f_r = 1, \qquad f_s = 1.$$

Wir tragen von P aus auf PF und PG zwei nach F und G zielende gleich lange Vektoren ab. Ihre Summe $\overrightarrow{PN}$ halbiert den Winkel FPG. Der Winkelhalbierer ist die Ellipsennormale.

Beispiel 2. Die Parabel. Ihre Gleichung lautet

$$f(r, s) = r - s = 0,$$

wenn r den Brennstrahl FP, s den Leitstrahl GP (Abstand von der Leitlinie) des Parabelpunktes P bedeutet. Hier ist

$$f_r = 1, \qquad f_s = -1.$$

Wir tragen von P aus auf PF und der Verlängerung von GP zwei gleichlange Vektoren ab. Der Halbierer ihres Zwischenwinkels ist die Normale.

Beispiel 3. Das kartesische Oval. Seine Gleichung lautet

$$ar + bs = \text{const},$$

wo a, b gegebene Konstanten, r und s die Polarkoordinaten FP und GP des Ovalpunktes P sind. Hier ist

$$f_r = a, \qquad f_s = b.$$

Wir tragen von P aus auf PF und PG zwei nach F und G zielende Vektoren mit a und b proportionalen Längen ab. Ihre Summe $\overrightarrow{PN}$ liefert die Ovalnormale.

Beispiel 4. Die Cassinoide. Ihre Gleichung lautet

$$r \cdot s = \text{const}.$$

Hier ist

$$f_r = s, \qquad f_s = r.$$

Wir tragen von P aus auf PF den Vektor $\overrightarrow{PH}$ von der Länge $s = PG$, auf PG den Vektor $\overrightarrow{PK}$ von der Länge $r = PF$ ab. Die Diagonale PN des Vektorparallelogramms $PHNK$ ist die Cassinoidennormale.

Krümmungskreis und Evolute.

Eine ebene Kurve habe in einem rechtwinkligen Koordinatensystem (xy) mit dem Ursprung O die Gleichungen

$$x = \varphi(t), \qquad y = \psi(t),$$

oder wenn

$$\overrightarrow{OP} = \mathfrak{r}$$

den Ortsvektor des Punktes $P(x, y)$ bedeutet, die Gleichung

$$\mathfrak{r} = \mathfrak{f}(t),$$

wobei das Argument t ein gewisses von t_1 bis t_2 reichendes Intervall (t_1, t_2) durchläuft und die Funktionen φ, ψ, $\mathfrak{f}$ in diesem Intervall stetig ableitbar sind.

Wir stellen uns t zweckmäßig als die Zeit vor. Dann durchläuft der Punkt P in dem Zeitintervall (t_1, t_2) die Kurve. Während er das tut, achten wir auf seine Geschwindigkeit $\mathfrak{g}$. Ihr Betrag ist

$$g = \sqrt{\dot{x}^2 + \dot{y}^2},$$

ihre Richtung wird durch den Einheitsvektor $\mathfrak{e}$ dargestellt, der die Richtung der Kurventangente in P angibt. Folglich:

$$\mathfrak{g} = g\,\mathfrak{e}.$$

Um eine bequeme Übersicht über den Tangentenvektor $\mathfrak{e}$ während der Bewegung des Punktes P zu haben, zeichnen wir ihn vom Fixpunkt

O aus als Vektor $\overrightarrow{OH} = \mathfrak{e}$. Seine Spitze H beschreibt dann um O als Zentrum einen Kreis vom Halbmesser 1, das sog. Tangentenbild der Kurve.

In der dem Augenblicke t folgenden unendlich kleinen Zeitspanne $\tau = dt$ schreitet P auf der Kurve um $g\tau$ fort, dreht sich (§ 11) der Einheitsvektor $\overrightarrow{OH}$ um den sehr kleinen Winkel $HH' = \omega$ in die neue Lage $\overrightarrow{OH'}$, so zwar daß

$$\overrightarrow{HH'} = \dot{\mathfrak{e}}\,\tau$$

ist.

Je größer die Drehung und je kleiner der Fortschritt ist, desto stärker ist die Kurve an der Stelle P gekrümmt, so daß der Betrag des Quotienten $\dot{\mathfrak{e}} : g$ als Maß für die Kurvenkrümmung gilt.

Die Krümmung der Kurve an der Stelle P ist

$$K = |\dot{\mathfrak{e}}| : g,$$

ihr reziproker Wert ϱ der sog. Krümmungsradius. Nennen wir den mit $\dot{\mathfrak{e}}$ gleichgerichteten, also zu $\mathfrak{e}$ normalen Einheitsvektor $\mathfrak{o}$, so ist

$$\dot{\mathfrak{e}} = g\,K\,\mathfrak{o}.$$

Um uns den Krümmungsbegriff zu veranschaulichen, stellen wir uns den Kurvenbogen $\sigma = g\,\tau$ als Kreisbogen vor, zeichnen in seinen Endpunkten die zugehörigen Radien h (die zugleich Kurvennormalen sind), die sich im Mittelpunkte M des Kreises schneiden und hier den Winkel ω einschließen. Die Krümmung des Kreisbogens σ ist nun bekanntlich der reziproke Wert seines Radius h. Da aber

$$g\,\tau = h\,\omega$$

und nach obigem

$$g\,K\,\tau = |\dot{\mathfrak{e}}\,\tau| = \omega$$

ist, so folgt durch Division

$$1 : K = h \qquad \text{oder} \qquad \varrho = h.$$

Um die Krümmung K zu berechnen, bilden wir die Geschwindigkeit $\dot{\mathfrak{r}}$ und Beschleunigung $\ddot{\mathfrak{r}}$ (§ 11) des Ortsvektors $\mathfrak{r}$. Zunächst ist

$$\dot{\mathfrak{r}} = \mathfrak{g} = g\,\mathfrak{e}.$$

Durch nochmalige Ableitung nach der Zeit entsteht hieraus mit Rücksicht auf den Wert von $\dot{\mathfrak{e}}$

$$\ddot{\mathfrak{r}} = g\,\dot{\mathfrak{e}} + \dot{g}\,\mathfrak{e} = g^2 K\,\mathfrak{o} + \dot{g}\,\mathfrak{e}.$$

Sodann bilden wir das Vektorprodukt von $\dot{\mathfrak{r}}$ und $\ddot{\mathfrak{r}}$:

$$\dot{\mathfrak{r}} \times \ddot{\mathfrak{r}} = g^3 K\,\mathfrak{u},$$

wo $\mathfrak{u} = \mathfrak{e} \times \mathfrak{o}$ den zur Kurvenebene normalen — konstanten — Einheitsvektor bedeutet, für den die Vektoren $\mathfrak{e}$, $\mathfrak{o}$, $\mathfrak{u}$ ein Rechtssystem darstellen.

Die Krümmung der Kurve

$$\mathfrak{r} = \overrightarrow{OP} = \mathfrak{f}(t)$$

an der Stelle P ist

$$\boxed{K = |\dot{\mathfrak{r}} \times \ddot{\mathfrak{r}}| : g^3}.$$

Um sie durch die Koordinaten x, y des Punktes P auszudrücken, braucht man $\mathfrak{r}$ nur durch die Grundvektoren $\mathfrak{E}$ und $\mathfrak{O}$ des Koordinatensystems darzustellen:

$$\mathfrak{r} = x\mathfrak{E} + y\mathfrak{O}.$$

Diese Gleichung gibt

$$\dot{\mathfrak{r}} = \dot{x}\mathfrak{E} + \dot{y}\mathfrak{O}, \qquad \ddot{\mathfrak{r}} = \ddot{x}\mathfrak{E} + \ddot{y}\mathfrak{O}$$

und

$$\dot{\mathfrak{r}} \times \ddot{\mathfrak{r}} = (\dot{x}\ddot{y} - \dot{y}\ddot{x})\mathfrak{U},$$

wo $\mathfrak{U} = \mathfrak{E} \times \mathfrak{O}$ den zur Kurvenebene normalen Einheitsvektor bedeutet, für den $\mathfrak{E}$, $\mathfrak{O}$, $\mathfrak{U}$ ein Rechtssystem bilden ($|\mathfrak{U}| = |\mathfrak{u}|$).

Der kartesische Ausdruck für die Kurvenkrümmung lautet demnach

$$\boxed{K = \pm \frac{\dot{x}\ddot{y} - \dot{y}\ddot{x}}{g^3}} \qquad \text{mit } g^2 = \dot{x}^2 + \dot{y}^2,$$

wobei das obere oder untere Zeichen gilt, je nachdem die Einheitsvektoren $\mathfrak{U}$ und $\mathfrak{u}$ gleich oder entgegengesetzt gerichtet sind.

Die Evolute.

Zeichnet man in jedem Punkte P der Kurve den sie berührenden Krümmungskreis, d. h. den Kreis, dessen Mittelpunkt M durch die Vorschrift

$$\overrightarrow{PM} = \varrho\,\mathfrak{o}$$

bestimmt ist, dessen Radius also der Krümmungsradius ϱ ist, so erfüllen die Mittelpunkte M eine neue Kurve, die die Evolute der Ausgangskurve heißt. Nennen wir den Ortsvektor $\overrightarrow{OM}$ des »Krümmungsmittelpunktes« M $\mathfrak{R}$, so lautet die Gleichung der Evolute

$$\boxed{\mathfrak{R} = \mathfrak{r} + \varrho\,\mathfrak{o}}.$$

Die Evolutenrichtung an der Stelle M wird durch den Anstieg

$$\dot{\mathfrak{R}} = \dot{\mathfrak{r}} + \varrho\dot{\mathfrak{o}} + \dot{\varrho}\,\mathfrak{o}$$

des Vektors $\mathfrak{R}$ angegeben.

Da aber

$$\dot{\mathfrak{r}} = \mathfrak{g} = g\mathfrak{e}$$

und

$$\dot{\mathfrak{o}} = \overline{\mathfrak{u}\dot{\mathfrak{e}}} = \mathfrak{u} \times \dot{\mathfrak{e}} = \mathfrak{u} \times gK\mathfrak{o} = gK\overline{\mathfrak{u}\mathfrak{o}} = -gK\mathfrak{e},$$

mithin wegen $K\varrho = 1$

$$\dot{\mathfrak{r}} + \varrho\dot{\mathfrak{o}} = g\mathfrak{e} - g\mathfrak{e} = 0$$

ist, so bleibt

$$\boxed{\dot{\mathfrak{R}} = \dot{\varrho}\,\mathfrak{o}}\,.$$

Die in P errichtete Kurvennormale PM berührt in M die Evolute.

Die letzte Gleichung läßt sich auch schreiben:

$$d\mathfrak{R} = \mathfrak{o}\,d\varrho$$

und folgendermaßen interpretieren:

Legt man einen straff gespannten Faden um die Evolute, dessen die Evolute verlassendes Endstück bis zu einem Punkte der Ausgangskurve reicht, und wickelt man dann den dauernd gespannten Faden von der Evolute ab, so beschreibt sein freier Endpunkt die Ausgangskurve. (»Evolute« vom lateinischen Verbum »evolvere«.)

Der Satz von Holditch.

Durchlaufen die Endpunkte einer Strecke von unveränderlicher Länge einen Umlauf (§ 15) derart, daß ein markierter, die Strecke in die Stücke a und b teilender Punkt gleichzeitig einen Umlauf beschreibt, so hat die von den beiden Umläufen begrenzte Fläche den Inhalt πab.

Beweis: Wir wählen im Innern beider Umläufe einen Ursprung O und nennen die Ortsvektoren der Streckenendpunkte P und p zur Zeit t $\mathfrak{S}$ und $\mathfrak{s}$. Dann ist (§ 10, Kollinearitätssatz) der Ortsvektor der Marke M zur Zeit t

$$\mathfrak{z} = \Lambda\mathfrak{S} + \lambda\mathfrak{s} \qquad \text{mit} \quad \Lambda = \frac{a}{a+b}, \; \lambda = \frac{b}{a+b}.$$

In der dem Augenblicke t folgenden unendlich kleinen Zeit 2τ legen die Punkte P, p, M die Wege $2\dot{\mathfrak{S}}\tau$, $2\dot{\mathfrak{s}}\tau$, $2\dot{\mathfrak{z}}\tau$ zurück und beschreiben drei unendlich kleine Sektoren, deren Vektoren

$$\overline{\mathfrak{S}\dot{\mathfrak{S}}}\tau, \qquad \overline{\mathfrak{s}\dot{\mathfrak{s}}}\tau, \qquad \overline{\mathfrak{z}\dot{\mathfrak{z}}}\tau$$

sind. Die in der Umlaufszeit T beschriebenen Flächen haben also die Vektoren

$$\mathfrak{A} = \Sigma\overline{\mathfrak{S}\dot{\mathfrak{S}}}\tau, \qquad \mathfrak{a} = \Sigma\overline{\mathfrak{s}\dot{\mathfrak{s}}}\tau = \mathfrak{A}, \qquad \mathfrak{J} = \Sigma\overline{\mathfrak{z}\dot{\mathfrak{z}}}\tau.$$

Der Vektor $\mathfrak{F}$ der von den beiden Umläufen begrenzten Fläche F ist demnach

$$\mathfrak{F} = \mathfrak{A} - \mathfrak{J} = \mathfrak{a} - \mathfrak{J}.$$

Wir schreiben $\mathfrak{F}$ folgendermaßen:

$$\mathfrak{F} = \Sigma \left\{ \Lambda (\Lambda + \lambda) \overline{\mathfrak{S} \dot{\mathfrak{S}}} + \lambda (\Lambda + \lambda) \overline{\mathfrak{s} \dot{\mathfrak{s}}} - \overline{(\Lambda \mathfrak{S} + \lambda \mathfrak{s})(\Lambda \dot{\mathfrak{S}} + \lambda \dot{\mathfrak{s}})} \right\} \tau$$
$$= \Sigma \Lambda \lambda \overline{(\mathfrak{S} - \mathfrak{s})(\dot{\mathfrak{S}} - \dot{\mathfrak{s}})} \tau.$$

Wir zeichnen nun den Ortsvektor

$$\mathfrak{x} = \overrightarrow{OX} = \mathfrak{S} - \mathfrak{s}.$$

Da

$$\mathfrak{S} - \mathfrak{s} = \overrightarrow{OP} - \overrightarrow{Op} = \overrightarrow{pP}$$

ist, besitzt $\mathfrak{x}$ die unveränderliche Länge $a + b$, beschreibt also X in der Zeit T einen Kreis vom Inhalt $\pi (a + b)^2$, dessen Vektor $\Sigma \mathfrak{x} \dot{\mathfrak{x}} \tau$ ist.

Da aber

$$\mathfrak{F} = \Lambda \lambda \Sigma \mathfrak{x} \dot{\mathfrak{x}} \tau$$

ist, hat $\mathfrak{F}$ den Betrag

$$F = \pi a b, \qquad \text{w. z. b. w.}$$

§ 21. Aus der analytischen Geometrie des Raumes.

Richtungscosinus.

Es gibt zwei Einheitsvektoren: $\mathfrak{E}$ und $-\mathfrak{E}$, die einer Geraden parallel laufen. Einen von ihnen, etwa $\mathfrak{E}$, ordnet man der Geraden zu, nennt ihn Einheitsvektor der Geraden und seine Richtung die Richtung der Geraden.

Die Richtungscosinus der Geraden sind die Kosinus der Winkel, die ihre Richtung mit den positiven Richtungen der Koordinatenachsen bildet.

Bei Annahme eines Orthogonalsystems gelten folgende Sätze (§ 6):

Die Richtungscosinus α, β, γ einer Geraden sind die Maßzahlen ihres Einheitsvektors.

Sie sind durch die pythagoreische Beziehung

$$\boxed{\alpha^2 + \beta^2 + \gamma^2 = 1}$$

miteinander verknüpft.

Ferner:

I. Sind (α, β, γ) und $(\alpha', \beta', \gamma')$ die Richtungscosinus von zwei Geraden g und g', so bestimmt sich der Zwischenwinkel ω der beiden Geraden durch die Formel

$$\boxed{\cos \omega = \alpha \alpha' + \beta \beta' + \gamma \gamma'}.$$

II. Die Richtungscosinus (α'', β'', γ'') einer Geraden g'', die auf g und g' senkrecht steht, sind

$$\boxed{\alpha'' = \frac{\beta\gamma' - \gamma\beta'}{\sin\omega}, \quad \beta'' = \frac{\gamma\alpha' - \alpha\gamma'}{\sin\omega}, \quad \gamma'' = \frac{\alpha\beta' - \beta\alpha'}{\sin\omega}}.$$

Die Einheitsvektoren der drei Geraden bilden ein Rechtssystem.

Ist das Koordinatensystem nur zweiachsig, so reduzieren sich die angeführten Formeln auf

$$\alpha^2 + \beta^2 = 1,$$
$$\cos\omega = \alpha\alpha' + \beta\beta',$$
$$\sin\omega = \alpha\beta' - \beta\alpha'.$$

Gleichung der Geraden.

Aufgabe: Die Gleichung der Geraden aufzustellen, die durch den Punkt $A\,(a, b, c)$ läuft, und deren Einheitsvektor $\mathfrak{E}$ die Maßzahlen l, m, n hat.

Lösung. Das Koordinatensystem sei beliebig und habe die Grundvektoren $\mathfrak{i}$, $\mathfrak{j}$, $\mathfrak{k}$.

Wir fixieren den beliebigen Punkt $P\,(x, y, z)$ der Geraden durch seinen Abstand r von A, wobei r positiv oder negativ gerechnet wird, je nachdem die Vektoren $\mathfrak{E}$ und $\overrightarrow{AP} = \mathfrak{p}$ gleiche oder entgegengesetzte Richtungen haben.

Dann ist einerseits

$$\mathfrak{p} = r\mathfrak{E} = rl\,\mathfrak{i} + rm\,\mathfrak{j} + rn\,\mathfrak{k},$$

anderseits (§ 5)

$$\mathfrak{p} = (x - a)\,\mathfrak{i} + (y - b)\,\mathfrak{j} + (z - c)\,\mathfrak{k},$$

folglich

$$x - a = rl, \qquad y - b = rm, \qquad z - c = rn.$$

Die Gleichung der Geraden heißt

$$\boxed{\frac{x-a}{l} = \frac{y-b}{m} = \frac{z-c}{n}}$$

oder in Parameterdarstellung:

$$\boxed{x = a + lr, \quad y = b + mr, \quad z = c + nr}.$$

Ist das System rechtwinklig, so sind l, m, n die Richtungscosinus der Geraden.

Gleichung der Ebene.

Aufgabe: Die Gleichung der Ebene zu finden, die durch ihre Stellungscosinus*) α, β, γ und das vom Koordinatenursprung auf sie gefällte Perpendikel p gegeben ist.

Lösung. Das Koordinatensystem sei beliebig und habe den Ursprung O. Wir nennen den Ortsvektor $\overrightarrow{OF}$ des Perpendikelfußpunkts F $\mathfrak{p}$, den mit $\mathfrak{p}$ gleichgerichteten Einheitsvektor $\mathfrak{e}$, so daß $\mathfrak{p} = p\mathfrak{e}$ ist, den Ortsvektor $\overrightarrow{OP}$ des beliebigen Ebenenpunkts $P(x, y, z)$ $\mathfrak{r}$. Wir zeichnen aus den Komponenten

$$\overrightarrow{OX} = \mathfrak{x}, \qquad \overrightarrow{XU} = \mathfrak{y}, \qquad \overrightarrow{UP} = \mathfrak{z}$$

des Vektors $\mathfrak{r}$ nach den Achsen das Vektoreck $OXUP$. Die Projektion seiner Schlußlinie auf OF ist einerseits

$$\overrightarrow{OF} = \mathfrak{p} = p\mathfrak{e},$$

anderseits nach dem Satze von der Projektion des Vektorecks und nach § 3

$$(\mathfrak{e}\mathfrak{x} + \mathfrak{e}\mathfrak{y} + \mathfrak{e}\mathfrak{z})\,\mathfrak{e}.$$

Mithin ist

$$\mathfrak{e}\mathfrak{x} + \mathfrak{e}\mathfrak{y} + \mathfrak{e}\mathfrak{z} = p$$

oder (§ 3)

$$\boxed{\alpha x + \beta y + \gamma z = p}\,.$$

Dies ist die gesuchte Gleichung der Ebene. Sie erscheint gewöhnlich in der sog. Hesseform:

$$\boxed{\alpha x + \beta y + \gamma z - p = 0}\,.$$

(L. O. Hesse, deutscher Mathematiker 1811—1874.)

Die Wichtigkeit der Hesseform der Gleichung einer Ebene erklärt sich durch die geometrische Bedeutung ihrer linken Seite für nicht in der Ebene liegende Punkte $P(x, y, z)$.

Man erhält den vektoriellen Abstand $\mathfrak{d}$ eines solchen Punktes P von der Ebene, wenn man die Projektion des Ortsvektors $\overrightarrow{OP} = \mathfrak{r}$ auf OF um $\mathfrak{p}$ vermindert:

$$\mathfrak{d} = \widetilde{\mathfrak{e}\mathfrak{r}}\,\mathfrak{e} - \mathfrak{p} = (\mathfrak{e}\mathfrak{r} - p)\,\mathfrak{e}.$$

Demnach stellt die runde Klammer der rechten Seite dieser Gleichung den Abstand d des Punktes P von der Ebene dar; und zwar wird d

---

*) Die Stellungscosinus einer Ebene sind die Richtungscosinus des vom Ursprung auf die Ebene gefällten Lots.

positiv oder negativ, je nachdem $\mathfrak{d}$ mit $\mathfrak{p}$ gleich oder entgegengesetzt gerichtet ist. Nun ist

$$\mathfrak{e}\mathfrak{r} = \mathfrak{e}\mathfrak{x} + \mathfrak{e}\mathfrak{y} + \mathfrak{e}\mathfrak{z} = \alpha x + \beta y + \gamma z,$$

folglich

$$d = \alpha x + \beta y + \gamma z - p.$$

Ergebnis:

Die linke Seite der Hesseform ist der Abstand des Punktes (x, y, z) von der Ebene

$$\alpha x + \beta y + \gamma z - p = 0.$$

Dieser Abstand erscheint positiv oder negativ, je nachdem das vom Ursprung auf die Ebene gefällte Lot und die nach dem Punkte laufende Ebenennormale gleiche oder entgegengesetzte Richtungen haben.

Abstand windschiefer Geraden.

Aufgabe. Den Abstand der beiden windschiefen Geraden

$$\frac{x-a}{l} = \frac{y-b}{m} = \frac{z-c}{n} \quad \text{und} \quad \frac{x-A}{L} = \frac{y-B}{M} = \frac{z-C}{N}$$

zu berechnen.

Lösung. Wir können uns (l, m, n) und (L, M, N) als die Richtungscosinus der beiden Geraden vorstellen, so daß (bei Zugrundelegung eines Orthogonalsystems) die Einheitsvektoren der Geraden

$$\mathfrak{e} = l\,|\,m\,|\,n \qquad \text{und} \qquad \mathfrak{E} = L\,|\,M\,|\,N$$

sind. Wir führen außerdem den Vektor $\mathfrak{d}$ ein, dessen Anfangspunkt (a, b, c), dessen Endpunkt (A, B, C) ist, dessen Maßzahlen also

$$\alpha = A - a, \qquad \beta = B - b, \qquad \gamma = C - c$$

sind.

Der gesuchte Abstand k (auch kürzester Abstand genannt) ist diejenige Verbindungsstrecke der beiden Geraden, die auf beiden senkrecht steht. Da also k auf $\mathfrak{e}$ und auf $\mathfrak{E}$ senkrecht steht, ist es dem Vektor $\mathfrak{p} = \mathfrak{E} \times \mathfrak{e}$ parallel. k ist daher (als Projektion von $\mathfrak{d}$ auf k) die Projektion von $\mathfrak{d}$ auf $\mathfrak{p}$:

$$k = \mathfrak{d}\,\frac{\mathfrak{p}}{p} \qquad \text{mit } p = |\mathfrak{p}|.$$

Da nun $\mathfrak{p}\mathfrak{d}$ das Mischprodukt der drei Vektoren $\mathfrak{E}$, $\mathfrak{e}$, $\mathfrak{d}$ ist, erhalten wir das Ergebnis:

Der Abstand der beiden gegebenen Geraden ist (vom Vorzeichen abgesehen)

$$\boxed{k = \frac{\mathfrak{E}\,\mathfrak{e}\,\mathfrak{d}}{|\mathfrak{E} \times \mathfrak{e}|}}.$$

Der Zähler der rechten Seite ist die Determinante

$$\begin{vmatrix} L & M & N \\ l & m & n \\ \alpha & \beta & \gamma \end{vmatrix},$$

der Nenner der Sinus des von den beiden Geraden gebildeten Winkels (dessen Cosinus $Ll + Mm + Nn$ ist).

Der Tetraederinhalt.

Aufgabe. Das Volumen V des Tetraeders zu ermitteln, von dem eine Ecke O im Koordinatenursprung liegt, dessen andere Ecken A, B, C die Koordinaten (x, y, z), (x', y', z'), (x'', y'', z'') haben.

Lösung. Das (rechtshändige) Koordinatensystem sei beliebig, seine Grundvektoren seien $\mathfrak{i}$, $\mathfrak{j}$, $\mathfrak{k}$. Dann sind die Ortsvektoren der Ecken A, B, C

$$\overrightarrow{OA} = \mathfrak{a} = x\mathfrak{i} + y\mathfrak{j} + z\mathfrak{k},$$
$$\overrightarrow{OB} = \mathfrak{b} = x'\mathfrak{i} + y'\mathfrak{j} + z'\mathfrak{k},$$
$$\overrightarrow{OC} = \mathfrak{c} = x''\mathfrak{i} + y''\mathfrak{j} + z''\mathfrak{k},$$

und der Inhalt des Tetraeders ist (als 6. Teil des Spats mit den Kanten $\mathfrak{a}$, $\mathfrak{b}$, $\mathfrak{c}$) nach dem Satze vom Mischprodukt

$$V = \frac{1}{6}\mathfrak{a}\mathfrak{b}\mathfrak{c}.$$

Nun ist

$$\overline{\mathfrak{b}\mathfrak{c}} = X\,\overline{\mathfrak{j}\mathfrak{k}} + Y\,\overline{\mathfrak{k}\mathfrak{i}} + Z\,\overline{\mathfrak{i}\mathfrak{j}}$$

mit

$$X = y'z'' - z'y'', \qquad Y = z'x'' - x'z'', \qquad Z = x'y'' - y'x'',$$

daher

$$\mathfrak{a}\,\overline{\mathfrak{b}\mathfrak{c}} = xX\mathfrak{i}\overline{\mathfrak{j}\mathfrak{k}} + yY\mathfrak{j}\overline{\mathfrak{k}\mathfrak{i}} + zZ\mathfrak{k}\overline{\mathfrak{i}\mathfrak{j}}$$

(jedes Tripelprodukt mit zwei gleichen Faktoren verschwindet) oder

$$\mathfrak{a}\mathfrak{b}\mathfrak{c} = [xX + yY + zZ]\,(\mathfrak{i}\mathfrak{j}\mathfrak{k}).$$

Der erste Faktor der rechten Seite ist die Determinante

$$\Delta = \begin{vmatrix} x & y & z \\ x' & y' & z' \\ x'' & y'' & z'' \end{vmatrix},$$

der zweite als Mischprodukt der drei Einheitsvektoren $\mathfrak{i}$, $\mathfrak{j}$, $\mathfrak{k}$ der Sinus S der von den Koordinatenachsen gebildeten Ecke (§ 4). Dieser Sinus hat den Wert

$$S = \sqrt{1 - \alpha^2 - \beta^2 - \gamma^2 + 2\alpha\beta\gamma},$$

wenn α, β, γ die Cosinus der Winkel sind, die die Achsenpaare (y, z), (z, x), (x, y) bilden. Das Vorzeichen der Wurzel ist positiv zu nehmen.

Der Inhalt V des Tetraeders wird durch die Formel

$$\boxed{6V = \Delta S}$$

ermittelt.

Im Orthogonalsystem ist $S = 1$, sonach

$$6V = \begin{vmatrix} x & y & z \\ x' & y' & z' \\ x'' & y'' & z'' \end{vmatrix};$$

Papierstreifenkonstruktion des Ellipsoids.

Aufgabe. Eine Gerade, auf der vier Punkte markiert sind, bewegt sich so, daß die drei ersten Marken bzw. in der yz-Ebene, zx-Ebene, xy-Ebene eines beliebigen Koordinatensystems gleiten; welchen Ort beschreibt die vierte Marke?

Lösung. Wir nennen den Ursprung des Koordinatensystems O, die Grundvektoren $\mathfrak{i}$, $\mathfrak{j}$ $\mathfrak{k}$, die bewegliche Gerade g, die auf ihr angebrachten Marken A, B, C, M, ihren Einheitsvektor $\mathfrak{E}$, seine Koordinaten λ, μ, ν, den Vektor $\overrightarrow{OM}$ $\mathfrak{r}$, seine Maßzahlen x, y, z. Dann ist

$$\overrightarrow{AM} = a\,\mathfrak{E}, \qquad \overrightarrow{BM} = b\,\mathfrak{E}, \qquad \overrightarrow{CM} = c\,\mathfrak{E},$$

wenn die Beträge der Zahlen a, b, c die Längen der Strecken AM, BM, CM bedeuten, sowie

$$\mathfrak{E} = \lambda\,\mathfrak{i} + \mu\,\mathfrak{j} + \nu\,\mathfrak{k}$$

und

$$\mathfrak{r} = x\,\mathfrak{i} + y\,\mathfrak{j} + z\,\mathfrak{k}.$$

Wir schreiben

$$\mathfrak{r} = \overrightarrow{OA} + \overrightarrow{AM} = \overrightarrow{OA} + a\,\mathfrak{E},$$

bedenken, daß die Abszisse von $\overrightarrow{OA}$ verschwindet (A liegt in der yz-Ebene), daß daher die Abszisse von $\mathfrak{r}$ mit der von $a\mathfrak{E}$ übereinstimmt, und haben

$$x = a\lambda.$$

Genau so finden wir

$$y = b\mu, \qquad z = c\nu.$$

Nun ist

$$\mathfrak{E}^2 = \lambda^2 + \mu^2 + \nu^2 + 2\,\mu\nu\,\mathfrak{j}\mathfrak{k} + 2\,\nu\lambda\,\mathfrak{k}\mathfrak{i} + 2\,\lambda\mu\,\mathfrak{i}\mathfrak{j}$$

oder, wenn die Cosinus der Koordinatenachsenwinkel ($\sphericalangle yz$, $\sphericalangle zx$, $\sphericalangle xy$) α, β, γ genannt werden,

$$\lambda^2 + \mu^2 + \nu^2 + 2\alpha\mu\nu + 2\beta\nu\lambda + 2\gamma\lambda\mu = 1.$$

Hierin ersetzen wir λ, μ, ν durch $\frac{x}{a}$, $\frac{y}{b}$, $\frac{z}{c}$ und bekommen die Gleichung

$$\boxed{\frac{x^2}{a^2} + \frac{y^2}{b^2} + \frac{z^2}{c^2} + 2\alpha\frac{y}{b}\frac{z}{c} + 2\beta\frac{z}{c}\frac{x}{a} + 2\gamma\frac{x}{a}\frac{y}{b} = 1}$$

für den Ort der Marke M.

Die Marke M beschreibt ein Ellipsoid.

Die durch die Bewegung der Marke M bewirkte Ellipsoidkonstruktion erinnert an die bekannte Papierstreifenkonstruktion der Ellipse.

Die Formeln von Rodrigues-Cayley.

Aufgabe. Ein Punkt P mit den Koordinaten x, y, z ist mit einer durch den Koordinatenursprung O laufenden Drehachse von den Richtungskosinus a, b, c starr verbunden; in welche Lage P_0 (x_0, y_0, z_0) gerät er durch die Drehung Θ?

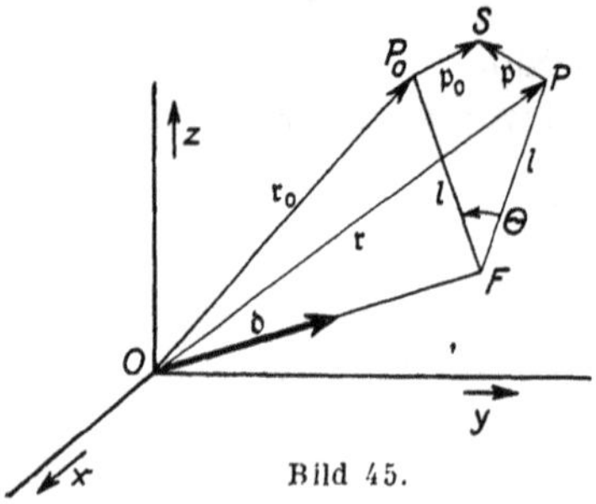

Bild 45.

Lösung. Das Koordinatensystem sei rechtwinklig. Wir fällen die Lote $PF = l$ und $P_0F = l$ auf die Drehachse und errichten in der Ebene PFP_0 auf PF und P_0F die Lote PS und P_0S von der gemeinsamen Länge $\pm\, l\,T$, wo T den Tangens des halben Drehungswinkels bedeutet, und das obere oder untere Zeichen gilt, je nachdem Θ konkav oder konvex ist. Wir benutzen die Vektoren

$$\overrightarrow{OP} = \mathfrak{r}, \qquad \overrightarrow{OP_0} = \mathfrak{r}_0, \qquad \overrightarrow{PS} = \mathfrak{p}, \qquad P_0S = \mathfrak{p}_0,$$

sowie den Drehachseneinheitsvektor $\mathfrak{d} = a\,|\,b\,|\,c$. Den Drehungssinn wählen wir so, daß die Drehung für einen in O befindlichen, in der Richtung $\overrightarrow{OF}$ blickenden Beobachter im Uhrzeigersinne erfolgt. Der Punkt P schlägt dann zu Anfang seiner Bewegung die Richtung des Vektors $\mathfrak{d} \times \mathfrak{r}$ ein.

Der Vektor $\mathfrak{p}$ hat den Betrag $\pm\, lT$ und die Richtung des Vektors $\pm\,\overline{\mathfrak{d}\mathfrak{r}}$, und da $\overline{\mathfrak{d}\mathfrak{r}}$ den Betrag l ($= r \sin POF$) hat, so ist

$$\mathfrak{p} = \mathfrak{D} \times \mathfrak{r},$$

wo $\mathfrak{D}$ den Vektor $T\mathfrak{d}$ mit den Maßzahlen $A = aT$, $B = bT$, $C = cT$ bedeutet.

Ähnlich ergibt sich

$$\mathfrak{p}_0 = \mathfrak{r}_0 \times \mathfrak{D}.$$

Nun ist

$$\overrightarrow{OS} = \overrightarrow{OP} + \overrightarrow{PS} = \mathfrak{r} + \mathfrak{p}$$

sowie

$$\overrightarrow{OS} = \overrightarrow{OP_0} + \overrightarrow{P_0S} = \mathfrak{r}_0 + \mathfrak{p}_0.$$

Daher gilt die Gleichung

$$\mathfrak{r} + \mathfrak{D} \times \mathfrak{r} = \mathfrak{r}_0 + \mathfrak{r}_0 \times \mathfrak{D}.$$

Die Gleichsetzung der zu beiden Seiten gehörigen Maßzahlen ergibt

(1) $$x + Bz - Cy = x_0 + Cy_0 - Bz_0,$$

(2) $$y + Cx - Az = y_0 + Az_0 - Cx_0,$$

(3) $$z + Ay - Bx = z_0 + Bx_0 - Ay_0.$$

Zu diesen Gleichungen fügen wir noch die durch Multiplikation von (1), (2), (3) mit bzw. A, B, C und nachfolgende Addition entstehende Gleichung

(4) $$Ax + By + Cz = Ax_0 + By_0 + Cz_0.$$

Um schließlich x_0 bzw. y_0, z_0 zu bekommen, multiplizieren wir die Gleichung (1), (2), (3), (4) mit ihrem x_0- bzw. y_0-, z_0-Koeffizienten und addieren jeweils die entstehenden vier Gleichungen. Das gibt,

$$1 + A^2 + B^2 + C^2 = N$$

gesetzt,

$$\begin{array}{llll}
Nx_0 = (1 + A^2 - B^2 - C^2)\,x + & 2(AB - C)\,y + & 2(CA + B)\,z \\
Ny_0 = 2(AB + C)\,x + & (1 + B^2 - C^2 - A^2)\,y + & 2(BC - A)\,z \\
Nz_0 = 2(CA - B)\,x + & 2(BC + A)\,y + & (1 + C^2 - A^2 - B^2)\,z
\end{array}$$

Dies sind die berühmten **Formeln von Rodrigues-Cayley**. Die in ihnen vorkommenden Größen A, B, C sind

$$A = a \operatorname{tg}\frac{\Theta}{2}, \qquad B = b \operatorname{tg}\frac{\Theta}{2}, \qquad C = c \operatorname{tg}\frac{\Theta}{2}.$$

Es genügt, sich *eine* der Formeln, etwa die erste, zu merken; die andern beiden ergeben sich dann durch zyklische Vertauschung.

Das zugrunde gelegte Koordinatensystem ist rechtwinklig.

§ 22. Frenets Formeln.

Um eine Raumkurve $\mathfrak{K}$ analytisch festzulegen, beziehen wir sie auf ein rechtwinkliges Koordinatensystem mit dem Ursprung O und den Grundvektoren $\mathfrak{i}$, $\mathfrak{j}$, $\mathfrak{k}$. Wir stellen dann die Koordinaten x, y, z des die Kurve (Bahnkurve) durchlaufenden Punktes (Mobils) $M(x, y, z)$ entweder als Funktionen eines Parameters t dar:

$$x = \varphi(t), \qquad y = \psi(t), \qquad z = \chi(t),$$

oder einfacher, wir geben den Ortsvektor $\mathfrak{r} = \overrightarrow{OM}$ des Mobils M als Funktion des Parameters t an:

$$\mathfrak{r} = \mathfrak{f}(t).$$

Die Kurve $\mathfrak{K}$, die die Spitze M des Vektors $\mathfrak{r}$ bei Änderung des Parameters t beschreibt, heißt Hodograph des Vektors $\mathfrak{r}$.

Die Funktionen φ, ψ, χ und damit auch $\mathfrak{f}$ seien samt ihren Ableitungen bis zur vierten einschließlich endlich und stetig. Ferner setzen wir voraus, daß an keiner Stelle t die Ableitungen von φ, ψ, χ alle zugleich verschwinden.

Der Parameter t kann z. B. die Zeit bedeuten, die das Mobil M benötigt, um von einem gewissen auf $\mathfrak{K}$ gewählten Anfangspunkte A bis zur Stelle M zu gelangen. In diesem Falle bezeichnen wir die Ableitungen der vorkommenden Funktionen durch Punkte (§ 11). Wir haben dann zu unterscheiden zwischen der Geschwindigkeit $\mathfrak{g} = \dot{\mathfrak{r}}$ des Mobils (des Vektors $\mathfrak{r}$) und der Geschwindigkeit des Mobils in seiner Bahn, der Bahngeschwindigkeit $g = |\mathfrak{g}|$. Die Geschwindigkeit $\mathfrak{g}$ des Mobils ist ein Vektor, ist die Geschwindigkeit nach Betrag und Richtung, die Bahngeschwindigkeit g ist nur der Betrag einer Geschwindigkeit. $\mathfrak{g}$ ermittelt sich aus

$$\mathfrak{r} = x\mathfrak{i} + y\mathfrak{j} + z\mathfrak{k}$$

zu

$$\mathfrak{g} = \dot{x}\mathfrak{i} + \dot{y}\mathfrak{j} + \dot{z}\mathfrak{k} = \dot{x}, \dot{y}, \dot{z};$$

für g findet sich

$$\boxed{g = \sqrt{\dot{x}^2 + \dot{y}^2 + \dot{z}^2}}\,.$$

Meist wählt man als Kurvenparameter t die Länge s des vom Anfangspunkte A bis zur Stelle M reichenden Kurvenbogens und hat dann

$$x = \varphi(s), \qquad y = \psi(s), \qquad z = \chi(s)$$

sowie

$$\mathfrak{r} = \mathfrak{f}(s).$$

In diesem Falle bezeichnen wir die vorkommenden Ableitungen nach s durch angehängte Striche, so daß z. B.

$$x' = \frac{dx}{ds} = \varphi'(s), \quad x'' = \frac{d^2 x}{ds^2} = \varphi''(s)$$

ist.

Der Fall kann als Sonderfall des ersten aufgefaßt werden. Man hat sich nur vorzustellen, daß das Mobil M die Kurve mit der konstanten Bahngeschwindigkeit $g = 1$ durchläuft, da dann $s = t$ und

$$x' = \dot{x}, \qquad y' = \dot{y}, \qquad \ldots, \qquad \mathfrak{r}'' = \ddot{\mathfrak{r}}$$

ist. Diese einfache Übereinstimmung zwischen punktierter und gestrichelter Ableitung gilt natürlich nicht mehr, wenn s eine beliebige Funktion der Zeit t ist. Vielmehr ist dann für irgendeine Funktion F

$$\dot{F} = F'g, \qquad \ddot{F} = F''g^2 + F'\dot{g}, \qquad \text{usw.}$$

wo $g = \dot{s}$ ist.

Auch wir wählen im Folgenden als Kurvenparameter t die Bogenlänge s.

Tangentenvektor.

Wir betrachten zunächst den Tangentenvektor $\mathfrak{e}$, d. h. den Einheitsvektor $\overrightarrow{ME} = \mathfrak{e}$, der die Richtung der in M an die Kurve gelegten Tangente hat, und dessen Richtungskosinus wir α, β, γ nennen. Dann ist

$$\mathfrak{r}' = \mathfrak{e},$$

mithin

$$\boxed{\alpha = x', \qquad \beta = y', \qquad \gamma = z'}\,.$$

Schmiegebene.

Dem Parameterwerte $t + \tau$ $(\tau > 0)$ entspricht der Kurvenpunkt P mit dem Ortsvektor $\mathfrak{R} = \overrightarrow{OP} = \mathfrak{f}(t + \tau)$ und dem vektoriellen Abstande $\mathfrak{p} = \overrightarrow{MP}$ von M. Die beiden Vektoren $\mathfrak{e} = \overrightarrow{ME}$ und $\mathfrak{p} = \overrightarrow{MP}$ bestimmen eine Ebene Φ, die Ebene MEP, deren Bedeutung ersichtlich wird, wenn wir die Distanz MP hinreichend klein wählen, insofern dann die Kurve in der Nachbarschaft der Stelle M dieser Ebene so gut wie angehört. Diese Überlegung genauer zu gestalten, suchen wir die Grenzlage — die Grenzebene Σ — der die Ebene Φ zustrebt, wenn der Parameterzuwachs τ gegen Null konvergiert.

Nun sind die Stellungscosinus der Ebene Φ zugleich die Richtungscosinus des Vektors $\mathfrak{e} \times \mathfrak{p}$. Da aber nach Taylors Entwicklung

$$\mathfrak{p} = \mathfrak{R} - \mathfrak{r} = \mathfrak{e}\,\tau + \frac{1}{2}\mathfrak{e}'\,\tau^2 + \mathfrak{E}\,\tau^3$$

ist, wo $\mathfrak{E}$ eine endliche Größe bedeutet, so wird

$$\mathfrak{e} \times \mathfrak{p} = \frac{1}{2}\overline{\mathfrak{e}\mathfrak{e}'}\tau^2 + \overline{\mathfrak{e}\mathfrak{E}}\tau^3.$$

Der Vektor

$$\overline{\mathfrak{e}\mathfrak{e}'} + 2\overline{\mathfrak{e}\mathfrak{E}}\tau$$

zeigt demnach die Richtung der Normale von Φ an. Er geht bei unbegrenzt abnehmendem τ in $\mathfrak{e} \times \mathfrak{e}'$ über.

Die Grenzlage der Ebene Φ ist daher die durch M laufende Ebene Σ, deren Stellungscosinus mit den Richtungscosinus des Vektors $\mathfrak{e} \times \mathfrak{e}'$ übereinstimmen.

Die so definierte Ebene Σ heißt Schmiegebene der Kurve $\mathfrak{K}$ an der Stelle M.

Die Stellungscosinus der Schmiegebene sind

$$\boxed{\lambda = \frac{\beta\gamma' - \gamma\beta'}{c}, \quad \mu = \frac{\gamma\alpha' - \alpha\gamma'}{c}, \quad \nu = \frac{\alpha\beta' - \beta\alpha'}{c}},$$

wo

$$c = \sqrt{\alpha'^2 + \beta'^2 + \gamma'^2} \quad (= |\mathfrak{e}'|)$$

ist. [Aus

$$c^2 = (\beta\gamma' - \gamma\beta')^2 + (\gamma\alpha' - \alpha\gamma')^2 + (\alpha\beta' - \beta\alpha')^2 =$$
$$= (\alpha^2 + \beta^2 + \gamma^2)(\alpha'^2 + \beta'^2 + \gamma'^2) - (\alpha\alpha' + \beta\beta' + \gamma\gamma')^2$$

und den beiden Gleichungen

$$\alpha^2 + \beta^2 + \gamma^2 = 1 \qquad \text{und} \qquad \alpha\alpha' + \beta\beta' + \gamma\gamma' = 0$$

folgt der angegebene Wert von c.]

Der Name Schmiegebene rührt daher, daß sich von allen durch M laufenden Ebenen die Schmiegebene der Kurve in der Nachbarschaft der Stelle M am besten anschmiegt.

Bedeutet nämlich $\mathfrak{S}$ den zu irgendeiner durch M laufenden Ebene normalen Einheitsvektor, so ist der Abstand des Kurvenpunktes P von dieser Ebene $\mathfrak{S}\mathfrak{p}$, und dieser Wert ist

$$\mathfrak{S}\mathfrak{e}\tau + \frac{1}{2}\mathfrak{S}\mathfrak{e}'\tau^2 + \mathfrak{S}\mathfrak{E}\tau^3.$$

Dieser Abstand wird aber bei unbegrenzt abnehmendem τ am kleinsten, nämlich von dritter Ordnung unendlich klein, wenn $\mathfrak{S}$ die beiden Bedingungen

$$\mathfrak{S}\mathfrak{e} = 0, \qquad \mathfrak{S}\mathfrak{e}' = 0$$

befriedigt. Da dann aber $\mathfrak{S}$ auf $\mathfrak{e}$ und $\mathfrak{e}'$ senkrecht steht, hat es die Richtung von $\mathfrak{e} \times \mathfrak{e}'$, wird unsere Ebene zur Schmiegebene.

Hauptnormalenvektor.

Wir kehren zum Punkte P und seinem Vektor $\mathfrak{p}$ zurück und errichten in der Ebene Φ auf ME in M die Senkrechte nach der Seite von ME, auf der MP liegt, die sonach die Richtung des Vektors

$$\mathfrak{H} = \mathfrak{e} \times \mathfrak{p} \times \mathfrak{e}$$

hat. Wir verfolgen die Richtung von $\mathfrak{H}$, wenn sich P der Stelle M unbegrenzt nähert. Bei Benutzung des obigen $\mathfrak{p}$-Wertes wird

$$\mathfrak{H} = \mathfrak{e} \times \mathfrak{e}\tau \times \mathfrak{e} + \frac{1}{2}\mathfrak{e} \times \mathfrak{e}'\tau^2 \times \mathfrak{e} + \mathfrak{e} \times \mathfrak{E} \times \mathfrak{e}\tau^3.$$

Der erste Summand der rechten Seite verschwindet. Der zweite ist nach der Entwicklungsformel

$$\frac{1}{2}\mathfrak{e}^2\mathfrak{e}'\tau^2 - \frac{1}{2}\widetilde{\mathfrak{e}\mathfrak{e}'}\mathfrak{e}\tau^2 = \frac{1}{2}\mathfrak{e}'\tau^2,$$

da $\widetilde{\mathfrak{e}\mathfrak{e}'} = \mathfrak{e}\mathfrak{e}'$ (wegen $\mathfrak{e}^2 = 1$) verschwindet. Mithin hat $\mathfrak{H}$ die Richtung des Vektors

$$\mathfrak{h} = \mathfrak{e}' + 2\,\mathfrak{e} \times \mathfrak{E} \times \mathfrak{e}\tau,$$

so daß wir uns bei der Richtungsbestimmung von $\mathfrak{H}$ nur um $\mathfrak{h}$ zu kümmern brauchen. Da nun $\mathfrak{h}$ bei unbegrenzt abnehmendem τ gegen $\mathfrak{e}'$ konvergiert, so hat unsere Senkrechte in der Grenzlage die Richtung des Vektors $\mathfrak{e}'$.

Die im Punkte M gezeichnete Kurvennormale, die die Richtung des Vektors $\mathfrak{e}'$ hat, heißt **Hauptnormale** der Kurve. Wir bezeichnen ihren Einheitsvektor, den **Hauptnormalenvektor**, mit $\mathfrak{o}$ und haben, da der Betrag von $\mathfrak{e}' = \alpha' \,|\beta'|\, \gamma'$ den Wert c hat, die Formel

$$\boxed{\mathfrak{e}' = c\,\mathfrak{o}}\,.$$

Da $\mathfrak{e}'$ auf dem zur Schmiegebene normalen Vektor $\mathfrak{e} \times \mathfrak{e}'$ senkrecht steht, liegt, wie zu erwarten, **die Hauptnormale in der Schmiegebene**, so daß diese auch als die Ebene definiert werden kann, die die durch M laufende Tangente und Hauptnormale enthält.

Die Richtungscosinus der Hauptnormale nennen wir l, m, n und haben

$$\boxed{l = \frac{\alpha'}{c}, \qquad m = \frac{\beta'}{c}, \qquad n = \frac{\gamma'}{c}}\,.$$

Binormalenvektor.

Neben der Hauptnormale betrachtet man noch eine weitere wichtige Normale der Kurve, die sog. **Binormale**, d. i. die in M auf $\mathfrak{K}$ errichtete

Senkrechte, deren Richtung durch den Einheitsvektor $\mathfrak{u}$ — Binormalenvektor — so bestimmt wird, daß die drei Einheitsvektoren $\mathfrak{e}$, $\mathfrak{v}$, $\mathfrak{u}$ ein Rechtstripel oder Dreibein bilden. Die Richtungscosinus der Binormale sind demnach

$$\boxed{\lambda = \beta n - \gamma m, \quad \mu = \gamma l - \alpha n, \quad \nu = \alpha m - \beta l};$$

sie sind zugleich die Stellungscosinus der Schmiegebene.

Darbouxtrieder.

Das Dreibein oder Trieder ($\mathfrak{e}$, $\mathfrak{v}$, $\mathfrak{u}$) heißt nach dem Mathematiker, der es zuerst verwandte, Darbouxsches Dreibein oder Darbouxtrieder. Es wird auch begleitendes Dreibein genannt, insofern man sich zu jeder Lage M des die Kurve mit der Geschwindigkeit $\dot{s} = 1$ durcheilenden Mobils das Darbouxtrieder konstruiert denkt, welches dann also den Punkt M bei seiner Bewegung begleitet. Wir fassen in Anlehnung an unsere Betrachtung über Relativbewegung (§ 12) das Darbouxtrieder als Laufsystem mit den Grundvektoren $\mathfrak{e}$, $\mathfrak{v}$, $\mathfrak{u}$ auf und haben (wegen $t = s$) für den

Darbouxvektor $\mathfrak{d}$ die Gleichung

$$\mathfrak{d} = a\mathfrak{e} + b\mathfrak{v} + c\mathfrak{u}$$

mit

$$a = \mathfrak{v}'\mathfrak{u}, \qquad b = \mathfrak{u}'\mathfrak{e}, \qquad c = \mathfrak{e}'\mathfrak{v}$$

sowie die Formeln

$$\mathfrak{e}' = c\mathfrak{v} - b\mathfrak{u}, \qquad \mathfrak{v}' = a\mathfrak{u} - c\mathfrak{e}, \qquad \mathfrak{u}' = b\mathfrak{e} - a\mathfrak{v}$$

oder

$$\mathfrak{e}' = \mathfrak{d} \times \mathfrak{e}, \qquad \mathfrak{v}' = \mathfrak{d} \times \mathfrak{v}, \qquad \mathfrak{u}' = \mathfrak{d} \times \mathfrak{u}.$$

Da hier (s. o.) speziell

$$\mathfrak{e}' = c\mathfrak{v}$$

ist, so verschwindet b, und unser Formelsystem wird etwas einfacher

$$\boxed{\mathfrak{e}' = c\mathfrak{v}, \quad \mathfrak{v}' = a\mathfrak{u} - c\mathfrak{e}, \quad \mathfrak{u}' = -a\mathfrak{v}},$$

$$\mathfrak{d} = a\mathfrak{e} + c\mathfrak{u}.$$

Es handelt sich darum, die geometrische Bedeutung der Koeffizienten a und c zu ermitteln.

Krümmung und Torsion.

Was zunächst c anbetrifft, so ist es der Betrag von $\mathfrak{e}' = \alpha' \,|\, \beta' \,|\, \gamma'$:

$$c = |\mathfrak{e}'| = \sqrt{\alpha'^2 + \beta'^2 + \gamma'^2} = \sqrt{x''^2 + y''^2 + z''^2}.$$

Um die geometrische Bedeutung von c zu erfassen, zeichnen wir für jede Lage des Mobils M den Vektor

$$\overrightarrow{OH} = \mathfrak{e}.$$

Seine Spitze beschreibt dann auf der Einheitskugel um O eine Kurve, die das Tangentenbild der Kurve $\mathfrak{K}$ genannt wird. In der unendlich kleinen Zeit $dt = ds$ (es ist $g = 1$) beschreibt die Vektorspitze H den unendlich kurzen Bogen $d\sigma$ des Tangentenbildes, während gleichzeitig der Tangentenvektor um $\mathfrak{e}'\,ds$ zunimmt, so daß

$$d\sigma = |\,\mathfrak{e}'\,|\,ds = c\,ds$$

ist. Der Koeffizient c ist also die Ableitung des Tangentenbildbogens nach s. Je größer c ist, desto mehr dreht sich in der Zeit $dt = ds$ der Tangentenvektor, desto krummer ist die Kurve $\mathfrak{K}$. Die Ableitung $\frac{d\sigma}{ds}$ und damit der Koeffizient c stellt also das Maß für die Krümmung der Kurve $\mathfrak{K}$ dar. Der Koeffizient heißt deshalb die Krümmung der Raumkurve an der Stelle $M\,(x, y, z)$ und wird daher auch durch den Buchstaben K bezeichnet:

$$c = \frac{d\sigma}{ds} = \mathfrak{e}' = \sqrt{\alpha'^2 + \beta'^2 + \gamma'^2} = K.$$

Der reziproke Wert der Krümmung K heißt Krümmungsradius und wird durch den Buchstaben ϱ bezeichnet. Der Krümmungshalbmesser unserer Kurve an der Stelle M ist also

$$\boxed{\varrho = 1 : \sqrt{x''^2 + y''^2 + z''^2}}\,.$$

Der in der Schmiegebene liegende, die Kurve in M berührende Kreis vom Radius ϱ, dessen Zentrum Z so auf der Hauptnormale liegt, daß $\overrightarrow{MZ}$ die Richtung des Hauptnormalenvektors hat, heißt Krümmungskreis oder Schmiegkreis der Kurve für die Stelle M.

Wenn die Krümmung in einem gewissen Bereiche des Arguments s verschwindet, so ist die Kurve in diesem Bereiche gerade.

In der Tat folgt aus $K = 0$

$$x'' = 0, \qquad y'' = 0, \qquad z'' = 0,$$

hieraus durch Integration

$$x' = A, \qquad y' = B, \qquad z' = C,$$

wo A, B, C Konstanten sind, hieraus durch nochmalige Integration (mit den Konstanten x_0, y_0, z_0)

$$x = As + x_0, \qquad y = Bs + y_0, \qquad z = Cs + z_0.$$

Dies sind aber die Gleichungen einer Geraden.

Nun zur Bedeutung des Koeffizienten a! Wir haben zunächst

$$a = \mathfrak{o}'\mathfrak{u} \qquad \text{sowie} \qquad \mathfrak{e}' = c\mathfrak{o},$$

mithin

$$\mathfrak{e}'' = c\mathfrak{o}' + c'\mathfrak{o}$$

und folglich

$$\mathfrak{u}\mathfrak{e}'' = c\mathfrak{u}\mathfrak{o}' = ca.$$

Die linke Seite ist (wegen $\mathfrak{u} = \mathfrak{e} \times \mathfrak{o}$) das Mischprodukt der drei Vektoren $\mathfrak{e}$, $\mathfrak{o}$, $\mathfrak{e}''$, so daß sich (es ist $\mathfrak{e}' = c\mathfrak{o}$) die bemerkenswerte Gleichung

$$ac^2 = aK^2 = \mathfrak{e}\,\mathfrak{e}'\mathfrak{e}''$$

ergibt. Nun ist der Abstand δ des Punktes P von der Schmiegebene $\delta = \mathfrak{u}\mathfrak{p}$, d. h. wenn wir für $\mathfrak{p}$ die viergliedrige Entwicklung

$$\mathfrak{p} = \mathfrak{e}\,\tau + \frac{1}{2}\mathfrak{e}'\,\tau^2 + \frac{1}{6}\mathfrak{e}''\tau^3 + \mathfrak{G}\tau^4$$

(mit endlichem $\mathfrak{G}$) benutzen,

$$\delta = \mathfrak{u}\,\mathfrak{p} = \mathfrak{u}\,\mathfrak{e}\,\tau + \frac{1}{2}\mathfrak{u}\,\mathfrak{e}'\,\tau^2 + \frac{1}{6}\mathfrak{u}\,\mathfrak{e}''\,\tau^3 + \mathfrak{u}\,\mathfrak{G}\,\tau^4.$$

Da aber $\mathfrak{u}$ auf $\mathfrak{e}$ und auf $\mathfrak{e}'$ ($= c\mathfrak{o}$) senkrecht steht, verschwinden $\mathfrak{u}\mathfrak{e}$ und $\mathfrak{u}\mathfrak{e}'$, und es bleibt

$$\delta = \frac{1}{6}\mathfrak{u}\,\mathfrak{e}''\,\tau^3 + \mathfrak{u}\,\mathfrak{G}\,\tau^4,$$

wofür wir bei hinreichend kleinem τ hinreichend genau

$$\delta = \frac{\mathfrak{u}\,\mathfrak{e}''}{6}\,\tau^3 \qquad \text{oder} \qquad \delta = \frac{c\,a}{6}\,\tau^3$$

schreiben können.

Der Abstand δ fällt also bei positivem τ positiv oder negativ aus, je nachdem a positiv oder negativ ist.

Ein Beobachter stehe in M so auf der Schmiegebene, daß die von seinen Füßen nach seinem Kopfe weisende Richtung die des Binormalenvektors $\mathfrak{u}$ ist, und daß er in der Richtung des Hauptnormalenvektors $\mathfrak{o}$ blickt. Je nachdem für diesen Beobachter die Kurve aufsteigend von links nach rechts oder von rechts nach links läuft, ist a positiv oder negativ. Im ersten Falle heißt die Kurve rechts, im zweiten links gewunden. Damit ist die Bedeutung des Vorzeichens von a ermittelt:

Bei rechts gewundenen Kurven hat a positives, bei links gewundenen negatives Vorzeichen.

Um auch eine Deutung des Betrages von a zu gewinnen, achten wir auf den Winkel Θ, den die beiden zu den Stellen t und $t + \tau$ gehörigen Schmiegebenen miteinander bilden, und der zugleich der Winkel ist, den die zu den beiden Stellen gehörigen Binormalenvektoren miteinander bilden. Bei hinreichend kleinem τ ist aber

$$\Theta = |\mathfrak{u}'|\,\tau,$$

so daß besagter Winkel um so größer ausfällt, je größer der Betrag von $\mathfrak{u}'$ ist. Dieser Betrag stellt daher ein Maß für die Abweichung der zweiten Schmiegebene von der ersten m. a. W. für die Verwindung unserer Kurve an der Stelle M dar.

Aus

$$\mathfrak{u}' = -a\mathfrak{v}$$

folgt aber

$$|\mathfrak{u}'| = |a|.$$

Damit ist die Bedeutung von $|a|$ gefunden: der Betrag von a ist das Maß für die mehr oder weniger große Verwindung der Kurve.

Aus den vorstehenden beiden Gründen heißt a die Torsion oder Windung der Kurve an der Stelle M und wird demgemäß gewöhnlich durch den Buchstaben T bezeichnet. Die Torsion ist positiv oder negativ, je nachdem die Kurve rechts oder links gewunden ist.

Wir betrachten jetzt den Fall, wo in einem gewissen Bereiche des Kurvenparameters $t = s$ die Torsion verschwindet. Aus

$$\mathfrak{u} = \lambda\,|\mu|\,\nu \qquad \text{und} \qquad T = a = |\mathfrak{u}'|$$

folgt

$$\boxed{T^2 = \lambda'^2 + \mu'^2 + \nu'^2}.$$

Ist nun in einem gewissen Bereiche $T = 0$, so ist hier

$$\lambda' = 0, \qquad \mu' = 0, \qquad \nu' = 0,$$

sonach

$$\lambda = A, \qquad \mu = B, \qquad \nu = C,$$

wo A, B, C Konstanten sind.

Aus

$$\lambda = \beta n - \gamma m, \qquad \mu = \gamma l - \alpha n, \qquad \nu = \alpha m - \beta l$$

folgt weiter

$$A\alpha + B\beta + C\gamma = 0$$

oder

$$Ax' + By' + Cz' = 0$$

und hieraus durch Integration

$$Ax + By + Cz = \text{const};$$

die Kurve ist eben.

Nur ebene Kurven haben die Torsion Null.

Durch die Einführung der Krümmung K und Torsion T verwandelt sich das Darbouxsche Formeltripel in

$$\boxed{\mathfrak{e}' = K\mathfrak{o}, \quad \mathfrak{o}' = T\mathfrak{u} - K\mathfrak{e}, \quad \mathfrak{u}' = -T\mathfrak{o}}\,.$$

Diese drei Fundamentalformeln, die die Theorie der Raumkurven beherrschen, wurden im Jahre 1847 von dem Franzosen F. Frenet aufgestellt und heißen deshalb die Frenetschen Formeln. Aus der ersten und dritten lesen wir die Zusatzformeln

$$\boxed{d\sigma = K\,ds}\,, \qquad \boxed{d\Sigma = T\,ds}$$

ab, die die Drehung $d\sigma$ der Kurventangente und $d\Sigma$ der Schmiegebene mit dem sie bewirkenden Bogeninkrement ds verknüpfen. Dazu notieren wir

$$\boxed{K^2 = \mathfrak{e}'^2 = \mathfrak{r}''^2 = \alpha'^2 + \beta'^2 + \gamma'^2 = x''^2 + y''^2 + z''^2}\,,$$

$$\boxed{K^2\,T = \mathfrak{e}\,\mathfrak{e}'\,\mathfrak{e}'' = \mathfrak{r}'\,\mathfrak{r}''\,\mathfrak{r}'''}$$

und

$$\boxed{K = |\mathfrak{r}' \times \mathfrak{r}''|}\,.$$

(Die letzte Formel folgt unmittelbar aus $\widetilde{\mathfrak{e}\mathfrak{e}'}^{\,2} + \overline{\mathfrak{e}\,\mathfrak{e}'}^{\,2} = \mathfrak{e}^2\mathfrak{e}'^2$ und $\widetilde{\mathfrak{e}\mathfrak{e}'} = 0$.)

Unsere nächste Aufgabe besteht darin, die Krümmung K und Torsion T zu berechnen, wenn der Kurvenparameter nicht die Bogenlänge s, sondern eine andere Größe t ist, die wir uns zweckmäßig wieder als Zeit vorstellen, so daß $\dot{s} = g = |\dot{\mathfrak{r}}|$ ist.

Es ist

$$\dot{\mathfrak{r}} = \mathfrak{r}' \cdot g, \qquad \ddot{\mathfrak{r}} = \mathfrak{r}''\,g^2 + \mathfrak{r}'\,\dot{g}, \qquad \dddot{\mathfrak{r}} = \mathfrak{r}'''\,g^3 + 3\,\mathfrak{r}''\,g\,\dot{g} + \mathfrak{r}'\,\ddot{g},$$

mithin

$$\dot{\mathfrak{r}} \times \ddot{\mathfrak{r}} = \mathfrak{r}' \times \mathfrak{r}''\,g^3$$

oder

$$\boxed{g^3\,K = |\dot{\mathfrak{r}} \times \ddot{\mathfrak{r}}|}\,.$$

Diese Formel liefert die Krümmung K. Wegen des in der vorletzten Gleichung angegebenen Wertes von $\dot{\mathfrak{r}} \times \ddot{\mathfrak{r}}$ ist

$$\dot{\mathfrak{r}}\,\ddot{\mathfrak{r}}\,\dddot{\mathfrak{r}} = g^3\,\overline{\mathfrak{r}'\,\mathfrak{r}''}\,(\mathfrak{r}'''\,g^3 + 3\,\mathfrak{r}''\,g\,\dot{g} + \mathfrak{r}'\,\ddot{g}).$$

Führt man hier rechts die Multiplikation aus, so verschwinden die im 2. und 3. Gliede auftretenden Mischprodukte

$$\mathfrak{r}'\,\mathfrak{r}''\,\mathfrak{r}'' \qquad \text{und} \qquad \mathfrak{r}'\,\mathfrak{r}''\,\mathfrak{r}' \qquad\qquad (\S\ 4),$$

und es bleibt

$$\dot{\mathfrak{r}}\,\ddot{\mathfrak{r}}\,\dddot{\mathfrak{r}} = g^6 (\mathfrak{r}'\,\mathfrak{r}''\,\mathfrak{r}''')$$

oder

$$\boxed{g^6 K^2 T = \dot{\mathfrak{r}}\,\ddot{\mathfrak{r}}\,\dddot{\mathfrak{r}}}\,.$$

Diese Formel liefert die Torsion T.

Was die kartesischen Schreibungen der rechten Seiten der beiden gefundenen Formeln anbetrifft, so ist

$$|\dot{\mathfrak{r}} \times \ddot{\mathfrak{r}}| = \sqrt{(\dot{y}\,\ddot{z} - \dot{z}\,\ddot{y})^2 + (\dot{z}\,\ddot{x} - \dot{x}\,\ddot{z})^2 + (\dot{x}\,\ddot{y} - \dot{y}\,\ddot{x})^2}$$

und

$$\dot{\mathfrak{r}}\,\ddot{\mathfrak{r}}\,\dddot{\mathfrak{r}} = \begin{vmatrix} \dot{x} & \dot{y} & \dot{z} \\ \ddot{x} & \ddot{y} & \ddot{z} \\ \dddot{x} & \dddot{y} & \dddot{z} \end{vmatrix}.$$

Den Abschluß unserer Raumkurvenbetrachtung bilde der schöne Satz:

Zwei Raumkurven von gleicher Bogenlänge, Krümmung und Windung sind kongruent.

Beweis. Das zur Stelle s gehörige Darbouxtrieder der ersten Kurve sei $(\mathfrak{e}, \mathfrak{o}, \mathfrak{u})$, das der zweiten $(\mathfrak{E}, \mathfrak{O}, \mathfrak{U})$.

Wir legen die Raumkurven so aneinander, daß sich diese Trieder im Anfangspunkte ($s = s_0$) decken, daß also hier

$$\mathfrak{E} = \mathfrak{E}_0 = \mathfrak{e} = \mathfrak{e}_0, \qquad \mathfrak{O} = \mathfrak{O}_0 = \mathfrak{o} = \mathfrak{o}_0, \qquad \mathfrak{U} = \mathfrak{U}_0 = \mathfrak{u} = \mathfrak{u}_0$$

ist.

Darauf bilden wir den Ausdruck

$$S = \mathfrak{E}\mathfrak{e} + \mathfrak{O}\mathfrak{o} + \mathfrak{U}\mathfrak{u}$$

und seine Ableitung S' nach s. Wenden wir auf letztere Frenets Formeln an, so ergibt sich

$$S' = 0.$$

Folglich ist S eine Konstante. Da im Anfangspunkte

$$S = S_0 = \mathfrak{e}_0^2 + \mathfrak{o}_0^2 + \mathfrak{u}_0^2 = 3$$

ist, hat S den konstanten Wert 3. Daher wird

$$(\mathfrak{E} - \mathfrak{e})^2 + (\mathfrak{O} - \mathfrak{o})^2 + (\mathfrak{U} - \mathfrak{u})^2 = 0,$$

mithin für jeden Kurvenpunkt s z. B.

$$\mathfrak{E} = \mathfrak{e}$$

oder

$$X' = x', \qquad Y' = y', \qquad Z' = z',$$

wo (x, y, z) bzw. (X, Y, Z) die Koordinaten des Kurvenpunkts s bedeuten. Die Integration der gefundenen Gleichungen liefert

$$X = x + A, \qquad Y = y + B, \qquad Z = z + C.$$

Die Konstanten A, B, C verschwinden aber, da ja im Anfangspunkte $X_0 = x_0$, $Y_0 = y_0$, $Z_0 = z_0$ ist. Folglich entsteht

$$X = x, \qquad Y = y, \qquad Z = z$$

für jeden Kurvenpunkt s. Die Kurven fallen zusammen.

§ 23. Flächenkurven.

Ist

$$\overrightarrow{OP} = \mathfrak{r} = \mathfrak{F}(u, v)$$

ein von zwei veränderlichen Parametern u und v abhängiger Ortsvektor, so beschreibt der Punkt P bei Änderung der beiden Parameter im allgemeinen eine Fläche S, die der Hodograph des Ortsvektors genannt wird. Zerlegen wir $\mathfrak{r}$ in seine drei Komponenten $x\mathfrak{i}$, $y\mathfrak{j}$, $z\mathfrak{k}$ nach den Achsen eines rechtwinkligen Koordinatensystems mit dem Ursprung O und den Grundvektoren $\mathfrak{i}$, $\mathfrak{j}$, $\mathfrak{k}$, so schreibt sich die Gleichung der Fläche:

$$x = \varphi(u, v), \qquad y = \psi(u, v), \qquad z = \chi(u, v).$$

Die Parameter u, v heißen krummlinige Koordinaten des Flächenpunkts $P(x, y, z)$. Die Funktionen φ, ψ, χ und damit auch $\mathfrak{F}$ werden samt ihren ersten, zweiten und dritten Ableitungen nach u und v in dem betrachteten Bereiche als endlich und stetig vorausgesetzt.

Die Darstellung der Gleichung einer Fläche mit Zuhilfenahme von zwei veränderlichen Parametern stammt von Gauß (Disquisitiones circa superficies curvas, 1827) und ist für die Entwicklung der Flächentheorie von großer Bedeutung geworden.

Die bekannte klassische Form

$$z = f(x, y)$$

der Gleichung einer Fläche, bei der ihre Applikate z als Funktion der Abszisse x und Ordinate y des Flächenpunktes P dargestellt wird, ist ein spezieller Fall der Gaußschen Darstellung, insofern hier $u = x$, $v = y$ ist.

Hält man einen der beiden Parameter, etwa v, fest: $v = \text{const} = b$, und läßt nur den andern, u, variieren, so erhält man eine ganz auf der Fläche S gelegene Raumkurve, eine sog. u-Linie (auch »Kurve $v = b$« genannt), deren Gleichung

$$\mathfrak{r} = \mathfrak{F}(u, b)$$

bzw.

$$x = \varphi(u, b), \qquad y = \psi(u, b), \qquad z = \chi(u, b)$$

ist.

Ebenso heißt die der Festsetzung $u = \text{const} = a$ entsprechende, auf S liegende Kurve

$$\mathfrak{r} = \mathfrak{F}(a, v)$$

eine v-Linie der Fläche.

u-Linien und v-Linien führen den gemeinsamen Namen Parameterkurven.

Eine beliebige Kurve $\mathfrak{K}$ der Fläche S ist durch eine zwischen den Parametern bestehende Relation

$$F(u, v) = 0 \qquad \text{oder} \qquad v = f(u)$$

bestimmt. Häufig wird diese funktionale Abhängigkeit zwischen den Parametern u und v durch die Doppelgleichung

$$u = \Phi(t), \qquad v = \Psi(t)$$

zum Ausdruck gebracht, in der u und v als Funktionen eines dritten Parameters t erscheinen. Stellen wir uns t als die Zeit vor, so durchläuft das Mobil P mit zunehmender Zeit die Kurve $\mathfrak{K}$.

Die Ableitungen einer Funktion nach t bezeichnen wir durch Punkte, die Ableitungen nach u und v durch die angehängten Ziffern 1 und 2, die Ableitungen nach der Bogenlänge s durch Striche.

So ist z. B.

$$\dot{\varphi} = \varphi_1 \dot{u} + \varphi_2 \dot{v} = \frac{\partial \varphi}{\partial u} \frac{du}{dt} + \frac{\partial \varphi}{\partial v} \frac{dv}{dt},$$

$$\ddot{\varphi} = \varphi_{11} \dot{u}^2 + 2 \varphi_{12} \dot{u} \dot{v} + \varphi_{22} \dot{v}^2 + \varphi_1 \ddot{u} + \varphi_2 \ddot{v}$$

$$= \frac{\partial^2 \varphi}{\partial u^2} \left(\frac{du}{dt}\right)^2 + 2 \frac{\partial^2 \varphi}{\partial u \partial v} \frac{du}{dt} \frac{dv}{dt} + \frac{\partial^2 \varphi}{\partial v^2} \left(\frac{dv}{dt}\right)^2 + \frac{\partial \varphi}{\partial u} \frac{d^2 u}{dt^2} + \frac{\partial \varphi}{\partial v} \frac{d^2 v}{dt^2},$$

$$\mathfrak{r}' = \frac{d\mathfrak{r}}{ds}, \qquad \mathfrak{r}'' = \frac{d^2\mathfrak{r}}{ds^2} \qquad \text{usw.}$$

Vielfach verwendet man an Stelle der ausführlichen Ableitungen nur Differentiale, schreibt z. B. statt der obigen Gleichungen für $\dot{\varphi}$ und $\ddot{\varphi}$

$$d\varphi = \varphi_1 du + \varphi_2 dv,$$

$$d^2 \varphi = \varphi_{11} du^2 + 2 \varphi_{12} du\, dv + \varphi_{22} dv^2 + \varphi_1 d^2 u + \varphi_2 d^2 v.$$

Wir drücken zunächst das im Flächenpunkte $P(u, v)$ beginnende Linienelement ds der Kurve $\mathfrak{K}$ als Funktion der Parameterwerte u, v des Punktes P und der beiden Inkremente du und dv aus. [ds ist der unendlich kurze Bogen von $\mathfrak{K}$, der vom Flächenpunkte (u, v) bis zum Flächenpunkte $(u + du,\ v + dv)$ reicht.] Wie im § 22 auseinandergesetzt ist, besitzt die Kurve $\mathfrak{K}$ in P einen Tangentenvektor $\mathfrak{e}$, einen Hauptnormalenvektor $\mathfrak{o}$, den wir hier $\mathfrak{n}$ nennen wollen, und einen Binormalenvektor $\mathfrak{u}$, die zu dritt ein Dreibein bilden, und für die die Frenetschen Formeln gelten. Den dortigen Bezeichnungen entsprechend ist

$$d\mathfrak{r} = \mathfrak{e}\, ds.$$

Durch Ableitung entsteht außerdem

$$d\mathfrak{r} = \mathfrak{r}_1 du + \mathfrak{r}_2 dv.$$

Folglich wird

$$ds^2 = d\mathfrak{r}^2 = \mathfrak{r}_1\mathfrak{r}_1\, du^2 + 2\,\mathfrak{r}_1\mathfrak{r}_2\, du\, dv + \mathfrak{r}_2\mathfrak{r}_2\, dv^2.$$

Durch Einführung der von Gauß stammenden Abkürzungen

$$\boxed{\begin{aligned} E &= \mathfrak{r}_1\mathfrak{r}_1 = x_1^2 + y_1^2 + z_1^2 \\ F &= \mathfrak{r}_1\mathfrak{r}_2 = x_1 x_2 + y_1 y_2 + z_1 z_2 \\ G &= \mathfrak{r}_2\mathfrak{r}_2 = x_2^2 + y_2^2 + z_2^2 \end{aligned}}$$

entsteht somit die Fundamentalformel

$$\boxed{ds^2 = E\, du^2 + 2F\, du\, dv + G\, dv^2}. \tag{1}$$

In ihr bedeutet ds die Entfernung der beiden Nachbarpunkte von $\mathfrak{K}$, die durch die Parameterwerte t und $t + dt$ oder durch die davon abhängigen Wertepaare (u, v) und $(u + du,\ v + dv)$ bestimmt sind.

Die rechte Seite von (1) ist eine sog. quadratische Differentialform; man nennt sie die erste Grundform der Fläche. Wir setzen dementsprechend abkürzend

$$\mathrm{I} = E\, du^2 + 2F\, du\, dv + G\, dv^2.$$

Die I aufbauenden Vektoren $\mathfrak{r}_1$ und $\mathfrak{r}_2$ $\left(\frac{\partial \mathfrak{r}}{\partial u} \text{ und } \frac{\partial \mathfrak{r}}{\partial v}\right)$ laufen (§ 22) den Tangenten parallel, die in P die u-Linie und v-Linie der Fläche berühren. Auch ihr Vektorprodukt

$$\mathfrak{H} = \mathfrak{r}_1 \times \mathfrak{r}_2$$

hängt mit I eng zusammen.

Wir bemerken zunächst, daß $\mathfrak{H}$ auf $\mathfrak{r}_1$ und $\mathfrak{r}_2$ und deshalb auf der Fläche in P senkrecht steht. (Aus

$$\mathfrak{H}\, d\mathfrak{r} = \mathfrak{H}\mathfrak{r}_1\, du + \mathfrak{H}\mathfrak{r}_2\, dv = 0\, du + 0\, dv = 0$$

folgt, daß $\mathfrak{H}$ auf jedem von P ausgehenden Linienelement von S senkrecht steht.) Der Betrag H von $\mathfrak{H}$ bestimmt sich aus

$$H^2 = \overline{\mathfrak{r}_1\,\mathfrak{r}_2}^2 = \mathfrak{r}_1^2\,\mathfrak{r}_2^2 - \widetilde{\mathfrak{r}_1\mathfrak{r}_2}^2 = EG - F^2,$$

so daß

$$\boxed{H = \sqrt{EG - F^2}} \tag{1a}$$

ist.

Das Quadrat des Vektors $\mathfrak{H}$ ist die Diskriminante $D = EG - F^2$ der ersten Grundform. Den Einheitsvektor

$$\mathfrak{N} = \mathfrak{H} : H$$

nennen wir den Vektor der Flächennormale in P.

Krümmung.

Wir ermitteln jetzt die Krümmung K der Flächenkurve $\mathfrak{K}$ an der Stelle P. Nach Frenets erster Formel ist

$$d\mathfrak{e} = K\mathfrak{n}\, ds.$$

Durch skalare Multiplikation mit $\mathfrak{N}$ entsteht hieraus

$$\mathfrak{N}\, d\,\mathfrak{e} = K\,\mathfrak{N}\,\mathfrak{n}\, ds = o\, K\, ds,$$

wenn o den Cosinus des Winkels θ zwischen Flächennormalenvektor und Hauptnormalenvektor bedeutet. Da $\mathfrak{N}$ auf $\mathfrak{e}$ senkrecht steht, ist $\mathfrak{N}\mathfrak{e} = 0$, mithin

$$\mathfrak{N}\, d\,\mathfrak{e} = -\,\mathfrak{e}\, d\,\mathfrak{N}$$

und

$$o\, K\, ds = -\,\mathfrak{e}\, d\,\mathfrak{N}.$$

Durch Multiplikation mit ds und Berücksichtigung der Gleichung $d\mathfrak{r} = \mathfrak{e}\, ds$ ergibt sich weiter

$$o\, K\, \mathrm{I} = -\,d\mathfrak{r}\, d\,\mathfrak{N}.$$

Nun ist

$$d\mathfrak{r} = \mathfrak{r}_1\, du + \mathfrak{r}_2\, dv, \qquad d\,\mathfrak{N} = \mathfrak{N}_1\, du + \mathfrak{N}_2\, dv$$

also

$$o\, K\, \mathrm{I} = L\, du^2 + 2\, M\, du\, dv + N\, d\, v^2$$

mit

$$-L = \mathfrak{r}_1\, \mathfrak{N}_1, \qquad -2\, M = \mathfrak{r}_1\, \mathfrak{N}_2 + \mathfrak{r}_2\, \mathfrak{N}_1, \qquad -N = \mathfrak{r}_2\, \mathfrak{N}_2.$$

Um diese Werte noch etwas umzuformen, leiten wir die Gleichungen

$$\mathfrak{N}\, \mathfrak{r}_1 = 0 \qquad \text{und} \qquad \mathfrak{N}\, \mathfrak{r}_2 = 0$$

nach u und v ab:

$$\mathfrak{N}\, \mathfrak{r}_{11} = -\,\mathfrak{r}_1\, \mathfrak{N}_1, \qquad \mathfrak{N}\, \mathfrak{r}_{12} = -\,\mathfrak{r}_1\, \mathfrak{N}_2,$$
$$\mathfrak{N}\, \mathfrak{r}_{21} = -\,\mathfrak{r}_2\, \mathfrak{N}_1, \qquad \mathfrak{N}\, \mathfrak{r}_{22} = -\,\mathfrak{r}_2\, \mathfrak{N}_2$$

und erhalten dadurch

$$\boxed{L = \mathfrak{N}\mathfrak{r}_{11} = \frac{\mathfrak{r}_1\,\mathfrak{r}_2\,\mathfrak{r}_{11}}{H}, \quad M = \mathfrak{N}\mathfrak{r}_{12} = \frac{\mathfrak{r}_1\,\mathfrak{r}_2\,\mathfrak{r}_{12}}{H}, \quad N = \mathfrak{N}\mathfrak{r}_{22} = \frac{\mathfrak{r}_1\,\mathfrak{r}_2\,\mathfrak{r}_{22}}{H}}.$$

Zugleich ergibt sich für M die einfachere Definitionsgleichung

$$M = -\,\mathfrak{r}_1\, \mathfrak{N}_2 = -\,\mathfrak{r}_2\, \mathfrak{N}_1.$$

Unser Ergebnis lautet:

Die Krümmung K unserer Flächenkurve bestimmt sich durch die Fundamentalformel

(2) $$\boxed{o\, K = \mathrm{II} : \mathrm{I}},$$

in der I die erste,

$$\boxed{\mathrm{II} = L\,du^2 + 2\,M\,du\,dv + N\,dv^2}$$

die »zweite Grundform« der Fläche bedeutet.

Die Fundamentalformel (2) birgt eine Fülle von Flächeneigenschaften, deren wichtigste wir angeben.

I. Alle durch P laufenden Flächenkurven, die in P dieselbe Schmiegebene haben, haben hier auch dieselbe Krümmung. Da die Schmiegebene die Fläche in einer ebenen Kurve schneidet, berechtigt uns diese Eigenschaft, uns bei Krümmungsermittlungen auf ebene Flächenkurven zu beschränken.

II. Zu einer weiteren Beschränkung führt uns der Satz von Meusnier. Wir ziehen durch P eine beliebige Flächentangente und legen durch sie zwei ebene Schnitte: den zur Fläche senkrechten Schnitt — Normalschnitt — E_0 und den mit E_0 den spitzen Winkel ω bildenden Schnitt E und nennen die Krümmungen der Kurven $\mathfrak{K}_0$ und $\mathfrak{K}$, in denen E_0 und E die Fläche schneiden, an der Stelle P K_0 und K. Da $\mathfrak{K}_0$ und $\mathfrak{K}$ die Tangente und damit die Inkremente du und dv gemeinsam haben, da ferner der Hauptnormalenvektor $\mathfrak{n}_0$ von $\mathfrak{K}_0$ (an der Stelle P) dem Flächennormalenvektor $\mathfrak{N}$ parallel ist, gelten die beiden Formeln

$$K_0 = \pm\, \mathrm{II} : \mathrm{I}, \qquad K \cos\omega = \pm\, \mathrm{II} : \mathrm{I}$$

(+ bei positivem, — bei negativem II).

Aus ihnen folgt sofort die

Formel von Meusnier:

$$\boxed{K = K_0 \sec\omega},$$

die bei Einführung der Krümmungsradien ϱ_0 und ϱ die Gestalt

$$\boxed{\varrho = \varrho_0 \cos\omega}$$

annimmt. Durch diese von Meusnier 1776 aufgestellte Formel läßt sich die Krümmung K jedes ebenen Schnitts E auf die Krümmung K_0 des Normalschnitts E_0 zurückführen, der mit E in P die Tangente gemeinsam hat. Wir bekümmern uns daraufhin nur noch um die Krümmungen von Normalschnitten.

III. Da wir der Kurvenkrümmung das positive Zeichen beilegten (§ 22), ist der Winkel zwischen der Flächennormale ($\mathfrak{N}$) und Normalschnitthauptnormale ($\mathfrak{n}_0$) 0^0 oder 180^0, je nachdem II positiv oder negativ ist. (I ist als Quadrat von ds stets positiv.)

Nun hängt das Vorzeichen der zweiten Grundform von ihrer Diskriminante

$$\varDelta = LN - M^2$$

ab.

Ist Δ positiv, so behält II dauernd dasselbe Zeichen. In diesem Falle liegen die Krümmungskreise aller Normalschnitte (durch P) auf derselben Flächenseite; die Fläche heißt elliptisch gekrümmt.

Bei negativem Δ nimmt II sowohl positive als auch negative Werte an. Bei gewissen Schnitten liegen die Krümmungskreise auf der einen, bei andern Schnitten auf der andern Flächenseite: die Fläche heißt hyperbolisch gekrümmt. In diesem Falle hat die Gleichung II $= 0$ zwei reelle Wurzeln $dv : du$, die je eine Flächentangente bestimmen, deren Normalschnitt die Krümmung Null aufweist.

In dem Falle endlich, wo Δ verschwindet, behält II wie im Falle $\Delta > 0$ dauernd dasselbe Zeichen, liegen die Krümmungskreise aller Normalschnitte auf derselben Flächenseite, ist aber, und hier liegt eine Ähnlichkeit mit dem Falle $\Delta < 0$ vor, eine Tangente vorhanden, deren Normalschnitt verschwindende Krümmung aufweist. In diesem Grenzfalle heißt die Fläche parabolisch gekrümmt.

IV. Die Krümmungen der Normalschnitte.

Nach (2) bestimmt sich die Krümmung K_0 eines Normalschnitts durch die Formel

$$\varepsilon K_0 = \text{II} : \text{I},$$

wo ε die positive oder negative Einheit bedeutet, je nachdem Flächennormalenvektor und Hauptnormalenvektor gleiche oder entgegengesetzte Richtungen haben. Um keine Fallunterscheidung zu machen, tun wir gut, der Krümmung ein Vorzeichen beizulegen und definieren demgemäß als Krümmung des Normalschnittes den Wert $k = \varepsilon K_0$. Dann heißt unsere Formel einfach

$$k = \frac{L\,du^2 + 2\,M\,du\,dv + N\,dv^2}{E\,du^2 + 2\,F\,du\,dv + G\,dv^2},$$

in welcher der »Richtungsquotient«

$$h = du : dv$$

die Richtung der durch P laufenden Flächentangente festlegt, die dem Normalschnitt angehört.

Aus

$$k = \frac{L h^2 + 2\,M h + N}{E h^2 + 2\,F h + G}$$

bilden wir die quadratische Gleichung

$$(Ek - L)\,h^2 + 2\,(Fk - M)\,h + (Gk - N) = 0$$

für h. Wegen der Realität ihrer Wurzeln ist

$$(Ek - L)\,(Gk - N) - (Fk - M)^2 \leq 0$$

oder

$$Dk^2 - Jk + \Delta \leq 0$$

mit

$$J = EN + GL - 2FM.$$

Wir führen die beiden Wurzeln k_1 und k_2 der quadratischen Gleichung

$$Dk^2 - Jk + \Delta = 0$$

ein. Da die linke Seite dieser Gleichung der obigen Ungleichung zufolge nicht positiv werden kann, sind ihre Wurzeln reell und jene Ungleichung schreibt sich

$$D(k - k_1)(k - k_2) \leq 0.$$

Die Krümmung k liegt sonach stets zwischen k_1 und k_2 derart, daß

$$k_1 \leq k \leq k_2$$

ist, wo k_1 die kleinere der beiden Wurzeln bedeutet, und wo die Schranken k_1 und k_2 der Ungleichung durch die aus der quadratischen Gleichung für k hervorgehenden Bedingungen

$$k_1 + k_2 = J : D, \qquad k_1 k_2 = \Delta : D$$

bestimmt sind.

Für den Grenzfall, daß k einer der beiden Schranken gleicht: $k = k_\nu$ wird der zugehörige Richtungsquotient h_ν der quadratischen Gleichung für h zufolge

$$h_\nu = \frac{M - F k_\nu}{E k_\nu - L}.$$

Daher ist

$$k_\nu = \frac{L h_\nu + M}{E h_\nu + F}$$

und auch noch, wenn wir diese Relation mit der Gleichung

$$k_\nu = \frac{L h_\nu^2 + 2 M h_\nu + N}{E h_\nu^2 + 2 F h_\nu + G}$$

verknüpfen,

$$k_\nu = \frac{M h_\nu + N}{F h_\nu + G},$$

so daß sich der zu k_ν gehörige Richtungsquotient h_ν durch die Gleichung

$$\frac{L h_\nu + M}{E h_\nu + F} = \frac{M h_\nu + N}{F h_\nu + G}$$

ermitteln läßt.

Das Ergebnis unserer Überlegung lautet folgendermaßen:

Satz von den Normalschnittkrümmungen:

Dreht sich der Normalschnitt um die Flächennormale, so nimmt die Krümmung alle möglichen zwischen ihrem

Minimum k_1 und Maximum k_2 gelegenen Werte an. Die Extremwerte k_1 und k_2 — die sog. Hauptkrümmungen — bestimmen sich durch die beiden Bedingungen

$$k_1 + k_2 = \frac{EN + GL - 2FM}{EG - F^2}, \quad k_1 k_2 = \frac{LN - M^2}{EG - F^2}$$

die zu ihnen gehörigen »Hauptrichtungen« bzw. Flächentangenten ergeben sich aus der quadratischen Gleichung

$$\begin{vmatrix} L\,du + M\,dv & M\,du + N\,dv \\ E\,du + F\,dv & F\,du + G\,dv \end{vmatrix} = 0$$

für den Richtungsquotient $du : dv$.

Wählt man im besonderen $u = x$ und $v = y$, die Gleichung der Fläche also in der klassischen Form

$$z = f(x, y),$$

so erhält man unter Benutzung der gebräuchlichen Abkürzungen

$$p = \frac{\partial f}{\partial x}, \quad q = \frac{\partial f}{\partial y}, \quad r = \frac{\partial^2 f}{\partial x^2}, \quad s = \frac{\partial^2 f}{\partial x\,\partial y}, \quad t = \frac{\partial^2 f}{\partial y^2}$$

aus

$$\mathfrak{r} = x\mathfrak{i} + y\mathfrak{j} + z\mathfrak{k}$$

$$\mathfrak{r}_1 = \mathfrak{i} + p\mathfrak{k}, \qquad \mathfrak{r}_2 = \mathfrak{j} + q\mathfrak{k},$$

$$\mathfrak{r}_{11} = r\mathfrak{k}, \qquad \mathfrak{r}_{12} = s\mathfrak{k}, \qquad \mathfrak{r}_{22} = t\mathfrak{k},$$

$$E = \mathfrak{r}^2{}_1 = 1 + p^2, \qquad F = \mathfrak{r}_1\mathfrak{r}_2 = pq, \qquad G = \mathfrak{r}_2{}^2 = 1 + q^2,$$

$$D = H^2 = 1 + p^2 + q^2,$$

$$\mathfrak{H} = \mathfrak{r}_1 \times \mathfrak{r}_2 = -p\mathfrak{i} - q\mathfrak{j} + \mathfrak{k},$$

$$\mathfrak{N} = \mathfrak{H} : H = -\frac{p}{H}\mathfrak{i} - \frac{q}{H}\mathfrak{j} + \frac{1}{H}\mathfrak{k},$$

$$L = \mathfrak{N}\mathfrak{r}_{11} = \frac{r}{H}, \qquad M = \mathfrak{N}\mathfrak{r}_{12} = \frac{s}{H}, \qquad N = \mathfrak{N}\mathfrak{r}_{22} = \frac{t}{H},$$

$$\Delta = LN - M^2 = \frac{rt - s^2}{H^2}, \qquad J = EN + GL - 2FM = \frac{Et + Gr - 2Fs}{H}$$

und

$$Hk = \frac{r\,dx^2 + 2s\,dx\,dy + t\,dy^2}{E\,dx^2 + 2F\,dx\,dy + G\,dy^2}.$$

Um einfache Verhältnisse zu bekommen, wählen wir den Flächenpunkt P als Koordinatenursprung, die Tangentialebene durch P als xy-Ebene, die in P errichtete Flächennormale als z-Achse ($\mathfrak{N} = \mathfrak{k}$). Da

$\mathfrak{N} = -\frac{p}{H}\mathfrak{i} - \frac{q}{H}\mathfrak{j} + \frac{1}{H}\mathfrak{k} = \mathfrak{k}$ ist, sind p und q in P Null und wird einfach $E = 1$, $F = 0$, $G = 1$, $D = 1$, $H = 1$, $L = r$, $M = s$, $N = t$ und

$$k = \frac{r\,dx^2 + 2\,s\,dx\,dy + t\,dy^2}{dx^2 + dy^2}$$

oder, wenn wir den Winkel Φ einführen, den der Normalschnitt mit der x-Achse bildet, und dessen Cosinus und Sinus die Werte

$$\cos\Phi = \frac{dx}{\sqrt{dx^2 + dy^2}}, \qquad \sin\Phi = \frac{dy}{\sqrt{dx^2 + dy^2}}$$

haben,

$$k = r\cos^2\Phi + 2\,s\cos\Phi\sin\Phi + t\sin^2\Phi.$$

Die Hauptkrümmungen bestimmen sich durch die Bedingungen

$$k_1 + k_2 = r + t, \qquad k_1 k_2 = rt - s^2$$

zu

$$k_1 = \frac{r + t - w}{2}, \qquad k_2 = \frac{r + t + w}{2} \qquad \text{mit } w = \sqrt{(r - t)^2 + 4\,s^2},$$

die zugehörigen Tangentenrichtungen durch die Gleichung

$$\begin{vmatrix} r\,dx + s\,dy & s\,dx + t\,dy \\ dx & dy \end{vmatrix} = 0$$

oder

$$(r - t)\sin 2\Phi = 2\,s\cos 2\Phi.$$

Um die letzte Gleichung zu befriedigen, wählen wir den Winkel $\Phi = A$ so, daß

$$\sin 2A = \frac{2s}{w}, \qquad \cos 2A = \frac{r - t}{w}$$

wird. Dann schreiben wir

$$k = \frac{r + t}{2} + \frac{r - t}{2}\cos 2\Phi + s\sin 2\Phi$$

und ersetzen hier 2Φ durch $2A + 2\varphi$, wo φ der Winkel ist, den der Normalschnitt mit einer festen Geraden g der xy-Ebene bildet, die gegen die x-Achse um A geneigt ist.

Das gibt

$$k = \frac{r + t}{2} + \frac{r - t}{2}\left(\frac{r - t}{w}\cos 2\varphi - \frac{2s}{w}\sin 2\varphi\right) + s\left(\frac{r - t}{w}\sin 2\varphi + \frac{2s}{w}\cos 2\varphi\right)$$

$$= \frac{r + t}{2} + \frac{w}{2}\cos 2\varphi = \frac{k_1 + k_2}{2} + \frac{k_2 - k_1}{2}\cos 2\varphi$$

oder

$$\boxed{k = k_1 \sin^2 \varphi + k_2 \cos^2 \varphi}.$$

Dies ist die berühmte Formel von Euler (Recherches sur la courbure des surfaces, Mémoires de l'Académie des Sciences de Berlin, 1760). Sie gestattet, in einfachster Weise die Krümmung eines beliebigen Normalschnitts aus seiner Lage und den Hauptkrümmungen zu berechnen.

§ 24. Krümmungslinien.

Unter einer Krümmungslinie versteht man eine Flächenkurve, deren Richtung in jedem ihrer Punkte mit einer Hauptrichtung übereinstimmt. Da die Quotienten h_1 und h_2 der beiden Hauptrichtungen durch die Proportion

$$(Lh + M) : (Mh + N) = (Eh + F) : (Fh + G)$$

bestimmt sind (§ 23), so ist

$$\begin{vmatrix} E\,du + F\,dv & F\,du + G\,dv \\ L\,du + M\,dv & M\,du + N\,dv \end{vmatrix} = 0$$

oder

$$\begin{vmatrix} dv^2 & -du\,dv & du^2 \\ E & F & G \\ L & M & N \end{vmatrix} = 0$$

die Differentialgleichung der Krümmungslinien.

Ist speziell $u = x$, $v = y$ und die Flächengleichung

$$z = f(x, y),$$

so läßt sich die Differentialgleichung schreiben

$$\begin{vmatrix} dx + p\,dz & dy + q\,dz \\ dp & dq \end{vmatrix} = 0.$$

Es gibt Flächen, auf denen jede Kurve Krümmungslinie ist. Aus der Gleichung

$$(FN - GM)\,dv^2 - (GL - EN)\,du\,dv + (EM - FL)\,du^2 = 0,$$

die dann für jeden Wert des Richtungsverhältnisses $du : dv$ erfüllt sein muß, folgt das Verschwinden sämtlicher Koeffizienten:

$$FN - GM = 0, \qquad GL - EN = 0, \qquad EM - FL = 0$$

oder die Proportion

$$E : F : G = L : M : N.$$

Um die Natur dieser Flächen zu erkennen, nehmen wir

$$z = f(x, y)$$

als Flächengleichung und haben

$$pqt - (1 + q^2)s = 0, \quad (1 + q^2)r - (1 + p^2)t = 0, \quad (1 + p^2)s - pqr = 0.$$

Das System dieser drei Differentialgleichungen integriert Serret folgendermaßen.

Die partiellen Ableitungen der Richtungscosinus

$$l = \frac{-p}{H}, \quad m = \frac{-q}{H} \qquad (\text{mit } H = \sqrt{1 + p^2 + q^2})$$

der Flächennormale sind

$$l_x = \frac{pqs - (1 + q^2)r}{H^3}, \qquad l_y = \frac{pqt - (1 + q^2)s}{H^3},$$

$$m_x = \frac{pqr - (1 + p^2)s}{H^3}, \qquad m_y = \frac{pqs - (1 + p^2)t}{H^3},$$

so daß

$$l_x = m_y, \qquad l_y = 0, \qquad m_x = 0$$

ist. l hängt also nur von x, m nur von y ab, woraufhin aus $l_x = m_y$, die Konstanz von l_x und m_y folgt:

$$l_x = m_y = \text{const.}$$

Ist die Konstante von Null verschieden, so setzen wir sie gleich $1 : R$ und haben durch Integration

$$l = \frac{x - x_0}{R}, \qquad m = \frac{y - y_0}{R},$$

wo x_0, y_0 Integrationskonstanten sind. Darauf wird

$$dz = p\,dx + q\,dy = -H(l\,dx + m\,dy) = -\frac{l\,dx + m\,dy}{n}$$

(da $n = 1 : H$ ist), mithin

$$dz = -R\frac{l\,dl + m\,dm}{n} = R\,dn$$

und durch Integration

$$z - z_0 = Rn.$$

Aus

$$l^2 + m^2 + n^2 = 1$$

wird jetzt

$$(x - x_0)^2 + (y - y_0)^2 + (z - z_0)^2 = R^2.$$

Die Fläche ist eine Kugel.

Verschwindet die obige Konstante, so sind l und m und damit auch n und H, sowie ferner $p = -Hl$, $q = -Hm$ Konstanten, und aus

$$dz = p\,dx + q\,dy$$

folgt

$$z - z_0 = p(x - x_0) + q(y - y_0).$$

Die Fläche ist eine Ebene.

Die einzigen Flächen, auf denen jede Kurve Krümmungslinie ist, sind die Kugel und die Ebene.

Unsere nächste Frage lautet: Wann sind die u- und v-Linien einer Fläche ihre Krümmungslinien?

Wenn z. B. die u-Linie »v = const« Krümmungslinie sein soll, so fallen in der Differentialgleichung der Krümmungslinien die Glieder mit dv fort ($dv = 0$), und es bleibt

$$(EM - FL)\,du^2 = 0$$

oder

$$EM - LF = 0.$$

Ähnlich finden wir die Bedingung

$$GM - NF = 0.$$

Diese beiden Lineargleichungen für die »Unbekannten« M und F haben als einzige Lösung (da das Verschwinden der Determinante $GL - EN$ wieder auf den nicht mehr interessierenden Fall der Kugel oder Ebene führen würde)

$$F = 0 \qquad \text{und} \qquad M = 0.$$

Umgekehrt ist die Differentialgleichung sicher für die u-Linie »v = const« und die v-Linie »u = const« befriedigt, wenn F und M verschwinden.

Die notwendige und hinreichende Bedingung dafür, daß die Parameterlinien einer Fläche ihre Krümmungslinien sind, ist das Verschwinden der Mittelkoeffizienten F und M der beiden Grundformen.

Dieser Satz gestattet uns z. B. sofort die Krümmungslinien einer Drehfläche zu ermitteln.

Bedeutet v die Breite, u die Länge eines Drehflächenpunktes, so lauten die Gleichungen der Drehfläche

$$x = \lambda\varphi(v), \qquad y = \mu\varphi(v), \qquad z = \psi(v),$$

wo λ der Cosinus, μ der Sinus von u ist.

Wir finden aus $\mathfrak{r} = \lambda\varphi \,|\, \mu\varphi \,|\, \psi$

$$\mathfrak{r}_1 = -\mu\varphi \,|\, \lambda\varphi \,|\, 0, \qquad \mathfrak{r}_2 = \lambda\varphi' \,|\, \mu\varphi' \,|\, \psi'$$

(mit $\varphi' = d\varphi : dv$, $\psi' = d\psi : dv$) und

$$\mathfrak{r}_1 \times \mathfrak{r}_2 = \lambda\varphi\psi' \,|\, \mu\varphi\psi' \,|\, -\varphi\varphi',$$

$$\mathfrak{r}_{12} = -\mu\varphi' \,|\, \lambda\varphi' \,|\, 0.$$

Folglich wird

$$F = \mathfrak{r}_1\mathfrak{r}_2 = 0 \qquad \text{und} \qquad M = \mathfrak{r}_1\mathfrak{r}_2\mathfrak{r}_{12} : H = 0.$$

Die Krümmungslinien unserer Drehfläche sind daher die u- und v-Linien. Da nun eine u-Linie ein Breitenkreis, eine v-Linie ein Meridian ist, so gilt der Satz:

Die Krümmungslinien einer Drehfläche sind ihre Meridiane und Breitenkreise.

Das Verschwinden der mittleren Grundformenkoeffizienten F und M beim Zusammenfallen der Krümmungslinien mit den Parameterlinien läßt sich geometrisch deuten.

Die Doppelbedingung

$$F = 0, \qquad M = 0$$

bedeutet, daß die Parameterlinien die Fläche in unendlich kleine Rechtecke zerlegen.

Beweis. Die Bedingung $F = 0$ zunächst oder $\mathfrak{r}_1 \mathfrak{r}_2 = 0$ sagt aus, daß die v-Linien auf den u-Linien senkrecht stehen.

Die Bedingung $M = 0$ bedeutet weiter, daß die unendlich kleinen Vierecke, in die die Fläche durch die Parameterkurven zerlegt wird, eben sind.

In der Tat. Sind die Punkte $P(u, v)$, $X(u + \varphi, v)$, $Y(u, v + \psi)$, $Z(u + \varphi, v + \psi)$ die Ecken eines Flächenvierecks, so ist bei hinreichender Kleinheit der Zuwächse φ und ψ (nach Taylor)

$$\overrightarrow{PX} = \mathfrak{x} = \mathfrak{r}_1 \varphi + \mathfrak{r}_{11} \frac{\varphi^2}{2}, \qquad \overrightarrow{PY} = \mathfrak{y} = \mathfrak{r}_2 \psi + \mathfrak{r}_{22} \frac{\psi^2}{2}$$

$$\overrightarrow{PZ} = \mathfrak{z} = \mathfrak{r}_1 \varphi + \mathfrak{r}_2 \psi + \mathfrak{r}_{11} \frac{\varphi^2}{2} + \mathfrak{r}_{12} \varphi \psi + \mathfrak{r}_{22} \frac{\psi^2}{2}.$$

Wir erhalten daher das Mischprodukt der drei Vektoren $\mathfrak{x}$, $\mathfrak{y}$, $\mathfrak{z}$, wenn wir den Vektor

$$\overline{\mathfrak{x}\mathfrak{y}} = \overline{\mathfrak{r}_1 \mathfrak{r}_2} \varphi \psi + \overline{\mathfrak{r}_1 \mathfrak{r}_{22}} \varphi \frac{\psi^2}{2} + \overline{\mathfrak{r}_{11} \mathfrak{r}_2} \psi \frac{\varphi^2}{2} + \overline{\mathfrak{r}_{11} \mathfrak{r}_{22}} \frac{\varphi^2 \psi^2}{4}$$

mit $\mathfrak{z}$ skalar multiplizieren.

Die Ausführung der Multiplikation ergibt, unter Berücksichtigung der Glieder dritter und vierter Ordnung,

$$\mathfrak{r}_1 \mathfrak{r}_{11} \mathfrak{r}_2 \psi \frac{\varphi^3}{2} + \mathfrak{r}_2 \mathfrak{r}_1 \mathfrak{r}_{22} \varphi \frac{\psi^3}{2} + \mathfrak{r}_{11} \mathfrak{r}_1 \mathfrak{r}_2 \psi \frac{\varphi^3}{2} + \mathfrak{r}_{12} \mathfrak{r}_1 \mathfrak{r}_2 \varphi^2 \psi^2 + \mathfrak{r}_{22} \mathfrak{r}_1 \mathfrak{r}_2 \varphi \frac{\psi^3}{2}.$$

Hier fallen die Glieder mit $\psi \varphi^3$ und die mit $\varphi \psi^3$ fort (z. B. $\mathfrak{r}_1 \mathfrak{r}_{11} \mathfrak{r}_2 + \mathfrak{r}_{11} \mathfrak{r}_1 \mathfrak{r}_2 = 0$), und es bleibt

$$\mathfrak{x} \mathfrak{y} \mathfrak{z} = \mathfrak{r}_1 \mathfrak{r}_2 \mathfrak{r}_{12} \varphi^2 \psi^2;$$

d. h., da mit M auch $\mathfrak{r}_1 \mathfrak{r}_2 \mathfrak{r}_{12}$ verschwindet,

$$\mathfrak{x} \mathfrak{y} \mathfrak{z} = 0.$$

Das Verschwinden des Mischprodukts $\mathfrak{x}\,\mathfrak{y}\,\mathfrak{z}$ bedeutet aber Komplanarität der drei Vektoren $\mathfrak{x}$, $\mathfrak{y}$, $\mathfrak{z}$.

Abschließend können wir sagen:

Die Parameterlinien einer Fläche sind ihre Krümmungslinien, wenn sie die Fläche in unendlich kleine Rechtecke zerlegen.

M. a. W.: Krümmungslinien einer Fläche sind die Kurven, die die Fläche (zweifach überdeckend) in unendlich kleine Rechtecke teilen.

Die Krümmungsliniendifferentialgleichung (Seite 181, Zeile 13) gestattet eine bemerkenswerte Umformung. Wir ersetzen E, F, G durch $\mathfrak{r}_1\mathfrak{r}_1$, $\mathfrak{r}_1\mathfrak{r}_2$, $\mathfrak{r}_2\mathfrak{r}_2$ und L, M, M, N durch $-\mathfrak{r}_1\mathfrak{N}_1$, $-\mathfrak{r}_1\mathfrak{N}_2$, $-\mathfrak{r}_2\mathfrak{N}_1$, $-\mathfrak{r}_2\mathfrak{N}_2$ und bekommen

$$\begin{vmatrix} \mathfrak{r}_1\,d\mathfrak{r} & \mathfrak{r}_2\,d\mathfrak{r} \\ \mathfrak{r}_1\,d\mathfrak{N} & \mathfrak{r}_2\,d\mathfrak{N} \end{vmatrix} = 0.$$

Die linke Seite dieser Gleichung ist aber das Skalarviererprodukt $\overline{\mathfrak{r}_1\mathfrak{r}_2}\cdot\overline{d\mathfrak{r}\,d\mathfrak{N}}$ (§ 7), und da $\overline{\mathfrak{r}_1\mathfrak{r}_2} = H\,\mathfrak{N}$ ist, entsteht

$$\mathfrak{N}\cdot\overline{d\mathfrak{r}\,d\mathfrak{N}} = 0.$$

Da nun $\mathfrak{N}$ sowohl auf $d\mathfrak{r}$ wie auf $d\mathfrak{N}$ senkrecht steht, kann das Mischprodukt $\mathfrak{N}\,d\mathfrak{r}\,d\mathfrak{N}$ nur verschwinden, wenn $d\mathfrak{r}$ und $d\mathfrak{N}$ parallel laufen.

Die Differentialgleichung der Krümmungslinien schreibt sich daher

$$\boxed{d\mathfrak{r}\times d\mathfrak{N} = 0}.$$

Wegen der Parallelität von $d\mathfrak{r}$ und $d\mathfrak{N}$ ist etwa

$$d\mathfrak{r} + \varrho\,d\mathfrak{N} = 0,$$

wo ϱ einen Skalar bedeutet, oder

$$\mathfrak{r} + \varrho\,\mathfrak{N} = (\mathfrak{r} + d\mathfrak{r}) + \varrho\,(\mathfrak{N} + d\mathfrak{N}).$$

Bezeichnen wir den gemeinsamen Wert der beiden Seiten dieser Gleichung mit $\overrightarrow{OZ}$, so liegt Z wegen der Form der linken Seite auf der im Flächenpunkte P ($OP = \mathfrak{r}$) errichteten Flächennormale, wegen der Form der rechten Seite auf der im Flächenpunkte Q ($\overrightarrow{OQ} = \mathfrak{r} + d\mathfrak{r}$) errichteten Flächennormale. Die beiden in den Nachbarpunkten P und Q unserer Krümmungslinie errichteten Flächennormalen treffen sich also (in Z).

Eine Flächenkurve ist Krümmungslinie, wenn sich die Flächennormalen benachbarter Kurvenpunkte schneiden.

Das Schneiden benachbarter Flächennormalen drückt sich arithmetisch durch eine der folgenden vier Gleichungen aus:

$$\left.\begin{array}{l}\boxed{d\mathfrak{r}\times d\mathfrak{N}=0}\\ \boxed{d\mathfrak{r}\,\mathfrak{N}\,d\mathfrak{N}=0}\end{array}\right\}\text{ in Vektordarstellung,}$$

$$\left.\begin{array}{l}\boxed{dx:dy:dz=dl:dm:dn}\\ \begin{vmatrix} dx & l & dl\\ dy & m & dm\\ dz & n & dn\end{vmatrix}=0.\end{array}\right\}\text{ in Koordinatendarstellung.}$$

Jede dieser vier Gleichungen kann als Differentialgleichung der Krümmungslinie betrachtet werden.

Der Satz von Dupin.

Wie wir am Beispiel der Kugel und Ebene — dem denkbar einfachsten Beispiel — gesehen haben, ist die Integration der Krümmungsliniendifferentialgleichung nicht gerade einfach. Bisweilen wird die Integration durch den Dupinschen Satz ermöglicht, den wir noch betrachten wollen.

Der Raumpunkt P werde durch die Gleichung

$$\overrightarrow{OP}=\mathfrak{r}=\mathfrak{F}(u,v,w)$$

festgelegt, in der u, v, w seine krummlinigen Koordinaten (§ 15) bedeuten. Setzen wir eine der Koordinaten, etwa w als konstant voraus, $w=c$, so beschreibt P bei Variation der andern beiden, u und v, die Fläche

$$\mathfrak{r}=\mathfrak{F}(u,v,c).$$

Die Ausgangsgleichung definiert also drei Flächenscharen

$$u=\text{const},\qquad v=\text{const},\qquad w=\text{const}$$

oder

$$\mathfrak{r}=\mathfrak{F}(a,v,w),\qquad \mathfrak{r}=\mathfrak{F}(u,b,w),\qquad \mathfrak{r}=\mathfrak{F}(u,v,c),$$

die man erhält, indem man den Konstanten a, b, c sukzessive immer andere Werte beilegt.

Dupin betrachtet solche dreifachen Flächensysteme, bei denen sich je zwei der drei Flächen $u=a$, $v=b$, $w=c$ orthogonal schneiden. Ein solches Tripel von Flächenscharen heißt dreifaches Orthogonalsystem.

Der Dupinsche Satz lautet:

Die Flächen eines dreifachen Orthogonalsystems schneiden sich paarweise in Krümmungslinien.

(Ch. Dupin [1784—1873], Développements de Géométrie, Paris, 1813.)

Beweis. Die Partialableitungen der Voraussetzung

$$\mathfrak{r}_2\,\mathfrak{r}_3=0,\qquad \mathfrak{r}_3\,\mathfrak{r}_1=0,\qquad \mathfrak{r}_1\,\mathfrak{r}_2=0$$

$\left(\mathfrak{r}_3 = \mathfrak{r}_w = \frac{\partial \mathfrak{r}}{\partial w}\right)$ nach bzw. u, v, w sind

$$\mathfrak{r}_2\,\mathfrak{r}_{31} + \mathfrak{r}_3\,\mathfrak{r}_{21} = 0, \qquad \mathfrak{r}_3\,\mathfrak{r}_{12} + \mathfrak{r}_1\,\mathfrak{r}_{32} = 0, \qquad \mathfrak{r}_1\,\mathfrak{r}_{23} + \mathfrak{r}_2\,\mathfrak{r}_{13} = 0$$

und bedeuten das Verschwinden der drei Skalarprodukte $\mathfrak{r}_1\,\mathfrak{r}_{23}$, $\mathfrak{r}_2\,\mathfrak{r}_{31}$, $\mathfrak{r}_3\,\mathfrak{r}_{12}$. Betrachten wir also z. B. die Fläche $w = c$, so ist

$$\mathfrak{r}_1 \perp \mathfrak{r}_3, \qquad \mathfrak{r}_2 \perp \mathfrak{r}_3, \qquad \mathfrak{r}_{12} \perp \mathfrak{r}_3,$$

so daß die drei Vektoren $\mathfrak{r}_1$, $\mathfrak{r}_2$, $\mathfrak{r}_{12}$ komplanar sind, ihr Mischprodukt $\mathfrak{r}_1\,\mathfrak{r}_2\,\mathfrak{r}_{12}$ mithin verschwindet und

$$M = 0$$

ist. Da außerdem $\mathfrak{r}_1\,\mathfrak{r}_2$ verschwindet, also

$$F = 0$$

ist, so verschwinden die Mittelkoeffizienten der beiden Grundformen der Fläche $w = c$, und ihre u- und v-Linien, d. h. ihre Schnittlinien mit den Flächen $v = b$ und $u = a$ sind Krümmungslinien der Fläche $w = c$, was zu beweisen war.

Der Dupinsche Satz gestattet z. B. recht einfach, die Krümmungslinien der zentrischen Fläche zweiten Grades

$$\frac{x^2}{A} + \frac{y^2}{B} + \frac{z^2}{C} = 1$$

zu ermitteln.

Wir betrachten die Flächenschar

$$f(\lambda) = \frac{x^2}{a+\lambda} + \frac{y^2}{b+\lambda} + \frac{z^2}{c+\lambda} - 1 = 0,$$

wo a, b, c gegebene Konstanten mit der Bedingung $a > b > c$ sind und λ einen variablen Parameter bedeutet. Aus dem Verlauf der Schaukurve der Funktion $f(\lambda)$ bei fest gehaltenem Raumpunkt (x, y, z) sieht man, daß die Funktion drei Nullstellen λ_1, λ_2, λ_3 besitzt, die die Bedingung

$$-a < \lambda_1 < -b < \lambda_2 < -c < \lambda_3 < \infty$$

erfüllen.

Durch jeden Raumpunkt $P(x, y, z)$ laufen daher drei zentrische Flächen zweiten Grades

$$\frac{x^2}{a+\lambda_\nu} + \frac{y^2}{b+\lambda_\nu} + \frac{z^2}{c+\lambda_\nu} = 1 \qquad (\nu = 1, 2, 3),$$

von denen die erste ein zweischaliges, die zweite ein einschaliges Hyperboloid, die dritte ein Ellipsoid ist.

Die drei Werte λ_1, λ_2, λ_3 kann man als krummlinige Koordinaten u, v, w des Punktes wählen; sie heißen nach Lamé elliptische Koordinaten des Punktes (x, y, z).

Den unendlich vielen Punkten P des Raumes entsprechend erhalten wir drei Flächenscharen: eine Schar zweischaliger Hyperboloide, eine einschaliger Hyperboloide und eine Schar von Ellipsoiden. Diese drei Scharen bilden ein dreifaches Orthogonalsystem.

Beweis.

$$\varphi = \frac{x^2}{a+\lambda} + \frac{y^2}{b+\lambda} + \frac{z^2}{c+\lambda} - 1 = 0$$

sei eine Fläche einer der drei Scharen,

$$\psi = \frac{x^2}{a+\mu} + \frac{y^2}{b+\mu} + \frac{z^2}{c+\mu} - 1 = 0$$

eine Fläche einer andern Schar.

Für den Durchschnitt beider Flächen gelten beide Gleichungen gleichzeitig, ist also auch

$$\varphi - \psi = 0$$

oder

$$(\mu - \lambda)\left[\frac{x^2}{(a+\lambda)(a+\mu)} + \frac{y^2}{(b+\lambda)(b+\mu)} + \frac{z^2}{(c+\lambda)(c+\mu)}\right] = 0.$$

Da $\mu \neq \lambda$ ist, gilt für jeden Punkt des Durchschnitts die Gleichung

$$\frac{x}{a+\lambda}\,\frac{x}{a+\mu} + \frac{y}{b+\lambda}\,\frac{y}{b+\mu} + \frac{z}{c+\lambda}\,\frac{z}{c+\mu} = 0$$

oder

$$\varphi_x\,\psi_x + \varphi_y\,\psi_y + \varphi_z\,\psi_z = 0.$$

Diese Gleichung bedeutet aber, daß die beiden Flächen längs des Durchschnitts aufeinander senkrecht stehen, w. z. b. w.

Nach Dupins Satze schneiden sich die drei Flächenscharen in Krümmungslinien.

Um also zu einer vorgelegten zentrischen Fläche zweiten Grades

$$\frac{x^2}{A} + \frac{y^2}{B} + \frac{z^2}{C} = 1$$

die Krümmungslinien zu finden, die durch den Punkt (x, y, z) gehen, wählen wir die den beiden nichtverschwindenden Wurzeln λ_1 und λ_2 der kubischen Gleichung

$$\frac{x^2}{A+\lambda} + \frac{y^2}{B+\lambda} + \frac{z^2}{C+\lambda} = 1$$

entsprechenden (der gegebenen Fläche konfokalen) Flächen

$$\frac{x^2}{A+\lambda_1} + \frac{y^2}{B+\lambda_1} + \frac{z^2}{C+\lambda_1} = 1 \quad \text{und} \quad \frac{x^2}{A+\lambda_2} + \frac{y^2}{B+\lambda_2} + \frac{z^2}{C+\lambda_2} = 1.$$

Diese schneiden die vorgelegte Fläche in den gesuchten Krümmungslinien.

Anwendungen auf Mechanik.

§ 25. Zusammensetzung und Zerlegung von Kräften.

Zur Festlegung einer Kraft gehören bekanntlich drei Bestimmungsstücke: 1. ihr Betrag, 2. ihre Richtung, 3. ihr Angriffspunkt. Die durch den Angriffspunkt in der Kraftrichtung laufende Gerade heißt Wirkungslinie der Kraft. Auf dieser Wirkungslinie kann die Kraft beliebig verschoben werden; eine Kraft ist ein linienflüchtiger Vektor.

Die in der Mechanik oft geübte Zusammensetzung und Zerlegung von Kräften beruht auf dem fundamentalen

Satze vom Kräfteparallelogramm:

Zwei in einem Punkte O angreifende Kräfte $\overrightarrow{OA} = \mathfrak{A}$ und $\overrightarrow{OB} = \mathfrak{B}$ können in ihrer Wirkung stets durch eine in O angreifende Kraft

$$\overrightarrow{OR} = \mathfrak{R} = \mathfrak{A} + \mathfrak{B}$$

ersetzt werden, die die Resultante der beiden gegebenen Kräfte heißt.

Die Resultante wird durch die Diagonale OR des Parallelogramms $OARB$ der gegebenen Kräfte nach Betrag und Richtung dargestellt. Die Berechnung des Betrages R der Resultante geschieht einfach durch Quadrierung der Gleichung $\mathfrak{R} = \mathfrak{A} + \mathfrak{B}$:

$$R^2 = \mathfrak{R}^2 = (\mathfrak{A} + \mathfrak{B})^2 = \mathfrak{A}^2 + \mathfrak{B}^2 + 2\,\mathfrak{A}\mathfrak{B} = A^2 + B^2 + 2\,A\,B\cos\gamma,$$

wo A und B die Beträge*) und γ den Zwischenwinkel von $\mathfrak{A}$ und $\mathfrak{B}$ bedeuten. Die Richtung der Resultante kann durch den Winkel φ fixiert werden, den $\mathfrak{R}$ mit $\mathfrak{A}$ bildet. Um ihn zu bekommen, schreiben wir etwa

$$\mathfrak{A}\mathfrak{R} = \mathfrak{A}(\mathfrak{A} + \mathfrak{B}) = \mathfrak{A}\mathfrak{A} + \mathfrak{A}\mathfrak{B}$$

oder

$$A\,R\cos\varphi = A^2 + A\,B\cos\gamma,$$

mithin

$$\cos\varphi = (A + B\cos\gamma) : R.$$

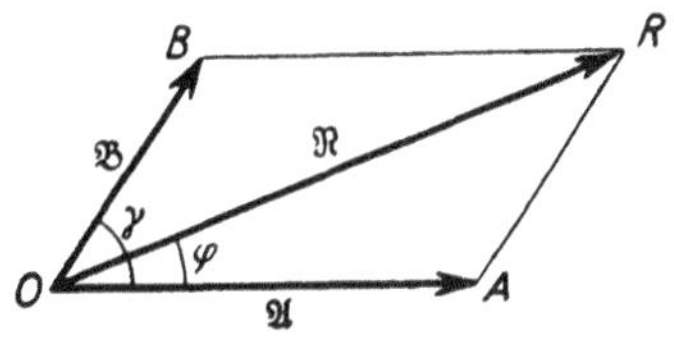

Bild 46.

Der Winkel φ kann aber auch durch den auf das Dreieck OAR angewandten Sinussatz gefunden werden:

$$\sin\varphi : \sin\gamma = B : R.$$

*) Wir bezeichnen hier die Beträge der Vektoren $\mathfrak{A}$, $\mathfrak{B}$, $\mathfrak{R}$ mit denselben Buchstaben wie die Spitzen. Ein Mißverständnis ist aber nicht zu befürchten, da aus dem Zusammenhange hervorgeht, was gemeint ist.

Man sagt: die Kraft $\mathfrak{R}$ ist aus den Kräften $\mathfrak{A}$ und $\mathfrak{B}$ zusammengesetzt und nennt $\mathfrak{A}$ und $\mathfrak{B}$ die *Komponenten* von $\mathfrak{R}$.

Die Aufgabe »*Eine gegebene Kraft in zwei Komponenten zu zerlegen*« findet ihre Lösung durch das in § 2 auseinandergesetzte Verfahren der Zerlegung eines Vektors in Komponenten.

Bringen wir in O die Kraft $\overrightarrow{OC} = \mathfrak{C} = -\mathfrak{R}$ an, so befindet sich der Punkt O unter der Einwirkung der *drei* Kräfte $\mathfrak{A}$, $\mathfrak{B}$, $\mathfrak{C}$ im Gleichgewicht. Wir erhalten die

Gleichgewichtsbedingung für drei Kräfte:

Ein von drei Kräften angegriffener Punkt ist im Gleichgewicht, wenn das aus den Kräften gebildete Vektoreck geschlossen ist.

Das Krafteck.

Da sich zwei in einem Punkte angreifende Kräfte durch eine geeignete dritte Kraft ersetzen lassen, so müssen sich auch beliebig viele in einem Punkte angreifende Kräfte durch eine einzige Kraft — ihre Resultante — ersetzen lassen. Wie man durch sukzessive Anwendung des Satzes vom Kräfteparallelogramm leicht findet, ist die Resultante die (vektorielle) Summe der gegebenen Kräfte. Diese Summe erhalten wir aber (§ 2) als Schlußstrecke des aus den vorgelegten Kräften gebildeten Vektorecks, des sog. *Kraftecks*. Daher gilt der

Satz vom Krafteck:

Die Resultante von beliebig vielen in einem Punkte angreifenden Kräften ist die Schlußstrecke des aus den Kräften konstruierten Kraftecks.

Als Sonderfall dieses Satzes ergibt sich die

Gleichgewichtsbedingung für Kräfte, die in einem Punkte angreifen:

Ein unter der Einwirkung von beliebig vielen Kräften stehender Punkt ist im Gleichgewicht, wenn das Eck der Kräfte geschlossen ist.

Der durch den Satz vom Krafteck zum Ausdruck gebrachten *Zusammenfassung* von Kräften zu einer Resultante steht die *Zerlegung einer Kraft nach mehreren Wirkungslinien* gegenüber. Die Vorschrift, nach der diese Zerlegung in Komponenten bewirkt wird, ist dieselbe wie die im § 2 für die Zerlegung eines Vektors gegebene.

Zwei bemerkenswerte Aufgaben mögen unsere Betrachtungen vervollständigen.

Aufgabe 1. *Die Resultante* $\mathfrak{R}$ *von drei in einem Punkte angreifenden* — nicht notwendig in einer Ebene liegenden — *Kräften*

$\mathfrak{A}$, $\mathfrak{B}$, $\mathfrak{C}$ zu berechnen, deren Beträge A, B, C und Zwischenwinkel α (zwischen $\mathfrak{B}$ und $\mathfrak{C}$), β (zwischen $\mathfrak{C}$ und $\mathfrak{A}$) und γ gegeben sind.

Lösung. Da $\mathfrak{R} = \mathfrak{A} + \mathfrak{B} + \mathfrak{C}$ ist, so erhalten wir für den Betrag R der Resultante die Berechnungsvorschrift

$$R^2 = \mathfrak{R}^2 = (\mathfrak{A} + \mathfrak{B} + \mathfrak{C})^2 = \mathfrak{A}^2 + \mathfrak{B}^2 + \mathfrak{C}^2 + 2\mathfrak{B}\mathfrak{C} + 2\mathfrak{C}\mathfrak{A} + 2\mathfrak{A}\mathfrak{B},$$

mithin

$$R^2 = A^2 + B^2 + C^2 + 2BC\cos\alpha + 2CA\cos\beta + 2AB\cos\gamma.$$

Die Richtung der Resultante bestimmen wir durch die Winkel φ, ψ, χ, die sie mit $\mathfrak{A}$, $\mathfrak{B}$, $\mathfrak{C}$ bildet. Um z. B. φ zu bekommen, schreiben wir

$$\mathfrak{A}\mathfrak{R} = \mathfrak{A}(\mathfrak{A} + \mathfrak{B} + \mathfrak{C}) = \mathfrak{A}\mathfrak{A} + \mathfrak{A}\mathfrak{B} + \mathfrak{A}\mathfrak{C}$$

oder

$$AR\cos\varphi = A^2 + AB\cos\gamma + AC\cos\beta.$$

Der Leser mache den Versuch, diese Aufgabe ohne Vektorrechnung zu lösen!

Aufgabe 2. Eine gegebene Kraft nach drei gegebenen Wirkungslinien zu zerlegen, wobei alle vier Wirkungslinien in einer Ebene liegen sollen.

Lösung. Die gegebenen Wirkungslinien seien $BC = \mathrm{I}$, $CA = \mathrm{II}$, $AB = \mathrm{III}$, die gegebene Kraft $\mathfrak{K}$. Wir verschieben $\mathfrak{K}$ auf ihrer Wirkungslinie IV, bis ihr Angriffspunkt auf den Schnitt S ihrer Wirkungslinie mit III fällt und zerlegen sie in zwei Komponenten: $\mathfrak{K}_3$ nach III und $\mathfrak{K}'$ nach CS (§ 2). Wir verschieben die Kraft $\mathfrak{K}'$ auf ihrer Wirkungslinie CS, bis ihr Angriffspunkt auf C fällt und zerlegen sie in zwei Komponenten $\mathfrak{K}_1$ nach I und $\mathfrak{K}_2$ nach II. Dann ist

$$\mathfrak{K} = \mathfrak{K}_1 + \mathfrak{K}_2 + \mathfrak{K}_3,$$

und zugleich liegen $\mathfrak{K}_1$, $\mathfrak{K}_2$, $\mathfrak{K}_3$ auf den Wirkungslinien I, II, III.

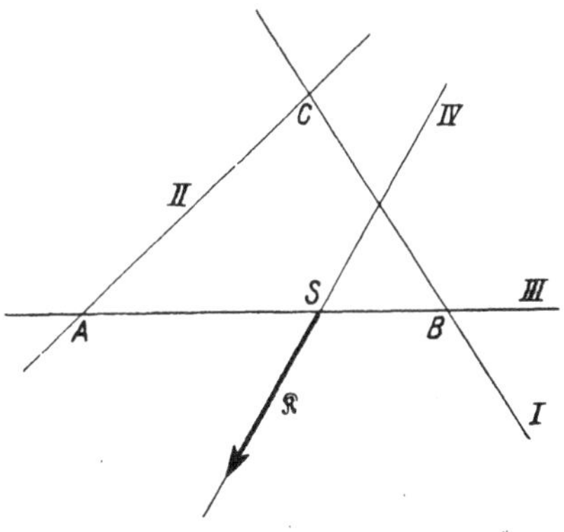

Bild 47.

Bei der im Vorstehenden behandelten Ermittlung der Resultante von Kräften, die in einem Punkte angreifen, kam es lediglich darauf an, die Größe der Resultante (Betrag und Richtung) zu finden; die Bestimmung ihres Angriffspunktes erforderte keine besondere Überlegung, da dieser von vornherein bekannt war. Anders dagegen bei Kräften, die nicht in einem Punkte angreifen; hier bildet die Bestimmung des Angriffspunktes einen wesentlichen Bestandteil der Resultantenermittlung.

Betrachten wir zunächst den Fall von zwei in einer Ebene liegenden Kräften!

Sind die Kräfte nicht parallel, so braucht man sie nur auf ihren Wirkungslinien zu verschieben, bis ihre Angriffspunkte auf den Schnittpunkt der Wirkungslinien fallen und dann den Satz vom Kräfteparallelogramm anzuwenden.

Sind die Kräfte aber parallel, so versagt dies Verfahren. Hier bietet gerade die Ermittlung des Angriffspunktes der Resultante die größere Schwierigkeit. Wir überwinden diese etwa folgendermaßen.

In den Angriffspunkten H und K der beiden gegebenen Kräfte $\mathfrak{A}$ und $\mathfrak{B}$ (mit den Beträgen A und B) bringen wir auf HK als gemeinsamer Wirkungslinie zwei entgegengesetztgleiche Hilfskräfte $\mathfrak{P}$ und $\mathfrak{Q}$ ($= -\mathfrak{P}$) an. Dann zeichnen wir das Parallelogramm I der Kräfte $\mathfrak{A}$ und $\mathfrak{P}$ nebst Resultante $\mathfrak{A}' = \mathfrak{A} + \mathfrak{P}$, sowie das Parallelogramm II der Kräfte $\mathfrak{B}$ und $\mathfrak{Q}$ nebst Resultante $\mathfrak{B}' = \mathfrak{B} + \mathfrak{Q}$. Die beiden Resultanten verschieben wir auf ihren Wirkungslinien bis zu deren Schnitt S und zerlegen hier rückwärts $\mathfrak{A}'$ in $\mathfrak{A}$ und $\mathfrak{P}$, $\mathfrak{B}'$ in $\mathfrak{B}$ und $\mathfrak{Q}$. $\mathfrak{P}$ und $\mathfrak{Q}$ heben sich auf, nur $\mathfrak{A}$ und $\mathfrak{B}$ bleiben übrig und setzen sich in S zur Resultante

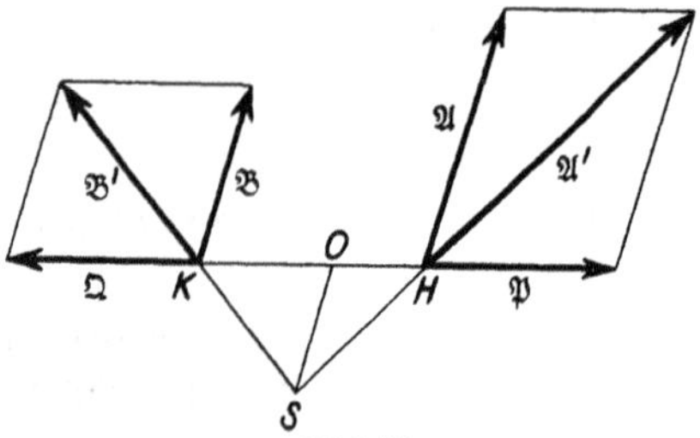

Bild 48.

$$\mathfrak{R} = \mathfrak{A} + \mathfrak{B}$$

zusammen. Die Richtung der Resultante ist die gemeinsame Richtung von $\mathfrak{A}$ und $\mathfrak{B}$, falls diese Kräfte gleich gerichtet sind. Bei entgegengesetzt gerichteten Kräften $\mathfrak{A}$ und $\mathfrak{B}$ hat die Resultante die Richtung von $\mathfrak{A}$ oder $\mathfrak{B}$, je nachdem $A \gtrless B$ ist; der Ausnahmefall $A = B$ scheidet hier aus, da sich die Wirkungslinien von $\mathfrak{A}'$ und $\mathfrak{B}'$ in diesem Falle nicht schneiden.

Als Angriffspunkt der Resultante $\mathfrak{R}$ wählen wir etwa den Schnittpunkt O ihrer Wirkungslinie SO mit HK. Auf die Bestimmung dieses Angriffspunktes kommt es an. Die Fixierung von O erfolgt am einfachsten durch das Teilverhältnis $HO : KO$ des Punktes O in bezug auf (oder für) die Punkte H und K, wobei dieses Verhältnis zweckmäßig positiv oder negativ gerechnet wird, je nachdem der Punkt O innerhalb oder außerhalb der Strecke HK liegt.

Nun ist jedes der beiden Dreiecke, in die I durch $\mathfrak{A}'$ zerfällt, dem Dreieck HSO ähnlich, so daß

$$HO : SO = P : A$$

wird. Ebenso findet sich

$$KO : SO = Q : B.$$

Aus diesen beiden Proportionen folgt

$$HO : KO = B : A,$$

wobei HO und KO aber zunächst noch als positiv aufgefaßt sind.

Führt man die Zeichnung für die drei oben unterschiedenen Fälle durch, so erkennt man, daß unsere Proportion die Lage von O eindeutig bestimmt, wenn man sie

$$HO : KO = \mathfrak{B} : \mathfrak{A}$$

schreibt, dem links stehenden Teilverhältnis das oben verabredete Vorzeichen beilegt und unter $\mathfrak{B} : \mathfrak{A}$ das Verhältnis $B : A$ oder $-B : A$ versteht, je nachdem $\mathfrak{A}$ und $\mathfrak{B}$ gleich oder entgegengesetzt gerichtet sind.

Das Ergebnis dieser Betrachtung ist der

Satz von den zwei Parallelkräften:

Zwei parallele Kräfte $\mathfrak{A}$ und $\mathfrak{B}$ haben im allgemeinen eine Resultante:

$$\mathfrak{R} = \mathfrak{A} + \mathfrak{B}.$$

Das Teilverhältnis ihres Angriffspunktes für die zu ihm kollinearen Angriffspunkte der gegebenen Kräfte ist gleich dem umgekehrten Verhältnis $\mathfrak{B} : \mathfrak{A}$ dieser Kräfte.

Im Ausnahmefalle entgegengesetzt gleicher paralleler Kräfte existiert keine Resultante.

Der Satz gilt, was ohne weiteres einleuchtet, auch umgekehrt:

Eine Kraft $\mathfrak{K}$ läßt sich stets in zwei ihr parallele Komponenten $\mathfrak{A}$ und $\mathfrak{B}$ zerlegen, wofern die Komponenten die Bedingung

$$\mathfrak{A} + \mathfrak{B} = \mathfrak{K},$$

ihre zum Angriffspunkte O von $\mathfrak{K}$ kollinearen Angriffspunkte H und K die Bedingung

$$HO : KO = \mathfrak{B} : \mathfrak{A}$$

erfüllen.

Aus unseren Überlegungen geht hervor, daß jedes in einer Ebene liegende System von Kräften oder Kraftgefüge im allgemeinen durch eine einzige Kraft — die Resultante des Gefüges — ersetzt werden kann.

Man ersetze nämlich je zwei der vorhandenen Kräfte durch ihre Resultante. Wiederholt man diesen Prozeß hinreichend oft, so erhält man im allgemeinen schließlich eine einzige Kraft: die Resultante des Kraftgefüges. Allerdings kann es vorkommen, daß als letztes Paar zwei entgegengesetzt gleiche Kräfte erscheinen. Diese haben keine Resultante. In diesem Ausnahmefalle besitzt auch das vorgelegte Kraftgefüge keine Resultante.

Die Zusammensetzung von beliebig im Raum verteilten Kräften führen wir auf Poinsots Theorie der Kräftepaare zurück.

Unter einem Kräftepaar versteht man ein Paar entgegengesetzt gleicher Kräfte mit verschiedenen Wirkungslinien. Die beiden Kräfte eines Paares seien $\mathfrak{K} = \overrightarrow{AB}$ und $\mathfrak{K}' = -\mathfrak{K} = \overrightarrow{CD}$, ihre Wirkungslinien I und II. Fällt man von einem beliebigen Punkte P von I das Lot PQ auf II, so heißt der Vektor $\overrightarrow{QP} = \mathfrak{k}$ der vektorielle Abstand der Kraft $\mathfrak{K}$ von $\mathfrak{K}'$ oder kürzer der Arm der Kraft $\mathfrak{K}$, ebenso der Vektor $\overrightarrow{PQ} = \mathfrak{k}'$ der Arm von $\mathfrak{K}'$. Der gleiche Betrag dieser beiden Kraftarme, d. h. der Abstand der beiden Wirkungslinien wird Arm des Paares genannt.

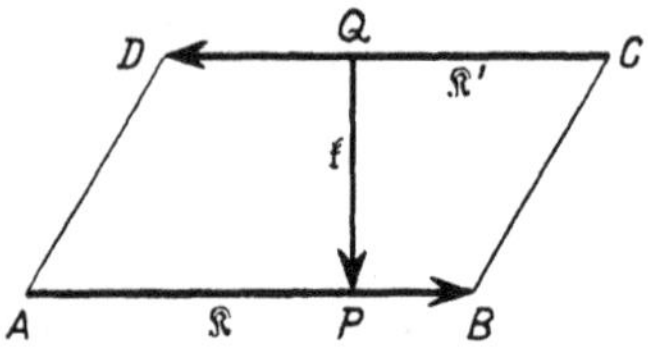

Bild 49.

Unter dem Moment des Kräftepaares versteht man das Vektorprodukt

$$\mathfrak{M} = \mathfrak{k} \times \mathfrak{K} = \mathfrak{k}' \times \mathfrak{K}'$$

das durch Multiplikation einer Kraft des Paares mit ihrem Arm entsteht.

Das Moment erhält man auch, wenn man die Kraft $\mathfrak{K}$ mit dem vektoriellen Abstande irgendeines Punktes ihrer Wirkungslinie von irgendeinem Punkte der Wirkungslinie der Kraft $\mathfrak{K}'$ vektorisch multipliziert (§ 3).

Das Moment $\mathfrak{M}$ kann auch als Vektor des Parallelogramms $ABCD$ aufgefaßt werden, wenn der positive Umlaufssinn des Parallelogramms durch die Reihenfolge A, B, C, D, A festgesetzt wird. Der Betrag des Moments ist in der Tat der Parallelogramminhalt, die Richtung des Moments die positive Durchschreitungsrichtung der Parallelogrammfläche (§ 3).

Wir stellen zunächst fest, daß das aus den Kräften $\mathfrak{H} = \overrightarrow{BC}$ und $\mathfrak{H}' = \overrightarrow{DA}$ gebildete Paar dem gegebenen Paar wirkungsgleich ist. Bringt man nämlich in B die beiden Kräfte $\mathfrak{H}$ und $\mathfrak{L} = -\mathfrak{H}$, in D die beiden Kräfte $\mathfrak{H}'$ und $\mathfrak{L}' = -\mathfrak{H}' = \mathfrak{H}$ an, so ändern wir die Wirkung des Paares ($\mathfrak{K}$, $\mathfrak{K}'$) dadurch nicht. Nun fassen wir $\mathfrak{K}$ und $\mathfrak{L}$ in B zur Resultante $\mathfrak{K} - \mathfrak{H}$, $\mathfrak{K}'$ und $\mathfrak{L}'$ in D zur Resultante $\mathfrak{H} - \mathfrak{K}$ zusammen. Da die beiden Resultanten die Wirkungslinie BD haben, heben sie sich auf, und an die Stelle des ursprünglichen Paares ($\mathfrak{K}$, $\mathfrak{K}'$) tritt das verbleibende Paar ($\mathfrak{H}$, $\mathfrak{H}'$), welches sonach dem gegebenen Paare wirkungsgleich ist.

Die Theorie der Kräftepaare gipfelt in den beiden

Sätzen von Poinsot:

1. Momentengleiche Kräftepaare sind wirkungsgleich.

2. Zwei Kräftepaare lassen sich in ihrer Wirkung stets durch ein einziges Kräftepaar ersetzen, das die Resultante der beiden gegebenen Paare heißt.

Das Moment der Resultante ist gleich der Summe der Momente der gegebenen Paare.

Beweis zu 1. Wir beweisen Satz 1 zunächst für Paare, die in einer Ebene liegen. Die beiden Paare seien ($\mathfrak{H}$, $\mathfrak{H}'$) mit den Wirkungslinien I und I′ und ($\mathfrak{K}$, $\mathfrak{K}'$) mit den Wirkungslinien II und II′. Wir betrachten das aus den Schnittpunkten A, B, O, P' der vier Paare (I, II′), (I, II), (II, I′), (I′, II′) gebildete Parallelogramm $ABOP'$ und schieben $\mathfrak{H}$ nach $\overrightarrow{AP}$, $\mathfrak{H}'$ nach $\overrightarrow{A'P'}$, $\mathfrak{K}$ nach $\overrightarrow{BQ}$, $\mathfrak{K}'$ nach $\overrightarrow{B'Q'} = \overrightarrow{B'A}$. Darauf ersetzen wir das Paar ($\mathfrak{K}$, $\mathfrak{K}'$) durch das Paar ($\mathfrak{L}$, $\mathfrak{L}'$), wo $\mathfrak{L} = \overrightarrow{AB}$ und $\mathfrak{L}' = \overrightarrow{QB'}$ (s. o.).

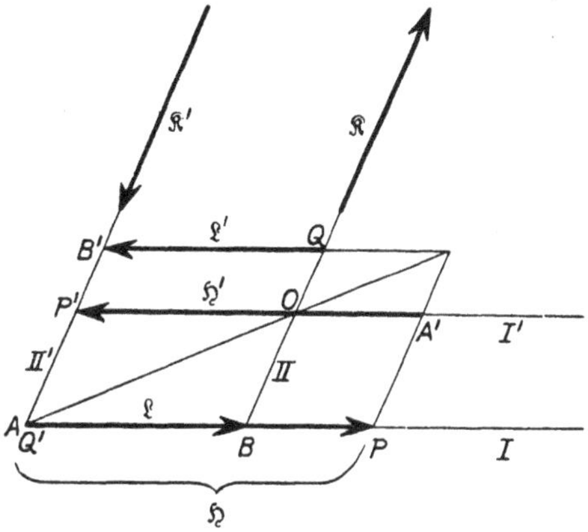

Bild 50.

Sodann zerlegen wir nach dem Satze von den parallelen Kräften $\mathfrak{H}'$ in die zwei Komponenten $\mathfrak{L}' = \overrightarrow{QB'}$ und $\overrightarrow{PB}$ ($= A'O$) [das ist möglich, da wegen der Inhaltsgleichheit der Parallelogramme $APA'P'$ und $BQB'Q'$ die Proportion $BO : QO = QB' : BP$ erfüllt ist]. Damit scheidet $\mathfrak{H}'$ aus, und die Kraft $\overrightarrow{PB}$ hebt sich gegen den Anteil $\overrightarrow{BP}$ von $\mathfrak{H}$ weg, so daß auf I nur die Kraft $\mathfrak{L} = \overrightarrow{AB}$ übrig bleibt. Folglich ist das Paar ($\mathfrak{H}$, $\mathfrak{H}'$) dem Paare ($\mathfrak{L}$, $\mathfrak{L}'$) und damit dem Paare ($\mathfrak{K}$, $\mathfrak{K}'$) wirkungsgleich.

Um den Beweis des Satzes 1 zu vervollständigen, müssen wir noch zeigen, daß ein Kräftepaar parallel mit sich selbst verschoben werden kann [d. h. so, daß seine Kräfte dauernd ihre Richtung und ihren gegenseitigen Abstand beibehalten], ohne seine Wirkung zu ändern.

Dazu seien P und P' die Angriffspunkte der Kräfte $\mathfrak{K}$ und $\mathfrak{K}'$ eines Paares, Q und Q' zwei andere Punkte derart, daß $\overrightarrow{QQ'} = \overrightarrow{PP'}$, wobei QQ' in der Ebene des Paares ($\mathfrak{K}$, $\mathfrak{K}'$), aber auch in einer andern dazu parallelen Ebene liegen kann.

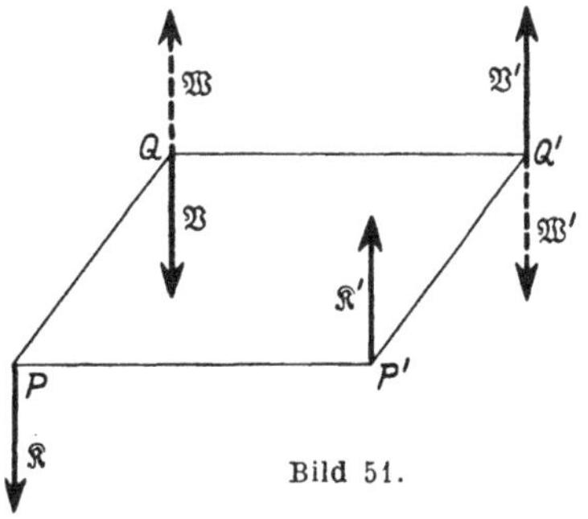

Bild 51.

Wir bringen in Q die Kräfte $\mathfrak{V} = \mathfrak{K}$ und $\mathfrak{W} = \mathfrak{K}'$, in Q' die Kräfte $\mathfrak{V}' = \mathfrak{K}'$ und $\mathfrak{W}' = \mathfrak{K}$ an, wodurch die Wirkung des vorgelegten Paares nicht geändert wird. Darauf ersetzen wir die in P angreifende Kraft $\mathfrak{K}$ und die in Q' angreifende Kraft $\mathfrak{W}'$ im Diagonalenschnittpunkte O des Parallelogramms $PP'Q'Q$ durch ihre Resultante $\mathfrak{R} = 2\,\mathfrak{K}$, ebenso die in P' angreifende Kraft $\mathfrak{K}'$ und die in Q angreifende Kraft $\mathfrak{W}$ in O durch ihre Resultante $\mathfrak{R}' = 2\,\mathfrak{K}'$. Da sich die Kräfte $\mathfrak{R}$ und $\mathfrak{R}'$ vernichten, bleibt nur das verschobene Paar ($\mathfrak{V}$, $\mathfrak{V}'$) übrig, welches also dieselbe Wirkung wie das Ausgangspaar ($\mathfrak{K}$, $\mathfrak{K}'$) ausübt.

Beweis zu 2. Die Momente $\overrightarrow{OP} = \mathfrak{p}$ und $\overrightarrow{OQ} = \mathfrak{q}$ der beiden gegebenen Paare I und II mögen in der Zeichenebene liegen. Wir drehen (was nach Satz 1 erlaubt ist) I und II in ihren Ebenen um die Drehachsen OP und OQ, bis ihre Arme OA und OB auch in die Zeichenebene fallen und wählen außerdem $OA = p = |\mathfrak{p}|$, $OB = q = |\mathfrak{q}|$. Dann hat jede der vier Kräfte den Betrag 1. Nun ersetzen wir die beiden in A und B angreifenden Kräfte 1 durch ihre in der Mitte M von AB angreifende Resultante 2. Wir haben es dann nur noch mit dem Kräftepaar zu tun, dessen eine Kraft 2 in O nach unten, dessen andere Kraft 2 in M nach oben wirkt. Dieses Paar ersetzen wir nun wieder nach Satz 1 durch das aus den beiden Kräften 1 in O und 1 in C bestehende Paar, unter C den Endpunkt der Verlängerung von OM um sich selbst verstanden.

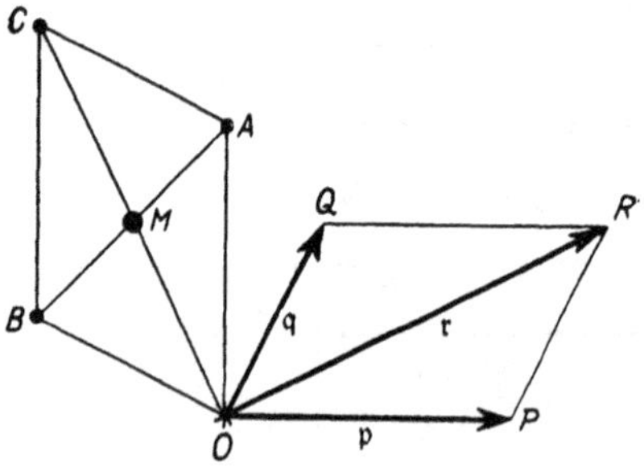

Bild 52.

Damit sind die beiden gegebenen Paare durch das neue Paar mit dem Arm OC ersetzt. Das Moment dieses Paares liegt in der Zeichenebene, steht auf OC senkrecht und hat den Betrag OC. Zugleich läßt sich das Parallelogramm $OACB$ durch eine Drehung um O als Drehpunkt um den Winkel 90^0 mit dem Parallelogramm $OPRQ$ der Momente $\mathfrak{p}$ und $\mathfrak{q}$ zur Deckung bringen, wobei OC auf OR fällt.

Mithin ist $\overrightarrow{OR} = \mathfrak{r}$ das Moment des gefundenen Ersatzpaares, der Resultante von I und II. Und da $\mathfrak{r} = \mathfrak{p} + \mathfrak{q}$ ist, ist der Satz bewiesen.

Wir folgern aus Poinsots Sätzen noch: Das Moment eines Kräftepaares ist ein freier Vektor; es kann parallel zu sich selbst beliebig verschoben werden (was bei einer Kraft nicht gestattet ist).

Louis Poinsot (1777—1859) veröffentlichte seine Theorie der Kräftepaare in seinen Éléments de Statique (Paris 1803).

Poinsots Theoreme gestatten einen sehr einfachen Beweis des allgemeinen Satzes:

Ein beliebiges Kraftgefüge läßt sich stets durch eine Einzelkraft und ein Kräftepaar ersetzen.

Die irgendwie im Raume verteilten Kräfte des Gefüges seien $\mathfrak{A}$, $\mathfrak{B}$, $\mathfrak{C}$, ..., ihre Angriffspunkte P, Q, R, ...

In einem beliebigen mit diesen Angriffspunkten starr verbunden gedachten Punkte O lassen wir folgende Kräfte angreifen:
$\mathfrak{A}_1 = \mathfrak{A}$, $\mathfrak{A}' = -\mathfrak{A}$, $\mathfrak{B}_1 = \mathfrak{B}$, $\mathfrak{B}' = -\mathfrak{B}$, $\mathfrak{C}_1 = \mathfrak{C}$, $\mathfrak{C}' = -\mathfrak{C}, \ldots$, wodurch der Zustand des Systems nicht geändert wird, da sich diese Zusatzkräfte paarweise aufheben.

Nun ordnen wir alle Kräfte in zwei Klassen. Die erste Klasse umfaßt die in O angreifenden Kräfte $\mathfrak{A}_1$, $\mathfrak{B}_1$, $\mathfrak{C}_1$, ..., die zweite Klasse die Kräftepaare $(\mathfrak{A}, \mathfrak{A}')$, $(\mathfrak{B}, \mathfrak{B}')$, $(\mathfrak{C}, \mathfrak{C}')$, ...

Die Kräfte der ersten Klasse fassen wir zur Resultante
$\mathfrak{R} = \mathfrak{A}_1 + \mathfrak{B}_1 + \mathfrak{C}_1 + \ldots$ oder

$$\boxed{\mathfrak{R} = \mathfrak{A} + \mathfrak{B} + \mathfrak{C} + \ldots}$$

mit dem Angriffspunkt O zusammen.

Die Paare der zweiten Klasse lassen sich nach Poinsots Sätzen zu einem resultierenden Paar zusammenfassen, dessen Moment $\mathfrak{M}$ die Summe der Momente der vorhandenen Paare ist.

Setzen wir $\overrightarrow{OP} = \mathfrak{a}$, $\overrightarrow{OQ} = \mathfrak{b}$, $\overrightarrow{OR} = \mathfrak{c}, \ldots$, so ist z. B. das Moment von $(\mathfrak{A}, \mathfrak{A}')$ $\mathfrak{a} \times \mathfrak{A}$, mithin

$$\boxed{\mathfrak{M} = \mathfrak{a} \times \mathfrak{A} + \mathfrak{b} \times \mathfrak{B} + \mathfrak{c} \times \mathfrak{C} + \ldots}.$$

§ 26. Gleichgewicht des starren Systems.

Ein fester Körper oder eine Gesamtheit von starr miteinander verbundenen festen Körpern heißt starres System.

Eine der wichtigsten Fragen der Mechanik lautet:

Wann ist ein von beliebigen Kräften angegriffenes starres System im Gleichgewicht?

Ehe wir die Frage in dieser Allgemeinheit beantworten, betrachten wir den oft vorkommenden Sonderfall, bei dem ein Körper mit einer festen Achse starr verbunden und um diese drehbar ist. Die Antwort auf diese spezielle Frage erteilt der sog. Momentensatz, dessen Darlegung wir eine kurze Erörterung über den Begriff des Moments einer Kraft für einen Punkt oder für eine Gerade vorausschicken.

Dieser Begriff, einer der wichtigsten der Mechanik, setzt die Kraft zu einem passend ausgewählten Punkte oder einer geeigneten Geraden in

Beziehung. Der Punkt bzw. die Gerade erhält dann die Benennung Bezugspunkt oder Momentenpunkt bzw. Bezugsachse oder Momentenachse.

Das Moment einer Kraft $\mathfrak{K}$ für einen Bezugspunkt ist das Vektorprodukt $\mathfrak{s} \times \mathfrak{K}$, das durch Multiplikation der Kraft mit dem vektoriellen Abstande $\mathfrak{s}$ ihres Angriffspunktes vom Bezugspunkte entsteht.

Dabei kann jeder Punkt der Wirkungslinie der Kraft als Angriffspunkt gewählt werden, da (§ 3) $\mathfrak{s} \times \mathfrak{K} = \mathfrak{n} \times \mathfrak{K}$ ist, wenn $\mathfrak{n}$ die zu $\mathfrak{K}$ normale Komponente von $\mathfrak{s}$ bedeutet.

Das Moment einer im Punkte A angreifenden Kraft für eine Bezugsachse o ist das Vektorprodukt $\mathfrak{r} \times \mathfrak{N}$, das durch Multiplikation der zur Ebene Ao normalen Komponente $\mathfrak{N}$ der Kraft mit dem vektorischen Abstande $\mathfrak{r}$ ihres Angriffspunktes von der Achse entsteht. Das Moment für eine Achse ist der Achse parallel.

Auch bei diesem Moment kann ein beliebiger Punkt der Wirkungslinie der gegebenen Kraft als Angriffspunkt gewählt werden, wie aus folgendem Satze hervorgeht.

Das Moment einer Kraft für eine Achse ist gleich der auf die Achse bewirkten Projektion des Moments der Kraft für einen beliebigen Achsenpunkt.

Beweis. Die Achse sei o, ein beliebiger ihrer Punkte O, die Kraft $\mathfrak{K}$, ihr Angriffspunkt A. Wir fällen das Lot AF auf o, nennen die Ebene OAF E und setzen

$$\overrightarrow{FA} = \mathfrak{r}, \qquad \overrightarrow{OF} = \mathfrak{p}, \qquad \overrightarrow{OA} = \mathfrak{s}.$$

Wir zerlegen $\mathfrak{K}$ in eine zu E parallele Komponente $\mathfrak{P}$ und eine zu E normale Komponente $\mathfrak{N}$, so daß

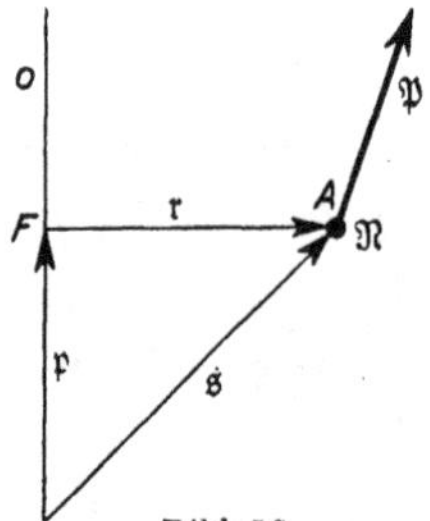

Bild 53.

$$\mathfrak{K} = \mathfrak{N} + \mathfrak{P}$$

ist.

Dann ist das Moment von $\mathfrak{K}$ für o

$$\mathfrak{m} = \mathfrak{r} \times \mathfrak{N},$$

das Moment von $\mathfrak{K}$ für O

$$\mathfrak{M} = \mathfrak{s} \times \mathfrak{K}.$$

Wir haben nun

$$\mathfrak{M} = \mathfrak{s} \times (\mathfrak{N} + \mathfrak{P}) = \mathfrak{s} \times \mathfrak{N} + \mathfrak{s} \times \mathfrak{P}$$

oder, da $\mathfrak{s} = \mathfrak{r} + \mathfrak{p}$, mithin $\mathfrak{s} \times \mathfrak{N} = \mathfrak{r} \times \mathfrak{N} + \mathfrak{p} \times \mathfrak{N}$ ist,

$$\mathfrak{M} = \mathfrak{m} + \mathfrak{p} \times \mathfrak{N} + \mathfrak{s} \times \mathfrak{P}.$$

Da die Vektoren $\mathfrak{p} \times \mathfrak{N}$ und $\mathfrak{s} \times \mathfrak{P}$ auf o senkrecht stehen, so verschwinden ihre Projektionen auf o, so daß die Projektion von $\mathfrak{M}$ mit der von $\mathfrak{m}$ übereinstimmt. Letztere ist aber $\mathfrak{m}$ selbst, da $\mathfrak{m}$ achsenparallel läuft. Damit ist der Satz bewiesen.

Neben dem Moment einer Einzelkraft betrachtet man das Moment eines Systems von Kräften.

Unter dem Moment eines Kraftgefüges für einen Punkt bzw. eine Gerade versteht man die Summe der Momente der einzelnen Kräfte des Gefüges für den Punkt bzw. die Gerade.

Für Kräfte, die eine Resultante besitzen, gilt der

Satz von Varignon:

Das Moment der Resultante eines Kraftgefüges ist gleich der Summe der Momente seiner Kräfte.

Beweis. Die Kräfte des Gefüges seien $\mathfrak{A}$, $\mathfrak{B}$, $\mathfrak{C}$, ..., ihre Angriffspunkte P, Q, R, ... Die Resultante heiße $\mathfrak{R}$ und greife im Punkte O an. Wir setzen $\overrightarrow{OP} = \mathfrak{a}_0$, $\overrightarrow{OQ} = \mathfrak{b}_0$, $\overrightarrow{OR} = \mathfrak{c}_0$, ... und ersetzen (wie im vorigen Paragraphen) das Gefüge durch die in O angreifende Einzelkraft

$$\mathfrak{K} = \mathfrak{A} + \mathfrak{B} + \mathfrak{C} + \ldots$$

und das Kräftepaar vom Moment

$$\mathfrak{M} = \mathfrak{a}_0 \times \mathfrak{A} + \mathfrak{b}_0 \times \mathfrak{B} + \mathfrak{c}_0 \times \mathfrak{C} + \ldots$$

Da das Gefüge eine Resultante haben soll, muß $\mathfrak{M}$ verschwinden und

$$\mathfrak{R} = \mathfrak{K} = \mathfrak{A} + \mathfrak{B} + \mathfrak{C} + \ldots$$

sein.

Nun sei der beliebige Punkt M Momentenpunkt und

$$\overrightarrow{MP} = \mathfrak{a}, \quad \overrightarrow{MQ} = \mathfrak{b}, \quad \overrightarrow{MR} = \mathfrak{c}, \quad \ldots \quad \text{sowie } \overrightarrow{MO} = \mathfrak{r}.$$

Dann ist

$$\mathfrak{a} = \mathfrak{a}_0 + \mathfrak{r}, \qquad \mathfrak{b} = \mathfrak{b}_0 + \mathfrak{r}, \qquad \mathfrak{c} = \mathfrak{c}_0 + \mathfrak{r}, \ldots$$

und

$$\mathfrak{a} \times \mathfrak{A} + \mathfrak{b} \times \mathfrak{B} + \mathfrak{c} \times \mathfrak{C} + \ldots = \mathfrak{a}_0 \times \mathfrak{A} + \mathfrak{b}_0 \times \mathfrak{B} + \ldots + \mathfrak{r} \times \mathfrak{A} + \mathfrak{r} \times \mathfrak{B} + \ldots$$

oder, da $\mathfrak{a}_0 \times \mathfrak{A} + \mathfrak{b}_0 \times \mathfrak{B} + \ldots = \mathfrak{M}$ verschwindet,

$$\mathfrak{a} \times \mathfrak{A} + \mathfrak{b} \times \mathfrak{B} + \mathfrak{c} \times \mathfrak{C} + \ldots = \mathfrak{r} \times \mathfrak{R},$$

womit der Varignonsche Satz bewiesen ist.

(Pierre Varignon, 1654—1722, Nouvelle Mécanique, Paris 1687.)

Der Varignonsche Satz gestattet die Beantwortung der fundamentalen Frage:

Wann ist ein von Kräften angegriffener, um eine feste Achse drehbarer Körper im Gleichgewicht?

Wir setzen voraus, daß die angreifenden Kräfte eine Resultante $\mathfrak{R}$ besitzen. Wenn sich der Körper im Gleichgewicht befindet, muß die Wirkungslinie von $\mathfrak{R}$ die Achse o irgendwo, etwa in S, schneiden.

Wir wählen S als Momentenpunkt. Dann ist das Moment von $\mathfrak{R}$ Null. Nach Varignons Satz verschwindet sonach das Moment $\mathfrak{M}$ des Kraftgefüges (für S) und damit auch die Projektion von $\mathfrak{M}$ auf o, d. h. das Moment des Gefüges für o. (Satz von der Projektion der Vektorsumme.) Demnach gilt folgender

Momentensatz.

Ein von Kräften angegriffener, um eine feste Achse drehbarer Körper ist im Gleichgewicht, wenn das Moment des Kraftgefüges für die Achse verschwindet.

Wir wählen eine der beiden Richtungen der Drehachse als positive Achsenrichtung und nennen das (achsenparallele) Moment einer Kraft für die Achse Rechts- oder Linksmoment, je nachdem die Kraft für einen in der positiven Achsenrichtung blickenden Beobachter den Körper rechts oder links zu drehen sucht. Bedeuten ferner $\mathfrak{e}$ den die positive Richtung der Drehachse anzeigenden Einheitsvektor, R, R', R'', ... die Beträge der vorkommenden Rechtsmomente, L, L', L'', ... die der Linksmomente, so ist $R\mathfrak{e} + R'\mathfrak{e} + R''\mathfrak{e} + \ldots$ die Summe der Rechtsmomente, $-L\mathfrak{e} - L'\mathfrak{e} - L''\mathfrak{e} - \ldots$ die Summe der Linksmomente. Da die Summe aller Momente verschwindet, wird

$$R + R' + R'' + \ldots = L + L' + L'' + \ldots,$$

und die Gleichgewichtsbedingung erhält die Form:

Momentensatz:

Ein um eine Achse drehbarer Körper ist im Gleichgewicht, wenn die Beträge der Rechtsmomente dieselbe Summe ergeben wie die der Linksmomente.

Meist läßt man den Hinweis auf die Beträge fort und hat dann die kurze Fassung:

Gleichgewicht herrscht, wenn Rechts- und Linksmomente gleiche Summen haben.

Man darf nur nicht vergessen, daß dabei mit Momenten nur Beträge von Momenten gemeint sind. Doch ist ein Mißverständnis nicht zu befürchten, da man bei dieser Fassung die Momente mit lateinischen Buchstaben schreibt.

Der Momentensatz wird hauptsächlich angewandt, wenn alle Drehkräfte in einer achsennormalen Ebene liegen. In diesem Falle heißt der Schnittpunkt der Ebene mit der Achse Drehpunkt, das vom Drehpunkt auf die Wirkungslinie einer der beteiligten Kräfte gefällte Lot Arm der Kraft, und das Moment der Kraft — ausführlicher Drehmoment der Kraft — ist das Produkt aus Kraft und Kraftarm, wobei diesmal unter »Kraft« nur der Betrag der Kraft zu verstehen ist.

Der denkbar einfachste Fall liegt vor, wenn eine Kraft A den Körper rechts, eine andere, B, ihn links zu drehen sucht. Nennen wir die Kraftarme a und b, so lautet die Gleichgewichtsbedingung

$$Aa = Bb.$$

Sie enthält das

Hebelgesetz von Archimedes:

Ein von zwei ungleichsinnig drehenden Kräften angegriffener Hebel ist im Gleichgewicht, wenn die Momente der Kräfte gleich sind.

Nach dieser Erörterung des Momentensatzes untersuchen wir die Gleichgewichtsbedingungen für den allgemeinsten Fall, in dem ein beliebiges starres System von beliebigen Kräften angegriffen wird.

Das Kraftgefüge umfasse die in den Punkten P, P', P'', ... angreifenden Kräfte $\mathfrak{K}$, $\mathfrak{K}'$, $\mathfrak{K}''$, ...

Wir wählen einen mit dem System starr verbunden gedachten beliebigen Punkt O als Ursprung eines rechtwinkligen Koordinatensystems, zugleich als Bezugspunkt für alle vorkommenden Kräfte, nennen die vektorischen Abstände der Angriffspunkte P, P', P'', ... von O $\mathfrak{k}$, $\mathfrak{k}'$, $\mathfrak{k}''$, ... und ersetzen wie im vorigen Paragraphen das Kraftgefüge durch die in O angreifende Einzelkraft

$$\mathfrak{R} = \mathfrak{K} + \mathfrak{K}' + \mathfrak{K}'' + \dots$$

und das Kräftepaar vom Moment

$$\mathfrak{M} = \mathfrak{k} \times \mathfrak{K} + \mathfrak{k}' \times \mathfrak{K}' + \mathfrak{k}'' \times \mathfrak{K}'' + \dots$$

Wenn das System im Gleichgewicht sein soll, muß sowohl $\mathfrak{R}$ als auch $\mathfrak{M}$ verschwinden.

Die allgemeinste Gleichgewichtsbedingung besteht daher in der Doppelgleichung

$$\boxed{\mathfrak{R} = 0, \qquad \mathfrak{M} = 0}.$$

Unser Ergebnis enthält die

Gleichgewichtsbedingungen des starren Systems:

Ein unter der Einwirkung beliebiger Kräfte befindliches starres System ist im Gleichgewicht, wenn die Summe aller Kräfte verschwindet, und wenn außerdem das Moment des Kraftgefüges für einen beliebigen Bezugspunkt verschwindet.

Wir übertragen die gefundenen Bedingungen in die Koordinatensprache. Die Koordinaten der Angriffspunkte P, P', P'', ... seien (x, y, z), (x', y', z'), (x'', y'', z''), ..., die Komponenten (besser Maßzahlen) der angreifenden Kräfte nach den Koordinatenachsen (X, Y, Z), (X', Y', Z'), (X'', Y'', Z''), ...

Die erste Gleichgewichtsbedingung

$$\mathfrak{K} + \mathfrak{K}' + \mathfrak{K}'' + \ldots = 0$$

ersetzen wir demgemäß durch das Gleichungstripel

$$X + X' + \ldots = 0, \qquad Y + Y' + \ldots = 0, \qquad Z + Z' + \ldots = 0,$$

abgekürzt:

$$\Sigma X = 0, \qquad \Sigma Y = 0, \qquad \Sigma Z = 0.$$

Da ferner (§ 6) die Maßzahlen z. B. des Vektors $\mathfrak{k} \times \mathfrak{K}$

$$yZ - zY, \qquad zX - xZ, \qquad xY - yX$$

sind, verwandelt sich die zweite Gleichgewichtsbedingung

$$\mathfrak{k} \times \mathfrak{K} + \mathfrak{k}' \times \mathfrak{K}' + \mathfrak{k}'' \times \mathfrak{K}'' + \ldots = 0$$

in das Gleichungstripel

$$\Sigma(yZ - zY) = 0, \qquad \Sigma(zX - xZ) = 0, \qquad \Sigma(xY - yX) = 0.$$

So entstehen die

sechs Gleichgewichtsbedingungen des starren Systems:

$$\boxed{\Sigma X = 0, \quad \Sigma Y = 0, \quad \Sigma Z = 0},$$

$$\boxed{\Sigma(yZ - zY) = 0, \quad \Sigma(zX - xZ) = 0, \quad \Sigma(xY - yX) = 0},$$

in denen (X, Y, Z) die Maßzahlen der im Punkte (x, y, z) angreifenden Kraft bedeuten.

Das erste dieser Gleichungstripel wird Komponentensatz, das zweite Momentensatz genannt.

Der Komponentensatz sagt aus, daß das System keine Verschiebungen in den Achsenrichtungen erfährt.

Der Momentensatz lehrt, daß keine Drehungen um die Achsen stattfinden.

Zusatz. Liegen alle Kräfte in einer Ebene, der xy-Ebene, so reduzieren sich die sechs Gleichgewichtsbedingungen auf drei:

$$\boxed{\Sigma X = 0, \quad \Sigma Y = 0, \quad \Sigma(xY - yX) = 0}.$$

Wir wenden die Gleichgewichtsbedingungen auf ein einfaches Beispiel an.

Aufgabe. Welche Horizontalneigung Θ hat ein Stab von der Länge $2l$, der reibungslos in einer Halbkugelschale vom Radius r steht?

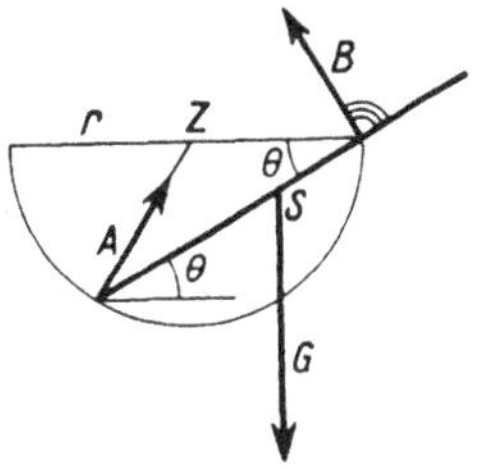

Bild 54.

Lösung. Den Stab greifen drei Kräfte an:

1. im Schwerpunkt S das Stabgewicht G,
2. am unteren Ende O des Stabes der nach dem Kugelzentrum Z gerichtete Wanddruck A,
3. der vom Schalenrande senkrecht zum Stabe ausgeübte Druck B.

Wir wählen O als Momentenpunkt und Ursprung eines Koordinatensystems, dessen x-Achse waagrecht, dessen y-Achse lotrecht nach oben läuft. Dann sind die Komponenten von G, A, B bzw.

$$X = 0, \quad Y = -G;$$

$$X' = A\cos 2\theta, \quad Y' = A\sin 2\theta; \quad X'' = -B\sin\theta, \quad Y'' = B\cos\theta.$$

Die Arme der drei Kräfte sind $l\cos\theta$, 0, $2r\cos\theta$. Der Komponentensatz liefert die beiden Bedingungen

$$A\cos 2\theta = B\sin\theta, \qquad A\sin 2\theta + B\cos\theta = G,$$

der Momentensatz die Bedingung

$$G\cdot l\cos\theta = B\cdot 2r\cos\theta.$$

Aus den beiden ersten Bedingungen ergeben sich die Drucke A und B:

$$A = G\operatorname{tg}\theta, \qquad B = G\cos 2\theta : \cos\theta,$$

aus der dritten Bedingung die Bestimmungsgleichung

$$l\cos\theta = 2r\cos 2\theta$$

für die gesuchte Neigung θ des Stabes gegen den Horizont.

§ 27. Der Schwerpunkt.

In der Mechanik versteht man unter einem Punkthaufen ein System von Massenpunkten, d. h. ein System von Punkten P_1, P_2, P_3, ..., in denen die Massen m_1, m_2, m_3, ... konzentriert sind.

Der Schwerpunkt oder Massenmittelpunkt eines Punkthaufens ist das Zentroid (§ 10) des Punkthaufens, wenn man jedem Punkte des Haufens seine Masse als Stärke beilegt. Dem Schwerpunkt selbst assoziieren wir dann als Stärke die Gesamtmasse des Haufens. Man sagt deshalb: Im Schwerpunkt ist die Masse des Haufens konzentriert.

Ist O ein beliebiger, aber fester Bezugspunkt, $\overrightarrow{OP_\nu} = \mathfrak{r}_\nu$ der Ortsvektor des Massenpunktes P_ν, $\overrightarrow{OS} = \mathfrak{R}$ der Ortsvektor des Schwerpunktes S, M die Gesamtmasse des Haufens, so gilt (§ 10) die

Schwerpunktformel:

$$\boxed{M\mathfrak{R} = m_1 \mathfrak{r}_1 + m_2 \mathfrak{r}_2 + \ldots} \qquad \text{mit } M = m_1 + m_2 + \ldots$$

Aus § 10 folgt ferner:

Die Lage des Schwerpunktes ist von der Wahl des Bezugspunktes unabhängig.

Um zu einer mehr physikalischen Definition des Schwerpunktes zu gelangen, betrachten wir die Anziehungskräfte A_ν, die die Erde auf die einzelnen Massenpunkte m_ν des Haufens ausübt, und die wir, wenn wir das Gewichtsgramm als Krafteinheit wählen, durch $A_\nu = m_\nu$ ($\nu = 1, 2, \ldots$) darstellen können. Da diese Anziehungskräfte alle gleichgerichtet, nämlich lotrecht nach unten gerichtet sind, so besitzen sie eine Resultante, die gleichfalls lotrecht nach unten gerichtet ist. Diese ermitteln wir.

Wir bestimmen zunächst den Angriffspunkt Q_2 der Resultante $R_2 = A_1 + A_2$ der beiden auf m_1 und m_2 wirkenden Anziehungskräfte A_1 und A_2. Er liegt auf der Verbindungsstrecke $P_1 P_2$ und teilt diese (§ 25) im Verhältnis

$$P_1 Q_2 : P_2 Q_2 = m_2 : m_1 .$$

Sein Ortsvektor $\overrightarrow{OQ_2} = \mathfrak{s}_2$ bestimmt sich daher (§ 10) durch die Gleichung

$$n_2 \mathfrak{s}_2 = m_1 \mathfrak{r}_1 + m_2 \mathfrak{r}_2 \qquad \text{mit } n_2 = m_1 + m_2 .$$

Darauf ermitteln wir den Angriffspunkt Q_3 der Resultante $R_3 = R_2 + A_3 = A_1 + A_2 + A_3$ der beiden Kräfte R_2 und A_3. Er liegt auf $Q_2 P_3$ und teilt diese Strecke im Verhältnis

$$Q_2 Q_3 : P_3 Q_3 = m_3 : n_2 ,$$

so daß sich sein Ortsvektor $\overrightarrow{OQ_3} = \mathfrak{s}_3$ durch die Gleichung $n_3 \mathfrak{s}_3 = n_2 \mathfrak{s}_2 + m_3 \mathfrak{r}_3$ oder

$$n_3 \mathfrak{s}_3 = m_1 \mathfrak{r}_1 + m_2 \mathfrak{r}_2 + m_3 \mathfrak{r}_3 \qquad \text{mit } n_3 = m_1 + m_2 + m_3$$

bestimmt.

Dann ermitteln wir den Ortsvektor $\mathfrak{s}_4$ des Angriffspunktes der beiden Kräfte R_3 und A_4 und finden ebenso

$$n_4 \mathfrak{s}_4 = m_1 \mathfrak{r}_1 + m_2 \mathfrak{r}_2 + m_3 \mathfrak{r}_3 + m_4 \mathfrak{r}_4 \qquad \text{mit } n_4 = m_1 + m_2 + m_3 + m_4$$

usw. Wir kommen zu dem Ergebnis:

Der Ortsvektor $\mathfrak{S}$ des Angriffspunktes der gesuchten Resultante bestimmt sich durch die Vorschrift

$$M \mathfrak{S} = m_1 \mathfrak{r}_1 + m_2 \mathfrak{r}_2 + \ldots \qquad \text{mit } M = m_1 + m_2 + \ldots .$$

Daher ist $M\mathfrak{S} = M\mathfrak{R}$ oder $\mathfrak{S} = \mathfrak{R}$.

Die Resultante der von der Erde auf die Massenpunkte des Haufens ausgeübten Anziehungskräfte läuft also durch den Schwerpunkt.

Hängt man den Punkthaufen (dessen Punkte starr miteinander verbunden zu denken sind) an einem Faden auf, so bestimmt die Fadenverlängerung eine sog. Schwerlinie des Haufens. Jede Schwerlinie eines Punkthaufens geht demnach durch den Schwerpunkt des Haufens, und wir haben die Definition:

Der Schwerpunkt eines Punkthaufens (z. B. eines Körpers) ist der Schnittpunkt aller Schwerlinien des Haufens (Körpers).

Die Ermittlung des Schwerpunktes eines Körpers geht natürlich stets auf die Schwerpunktformel

$$M\mathfrak{R} = m_1\mathfrak{r}_1 + m_2\mathfrak{r}_2 + \ldots$$

zurück. Doch wird diese Ermittlung oft durch Anwendung der folgenden Regel beträchtlich erleichtert, die ohne weiteres aus den Zentroidsätzen des § 10 folgt.

Schwerpunktregel:

Um den Schwerpunkt eines vorgelegten Massensystems zu finden, zerlege man das System passend in Teile, bestimme zu jedem Teil den Schwerpunkt, konzentriere in ihm die Masse des Teils, und ermittle von dem so entstehenden Punkthaufen den Schwerpunkt (etwa nach der Schwerpunktformel). Dieser Schwerpunkt ist der Schwerpunkt des vorgelegten Massensystems.

Beziehen wir die Massenpunkte des Punkthaufens auf ein rechtwinkliges Koordinatensystem und nennen die Koordinaten des beliebigen Punktes P_ν x_ν, y_ν, z_ν, die Schwerpunktkoordinaten X, Y, Z, so zerfällt die Schwerpunktformel in die drei Gleichungen

$$\begin{aligned} MX &= m_1 x_1 + m_2 x_2 + \ldots\,, \\ MY &= m_1 y_1 + m_2 y_2 + \ldots\,, \\ MZ &= m_1 z_1 + m_2 z_2 + \ldots\,. \end{aligned}$$

Denken wir uns irgendeine Ebene als Bezugsebene und nennen die Abstände der Massenpunkte m_1, m_2, ... von der Bezugsebene a_1, a_2, ..., den Abstand des Schwerpunkts von der Bezugsebene A, so gilt demnach die Formel

$$\boxed{MA = m_1 a_1 + m_2 a_2 + \ldots}\,,$$

die gleichfalls als Schwerpunktformel bezeichnet wird.

Nennt man das Produkt aus der Masse eines Körpers und dem Abstande seines Schwerpunktes von der Bezugsebene das Moment des Körpers für diese Ebene, so gilt der

Momentensatz:

Das Moment eines Körpers für eine Ebene ist gleich der Summe der Momente seiner Teile für diese Ebene.

Für den Beweis vergleiche man § 10.

Bei stetiger Massenverteilung verwandeln sich die fünf erhaltenen Formeln in

$$M\mathfrak{R} = \int \mathfrak{r}\, dm,$$

$$MX = \int x\, dm, \qquad MY = \int y\, dm, \qquad MZ = \int z\, dm,$$

$$MA = \int a\, dm,$$

wo die Integrationen über das vorgelegte Massensystem zu erstrecken sind, welches jetzt einen zusammenhängenden Körper bildet.

Aufgabe 1. Den Schwerpunkt einer homogenen Platte zu ermitteln, die die Form eines parabolischen Halbsegments hat.

Lösung. Ein Quadratzentimeter der Platte habe die Masse e gr. Die Platte werde begrenzt von der Parabel $y^2 = 2\,p\,x$, von der Parabelachse und von der zur Abszisse a gehörigen Ordinate b.

Wir zerlegen die Platte durch Schnitte parallel zur y-Achse in schmale Schichten von der Dicke dx und der variablen Höhe y. Die Masse einer solchen Schicht ist $dm = e\,y\,dx$, ihr Schwerpunkt hat von der x-Achse den Abstand $\frac{1}{2}\,y$. Die Plattenfläche ist

$$F = {}^2/_3\, ab,$$

die Plattenmasse eF.

Unsere Formeln verwandeln sich hier mit Benutzung der Schwerpunktregel in

$$XeF = \int x\, dm = \int e\,x\,y\, dx = e\int_0^a x\sqrt{2\,p\,x}\, dx$$

und

$$YeF = \int \frac{y}{2}\, dm = \int e\,\frac{y^2}{2}\, dx = e\int_0^a p\,x\, dx.$$

Von den beiden rechts stehenden Integralen ist das erste

$$\int_0^a \sqrt{2\,p}\; x^{1,5}\, dx = b\,a^2 : 2{,}5,$$

das zweite $ab^2 : 4$. Daher wird

$$X = \frac{3}{5}a, \qquad Y = \frac{3}{8}b.$$

Aufgabe 2. Den Schwerpunkt einer homogenen Halbkugel zu ermitteln.

Die Halbkugel habe den Radius r, bestehe aus einem Stoffe von der Dichte D und habe demgemäß die Masse

$$M = \frac{2\pi}{3} r^3 D.$$

Wir zerlegen sie in ihrer Grundfläche parallele unendlich dünne Kreisscheiben von der Dicke dx und fixieren die Lage einer solchen Scheibe durch ihren Abstand x von der als Bezugsebene dienenden Grundfläche. Dann ist der Radius der Scheibe $\varrho = \sqrt{r^2 - x^2}$, der Inhalt $\pi\varrho^2\,dx$, die Masse $D\pi\varrho^2\,dx$ und ihr Moment für die Bezugsebene $D\pi x\varrho^2\,dx$.

Nennen wir den gesuchten Abstand des Halbkugelschwerpunkts von der Bezugsebene s, so gilt nach dem Momentensatze die Formel

$$Ms = \int \pi D x \varrho^2\,dx = \pi D \int_0^r (r^2 x - x^3)\,dx = \pi D r^4 : 4.$$

Aus ihr folgt

$$s = \frac{3}{8} r.$$

§ 28. Dynamik des Massenpunktes.

Die ohne Drehung erfolgende Bewegung (Parallelverschiebung) eines Körpers läßt sich durch die Bewegung eines geeigneten Punktes des Körpers — etwa des Schwerpunkts — beschreiben. Man denkt sich dann die Masse des Körpers in dem Punkte konzentriert und spricht von einem Massenpunkte. Wir sagen: Ein Massenpunkt ist ein mit Masse behafteter Punkt.

Zur Beschreibung der Bewegung eines mit der Masse m behafteten Massenpunkts P dienen drei Vektoren: 1. der Ortsvektor $\mathfrak{r}$ des Massenpunktes, d. h. der vektorielle Abstand $\overrightarrow{OP}$ des Punktes P von einem festen Bezugspunkte O (Ursprung eines festen Koordinatensystems), 2. die Geschwindigkeit

$$\mathfrak{v} = \dot{\mathfrak{r}} = \frac{d\mathfrak{r}}{dt}$$

des Massenpunktes, d. h. der Anstieg (§ 11) des Ortsvektors, 3. die Beschleunigung

$$\mathfrak{a} = \dot{\mathfrak{v}} = \ddot{\mathfrak{r}} = \frac{d^2 r}{dt^2},$$

d. h. der Anstieg der Geschwindigkeit oder die zweite Ableitung des Ortsvektors $\mathfrak{r}$ nach der Zeit t.

Die beiden Ableitungen $\dot{\mathfrak{r}}$ und $\ddot{\mathfrak{r}}$ werden auch Geschwindigkeit und Beschleunigung des Vektors $\mathfrak{r}$ genannt.

Die Beschleunigung $\mathfrak{a}$ des Massenpunktes hängt von der Kraft $\mathfrak{K}$ ab, die ihn bewegt und von der Masse m, die er besitzt; sie ist um so größer, je größer die bewegende Kraft und je kleiner die bewegte Masse ist.

Die Beschleunigung ist der bewegenden Kraft direkt, der bewegten Masse indirekt proportional. Mißt man die Masse in g, die Beschleunigung in Gal (cm sec^{-2}), die Kraft in Dyn, so hat die Proportionalitätskonstante den einfachen Wert 1, und es gilt die

Dynamische Grundgleichung:

$$\boxed{\mathfrak{a} = \mathfrak{K} : m},$$

in welcher $\mathfrak{a}$ und $\mathfrak{K}$ Vektoren sind, m ein Skalar ist.

Newton, von dem diese wichtigste Gleichung der Physik stammt (I. Newton, Philosophiae naturalis principia mathematica, London 1687), hat sie allerdings etwas anders formuliert. Er benutzt den Begriff der Bewegungsgröße, worunter er das Produkt aus Masse und Geschwindigkeit versteht, und sagt: »Die zeitliche Änderung der Bewegungsgröße ist nach Betrag und Richtung proportional der wirkenden Kraft.«

Heute verwendet man statt des umständlichen Ausdrucks »Bewegungsgröße« meist das von Felix Klein eingeführte kurze Wort »Impuls«.

Unter dem Impuls eines Massenpunkts versteht man das Produkt

$$\mathfrak{J} = m\mathfrak{v}$$

aus seiner Masse und seiner Geschwindigkeit. Der Impuls ist ein dem Geschwindigkeitsvektor gleichgerichteter Vektor.

Der Anstieg des Impulses ist

$$\dot{\mathfrak{J}} = m\dot{\mathfrak{v}} = m\mathfrak{a}.$$

Da das Produkt aus Masse und Beschleunigung aber mit der bewegenden Kraft übereinstimmt, so erhält die dynamische Grundgleichung die Form

$$\boxed{\dot{\mathfrak{J}} = \mathfrak{K}},$$

und dies ist Newtons Fassung. Wir sagen:

Der Impulsanstieg ist gleich der bewegenden Kraft.

Der Impuls steht in engem Zusammenhang mit dem Kraftantrieb.

Unter dem *Antrieb einer Kraft* $\mathfrak{K}$ für eine sehr kleine Zeit τ versteht man das Produkt $\mathfrak{K}\tau$, wobei man sich τ so klein zu denken hat, daß die Kraft während der Zeitspanne τ als unveränderlich gelten kann.

Ist der betrachtete Zeitraum T so groß, daß diese Annahme nicht aufrechterhalten werden kann, so zerlegt man den Zeitraum T in so kleine Zeitspannen $\tau_1, \tau_2, \tau_3, \ldots, \tau_n$, daß während einer beliebigen, τ_ν, dieser kleinen Zeitspannen die Kraft den unveränderlichen Wert $\mathfrak{K}_\nu$ behält. Die Summe $\mathfrak{A}$ der für die einzelnen Zeitspannen τ_ν berechneten Antriebe $\mathfrak{A}_\nu = \mathfrak{K}_\nu \tau_\nu$ heißt der Antrieb der Kraft für die Zeit T. In der Sprache der Integralrechnung ist also der *Antrieb der Kraft* $\mathfrak{K}$ *für die Zeit* T das über diesen Zeitraum erstreckte Integral

$$\boxed{\mathfrak{A} = \int \mathfrak{K}\, dt}\,.$$

Die Geschwindigkeit am Ende bzw. Anfange der Spanne τ_ν sei $\mathfrak{v}_\nu$ bzw. $\mathfrak{v}_{\nu-1}$, der Impuls $\mathfrak{J}_\nu$ bzw. $\mathfrak{J}_{\nu-1}$, die Beschleunigung während der Spanne τ_ν $\mathfrak{a}_\nu$. Dann ist

$$\mathfrak{v}_\nu - \mathfrak{v}_{\nu-1} = \mathfrak{a}_\nu \tau_\nu .$$

Wir multiplizieren diese Gleichung mit m, ersetzen $m\mathfrak{a}_\nu$ der dynamischen Grundgleichung gemäß durch $\mathfrak{K}_\nu$, $m\mathfrak{v}_\nu$ bzw. $m\mathfrak{v}_{\nu-1}$ durch $\mathfrak{J}_\nu$ bzw. $\mathfrak{J}_{\nu-1}$ und bekommen

$$\mathfrak{J}_\nu - \mathfrak{J}_{\nu-1} = \mathfrak{K}_\nu \tau_\nu = \mathfrak{A}_\nu .$$

Setzen wir in dieser Gleichung ν sukzessive gleich $1, 2, 3, \ldots, n$ und addieren die entstehenden Zeilen, so ergibt sich

$$\boxed{\mathfrak{J}_n - \mathfrak{J}_0 = \mathfrak{A}}\,.$$

Diese Formel enthält den

Impulssatz:

Die in irgendeiner Zeit erfolgende Impulszunahme eines Massenpunkts ist gleich dem für diese Zeit gebildeten Antriebe der bewegenden Kraft.

Arbeit und Wucht.

Ist die den Massenpunkt bewegende Kraft $\mathfrak{K}$ eine Zeitlang nach Betrag K und Richtung konstant, und legt der Massenpunkt in dieser Zeit den gegen die Kraftrichtung unter dem Winkel θ geneigten Weg $\mathfrak{s}$ von der Länge s zurück, so ist bekanntlich die von der Kraft dabei geleistete Arbeit A das Produkt aus der nach dem Wege genommenen Komponente $K \cos\theta$ der Kraft und dem Wege:

$$A = K \cos\theta \cdot s.$$

Die rechte Seite dieser Formel ist aber das Skalarprodukt $\mathfrak{K}\mathfrak{s}$. Daher gilt die einfache

Arbeitsregel:

Die Arbeit A, die eine Kraft $\mathfrak{K}$ längs des Weges $\mathfrak{s}$ leistet, ist das Skalarprodukt aus Kraft und Weg:

$$\boxed{A = \mathfrak{K}\mathfrak{s}}.$$

Die dem Zeitpunkte t unmittelbar folgende Zeitspanne τ sei so klein, daß während ihres Ablaufs die bewegende Kraft $\mathfrak{K}$ keine merkliche Änderung erfährt. Dann ist die während der Spanne τ erfolgende Geschwindigkeitszunahme

$$\mathfrak{V} - \mathfrak{v} = a\tau = \mathfrak{K}\tau : m.$$

Der Weg $\mathfrak{s}$, den der Massenpunkt in der Spanne τ zurücklegt, ist das Produkt

$$\mathfrak{s} = \frac{\mathfrak{V} + \mathfrak{v}}{2} \cdot \tau$$

aus der während der Spanne τ herrschenden mittleren Geschwindigkeit $\frac{\mathfrak{V} + \mathfrak{v}}{2}$ und der Zeit τ. Durch Verknüpfung dieser zwei Gleichungen ergibt sich

$$\frac{1}{2} m \mathfrak{V}^2 - \frac{1}{2} m \mathfrak{v}^2 = \mathfrak{K}\mathfrak{s}.$$

Nun ist bekanntlich das halbe Produkt aus Masse und Geschwindigkeitsquadrat die Bewegungsenergie oder Wucht des Massenpunktes. Bezeichnen wir die Wucht unseres Massenpunktes für Anfang und Ende der Spanne τ mit w und W, so ist die linke Seite der erhaltenen Formel $W - w$. Die rechte Seite stellt die Arbeit A dar, die die bewegende Kraft auf dem Wege $\mathfrak{s}$ leistet. Unsere Gleichung schreibt sich daher

$$\boxed{W - w = A}.$$

Diese einfache Formel liefert sofort den

Wuchtsatz:

Die Wuchtzunahme, die ein Massenpunkt in einer Zeit erfährt, ist gleich der Arbeit, die die bewegende Kraft in dieser Zeit leistet.

Man braucht, um ihn einzusehen, nur die Zeit in hinreichend kleine Zeitspannen τ zu zerlegen, für jede von ihnen den Wuchtzuwachs der obigen Formel gemäß zu notieren und die entstehenden Gleichungen zu addieren. Links entsteht die Wuchtzunahme für die vorgelegte Zeit, rechts die Arbeit für diese Zeit.

Die Wuchtformel

$$\boxed{W - w = A}$$

gilt also für jeden Zeitraum.

§ 29. Gleichförmige Kreisbewegung.

Ein Punkt M durchlaufe den Umfang eines festen Kreises vom Zentrum O und Halbmesser r. Die Lage des Mobils M ist in jedem Augenblicke durch seinen Ortsvektor $\overrightarrow{OM} = \mathfrak{r}$, die Geschwindigkeit $\mathfrak{v}$ von M durch den Anstieg $\dot{\mathfrak{r}}$, die Beschleunigung $\mathfrak{z}$ durch die zweite Ableitung $\ddot{\mathfrak{r}}$ nach der Zeit t bestimmt (§ 11). Die Beträge von $\mathfrak{v}$ und $\mathfrak{z}$ seien v und z. Wir beschränken uns auf den besonders wichtigen einfachen Fall der gleichförmigen Kreisbewegung, d. h. der Bewegung, bei der v dauernd denselben Wert c behält.

Häufig wird auch c als die Geschwindigkeit des Mobils M bezeichnet. Das ist nicht weiter bedenklich, da aus dem lateinisch geschriebenen Buchstaben wie auch aus dem Zusammenhange hervorgeht, daß der Geschwindigkeitsbetrag, nicht der Geschwindigkeitsvektor gemeint ist. Dementsprechend kann man auch sagen: Gleichförmige Kreisbewegung ist die Bewegung eines Punktes, der sich mit konstanter Geschwindigkeit auf einem Kreise bewegt.

Neben der Bewegung des Punktes M betrachten wir zugleich die Drehung seines Ortsvektors $\overrightarrow{OM} = \mathfrak{r}$, sowie auch noch die Bewegung eines auf diesem im Abstande 1 von O markierten Punktes E. Um kurze Bezeichnungen zu haben, nennen wir den Vektor $\mathfrak{r}$ einen Drehvektor, den Hilfspunkt E die Marke.

Der Betrag der Geschwindigkeit des Punktes E heißt Drehgeschwindigkeit, Drehschnelle oder Winkelgeschwindigkeit und wird durch den Buchstaben k oder ω bezeichnet. Nennen wir die Tourenzahl, d. h. die Anzahl der Umläufe, die der Punkt M oder E in einer Sekunde ausführt, n, so ist

$$\boxed{k = 2\pi n}.$$

Die Drehgeschwindigkeit ist daher die Anzahl der Touren, die die Marke E oder der Punkt M in 2π Sekunden ausführt; sie wird aus diesem Grunde auch die Frequenz der Bewegung genannt. Führen wir noch die Periode oder Umlaufszeit T des Mobils M oder der Marke E ein, so haben wir die Gleichungen

$$nT = 1, \qquad \boxed{kT = 2\pi}.$$

Da der Punkt M von O $r$mal so weit absteht wie E, so bewegt sich M $r$mal so schnell wie E, ist also

$$\boxed{v = c = kr}.$$

Da ferner die Bewegung von M jeweils senkrecht zum Radius OM erfolgt, steht der Ortsvektor

$$\overrightarrow{OV} = \mathfrak{v} = \dot{\mathfrak{r}}$$

der Mobilgeschwindigkeit $\mathfrak{v}$ auf $\mathfrak{r}$ senkrecht.

Daher gilt der Satz:

Der Anstieg eines Drehvektors ist ein Drehvektor, der ersterem um 90° vorauseilt und $k$mal so lang ist wie dieser.

(Die Figur bezieht sich auf den Fall, wo M den Kreis im entgegengesetzten Uhrzeigersinne durchläuft.)

Wir können diesem Satze durch Einführung des Frequenzvektors $\mathfrak{k}$ noch eine andere Form geben. Als Frequenzvektor bezeichnen wir den Vektor, dessen Betrag die Frequenz ist, dessen Richtung die positive Durchschreitungsrichtung unserer Kreisfläche angibt, wenn der Umlaufssinn des Mobils M den positiven Umlaufssinn der Kreisfläche darstellt.

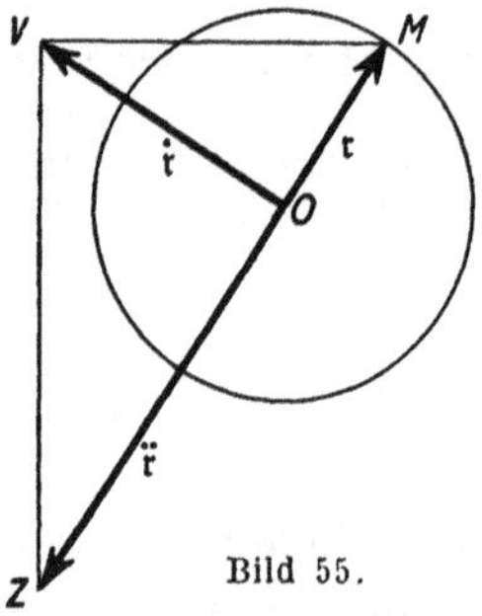

Bild 55.

Durch Einführung des Frequenzvektors erhält unser Satz die einfache Form:

$$\boxed{\dot{\mathfrak{r}} = \mathfrak{k} \times \mathfrak{r}}\,.$$

Wenden wir den Satz jetzt auf den neuen Drehvektor $\mathfrak{v}$ an, so sehen wir, daß der Ortsvektor

$$\overrightarrow{OZ} = \mathfrak{z} = \ddot{\mathfrak{r}}$$

der Beschleunigung $\mathfrak{z} = \ddot{\mathfrak{r}}$ dem Drehvektor $\mathfrak{v}$ um 90° voreilt und $k$mal so lang wie dieser ist. Der Vektor $\overrightarrow{OZ}$ eilt demnach dem Vektor $\overrightarrow{OM}$ um 180° vor und ist k^2mal so lang wie dieser. Damit haben wir die fundamentale

Beschleunigungsgleichung des Drehvektors $\mathfrak{r}$:

$$\boxed{\ddot{\mathfrak{r}} = -k^2\,\mathfrak{r}}\,.$$

Sie kann natürlich auch — weniger einfach — aus der obigen Gleichung $\dot{\mathfrak{r}} = \mathfrak{k} \times \mathfrak{r}$ durch Ableitung gewonnen werden. Dann ist $\ddot{\mathfrak{r}} = \mathfrak{k} \times \dot{\mathfrak{r}} = \mathfrak{k} \times \overline{\mathfrak{k}\,\mathfrak{r}}$, und dies ist nach dem Entwicklungssatze, da der entstehende Minuend verschwindet $-\,\mathfrak{k}^2\mathfrak{r} = -\,k^2\mathfrak{r}$.

Die gefundene Formel enthält den

Satz von der Zentralbeschleunigung:

Durchläuft ein Punkt mit konstanter Geschwindigkeit einen Kreis, so erfährt er in jedem Augenblicke eine nach dem Zentrum des Kreises gerichtete Beschleunigung — Zentralbeschleunigung oder Zentripetalbeschleunigung — vom Betrage $k^2 r$, wo r den Kreisradius und k die Frequenz bedeutet.

Da $k = c : r$ ist, kann die Zentralbeschleunigung z auch geschrieben werden

$$\boxed{z = c^2 : r}.$$

Wir wenden den Satz von der Zentralbeschleunigung auf die gleichförmige Kreisbewegung eines Massenpunktes an.

Die Bewegung eines Massenpunktes von m gr Masse vollzieht sich (§ 28) nach der dynamischen Grundgleichung

$$\mathfrak{K} = m\,\mathfrak{a},$$

in welcher $\mathfrak{K}$ die in Dyn gemessene bewegende Kraft, $\mathfrak{a}$ die in Gal (cm $\sec^{-2}$) gemessene Beschleunigung des Massenpunktes bedeutet.

Die Verknüpfung der beiden Sätze liefert den wichtigen

Satz von der Zentralkraft:

Ein Massenpunkt von m gr Masse bewegt sich mit der konstanten Geschwindigkeit c Cel*) auf einem Kreise vom Radius r cm nur dann, wenn die auf ihn wirkende Kraft in jedem Augenblicke nach dem Zentrum des Kreises gerichtet ist und den Betrag

$$\boxed{Z = m c^2 : r} \text{ Dyn}$$

hat.

Diese Kraft wird Zentralkraft oder Zentripetalkraft genannt, und der Satz von der Zentralkraft ist so zu verstehen, daß die Resultante sämtlicher auf den Massenpunkt wirkenden Kräfte die Zentralkraft ergeben muß. Ein Beispiel möge das Gesagte näher erläutern.

Wenn ein Eisenbahnwagen eine kreisförmige Kurve mit überhöhter Außenschiene gleichförmig durchfährt, so wirken drei Kräfte auf ihn: die im Schwerpunkt des Wagens angreifende Schwerkraft und die beiden von den Schienen auf den Wagen ausgeübten Drucke. Dabei muß die Wagengeschwindigkeit den Wert c (Cel) haben, bei dem diese Drucke zur Gleisoberseite senkrecht sind. Wäre die Geschwindigkeit nämlich

*) 1 Cel = 1 cm $\sec^{-1}$.

größer oder kleiner, so würden sich die Radflanschen an der Außen- oder Innenschiene reiben, was eine schädliche Abnutzung des Rad- und Schienenmaterials zur Folge haben würde.

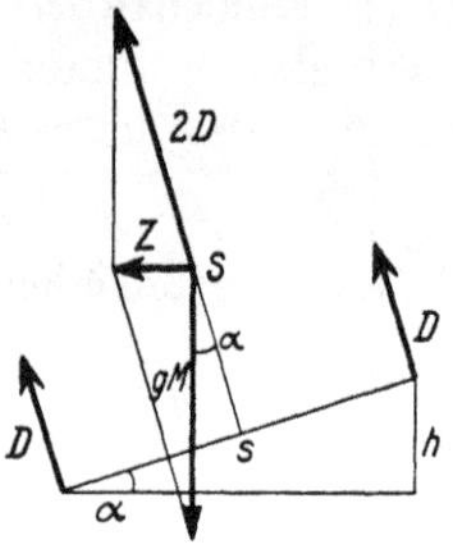

Bild 56.

Die Spurweite sei s (cm), die Neigung der Gleisebene gegen den Horizont α, die Überhöhung der Außenschiene h, der Radius der Bahnkurve r, die Wagenmasse M (gr).

Bedeutet D den von jeder Schiene auf den Wagen ausgeübten Normaldruck, so ist die im Wagenschwerpunkt S angreifende senkrecht zur Gleisebene wirkende Resultante dieser Drucke $2\,D$. Außerdem wirkt in S lotrecht nach unten die Schwerkraft $g\,M$ (Dyn).

Die Resultante Z dieser beiden in S angreifenden Kräfte ist nun die auf den Wagen ausgeübte Kraft, ist also die zur Aufrechterhaltung der oben geforderten Kreisbewegung nötige Zentralkraft. Da im Parallelogramm der beiden Kräfte $2\,D$ und $g\,M$ der Resultante Z der Winkel α gegenüberliegt, so gilt die Gleichung

$$\operatorname{tg} \alpha = Z : g\,M$$

oder, wenn wir für die Zentralkraft Z ihren Wert $M\,c^2 : r$ einsetzen,

$$\operatorname{tg} \alpha = c^2 : rg.$$

Aus dem rechtwinkligen Dreieck mit der Hypotenuse s und der Kathete h (deren Gegenwinkel α ist) folgt anderseits

$$\sin \alpha = h : s.$$

Die notwendige Geschwindigkeit des Wagens ist daher

$$c = \sqrt{r\,g\,\operatorname{tg} \alpha} \qquad \text{mit } \sin \alpha = h : s.$$

In Deutschland ist $s = 143{,}5$. Bei einer Bahnkurve von 300 m Halbmesser ($r = 30000$) und 20 cm Überhöhung bekommen wir $\alpha = 8^0\,0{,}7'$ und $c = 2035$. Die erforderliche Geschwindigkeit ist $20^1/_3$ m/sec.

§ 30. Harmonische Bewegung.

Harmonische Bewegung ist die Projektion der gleichförmigen Kreisbewegung auf eine Gerade; ausführlich: durchläuft ein Punkt P gleichförmig einen Kreis, so beschreibt die Projektion Q des Punktes auf eine in der Kreisebene gelegene Gerade eine harmonische Bewegung.

In der Figur stelle O das Zentrum des Kreises, M seine Projektion auf die Gerade und Q die Projektion des den Kreis gleichförmig durchlaufenden Punktes P dar. Der Halbmesser des Kreises sei r, die Frequenz des Punktes P k, die Tourenzahl n, die Periode T, so daß die Gleichungen

$$k = 2\pi n, \qquad nT = 1, \qquad kT = 2\pi$$

gelten.

Man erkennt sofort:

Der Punkt Q führt auf der Geraden eine hin- und hergehende Bewegung um seine »Mittellage« M aus: er »führt harmonische Schwingungen aus« oder »schwingt harmonisch«. Die Weite oder Amplitude a dieser Schwingungen, d. h. der größte Ausschlag aus der Mittellage, den Q bei seiner Bewegung erreicht, stimmt mit dem Kreisradius überein. Die Dauer einer Schwingung oder Periode, d. h. die Zeit für einen Hin- und Hergang ist T, die Schwingungszahl bzw. Frequenz der harmonischen Bewegung, d. h. die Anzahl der Schwingungen in einer Sekunde bzw. in 2π Sekunden ist n bzw. k.

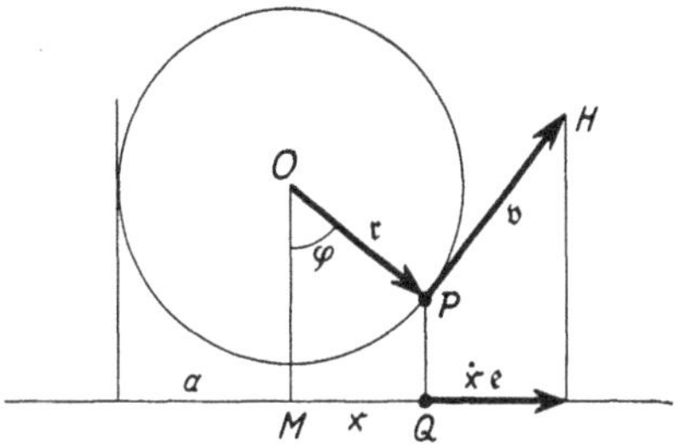

Bild 57.

Wir wählen die Gerade als x-Achse, den Punkt M als Abszissenursprung und nennen die Abszisse x des Punktes Q den Ausschlag des Punktes Q oder der harmonischen Bewegung. Es ist dann $MQ = \pm x$, je nachdem sich Q auf der positiven oder negativen Abszissenachse befindet. Die Abszisse x heißt eine harmonische Größe; auch von ihr sagt man: sie schwingt harmonisch.

Da der rotierende Vektor $\overrightarrow{OP} = \mathfrak{r}$ ein Drehvektor ist und da $\overrightarrow{MQ}$ die Projektion dieses Vektors auf die Gerade ist, so kann man auch sagen:

Harmonische Bewegung ist die Bewegung der auf eine Gerade bewirkten Projektion der Spitze eines Drehvektors. Eine harmonische Größe ist die Maßzahl der Projektion eines Drehvektors auf eine Koordinatenachse.

Der Winkel φ, den der Drehvektor $\mathfrak{r}$ mit der festen Richtung $\overrightarrow{OM}$ bildet, heißt Phase der Bewegung oder Phase der harmonischen Größe x. Bedeutet α die Anfangsphase, d. h. die Phase zur Zeit 0, so ist die Phase zur Zeit t

$$\boxed{\varphi = \alpha + kt}.$$

Die Phase ist ein gleichförmig wachsender Winkel, sie ist eine lineare Funktion der Zeit.

Aus der Figur lesen wir ab

$$\boxed{x = a \sin \varphi}.$$

Die beiden letzten Formeln enthalten die

analytische Definition der harmonischen Größe bzw. Bewegung:

Eine Größe x heißt harmonisch (führt harmonische Schwingungen aus), wenn sie dem Sinus eines gleichförmig wachsenden Winkels proportional ist.

Der Winkel (φ) heißt die Phase, die Proportionalitätskonstante (a) die Amplitude der Bewegung; die Konstante k ist der sekundliche Phasenzuwachs, zugleich die Frequenz der Schwingungen (Anzahl der Schwingungen in 2π Sekunden).

Bei dieser analytischen Definition ist von einem Hilfspunkte P, der eine gleichmäßige Kreisbewegung ausführt, keine Rede mehr. Sie besitzt deshalb größere Allgemeinheit und umfaßt alle Erscheinungen, wo eine Größe x nach der Vorschrift

$$x = a \sin \varphi \qquad \text{mit } \varphi = \alpha + k t$$

zeitliche Schwankungen erfährt. (Man stelle sich etwa vor, daß die Konzentration einer Lösung nach dem Rezept $x = a \sin \varphi$ wachse oder falle.) Doch steht nichts im Wege, auch in solchen Fällen x als Ausschlag eines Punktes Q zu deuten, der dabei die Projektion der gleichförmigen Kreisbewegung eines Hilfspunktes P ausführt.

Die Geschwindigkeit $\dot{x}$ der harmonischen Größe x oder des Punktes Q finden wir z. B. durch Anwendung des Satzes vom Projektionsanstieg: »Der Anstieg der Projektion eines Vektors ist zugleich die Projektion des Anstiegs des Vektors« (§ 11) auf den Vektor $\overrightarrow{OP} = \mathfrak{r}$.

Die Projektion von $\mathfrak{r}$ auf die x-Achse ist $x\,\mathfrak{e}$, unter $\mathfrak{e}$ den Grundvektor dieser Achse verstanden, ihr Anstieg also $\dot{x}\,\mathfrak{e}$. Der Anstieg von $\mathfrak{r}$ ist der Vektor $\overrightarrow{PH} = \dot{\mathfrak{r}} = \mathfrak{v}$, dessen Betrag $v = kr = ka$ ist, und der mit der x-Achse den Winkel φ bildet; die Projektion dieses Anstiegs demnach $v\,\mathfrak{e} \cos \varphi = k\,a\,\mathfrak{e} \cos \varphi$. Durch Gleichsetzung der gefundenen Werte ergibt sich

$$\boxed{\dot{x} = k\,a \cos \varphi}\,.$$

In Worten: Der Anstieg der harmonischen Größe $x = a \sin \varphi$ oder die Geschwindigkeit der harmonischen Bewegung wird gefunden, indem man den Sinus in den Cosinus verwandelt und den entstehenden Wert ver-k-facht.

Die Beschleunigung $\ddot{x}$ der harmonischen Bewegung erhalten wir ähnlich durch Projektion der Bewegungsgleichung

$$\ddot{\mathfrak{r}} = -k^2\,\mathfrak{r}$$

des Drehvektors $\mathfrak{r}$ auf die x-Achse. Da die Projektion von $\mathfrak{r}$ $x\,\mathfrak{e}$, die Projektion der Beschleunigung $\ddot{\mathfrak{r}}$ (als Beschleunigung der Projektion von $\mathfrak{r}$) $\ddot{x}\,\mathfrak{e}$ ist, so entsteht die Bewegungsgleichung

$$\boxed{\ddot{x} = -k^2 x}$$

der harmonischen Größe x.

Die Beschleunigung einer harmonischen Größe ist der Größe proportional; die Proportionalitätskonstante ist negativ, ihr Betrag gleich dem Quadrat der Frequenz.

Zusatz. Die Gleichungen $\dot{x} = ak\cos\varphi$ und $\ddot{x} = -k^2 x$ kann man auch durch Ableitung von x nach der Zeit erhalten.

Die Proportionalität zwischen Größe und Beschleunigung der Größe — mit negativer Proportionalitätskonstante — ist für harmonische Größen charakteristisch, insofern auch die Umkehrung gilt:

Eine Größe x, die ihrer Beschleunigung mit negativer Proportionalitätskonstante proportional ist:

$$\ddot{x} = -k^2 x,$$

ist eine harmonische Größe.

Beweis. Wir betrachten außer x die beiden Hilfsfunktionen $u = \cos kt$ und $v = \sin kt$. Für diese gelten die Gleichungen $\ddot{u} = -k^2 u$ und $\ddot{v} = -k^2 v$. Außerdem ist $u\dot{v} - v\dot{u} = k$. Nun bilden wir den Anstieg der Differenz $u\dot{x} - x\dot{u}$. Er ist $u\ddot{x} - x\ddot{u} = 0$. Daher ist die Differenz eine Konstante, die wir mit μk bezeichnen, so daß $u\dot{x} - x\dot{u} = \mu k$. Darauf betrachten wir den Quotient

$$q = \frac{x - \mu v}{u}.$$

Sein Anstieg wird

$$\dot{q} = \frac{u\dot{x} - x\dot{u} - \mu(u\dot{v} - v\dot{u})}{u^2} = \frac{\mu k - \mu k}{u^2} = 0.$$

Folglich ist q eine Konstante: $q = \lambda$ oder

$$x = \lambda u + \mu v.$$

Durch Einführung des Winkels α, dessen Sinus $\lambda : a$, dessen Cosinus $\mu : a$ ist, wo a den Betrag von $\sqrt{\lambda^2 + \mu^2}$ bedeutet, wird schließlich

$$x = a(\sin\alpha\cos kt + \cos\alpha\sin kt) = a\sin(kt + \alpha).$$

Die Größe x ist harmonisch.

Unsere Überlegung liefert den

Hauptsatz der harmonischen Größe:

Ist die Beschleunigung $\ddot{x}$ einer Größe x dieser Größe proportional:

$$\ddot{x} = -Cx,$$

und zwar mit negativer Proportionalitätskonstante C, so führt die Größe x harmonische Schwingungen aus. Die Frequenz dieser Schwingungen ist die Quadratwurzel aus dem Betrage der Proportionalitätskonstante:

$$k = \sqrt{C}.$$

Die Periode oder Schwingungsdauer ist

$$T = 2\pi : k = 2\pi : \sqrt{C}.$$

Einige Beispiele mögen den Nutzen dieses Satzes zeigen.

Das Pendel.

Ein in A aufgehängtes l cm langes Fadenpendel mit punktförmiger Pendelkugel von m gr Masse führe um seine lotrechte Ruhelage $A\,M$ Schwingungen aus. Der Ort P der Kugel zur Zeit t kann durch den Ortsvektor $\overrightarrow{MP} = \mathfrak{r}$, oder durch den Abstand r des Punktes P von M oder durch den Winkel $2\,\theta$ festgelegt werden, den der Faden im Augenblicke t mit der Lotrechten bildet.

In P wirken zwei Kräfte auf die Kugel: 1° die lotrecht nach unten gerichtete Schwerkraft $m\mathfrak{g}$, wo der Betrag g von $\mathfrak{g}$ die Fallbeschleunigung bedeutet, 2° die Fadenspannung $\mathfrak{S}$ in der Richtung $\overrightarrow{PA}$.

Nach der dynamischen Grundgleichung lautet die Bewegungsgleichung der Kugel

$$m\ddot{\mathfrak{r}} = m\mathfrak{g} + \mathfrak{S}.$$

Wir führen den in der Richtung von $\mathfrak{r}$ laufenden Einheitsvektor $\mathfrak{e}$ und den zu $A\,P$ senkrechten Einheitsvektor $\mathfrak{o}$ ein, deren Zwischenwinkel θ ist.

Um aus der Bewegungsgleichung $\mathfrak{S}$ zu beseitigen, multiplizieren wir sie skalar mit $\mathfrak{o}$, bedenken, daß $\mathfrak{g}$ und $\mathfrak{o}$ den Winkel $90^0 + 2\,\theta$ einschließen, und bekommen

$$\mathfrak{o}\ddot{\mathfrak{r}} = \mathfrak{o}\mathfrak{g} = -g \sin 2\,\theta.$$

Nun ersetzen wir $\mathfrak{r}$ durch $r\mathfrak{e}$ und erhalten

$$\mathfrak{o}(r\ddot{\mathfrak{e}} + 2\dot{r}\dot{\mathfrak{e}} + \ddot{r}\,\mathfrak{e}) = -g \sin 2\,\theta.$$

Wir betrachten nur kleine Schwingungen, bei denen die Kugel ein hin- und hergehende geradlinige Bewegung ausführt. Dann ist $\mathfrak{e}$ konstant, mithin $\dot{\mathfrak{e}}$ wie auch $\ddot{\mathfrak{e}}$ gleich Null, so daß wegen $\mathfrak{o}\mathfrak{e} = \cos\theta$ die Bewegungsgleichung in

$$\ddot{r} = -2g\sin\theta$$

oder, da $\sin\theta = r : 2\,l$ ist, in

$$\boxed{\ddot{r} = -\frac{g}{l} \cdot r}$$

übergeht. Diese Gleichung lehrt:

Das Pendel schwingt harmonisch.

Die Frequenz der Schwingungen ist

$$k = \sqrt{g : l},$$

die Dauer einer vollen Schwingung

$$\boxed{T = 2\pi\sqrt{l : g}}.$$

Die Spiralfeder.

An einer aufgehängten Spiralfeder von der Nachgiebigkeit*) C hänge eine Last, deren Masse L gegenüber die Federmasse vernachlässigt werden kann.

Werden Last und Feder nach unten gezogen und dann sich selbst überlassen, so führt das System lotrecht hin und her gehende Schwingungen aus.

Wir kennzeichnen die Lage der Last zur Zeit t durch ihren lotrecht nach unten positiv gerechneten Abstand q aus der Ruhelage.

Im Augenblicke t wirkt die lotrecht nach oben gerichtete Federkraft $q : C$ auf die Last, während ihre lotrecht nach unten gerichtete Beschleunigung $L\ddot{q}$ ist.

Nach der dynamischen Grundgleichung lautet daher die Bewegungsgleichung der Last

$$L\ddot{q} = -q : C$$

oder

$$\boxed{\ddot{q} = -\frac{1}{CL} \cdot q}.$$

Sie lehrt: Die Spiralfeder schwingt harmonisch. Die Schwingungsfrequenz k ist durch die Formel

$$\boxed{CLk^2 = 1}$$

bestimmt, die Schwingungsdauer ist

$$\boxed{T = 2\pi\sqrt{CL}}.$$

*) Übt man auf eine Spiralfeder einen (nicht zu starken) Zug p aus, so erfährt sie eine Verlängerung q, die diesem Zuge proportional ist:

$$q = Cp.$$

Die Proportionalitätskonstante C ist die Nachgiebigkeit der Feder. Man kann auch sagen: Verlängert man eine Feder um q, so wird in ihr die elastische Gegenkraft $p = q : C$ geweckt.

Zusatz. Die Frage liegt nahe, ob auch der Differentialgleichung

$$\ddot{x} = + k^2 x$$

eine mechanische Bedeutung zukommt. Eine Antwort auf diese Frage wird erteilt durch die Aufgabe von Johann Bernoulli: Ein gerades Rohr mit glatten Innenwänden von der Länge $2\,l$ rotiert in der waagrechten Ebene E mit der Schnelle k um seinen festen Anfangspunkt O. Welche Bahn beschreibt eine im Rohr ohne Reibung bewegliche glatte Kugel von der Masse m, die sich zur Zeit 0 in der Rohrmitte befand?

Lösung. Wir wählen die Ebene E als xy-Ebene, die Rohrachse als x-Achse eines Laufsystems (§ 12) mit den Grundvektoren $\mathfrak{e}$, $\mathfrak{o}$, $\mathfrak{u}$ und haben für die absolute Beschleunigung $\mathfrak{A}$ der Kugel nach der letzten Formel von § 12 die Gleichung

$$\mathfrak{A} = \mathfrak{a} - k^2 \mathfrak{r} + 2\,\overline{\mathfrak{f}\mathfrak{v}} \qquad \text{mit } \mathfrak{f} = k\,\mathfrak{u}.$$

Anderseits ist nach der dynamischen Grundgleichung $\mathfrak{A} = \mathfrak{N} : m$, wenn $\mathfrak{N}$ den von der Rohrwandung auf die Kugel ausgeübten zur Wand normalen variablen Druck bedeutet oder, wenn wir $\mathfrak{N} = m\,n\,\mathfrak{o}$ setzen,

$$\mathfrak{A} = n\,\mathfrak{o}.$$

Wir bekommen daher die Bewegungsgleichung

$$\mathfrak{a} = n\,\mathfrak{o} + k^2 \mathfrak{r} + 2\,\mathfrak{v} \times \mathfrak{f}.$$

Für die Relativgeschwindigkeit $\mathfrak{v} = \dot{x}\,\mathfrak{e} + \dot{y}\,\mathfrak{o} + \dot{z}\,\mathfrak{u}$ und die Relativbeschleunigung $\mathfrak{a} = \ddot{x}\,\mathfrak{e} + \ddot{y}\,\mathfrak{o} + \ddot{z}\,\mathfrak{u}$ erhalten wir, da y und z, solange die Kugel im Rohre bleibt, verschwinden, die einfachen Werte

$$\mathfrak{v} = \dot{x}\,\mathfrak{e}, \qquad \mathfrak{a} = \ddot{x}\,\mathfrak{e}.$$

Damit verwandelt sich die Bewegungsgleichung in

$$\ddot{x}\,\mathfrak{e} = n\,\mathfrak{o} + k^2 x\,\mathfrak{e} - 2\,k\,\dot{x}\,\mathfrak{o}.$$

Da $\mathfrak{e}$ und $\mathfrak{o}$ linear unabhängig sind, zerfällt sie in die beiden Gleichungen

$$\ddot{x} = k^2 x, \qquad n = 2\,k\,\dot{x}.$$

Die erste von ihnen hat, wie man leicht nachprüft, die partikularen Lösungen $u = e^{kt}$ und $v = e^{-kt}$. Ähnlich wie oben bei der Gleichung $\ddot{x} = -k^2 x$ ergibt sich als allgemeine Lösung

$$x = \lambda\,u + \mu\,v = \lambda\,e^{kt} + \mu\,e^{-kt},$$

wo λ und μ Konstanten sind.

Die Geschwindigkeit $\dot{x}$ der Kugel wird dann

$$\dot{x} = \lambda\,k\,u - \mu\,k\,v.$$

Um die Konstanten λ und μ zu bestimmen, bedenken wir, daß im Augenblicke 0 $\dot{x} = 0$ und $x = l$ ist. Das gibt

$$\lambda = \mu \qquad \text{und} \qquad \lambda = l : 2.$$

Demnach wird

$$x = l\,\frac{e^{kt} + e^{-kt}}{2} = l \operatorname{Cos} k\,t,$$

$$\dot{x} = k\,l\,\frac{e^{kt} - e^{-kt}}{2} = k\,l \operatorname{Sin} k\,t,$$

wo die Zeichen Cos und Sin den hyperbolischen Cosinus und Sinus bedeuten.

Die Bahngleichung der Kugel im Ruhsystem XY, dessen Ursprung O ist, dessen X-Achse mit der Anfangslage der Rohrachse zusammenfällt, lautet (solange die Kugel im Rohre bleibt)

$$X = x \cos k\,t = l \operatorname{Cos} k\,t \cos k\,t, \qquad Y = x \sin k\,t = l \operatorname{Cos} k\,t \sin k\,t.$$

Der zur Zeit t von der Rohrwand auf die Kugel ausgeübte Druck ist

$$N = 2\,l\,m\,k^2 \operatorname{Sin} k\,t.$$

§ 31. Keplers Gesetze.

Nach Newtons Gravitationsgesetz ziehen sich zwei Massen von M und m gr im gegenseitigen Abstand r cm mit der Kraft

$$\Gamma \frac{M m}{r^2} \text{ Dyn}$$

an, wobei die sog. Gravitationskonstante Γ den Zahlwert $666 : 10^{10}$ hat.

Der dynamischen Grundgleichung

$$\text{Beschleunigung} = \frac{\text{Kraft}}{\text{Masse}}$$

zufolge erfährt m auf Grund dieser Anziehung die gegen M gerichtete Beschleunigung $A = \Gamma M : r^2$, ebenso M die gegen m gerichtete Beschleunigung $a = \Gamma m : r^2$.

Wir wollen die Bewegung des »Planeten« m relativ zur »Sonne« M untersuchen.

Bei ruhend gedachter Sonne ist die gegen die Sonne gerichtete Beschleunigung des Planeten $B = A + a = N : r^2$ mit $N = \Gamma (M + m)$. Nennen wir also den vektoriellen Abstand (radius vector) des Planetenzentrums P vom Sonnenzentrum O

$$\overrightarrow{OP} = \mathfrak{r},$$

so daß die genannte Beschleunigung nach Größe und Richtung durch

$$\ddot{\mathfrak{r}} = \frac{d^2 \mathfrak{r}}{d t^2}$$

dargestellt ist, so heißt die Bewegungsgleichung des Problems

$$\boxed{\ddot{\mathfrak{r}} = -\frac{N}{r^3} \mathfrak{r}} \qquad \text{mit } N = \Gamma (M + m).$$

Die Lösung dieser Differentialgleichung erfolgt in drei Schritten.

I.

Da $\ddot{\mathfrak{r}}$ parallel zu $\mathfrak{r}$ ist, verschwindet das Vektorprodukt $\mathfrak{r} \times \ddot{\mathfrak{r}}$. Da dies Produkt aber der Anstieg von $\mathfrak{r} \times \dot{\mathfrak{r}}$ ist, so muß das Vektorprodukt $\mathfrak{r} \times \dot{\mathfrak{r}}$ konstant sein. Nun ist $\dot{\mathfrak{r}}$ die Bahngeschwindigkeit $\mathfrak{v}$ des Planeten. Daher gilt die Gleichung

$$\boxed{\mathfrak{r} \times \mathfrak{v} = \mathfrak{K}},$$

wo $\mathfrak{K}$ eine gewisse vektorische Konstante ist, die wir den Keplervektor nennen.

Wir befassen uns zunächst mit der Deutung dieser »Keplerschen Gleichung«.

Da $\mathfrak{r}$ und $\mathfrak{v}$ auf $\mathfrak{K}$ senkrecht stehen, liegen die Vektoren $\mathfrak{r}$ und $\mathfrak{v}$ ständig in einer zu $\mathfrak{K}$ normalen Ebene: die Bahn des Planeten ist eben. Der Vektor $\mathfrak{K}$ steht auf der Bahnebene senkrecht.

Wir fällen in der Bahnebene das Lot $\overrightarrow{OF} = \mathfrak{l}$ von O auf die mit $\mathfrak{v}$ gleichgerichtete Bahntangente. Da es die zu $\mathfrak{v}$ normale Komponente von $\mathfrak{r}$ ist, haben wir

$$\mathfrak{r} \times \mathfrak{v} = \mathfrak{l} \times \mathfrak{v} = \mathfrak{K}$$

oder, wenn wir zu den Beträgen l, v, K übergehen,

$$\boxed{l\,v = K}\;;$$

das Produkt aus der Bahngeschwindigkeit und dem Abstande der Bahntangente von der Sonne ist eine Konstante (Keplersche Konstante).

In der sehr kleinen Zeitspanne τ legt der Planet den sehr kurzen Weg $PP' = v\tau$ zurück, und der Brennstrahl (radius vector) »beschreibt« gleichzeitig den sehr kleinen Sektor $\sigma = \frac{1}{2}\,v\tau \cdot l = \frac{1}{2}\,K\tau$. Daher beschreibt der Brennstrahl in der beliebigen Zeitspanne T den Sektor

$$\boxed{S = \frac{1}{2}\,K\,T}\,.$$

Diese Formel enthält

Keplers erstes Gesetz:

Der Brennstrahl des Planeten beschreibt in gleichen Zeiten gleiche Flächen.

Führen wir noch die Winkelgeschwindigkeit oder Drehgeschwindigkeit ω des Brennstrahls r ein, so können wir den Sektor σ auch durch den Wert $\frac{1}{2}\,r^2\,\omega\,\tau$ (Kreissektorformel) wiedergeben und erhalten durch Gleichsetzung der beiden für σ gefundenen Werte die Beziehung

$$\boxed{r^2\,\omega = K}\,,$$

die ebenfalls eine Formulierung des ersten Keplerschen Gesetzes darstellt.

II.

Wir multiplizieren die Bewegungsgleichung skalar mit $\dot{\mathfrak{r}}$:

$$\dot{\mathfrak{r}}\,\ddot{\mathfrak{r}} = -\frac{N}{r^3}\,\mathfrak{r}\,\dot{\mathfrak{r}}\,,$$

schreiben $\mathfrak{v}\mathfrak{z}$ statt $\mathfrak{r}\ddot{\mathfrak{r}}$ und $r\dot{r}$ statt $\mathfrak{r}\dot{\mathfrak{r}}$ und bekommen

$$\mathfrak{v}\dot{\mathfrak{v}} = -\frac{N}{r^2}\dot{r}.$$

Hier ist die linke Seite der Anstieg von $\frac{1}{2}\mathfrak{v}^2$ oder $\frac{1}{2}v^2$, die rechte der Anstieg von $N:r$; folglich ist der Unterschied zwischen $\frac{1}{2}v^2$ und $N:r$ eine Konstante. Wir schreiben

$$\boxed{v^2 = \frac{2N}{r} - D}.$$

Durch diese wichtige Formel, in der D eine gewisse Konstante bedeutet, wird die Geschwindigkeit des Planeten als Funktion seines Abstandes von der Sonne dargestellt.

III.

Wir führen jetzt den auf $\mathfrak{r}$ liegenden, mit $\mathfrak{r}$ gleichgerichteten Einheitsvektor

$$\overrightarrow{OE} = \mathfrak{e} = \mathfrak{r} : r$$

ein. Sein Anstieg $\dot{\mathfrak{e}}$, zugleich die Geschwindigkeit seines Endpunkts E, hat den Betrag ω und die Richtung des Vektors $\mathfrak{K} \times \mathfrak{e}$, ist also das $\frac{\omega}{K}$ fache von $\mathfrak{K} \times \mathfrak{e}$ oder, wenn wir statt $\frac{\omega}{K}$ den reziproken Wert von r^2 substituieren,

$$\dot{\mathfrak{e}} = \frac{\mathfrak{K} \times \mathfrak{e}}{r^2}.$$

Ersetzen wir auf der rechten Seite der Bewegungsgleichung $\mathfrak{r}$ durch $r\mathfrak{e}$, so nimmt sie die Form

$$\ddot{\mathfrak{r}} = -\frac{N}{r^2}\mathfrak{e}$$

an, so daß es nahe liegt, sie von links her vektoriell mit $\mathfrak{K}$ zu multiplizieren. Das gibt

$$\frac{\mathfrak{K} \times \ddot{\mathfrak{r}}}{N} = -\dot{\mathfrak{e}}.$$

Hier ist die linke Seite der Anstieg von $\frac{\mathfrak{K} \times \mathfrak{v}}{N}$, die rechte der Anstieg von $-\mathfrak{e}$, so daß

$$\frac{\mathfrak{K} \times \mathfrak{v}}{N} = -\mathfrak{e} - \mathfrak{C},$$

wird, wo $\mathfrak{C}$ einen neuen konstanten Vektor bedeutet, der in der Ebene der Vektoren $\mathfrak{e}$ und $\mathfrak{K} \times \mathfrak{v}$, d. h. in der Bahnebene liegt.

Um wieder auf $\mathfrak{r}$ zu kommen, multiplizieren wir die gefundene Gleichung skalar mit $-\mathfrak{r}$ und haben

$$\frac{-\mathfrak{K} \times \mathfrak{v} \cdot \mathfrak{r}}{N} = r + \mathfrak{C}\mathfrak{r}.$$

Den Zähler der linken Seite ersetzen wir sukzessive durch $\mathfrak{K} \times \mathfrak{r} \cdot \mathfrak{v}$, $\mathfrak{K} \cdot \mathfrak{r} \times \mathfrak{v}$, $\mathfrak{K} \cdot \mathfrak{K}$, K^2 und bekommen

$$r + \mathfrak{C}\mathfrak{r} = \frac{K^2}{N}.$$

Nennen wir den Winkel, den der veränderliche Brennstrahl $\mathfrak{r}$ mit der Richtung des festen Vektors $\mathfrak{C}$ bildet, ϑ, setzen den Betrag von $\mathfrak{C}$ gleich ε und schreiben $K^2 : N$ abgekürzt p, so geht unsere Gleichung in

$$r(1 + \varepsilon \cos \vartheta) = p$$

oder

$$\boxed{r = \frac{p}{1 + \varepsilon \cos \vartheta}} \qquad \text{mit } p = K^2 : N$$

über.

Dies ist die Gleichung der Bahn in Polarkoordinaten r, ϑ. Sie lehrt:

Die Bahn eines um die Sonne laufenden Trabanten ist ein Kegelschnitt, in dessen Brennpunkt die Sonne steht. Im besonderen gilt

Keplers zweites Gesetz:

Die Planetenbahnen sind Ellipsen, in deren einem Brennpunkt die Sonne steht.
Der Halbparameter p der Bahn ist $K^2 : N$, die Formzahl ε der Betrag des Vektors $\mathfrak{C}$.

Zugleich erkennen wir aus der Gestalt der Bahngleichung, in der ϑ die Neigung des Brennstrahls gegen die große Ellipsenachse bedeutet, daß der Vektor $\mathfrak{C}$ der großen Achse der Bahn parallel läuft.

Zusatz 1. Beziehung zwischen den Konstanten

$$N, \quad K, \quad D, \quad \mathfrak{C}.$$

Wir quadrieren die Gleichung

$$-\mathfrak{C} = \mathfrak{e} + \frac{\mathfrak{K} \times \mathfrak{v}}{N}.$$

Das gibt, unter Benutzung des Wertes $\mathfrak{r} : r$ für $\mathfrak{e}$,

$$\varepsilon^2 = 1 + 2\frac{\mathfrak{K}\times\mathfrak{v}\cdot\mathfrak{r}}{Nr} + \left(\frac{\mathfrak{K}\times\mathfrak{v}}{N}\right)^2.$$

Hier schreiben wir für $\mathfrak{K}\times\mathfrak{v}\cdot\mathfrak{r}$ (s. o.) $-K^2$, für $(\mathfrak{K}\times\mathfrak{v})^2$ K^2v^2 und erhalten

$$\varepsilon^2 - 1 = \frac{K^2}{N^2}\left(v^2 - \frac{2N}{r}\right)$$

oder

$$DK^2 = N^2(1 - \varepsilon^2).$$

Die Bahn des Trabanten ist also eine Ellipse oder Hyperbel, je nachdem die Konstante D positiv oder negativ ist. Bei verschwindendem D ist die Bahn eine Parabel.

Zusatz 2. Um zum dritten Keplerschen Gesetz zu gelangen, müssen wir auf die Formel

$$K^2 : N = p$$

zurückgehen. In ihr ersetzen wir K durch $2S : T$ und bekommen

$$4S^2 = N\,p\,T^2.$$

Wir nehmen für T speziell die Umlaufszeit. Dann ist $S = \pi ab$, wenn die Halbachsen der Planetenbahn a und b heißen. Substituieren wir außerdem für den Halbparameter p den Wert $b^2 : a$, so entsteht

$$4\pi^2 a^3 = N T^2$$

oder

$$\boxed{T^2 : a^3 = 4\pi^2 : \Gamma(M + m)}.$$

Diese fundamentale Formel verknüpft das Quadrat der Umlaufszeit mit dem Kubus der großen Halbachse der Planetenbahn.

Sind T', a', m' Umlaufszeit, große Halbachse und Masse für einen andern Planeten, so ist ebenso

$$T'^2 : a'^3 = 4\pi^2 : \Gamma\,(M + m').$$

Wegen der Geringfügigkeit von m und m' gegenüber M kann man die rechten Seiten der beiden letzten Gleichungen als nahezu gleich ansehen. Deshalb ist mit großer Annäherung

$$\boxed{T^2 : a^3 = T'^2 : a'^3}.$$

Diese Näherungsformel bildet

Keplers drittes Gesetz:

Die Quadrate der Umlaufszeiten zweier Planeten verhalten sich wie die Kuben der Halbachsen ihrer Bahnen.

§ 32. Relativbewegung auf der Erdoberfläche.

Eine der wichtigsten Bewegungserscheinungen ist die Bewegung, die ein an einem Beobachtungsorte B der Erdoberfläche befindlicher, mit einer gewissen Anfangsgeschwindigkeit $\mathfrak{c}$ ausgestatteter Punkt P von m gr Masse relativ zur rotierenden Erdkugel ausführt.

Die Drehungsachse der Erde behält ihre Richtung, die Drehgeschwindigkeit (Winkelgeschwindigkeit) ihren Wert d längere Zeit unverändert bei. Wir wählen erstere als z-Achse des starr mit der Erdkugel verbundenen Laufsystems (§ 12), dessen Ursprung im Erdmittelpunkte M liege, dessen x-Achse etwa durch den Nullmeridian gehe. Dann ist der Ortsvektor $\mathfrak{r}$ des Massenpunktes P im Laufsystem der vektorische Abstand $\overrightarrow{MP}$ des Punktes P vom Erdmittelpunkt.

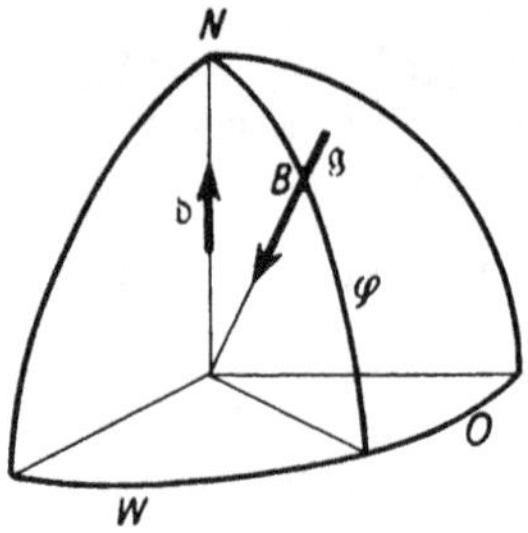

Bild 58.

Für den Anstieg von $\mathfrak{r}$ gilt (§ 12) die Formel

$$\dot{\mathfrak{r}} = \mathfrak{v} + \mathfrak{d} \times \mathfrak{r},$$

wo $\mathfrak{v}$ die Geschwindigkeit des Punktes P relativ zum Laufsystem und $\mathfrak{d}$ den Darbouxvektor bedeutet.

Was letzteren anbetrifft, so erkennt man aus der für starr mit der Erde verbundene Punkte P geltenden Formel

$$\dot{\mathfrak{r}} = \mathfrak{d} \times \mathfrak{r},$$

daß $\mathfrak{d}$ die vom Südpol zum Nordpol weisende Richtung der Erdachse hat. Der Betrag von $\mathfrak{d}$ ist $d = 0{,}00007292$. (Die Erde rotiert in 86164 Sekunden einmal um ihre Achse; folglich ist $d = 2\pi : 86164$.)

Als Ursprung des Ruhsystems wählen wir etwa den Mittelpunkt der ruhend gedachten Sonne. (Eine etwaige gleichförmig geradlinige Bewegung der Sonne ändert an den folgenden Entwicklungen nichts.)

Wir gehen aus von der Beschleunigungsformel

$$\mathfrak{A} = \mathfrak{B} + \mathfrak{a} + \mathfrak{b}$$

des § 12, in der $\mathfrak{A}$ die Beschleunigung des Punktes P im Ruhsystem, $\mathfrak{B}$ die Führungsbeschleunigung, $\mathfrak{a}$ die Beschleunigung von P gegen das Laufsystem (Relativbeschleunigung) und $\mathfrak{b} = 2\,\mathfrak{d} \times \mathfrak{v}$ die Coriolisbeschleunigung bedeutet.

Die Beschleunigung $\mathfrak{A}$ bekommt man nach der dynamischen Grundgleichung, indem man die auf den Massenpunkt P wirkende Kraft (Schwerkraft) $m\,\mathfrak{g}$ durch die Masse m teilt. Dabei ist $\mathfrak{g}$ ein von P zum Erdmittelpunkt M gerichteter Vektor, der im mittleren Deutschland den Betrag $g = 981$ (Gal) hat. Sonach ist

$$\mathfrak{A} = \mathfrak{g}.$$

Die Führungsbeschleunigung $\mathfrak{B}$ besteht aus den drei Teilen $\mathfrak{L}$, $\mathfrak{d} \times \overline{\mathfrak{d}\mathfrak{r}}$ und $\dot{\mathfrak{d}} \times \mathfrak{r}$. Von diesen verschwindet der dritte ganz, da $\mathfrak{d}$ konstant, folglich $\dot{\mathfrak{d}} = 0$ ist. Was den ersten, die Beschleunigung $\ddot{\mathfrak{L}}$ des Laufsystemursprungs im Ruhsystem anbetrifft, so beträgt diese durchschnittlich (§ 29) $C^2 : R$ Gal, wo R den Radius der Erdbahn und C die Geschwindigkeit der Erde in ihrer Bahn bedeutet. Da $R = 15 \cdot 10^{12}$ (cm) und $C = 3 \cdot 10^6$ (Cel) ist, macht das nur ungefähr 0,6 Gal aus, so daß $\ddot{\mathfrak{L}}$ gegenüber $\mathfrak{A}$ vernachlässigt werden kann.

Der zweite Teil

$$\mathfrak{z} = \mathfrak{d} \times \overline{\mathfrak{d}\mathfrak{r}}$$

der Führungsbeschleunigung hat, wie man durch sukzessive Zeichnung der Vektoren $\mathfrak{d}\mathfrak{r}$ und $\mathfrak{z}$ leicht erkennt, die Richtung des von P auf die Erdachse gefällten Lots ϱ und den Betrag $d^2\varrho = d^2 r \cos\varphi$ (mit $r = |\mathfrak{r}| = MP$), wo φ die Breite von P bedeutet. Dieses $\mathfrak{z}$ ist sonach die Zentralbeschleunigung, die der Punkt P infolge seiner gleichförmigen Kreisbewegung um die Erdachse erfährt.

Der Betrag von $\mathfrak{z}$ erreicht höchstens (am Äquator) den Wert 3,4 Gal.

Unsere Beschleunigungsformel nimmt demnach die Gestalt

$$\mathfrak{g} = \mathfrak{z} + \mathfrak{a} + \mathfrak{b}$$

oder

$$\mathfrak{a} + \mathfrak{b} = \mathfrak{g} - \mathfrak{z}$$

an.

Der auf ihrer rechten Seite stehende Vektor $\mathfrak{g}_1 = \mathfrak{g} - \mathfrak{z}$ unterscheidet sich wegen des geringen Wertes von $\mathfrak{z}$ nur unerheblich von $\mathfrak{g}$. Wie eine kleine an das Parallelogramm der Vektoren $\mathfrak{g}$ und $-\mathfrak{z}$ angelehnte Rechnung lehrt, beträgt der Richtungsunterschied der Vektoren $\mathfrak{g}$ und $\mathfrak{g}_1$ weniger als 6′, der Längenunterschied weniger als $d^2 r \cos^2\varphi = 3{,}4 \cos^2\varphi$ (Gal), was für 57^0 Breite nur 1 Gal ausmacht.

Wir können daher in guter Annäherung

$$\mathfrak{a} + \mathfrak{b} = \mathfrak{g}$$

schreiben.

Nun gibt die Galileische Geschwindigkeitsformel

$$\mathfrak{v} = \mathfrak{c} + \mathfrak{g}t$$

bereits eine recht genaue Lösung unseres Bewegungsproblems. Diese benutzen wir zur Bestimmung der Coriolisbeschleunigung $\mathfrak{b} = 2\,\mathfrak{d} \times \mathfrak{v}$. Das gibt $\mathfrak{b} = 2\,\overline{\mathfrak{d}\mathfrak{c}} + 2\,\overline{\mathfrak{d}\mathfrak{g}}\,t$ und weiter

$$\mathfrak{a} = \mathfrak{g} + 2\,\overline{\mathfrak{c}\mathfrak{d}} + 2\,\overline{\mathfrak{g}\mathfrak{d}}\,t.$$

Aus dieser Gleichung finden wir durch Integration ($\mathfrak{a} = {}'\mathfrak{v}$) einen noch genaueren Wert für $\mathfrak{v}$. Wir haben lediglich zu beachten, daß wir beim Integrieren — als im Laufsystem befindlich — die Vektoren $\mathfrak{g}$ und $\mathfrak{c}$ als von der Zeit unabhängige Größen auffassen müssen.

Das gibt

$$\mathfrak{v} = \mathfrak{c} + (\mathfrak{g} + 2\,\overline{\mathfrak{c}\mathfrak{d}})\,t + \overline{\mathfrak{g}\mathfrak{d}}\,t^2.$$

Eine nochmalige relative Integration liefert ($\mathfrak{v} = {}'\mathfrak{r}$)

$$\mathfrak{r} = \mathfrak{r}_0 + \mathfrak{c}\,t + \frac{\mathfrak{g} + 2\,\overline{\mathfrak{c}\mathfrak{d}}}{2}\,t^2 + \frac{1}{3}\,\overline{\mathfrak{g}\mathfrak{d}}\,t^3,$$

wo $\mathfrak{r}_0$ den Ortsvektor des Massenpunktes P zur Zeit 0 bedeutet.

Bei Nichtberücksichtigung der Coriolisbeschleunigung hätten wir

$$\mathfrak{r} = \mathfrak{r}_0 + \mathfrak{c}\,t + \frac{1}{2}\,\mathfrak{g}\,t^2$$

erhalten, welche Gleichung für die Bahn des Punktes P die bekannte Wurfparabel gibt.

Das Mobil P erfährt also infolge der Erddrehung eine Ablenkung aus seiner (parabolischen) Bahn. Diese Ablenkung hat im Augenblicke t (nach Betrag und Richtung) den Wert

$$\mathfrak{D} = \overline{\mathfrak{c}\mathfrak{d}}\,t^2 + \frac{1}{3}\,\overline{\mathfrak{g}\mathfrak{d}}\,t^3.$$

Zwei Fälle erregen besonderes Interesse: die Ablenkung beim freien Fall und die Ablenkung beim waagrechten Wurf.

Beim freien Fall ist $\mathfrak{c} = 0$ und die Ablenkung

$$\mathfrak{F} = \frac{1}{3}\,\overline{\mathfrak{g}\mathfrak{d}}\,t^3.$$

Der Vektor $\overline{\mathfrak{g}\mathfrak{d}}$ steht auf der Meridianebene des Beobachtungsortes B senkrecht, hat genau östliche Richtung und den Betrag $g d \cos\varphi$, unter φ die Breite des Beobachtungsortes verstanden.

Ein frei fallender Körper erfährt also infolge der Erddrehung in t Sekunden eine östliche Ablenkung aus der Lotrechten vom Betrage

$$\frac{1}{3}\,g\,d\,t^3 \cos\varphi = 0{,}0238\,t^3 \cos\varphi$$

Zentimeter.

Bei 100 m Fallraum macht das in Mitteldeutschland etwa 1,4 cm aus.

Beim waagrechten Wurf ist die Ablenkung

$$\mathfrak{D} = \mathfrak{E} + \mathfrak{F}$$

mit

$$\mathfrak{E} = \overline{\mathfrak{c}\,\mathfrak{d}}\,t^2, \qquad \mathfrak{F} = \frac{1}{3}\,\overline{\mathfrak{g}\,\mathfrak{d}}\,t^3.$$

Die Fallablenkung $\mathfrak{F}$ wurde schon beschrieben, so daß es sich nur noch um die Betrachtung der Ablenkung $\mathfrak{E}$ handelt. Diese steht senkrecht zur Anfangsgeschwindigkeit $\mathfrak{c}$ und erfolgt für einen in der Richtung des sich waagrecht bewegenden Massenpunktes blickenden Beobachter nach rechts oder links, je nachdem der Beobachtungsort nördliche oder südliche Breite hat.

Alle waagrecht sich bewegenden Körper werden daher auf der nördlichen Halbkugel nach rechts, auf der südlichen nach links abgelenkt.

Durch diese Ablenkung erklären sich beispielsweise die Passatwinde.

Der Betrag E der Ablenkung $\mathfrak{E}$ ist

$$E = c\,d \sin \theta \cdot t^2,$$

wo c den Betrag von $\mathfrak{c}$ und θ den Zwischenwinkel von $\mathfrak{c}$ und $\mathfrak{d}$ bedeutet.

Der Winkel θ hängt von der Breite φ des Punktes P und von dem Kurse $\varkappa$ ab, den der Massenpunkt einschlägt (d. h. von dem Winkel $\varkappa$, den die jeweilige Bewegungsrichtung mit der Nordrichtung des Beobachtungsortes P bildet).

Wir zeichnen mit P als gemeinsamem Anfangspunkt die drei Vektoren $\mathfrak{d}$ (nach dem Weltpol gerichtet), $\mathfrak{n}$ in der Nordrichtung des Beobachtungsortes und $\mathfrak{c}$. Sie bilden eine an der Kante $\mathfrak{n}$ rechtwinklige Ecke mit den Seiten

$$\sphericalangle\, \mathfrak{c}\,\mathfrak{d} = \theta, \qquad \sphericalangle\, \mathfrak{d}\,\mathfrak{n} = \varphi, \qquad \sphericalangle\, \mathfrak{n}\,\mathfrak{c} = \varkappa.$$

Der auf die Ecke angewandte Cosinussatz der Sphärik liefert die Gleichung

$$\cos \theta = \cos \varphi \cos \varkappa.$$

Damit wird

$$E = c\,d \sqrt{1 - \cos^2 \varphi \cos^2 \varkappa}\; t^2.$$

Bei nördlicher Anfangsbewegung ist $\varkappa = 0$ und

$$E = cd \sin \varphi \cdot t^2$$

als genau östliche Ablenkung.

Diese östliche Ablenkung beträgt bei 100 m $\sec^{-1}$ Anfangsgeschwindigkeit des Mobils P nach Ablauf einer Sekunde

$$0{,}729 \sin \varphi \quad \text{cm},$$

ein Betrag, demgegenüber, namentlich in hohen Breiten, der Betrag $0{,}0238 \cos \varphi$ der Ablenkung $\mathfrak{F}$ nur von untergeordneter Bedeutung ist.

§ 33. Grundgleichungen der Dynamik.

Ein Punkthaufen bestehe aus den Massenpunkten $m_1, m_2, m_3, \ldots$ Auf diese Punkte wirken im allgemeinen zweierlei Kräfte: innere Kräfte, die ihren Ursprung im Haufen selbst haben, und äußere Kräfte, die von außen her auf die Punkte des Haufens einwirken. Die Anziehungskraft, mit der sich je zwei Punkte des Haufens anziehen, die zwischen zwei benachbarten Punkten eines Körpers herrschende Kohäsionskraft sind z. B. innere Kräfte. Die Schwerkraft, die jeden Punkt eines in der Nähe der Erde befindlichen Haufens anzieht, ist eine Außenkraft.

Wir nennen die auf den Punkt m_ν wirkende Außenkraft $\mathfrak{K}_\nu$, die vom Punkte m_μ auf m_ν ausgeübte Innenkraft $\mathfrak{K}_\nu^\mu$. Nach dem Prinzip von Wirkung und Gegenwirkung ist dann

$$\mathfrak{K}_\mu^\nu + \mathfrak{K}_\nu^\mu = 0. \tag{1}$$

I. Der Impulssatz.

Der Punkthaufen bewege sich. Wir bestimmen den Ort des Punktes m_ν zur Zeit t durch den Ortsvektor $\mathfrak{r}_\nu$, d. h. durch seinen vektorischen Abstand vom festen Bezugspunkte O (Ursprung eines festen Koordinatensystems). Dann ist $\mathfrak{v}_\nu = \dot{\mathfrak{r}}_\nu$ die Geschwindigkeit, $\mathfrak{a}_\nu = \ddot{\mathfrak{r}}_\nu$ die Beschleunigung des Punktes.

Die dynamische Grundgleichung des Punktes in Newtons Fassung lautet

$$\dot{\mathfrak{J}}_\nu = \mathfrak{K}_\nu + \mathfrak{K}_\nu^1 + \mathfrak{K}_\nu^2 + \ldots, \tag{2}$$

wenn der Impuls $m_\nu \mathfrak{v}_\nu$ des Massenpunktes m_ν mit $\mathfrak{J}_\nu$ bezeichnet wird.

Wir bilden diese Gleichung für jeden Massenpunkt des Haufens und addieren die entstehenden Gleichungen.

Dabei fallen die Innenkräfte nach (1) paarweise fort, und es bleibt

$$\dot{\mathfrak{J}}_1 + \dot{\mathfrak{J}}_2 + \ldots = \mathfrak{K}_1 + \mathfrak{K}_2 + \ldots$$

Die rechte Seite ist die Summe

$$\mathfrak{K} = \mathfrak{K}_1 + \mathfrak{K}_2 + \ldots$$

sämtlicher Außenkräfte. Die linke Seite ist der Anstieg der Summe

$$\mathfrak{J} = \mathfrak{J}_1 + \mathfrak{J}_2 + \ldots$$

der Impulse aller Haufenpunkte, welche Summe Impuls des Haufens heißt.

Die gefundene Gleichung schreibt sich

$$\boxed{\dot{\mathfrak{J}} = \mathfrak{K}}; \tag{I}$$

sie stellt den Ersten Hauptsatz der Dynamik, den sog. Impulssatz dar und sagt aus:

Impulssatz:

Der Impulsanstieg eines Punkthaufens ist gleich der Summe aller am Haufen angreifenden Außenkräfte.

Von häufigem Vorkommen und besonderer Bedeutung ist der Fall, wo keine Außenkräfte auftreten. In diesem Falle verschwindet gemäß (I) der Impulsanstieg, so daß der Impuls konstant ist. So entsteht der wichtige

Satz von der Erhaltung des Impulses:

Der Impuls eines Massensystems, auf welches keine Außenkraft wirkt, bleibt konstant.

Der Impulssatz erscheint häufig in einer etwas anderen Fassung. Wir nennen die Gesamtmasse $m_1 + m_2 + \ldots$ des Haufens M, den Ortsvektor des Haufenschwerpunkts $\mathfrak{R}$ und haben nach der Schwerpunktformel (§ 27)

$$M\,\mathfrak{R} = m_1\,\mathfrak{r}_1 + m_2\,\mathfrak{r}_2 + \ldots$$

Aus ihr folgt durch Ableitung nach der Zeit

$$M\,\dot{\mathfrak{R}} = m_1\,\dot{\mathfrak{r}}_1 + m_2\,\dot{\mathfrak{r}}_2 + \ldots$$

oder, wenn wir die Schwerpunktgeschwindigkeit $\mathfrak{V}$ nennen,

$$M\,\mathfrak{V} = m_1\,\mathfrak{v}_1 + m_2\,\mathfrak{v}_2 + \ldots = \mathfrak{J}_1 + \mathfrak{J}_2 + \ldots$$

oder

$$\boxed{M\,\mathfrak{V} = \mathfrak{J}}\,.$$

Der Haufenimpuls ist also gleich dem Produkt aus Haufenmasse und Schwerpunktgeschwindigkeit.

Unter Anwendung dieser Tatsache verwandelt sich (I) in

$$\text{(I')} \qquad \boxed{M\,\dot{\mathfrak{V}} = \mathfrak{K}}\,,$$

und diese Formel lehrt:

Der Schwerpunkt eines Haufens bewegt sich, wie wenn die Gesamtmasse des Haufens in ihm konzentriert wäre und alle Außenkräfte in ihm angriffen.

II. Der Drallsatz.

Unter dem Drall eines Massenpunktes versteht man das Vektorprodukt aus Ortsvektor und Impuls des Massenpunktes.

Unter dem Drall eines Punkthaufens versteht man die Summe der Dralle aller Punkte des Haufens.

Der Drall entsteht demnach aus dem Impulse wie das Moment aus der Kraft.

Erscheint die Angabe des Bezugspunktes O erwünscht, so sagt man ausführlich: »Drall für den Bezugspunkt O«.

Der Drall des Massenpunktes m_ν ist

$$\mathfrak{D}_\nu = \mathfrak{r}_\nu \times \mathfrak{J}_\nu ,$$

der Drall $\mathfrak{D}$ des ganzen Haufens

$$\mathfrak{D} = \mathfrak{D}_1 + \mathfrak{D}_2 + \dots$$

Wir stellen uns die Aufgabe, den Anstieg $\dot{\mathfrak{D}}$ des Dralls $\mathfrak{D}$ zu bestimmen.

Zunächst ist

$$\dot{\mathfrak{D}}_\nu = \mathfrak{r}_\nu \times \dot{\mathfrak{J}}_\nu + \dot{\mathfrak{r}}_\nu \times \mathfrak{J}_\nu .$$

Da aber die beiden Vektoren $\mathfrak{J}_\nu = m_\nu \mathfrak{v}_\nu$ und $\dot{\mathfrak{r}}_\nu = \mathfrak{v}_\nu$ gleiche Richtungen haben, verschwindet $\dot{\mathfrak{r}}_\nu \times \mathfrak{J}_\nu$, und wir haben einfach

$$\dot{\mathfrak{D}}_\nu = \mathfrak{r}_\nu \times \dot{\mathfrak{J}}_\nu . \tag{3}$$

Wir multiplizieren (2) vektoriell mit $\mathfrak{r}_\nu$ und erhalten wegen (3)

$$\dot{\mathfrak{D}}_\nu = \mathfrak{r}_\nu \times \mathfrak{K}_\nu + \mathfrak{r}_\nu \times \mathfrak{K}_\nu^1 + \mathfrak{r}_\nu \times \mathfrak{K}_\nu^2 + \dots .$$

Bilden wir diese Gleichung für jeden Haufenpunkt und addieren die entstandenen Gleichungen, so fallen nach (1) rechts alle Produkte, an denen Innenkräfte beteiligt sind, fort. Es ist nämlich

$$\mathfrak{r}_\mu \times \mathfrak{K}_\mu^\nu = \mathfrak{p} \times \mathfrak{K}_\mu^\nu ,$$

wo $\mathfrak{p}$ den vektorischen Abstand der Verbindungslinie $m_\mu\, m_\nu$ von O bedeutet, mithin

$$\mathfrak{r}_\mu \times \mathfrak{K}_\mu^\nu + \mathfrak{r}_\nu \times \mathfrak{K}_\nu^\mu = \mathfrak{p} \times (\mathfrak{K}_\mu^\nu + \mathfrak{K}_\nu^\mu) = 0.$$

Daher bleiben nur die mit Außenkräften behafteten Produkte übrig, und es wird

$$\dot{\mathfrak{D}}_1 + \dot{\mathfrak{D}}_2 + \dots = \mathfrak{r}_1 \times \mathfrak{K}_1 + \mathfrak{r}_2 \times \mathfrak{K}_2 + \dots \quad .$$

Hier steht links der Drallanstieg $\dot{\mathfrak{D}}$, rechts das Gesamtmoment

$$\mathfrak{M} = \mathfrak{r}_1 \times \mathfrak{K}_1 + \mathfrak{r}_2 \times \mathfrak{K}_2 + \dots$$

aller Außenkräfte, und wir bekommen die einfache Formel

$$\boxed{\dot{\mathfrak{D}} = \mathfrak{M}} . \tag{II}$$

Sie stellt den Zweiten Hauptsatz der Dynamik dar und heißt in Worten:

Drallsatz:

Der Drallanstieg eines Punkthaufens ist gleich dem Gesamtmoment der Außenkräfte.

Dabei sind natürlich Drall und Moment für denselben Bezugspunkt zu bilden.

Es gibt auch einen Drallsatz für eine Achse; bei ihm werden, wie folgt, Drall und Moment auf eine Achse bezogen.

Unter dem Drall eines Massenpunktes *m* für eine Achse *a* versteht man das Vektorprodukt aus dem vektorischen Abstande des Massenpunktes von der Achse und der zur Ebene *ma* normalen Impulskomponente.

Unter dem Drall eines Punkthaufens für eine Achse versteht man die Summe der Dralle seiner Punkte für die Achse.

Der Achsendrall ist achsenparallel.

Die Verknüpfung zwischen Bezugspunktdrall und Achsendrall liefert der Satz:

Der Drall eines Massenpunktes oder Punkthaufens für eine Achse ist die auf die Achse bewirkte Projektion des Dralls für einen Achsenpunkt.

Der Beweis dieses Satzes ist dem im § 26 gegebenen Beweise für den Satz über das Achsenmoment einer Kraft analog; man braucht nur die dort vorkommenden Ausdrücke »Kraft« und »Moment« durch »Impuls« und »Drall« zu ersetzen.

Projizieren wir demnach die Drallformel $\dot{\mathfrak{D}} = \mathfrak{M}$ auf eine durch den Bezugspunkt *O* laufende Achse, so ergibt sich rechts das Gesamtmoment der Außenkräfte für die Achse, links nach dem Satze vom Projektionsanstieg (§ 11) der Anstieg des Dralls für die Achse. Es entsteht der

Satz vom Anstieg des Dralls für eine Achse:

Der Anstieg des Dralls für eine Achse ist gleich dem Gesamtmoment der Außenkräfte für die Achse.

Da alle auf die Achse bezogenen Dralle und Momente achsenparallel sind, kommt ihre Summation auf eine gewöhnliche arithmetische Addition hinaus. Wir machen deshalb die Achse zur Koordinatenachse, deren Richtung zugleich die positive Richtung der Drehachse angeben soll, und achten lediglich auf die arithmetischen Komponenten (Koordinaten, Maßzahlen) der Momente und Dralle.

Die arithmetische Komponente (Projektion) des Moments einer Kraft oder des Dralls eines Massenpunktes wird positiv oder negativ, je nachdem die Kraft oder der Impuls den Körper für einen ihn in der Richtung der Drehachse betrachtenden Beobachter rechts oder links zu drehen versucht. Und die arithmetische Komponente des Gesamtmoments oder Gesamtdralls ist die Summe der arithmetischen Komponenten der Einzelmomente oder Einzeldralle.

Häufig wird auch die arithmetische Komponente des Moments oder Dralls selbst »Moment« oder »Drall« genannt. Diese Benennung gibt aber in Anbetracht der dann benutzten lateinischen Buchstaben für Moment und Drall zu Mißverständnissen keinen Anlaß. Auch in der arithmetischen Form heißt der

Drallsatz für eine Achse:

Der Anstieg des Dralls für eine Achse ist gleich dem Gesamtmoment der Außenkräfte für die Achse.

Hierbei sind aber jetzt Drall und Moment arithmetisch m. a. W. als Skalare aufzufassen.

Bezeichnet man die Koordinaten des Massenpunkts m_ν bzw. der ihn angreifenden Außenkraft $\mathfrak{K}_\nu$ mit x_ν, y_ν, z_ν bzw. X_ν, Y_ν, Z_ν, so sind die (arithmetischen) Momente dieser Kraft für die Koordinatenachsen (d. h. die Koordinaten des Moments $\mathfrak{r}_\nu \times \mathfrak{K}_\nu$)

$$y_\nu Z_\nu - z_\nu Y_\nu, \qquad z_\nu X_\nu - x_\nu Z, \qquad x_\nu Y_\nu - y_\nu X_\nu,$$

und die (arithmetischen) Dralle des Massenpunktes für diese Achsen (d. h. die Koordinaten des Dralls $\mathfrak{r}_\nu \times \mathfrak{J}_\nu$)

$$m_\nu (y_\nu \dot{z}_\nu - z_\nu \dot{y}_\nu), \qquad m_\nu (z_\nu \dot{x}_\nu - x_\nu \dot{z}_\nu), \qquad m_\nu (x_\nu \dot{y}_\nu - y_\nu \dot{x}_\nu).$$

Setzt man in diesen Werten für ν sukzessive 1, 2, 3, ... und addiert sie dann, so entstehen die Gesamtmomente der Außenkräfte bzw. Dralle des Haufens für die drei Koordinatenachsen.

Der Drallsatz lautet demnach für die x-Achse:

$$\sum_\nu m_\nu (y_\nu \ddot{z}_\nu - z_\nu \ddot{y}_\nu) = \sum_\nu (y_\nu Z_\nu - z_\nu Y_\nu),$$

für die y-Achse:

$$\sum_\nu m_\nu (z_\nu \ddot{x}_\nu - x_\nu \ddot{z}_\nu) = \sum_\nu (z_\nu X_\nu - x_\nu Z_\nu),$$

für die z-Achse:

$$\sum_\nu m_\nu (x_\nu \ddot{y}_\nu - y_\nu x_\nu) = \sum_\nu (x_\nu Y_\nu - y_\nu X_\nu),$$

welches Gleichungstripel auch ohne weiteres aus der Drallformel

$$\dot{\mathfrak{D}} = \mathfrak{M}$$

abgelesen werden kann.

Der Drallsatz gestaltet sich besonders einfach, wenn das Gesamtmoment der Außenkräfte verschwindet. Dies ist z. B. der Fall, wenn überhaupt keine Außenkräfte vorhanden sind, wenn, wie man sagt, das Massensystem sich selbst überlassen ist. Der Fall tritt auch ein, wenn die Wirkungslinien aller Außenkräfte durch den Bezugspunkt laufen.

In diesem Falle schreibt sich der Drallsatz

$$\dot{\mathfrak{D}} = 0$$

und das bedeutet, daß sich der Drall im Laufe der Zeit nicht ändert. Es gilt der

Satz von der Erhaltung des Dralls:

Der Drall eines Massensystems, bei dem das Moment des Gefüges der äußeren Kräfte verschwindet, bleibt konstant.

III. Der Wuchtsatz.

Als dritte Grundgleichung der Dynamik erscheint das Gesetz von der Erhaltung der Energie.

Wir beschränken uns auf die Betrachtung des besonders wichtigen und häufig vorkommenden Falles, daß die auf die Massenpunkte unseres Haufens wirkenden Kräfte eine Kräftefunktion besitzen, d. i. eine Funktion F, die nur von den Punkten $P_1, P_2, \ldots$ des Haufens abhängt, und deren in bezug auf den Punkt P_ν gebildeter Gradient die auf die Masse m_ν wirkende Kraft darstellt.

In der dem Augenblicke t folgenden unendlich kleinen Zeit dt legt der Massenpunkt P_ν den Weg $d\mathfrak{r}_\nu$ zurück. Da die auf ihn wirkende Kraft $\nabla_\nu F$ ist, wobei der Zeiger ν andeuten soll, daß sich der Operator ∇ nur auf den Punkt P_ν bezieht, so ist die in der Zeit dt am Massenpunkte P_ν geleistete Arbeit $\nabla_\nu F \cdot d\mathfrak{r}_\nu$. Dieses Skalarprodukt ist aber (§ 13) $d_\nu F$, d. h. die Zunahme, die die Kräftefunktion F lediglich infolge der Bewegung $d\mathfrak{r}_\nu$ des Punktes P_ν erfährt.

Daher ist die Gesamtarbeit, die die wirksamen Kräfte in der Zeit dt am Haufen leisten,

$$\Sigma\, d_\nu F = dF,$$

d. h. gleich dem Zuwachs, den F in der Zeit dt infolge der Bewegung aller Punkte des Haufens erfährt.

Diese Arbeit ist aber (§ 28) gleich der Zunahme dW, die die Wucht (Bewegungsenergie)

$$W = \frac{1}{2}\, \Sigma\, m_\nu \mathfrak{v}_\nu^2$$

des Haufens in der Zeit dt erfährt.

So entsteht die Gleichung

$$dW = dF.$$

Aus ihr folgt

$$W = F + \text{const},$$

in Worten:

Der Unterschied zwischen der Wucht und der Kräftefunktion eines Punkthaufens bleibt bei der Bewegung des Haufens unveränderlich.

Deuten wir die von den Kräften geleistete Arbeit dF als Verlust, $-dL$, den die Lageenergie L des Haufens während der Zeit dt erfährt (und der als Wuchtzuwachs wieder zutage tritt), so geht obige Gleichung in

$$dW + dL = 0$$

oder

$$\boxed{W + L = \text{const}}$$

über. Sie lehrt:

Bei der Bewegung eines Punkthaufens bleibt die Summe aus Bewegungsenergie und Lageenergie konstant.

§ 34. Wuchtzusammensetzung.

Es soll die Wucht W eines M gr schweren Körpers berechnet werden, der gleichzeitig folgende zwei Bewegungen ausführt: eine Translation (Parallelverschiebung) mit der Geschwindigkeit $\mathfrak{G}$ und eine Rotation um eine starr mit dem Körper verbundene Achse mit der Drehschnelle d.

Mit dem Körper sei ein rechtwinkliges Koordinatensystem (Laufsystem) mit den Grundvektoren $\mathfrak{e}$, $\mathfrak{o}$, $\mathfrak{u}$ starr verbunden, dessen z-Achse in die Drehungsachse fällt, dessen x-Achse durch den Körperschwerpunkt S läuft, dessen Ursprung F also der Fußpunkt des von S auf die Drehachse gefällten Lots ist. Der Vektor $\overrightarrow{FS}$ heiße $\mathfrak{h}$, sein Betrag h.

Das Laufsystem rotiert dann mit der Geschwindigkeit d um die z-Achse und führt gleichzeitig in bezug auf ein ruhendes Koordinatensystem (Ruhsystem) die Translation mit der Geschwindigkeit $\mathfrak{G}$ aus (§ 12). Die Maßzahlen des Darbouxvektors im Laufsystem sind

$$a = \dot{\mathfrak{o}}\,\mathfrak{u} = -\mathfrak{o}\,\dot{\mathfrak{u}}, \qquad b = \dot{\mathfrak{u}}\,\mathfrak{e}, \qquad c = \dot{\mathfrak{e}}\,\mathfrak{o}.$$

Wegen der unveränderlichen Richtung der Drehachse bleibt $\mathfrak{u}$ konstant, verschwindet also $\dot{\mathfrak{u}}$, so daß $a = b = 0$ und

$$\mathfrak{d} = c\mathfrak{u} = d\mathfrak{u}$$

wird (§ 12).

Nach der Geschwindigkeitsformel von § 12 setzt sich die Geschwindigkeit $\mathfrak{V}$ des Punktes $P\,(x, y, z)$ — den wir uns als Massenpunkt mit der Masse m denken —

$$\mathfrak{V} = \mathfrak{G} + \mathfrak{v} + \mathfrak{g}$$

aus drei Teilen zusammen: der Translationsgeschwindigkeit $\mathfrak{G}$ des Laufsystems, der Relativgeschwindigkeit $\mathfrak{v}$ des Punktes P im Laufsystem und der Coriolisgeschwindigkeit

$$\mathfrak{g} = \mathfrak{d} \times \mathfrak{r} \qquad \text{mit } \mathfrak{r} = \overrightarrow{FP}.$$

Da der Punkt P mit dem Laufsystem starr verbunden ist, verschwindet $\mathfrak{v}$, und es bleibt

$$\mathfrak{V} = \mathfrak{G} + \mathfrak{g}.$$

Daher ergibt sich für die Wucht W unseres Körpers die Gleichung

$$\begin{aligned} 2\,W &= \Sigma\, m\, \mathfrak{V}^2 = \Sigma\, m\, (\mathfrak{G} + \mathfrak{g})^2 = \Sigma\, m\, \mathfrak{G}^2 + \Sigma\, m\, \mathfrak{g}^2 + 2\,\Sigma\, m\, \mathfrak{G}\, \mathfrak{g}. \\ &= M\, \mathfrak{G}^2 + \Sigma\, m\, \mathfrak{g}^2 + 2\, \mathfrak{G}\, \Sigma\, m\, \mathfrak{g}. \end{aligned}$$

Was zunächst die Summe $\Sigma\, m\, \mathfrak{g}^2$ anbetrifft, so ist $\mathfrak{g} = \mathfrak{d} \times \mathfrak{r} = \mathfrak{d} \times \mathfrak{p}$, wo $\mathfrak{p}$ die zu $\mathfrak{d}$ normale Komponente von $\mathfrak{r}$, d. h. den vektoriellen Abstand des Punktes P von der Drehachse bedeutet. Nennen wir also den Betrag dieses Abstandes p, so ist $\mathfrak{g}^2 = d^2\, p^2$ und

$$\Sigma\, m\, \mathfrak{g}^2 = d^2\, \Sigma\, m\, p^2 = \Theta\, d^2,$$

falls wir das auf die Drehachse bezogene Trägheitsmoment des Körpers mit Θ bezeichnen.

Für die Summe $\Sigma\, m\, \mathfrak{g}$ bekommen wir $\Sigma\, m\, \mathfrak{g} = \Sigma\, m\, \mathfrak{d} \times \mathfrak{r} = \mathfrak{d} \times \Sigma m \mathfrak{r}$.

Nach der Schwerpunktformel (§ 27) ist aber

$$\Sigma\, m\, \mathfrak{r} = M\, \mathfrak{h},$$

mithin

$$\Sigma\, m\, \mathfrak{g} = M\, \mathfrak{d} \times \mathfrak{h}.$$

Die Wuchtformel schreibt sich demnach

$$\boxed{W = \frac{1}{2}\, M\, \mathfrak{G}^2 + \frac{1}{2}\, \Theta\, d^2 + M\, \mathfrak{G}\, \mathfrak{d}\, \mathfrak{h}}\,.$$

In ihr bedeutet das Glied $\frac{1}{2}\, M\, \mathfrak{G}^2$ die Translationswucht, das Glied $\frac{1}{2}\, \Theta\, d^2$ die Rotationswucht des Körpers, d. h. die Wucht, die er besitzen würde, falls er nur Translation bzw. nur Rotation besäße. Das Zusatzglied $M\, \mathfrak{G}\, \mathfrak{d}\, \mathfrak{h}$ ist das Mfache Mischprodukt der drei Vektoren: Translationsgeschwindigkeit $\mathfrak{G}$, Darbouxvektor $\mathfrak{d}$ und vektorischer Abstand des Schwerpunkts von der Drehachse.

Die Wuchtformel wird besonders einfach, wenn die Drehachse den Schwerpunkt enthält. In diesem Falle verschwindet $\mathfrak{h}$, und wir haben

$$\boxed{W = \frac{1}{2}\, M\, \mathfrak{G}^2 + \frac{1}{2}\, \Theta\, d^2}\,.$$

In Worten:

Läuft die fortschreitende Drehachse des Körpers durch den Schwerpunkt, so ist die Wucht des Körpers die Summe aus Translationswucht und Rotationswucht.

Doch gilt diese einfache Regel auch noch in vielen andern Fällen, nämlich stets, wenn die drei Vektoren $\mathfrak{G}$, $\mathfrak{d}$, $\mathfrak{h}$ komplanar sind.

Ein einfaches aber wichtiges Beispiel möge den Wert der Wuchtformel dartun.

Auf einer schiefen Ebene von der Höhe h rolle eine Kugel reibungslos herab; mit welcher Geschwindigkeit kommt sie unten an?

Der Radius der Kugel sei r, die Masse M. Dann ist ihr Trägheitsmoment für eine durch ihren Mittelpunkt laufende Achse $\Theta = {}^2/_5\, Mr^2$.

Die Translationsgeschwindigkeit der Kugel im Augenblicke t sei v, die Drehgeschwindigkeit ω. Der Berührungspunkt B der Kugel mit der schiefen Ebene hat in diesem Augenblicke längs der schiefen Ebene vermöge der Translation die Abwärtsgeschwindigkeit v, vermöge der Rotation um den Kugelmittelpunkt die Aufwärtsgeschwindigkeit ωr. Da aber die Berührungsstelle eines auf fester Ebene rollenden Körpers in jedem Augenblicke die Geschwindigkeit Null hat, muß $v - \omega r = 0$, d. h.

$$\omega = v : r$$

sein.

Nach unserem Wuchtsatze ist die Wucht der Kugel zur Zeit t

$$w = \frac{1}{2} M v^2 + \frac{1}{2} \Theta \omega^2 = \frac{7}{10} M v^2 .$$

In dem Augenblicke, wo die Kugel unten ankommt, erreicht sie ihre Höchstgeschwindigkeit V, ihre Höchstwucht

$$W = \frac{7}{10} M V^2 .$$

Da diese das Äquivalent für die verloren gegangene Lageenergie

$$L = g M h$$

ist, die sie zu Beginn ihrer Bewegung besaß, gilt die Gleichung

$$W = L .$$

Aus ihr ergibt sich

$$\boxed{V = \sqrt{\frac{10}{7} g h}}\,,$$

während Galileis Fallformel

$$V = \sqrt{2 g h}$$

lautet!

Rollt statt der Kugel eine Walze vom Radius r [deren Trägheitsmoment für die Walzenachse $\frac{1}{2} M r^2$ ist], so lautet die Formel für die Endgeschwindigkeit V.

$$V = \sqrt{\frac{4}{3} g h} .$$

§ 35. Dynamische Grundgleichung für Achsendrehung.

Der Drallsatz in seiner arithmetischen Fassung liefert auf einfachste Weise die dynamische Grundgleichung für die Drehung eines starren Körpers um eine feste Achse.

Der Körper bestehe aus den Massenpunkten m, m', m'', ... und rotiere mit der veränderlichen Winkelgeschwindigkeit ω um eine Achse, die ihren Ort im Raume dauernd beibehält. Die Abstände der genannten Punkte von der Achse seien ϱ, ϱ', ϱ'', ... Die Geschwindigkeiten der Massenpunkte sind dann

$$v = \omega\varrho, \qquad v' = \omega\varrho', \qquad v'' = \omega\varrho'', \ldots$$

Nach Festsetzung der positiven Achsenrichtung legen wir der Drehgeschwindigkeit ω das positive oder negative Vorzeichen bei, je nachdem sich der Körper für einen ihn in der positiven Achsenrichtung betrachtenden Beobachter rechts oder links dreht. Dann hat der Drall des Massenpunktes m für die Achse den Wert $\varrho \cdot mv = m\varrho^2\omega$. Folglich:

Der Drall des Körpers für die Achse ist $\Theta\omega$, wo

$$\Theta = m\varrho^2 + m'\varrho'^2 + m''\varrho''^2 + \ldots = \Sigma\, m\,\varrho^2$$

das sog. Trägheitsmoment des Körpers für die Achse bedeutet.

Das Gesamtmoment der Außenkräfte für die Achse, das sog. Drehmoment — positiv oder negativ gerechnet, je nachdem es rechts oder links dreht — sei D.

Erwägen wir nun, daß der Drallanstieg $\Theta\,\dot{\omega}$ ist, so nimmt der Drallsatz die Form

$$\boxed{\Theta\,\dot{\omega} = D}$$

an. In Worten:

Dreht sich ein Körper um eine feste Achse, so findet man die Drehbeschleunigung $\dot{\omega}$, indem man das Drehmoment durch das Trägheitsmoment für die Achse dividiert.

Die Formel

$$\Theta\,\dot{\omega} = D$$

ist die Dynamische Grundgleichung für Achsendrehung.

Sie entsteht aus der Newtonschen Form

Kraft = Masse mal Beschleunigung,

indem man die Kraft durch das Drehmoment, die Masse durch das Trägheitsmoment und die Beschleunigung durch die Drehbeschleunigung (Winkelbeschleunigung) ersetzt.

Um eine Anwendung von ihr zu geben, betrachten wir

das physische Pendel.

Ein M gr schwerer Körper sei an einer waagrechten, durch den Punkt A laufenden Drehachse aufgehängt. Sein Schwerpunkt liege im Ruhezustande s cm lotrecht unterhalb A in M. Das Pendel führe kleine Schwingungen um seine Ruhelage aus, so daß der Schwerpunkt auf einer durch M laufenden waagrechten x-Achse hin- und herschwingt. Zur Zeit t befinde sich der Schwerpunkt in S und habe die Abszisse x. Wir zerlegen die in S angreifende lotrecht nach unten wirkende Schwerkraft $SW = gM$ (Dyn) in zwei Komponenten $\mathrm{I} = SU$ in der Richtung von $\overrightarrow{SM}$, $\mathrm{II} = SV$ in der Richtung von $\overrightarrow{AS}$. Aus den gleichschenkligen ähnlichen Dreiecken AMS und WSU folgt $AM : MS = SW : SU$, so daß

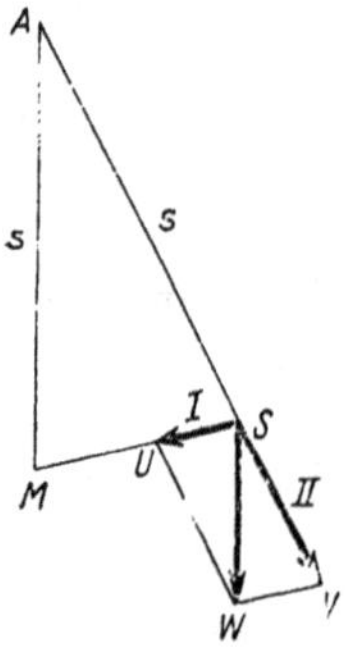

Bild 59.

$$\mathrm{I} = gMx : s$$

ist.

Bei der vorausgesetzten Kleinheit von x ist das wirkende Drehmoment $s \cdot \mathrm{I} = gMx$.

Anderseits ist die Geschwindigkeit $\dot{x}$ des Punktes S das $s$fache der Winkelgeschwindigkeit ω der Pendeldrehung, mithin $\ddot{x} = s\dot{\omega}$.

Bedeutet daher Θ das Trägheitsmoment des Pendels für die Aufhängeachse, so lautet der dynamischen Grundgleichung zufolge die Bewegungsgleichung des Pendelschwerpunkts

$$\Theta \cdot \frac{\ddot{x}}{s} = -gMx$$

oder

$$\boxed{\ddot{x} = -\frac{gMs}{\Theta} \cdot x}.$$

Nach dem Hauptsatz der harmonischen Größe (§ 30) heißt dies:

Das Pendel führt harmonische Schwingungen aus. Die Frequenz k dieser Schwingungen bestimmt sich aus

$$\boxed{k^2 = gMs : \Theta},$$

die Schwingungsdauer T ist

$$\boxed{T = 2\pi\sqrt{\frac{\Theta}{gMs}}}.$$

(Huygens, Horologium oscillatorium, 1673.)

§ 36. Die Eulerschen Gleichungen.

Es ist oft praktisch, die Bewegung eines starren Körpers — außer auf ein festes XYZ-System (Ruhsystem) — auf ein starr mit ihm verbundenes xyz-Koordinatensystem zu beziehen, welches dann als Laufsystem dient (§ 12).

Da die Translationsbewegung eines Körpers keine Schwierigkeit bietet, betrachten wir hier nur den Fall der Drehung des Laufsystems bzw. Körpers um einen festen Punkt O, den Drehpunkt, der zugleich den Ursprung des Ruh- wie Laufsystems bildet.

Die Ortsvektoren $\mathfrak{R}$ und $\mathfrak{r}$ des Körperpunktes $P(x, y, z)$, der als Massenpunkt mit der Masse m behaftet ist, sind dann einander gleich.

Die Geschwindigkeit $\mathfrak{V}$ des Punktes P, für die wir (§ 12) die Gleichung

$$\mathfrak{V} = \dot{\mathfrak{L}} + \mathfrak{v} + \mathfrak{g}$$

hatten, reduziert sich auf die Coriolisgeschwindigkeit $\mathfrak{g}$, da der Laufsystemursprung ruht ($\dot{\mathfrak{L}} = 0$) und der Punkt P relativ zum Laufsystem keine Geschwindigkeit hat ($\mathfrak{v} = 0$). Die Geschwindigkeit des Punktes P ist daher

$$\mathfrak{g} = \mathfrak{d} \times \mathfrak{r} = \overline{\mathfrak{d}\mathfrak{r}},$$

unter $\mathfrak{d}$ den Darbouxvektor

$$\mathfrak{d} = a\mathfrak{e} + b\mathfrak{o} + c\mathfrak{u}$$

verstanden (§ 12).

Der Körper bewegt sich demnach so, daß er zur beliebigen Zeit t einen Augenblick lang um eine in der Richtung von $\mathfrak{d}$ durch O laufende Achse — die sogenannte augenblickliche Drehachse — mit der Schnelle $d = |\mathfrak{d}|$ rotiert. Die »Drehgeschwindigkeit« $\mathfrak{d}$ ändert sich im allgemeinen von Augenblick zu Augenblick.

Auf Grund dieses Geschwindigkeitswertes berechnen wir nun den Drall $\mathfrak{D}$ des Körpers für den Bezugspunkt O. Es ist

$$\mathfrak{D} = \Sigma\, m\, \mathfrak{r} \times \mathfrak{g} = \Sigma\, m\, \mathfrak{r} \times \overline{\mathfrak{d}\mathfrak{r}}.$$

Nach dem Entwicklungssatze ist aber

$$\mathfrak{r} \times \overline{\mathfrak{d}\mathfrak{r}} = \mathfrak{r}^2 \mathfrak{d} - \widetilde{\mathfrak{d}\mathfrak{r}}\, \mathfrak{r},$$

mithin

$$\boxed{\mathfrak{D} = (\Sigma\, m\, \mathfrak{r}^2)\, \mathfrak{d} - \Sigma\, (m\, \widetilde{\mathfrak{d}\mathfrak{r}}\, \mathfrak{r})},$$

wobei die Summationen auf alle Massenpunkte des Körpers zu erstrecken sind. Hier setzen wir

$$\mathfrak{r} = x\mathfrak{e} + y\mathfrak{o} + z\mathfrak{u}, \qquad \mathfrak{d} = a\mathfrak{e} + b\mathfrak{o} + c\mathfrak{u},$$
$$\mathfrak{r}^2 = x^2 + y^2 + z^2, \qquad \widetilde{\mathfrak{d}\mathfrak{r}} = ax + by + cz,$$

ordnen nach $\mathfrak{e}$, $\mathfrak{o}$, $\mathfrak{u}$ und bekommen

$$\mathfrak{D} = (A\,a + \Gamma b + \mathsf{B} c)\,\mathfrak{e} + (B\,b + \mathsf{A} c + \Gamma a)\,\mathfrak{o} + (C\,c + \mathsf{B} a + \mathsf{A} b)\,\mathfrak{u}$$

mit

$$A = \Sigma m\,(y^2 + z^2), \qquad B = \Sigma m\,(z^2 + x^2), \qquad C = \Sigma m\,(x^2 + y^2),$$
$$\mathsf{A} = -\Sigma m\,y\,z, \qquad \mathsf{B} = -\Sigma m\,z\,x, \qquad \Gamma = -\Sigma m\,x\,y.$$

Um über die sechs Größen A, B, C, A, B, Γ einigen Aufschluß zu gewinnen, betrachten wir das Trägheitsmoment Θ unseres Körpers für eine beliebige durch O laufende Achse (Trägheitsachse), deren Richtung durch den Einheitsvektor $\mathfrak{i}$ mit den Richtungskosinus λ, μ, ν (im Laufsystem) angegeben wird. Da die Projektion von $\mathfrak{r}$ auf diese Achse $\widetilde{\mathfrak{i}\mathfrak{r}}\,\mathfrak{i}$ ist (§ 3), so bekommen wir für das Quadrat des Abstandes ϱ des Punktes P von der Achse

$$\varrho^2 = \mathfrak{r}^2 - \widetilde{\mathfrak{i}\mathfrak{r}}^2 = (x^2 + y^2 + z^2) - (\lambda x + \mu y + \nu z)^2,$$

mithin, wegen $\lambda^2 + \mu^2 + \nu^2 = 1$,

$$\varrho^2 = (y^2 + z^2)\,\lambda^2 + (z^2 + x^2)\,\mu^2 + (x^2 + y^2)\,\nu^2 - 2\,y\,z\,\mu\nu - 2\,z\,x\,\nu\lambda - 2\,x\,y\,\lambda\mu.$$

Da anderseits

$$\Theta = \Sigma\, m\,\varrho^2$$

ist, ergibt sich

$$\Theta = A\,\lambda^2 + B\,\mu^2 + C\,\nu^2 + 2\,\mathsf{A}\,\mu\nu + 2\,\mathsf{B}\,\nu\lambda + 2\,\Gamma\,\lambda\mu.$$

Um einen Überblick über die Abhängigkeit des Trägheitsmoments Θ von der Richtung (λ, μ, ν) der Trägheitsachse zu gewinnen, trägt man vom O aus auf jeder Trägheitsachse die Strecke $q = OQ = 1 : \sqrt{\Theta}$ ab. Nennen wir die Koordinaten des Punktes Q (im xyz-System) ξ, η, ζ, so ist

$$\xi = \lambda q, \qquad \eta = \mu q, \qquad \zeta = \nu q.$$

Ersetzen wir also in der für Θ gefundenen Gleichung λ, μ, ν durch $\xi : q$, $\eta : q$, $\zeta : q$, so entsteht die Ortsgleichung des Punktes Q:

$$A\,\xi^2 + B\,\eta^2 + C\,\zeta^2 + 2\,\mathsf{A}\,\eta\,\zeta + 2\,\mathsf{B}\,\zeta\,\xi + 2\,\Gamma\,\xi\,\eta = 1.$$

Der Punkt Q beschreibt bei Änderung der Trägheitsachse eine zentrische Fläche zweiten Grades. Da q stets endlich bleibt, kann der Punkt Q nie ins Unendliche gelangen, muß diese Fläche also ein Ellipsoid sein. Man nennt dieses Ellipsoid das Trägheitsellipsoid des Körpers und denkt es sich mit dem Körper starr verbunden, so daß es seine Bewegung mitmacht.

Die sechs Größen A, B, C, A, B, Γ sind die Koeffizienten der Ellipsoidgleichung, und zwar sind A, B, C die Trägheitsmomente für die x-, y-, z-Achse, wie man z. B. erkennt, wenn man die Abschnitte $(1 : \sqrt{A},\ 1 : \sqrt{B},\ 1 : \sqrt{C})$ beachtet, die das Ellipsoid auf den Koordinatenachsen (x, y, z) erzeugt. Die Koeffizienten A, B, Γ haben keine so anschauliche Bedeutung; man nennt sie nach Rankine die Deviationsmomente des Körpers.

Das Trägheitsellipsoid hat (wie jedes Ellipsoid) drei Hauptachsen. Die auf diese Achsen bezogenen Trägheitsmomente heißen Hauptträgheitsmomente, die Achsen selbst in diesem Zusammenhange Hauptträgheitsachsen.

Wählt man mit Euler diese Hauptachsen als Koordinatenachsen des Laufsystems, so ergeben sich große Vereinfachungen.

Da die auf die Hauptachsen bezogene Ellipsoidgleichung keine rechteckigen Glieder enthält, verschwinden die Deviationsmomente, und die Ellipsoidgleichung nimmt die einfache Form

$$A\,\xi^2 + B\,\eta^2 + C\,\zeta^2 = 1$$

an, in der A, B, C die Hauptträgheitsmomente sind.

Zugleich erhalten wir für den Drall den einfachen Wert

$$\boxed{\mathfrak{D} = A\,a \mid B\,b \mid C\,c}$$

oder

$$\boxed{\mathfrak{D} = A\,a\,\mathfrak{e} + B\,b\,\mathfrak{o} + C\,c\,\mathfrak{u}}\,,$$

wo nunmehr, um es zu wiederholen, A, B, C die auf die Hauptträgheitsachsen und zugleich Koordinatenachsen des Laufsystems bezogenen Trägheitsmomente des Körpers bedeuten.

Für das Drallquadrat entsteht die einfache Formel

$$\boxed{\mathfrak{D}^2 = A^2 a^2 + B^2 b^2 + C^2 c^2}\,.$$

Die Bewegung des Körpers vollzieht sich nach dem Satz vom Drallanstieg (§ 33):

$$\dot{\mathfrak{D}} = \mathfrak{M},$$

wo $\mathfrak{M}$ das Gesamtmoment der auf den Körper wirkenden Außenkräfte für den Bezugspunkt O bedeutet.

Wir entwickeln zunächst $\dot{\mathfrak{D}}$. Die Trägheitsmomente A, B, C sind mit dem Körper gegebene Konstanten; veränderlich sind die Maßzahlen a, b, c des Darbouxvektors und die Grundvektoren $\mathfrak{e}$, $\mathfrak{o}$, $\mathfrak{u}$ des Laufsystems. Folglich:

$$\dot{\mathfrak{D}} = A\,\dot{a}\,\mathfrak{e} + B\,\dot{b}\,\mathfrak{o} + C\,\dot{c}\,\mathfrak{u} + A\,a\,\dot{\mathfrak{e}} + B\,b\,\dot{\mathfrak{o}} + C\,c\,\dot{\mathfrak{u}}.$$

Hier ersetzen wir die drei Grundvektoranstiege $\dot{\mathfrak{e}}$, $\dot{\mathfrak{o}}$, $\dot{\mathfrak{u}}$ durch ihre Werte $c\mathfrak{o} - b\mathfrak{u}$, $a\mathfrak{u} - c\mathfrak{e}$, $b\mathfrak{e} - a\mathfrak{o}$ (§ 12) und bekommen

$$\dot{\mathfrak{D}} = [A\dot{a} - (B - C)\,b\,c]\,\mathfrak{e} + [B\dot{b} - (C - A)\,c\,a]\,\mathfrak{o} + [C\dot{c} - (A - B)\,a\,b]\,\mathfrak{u}.$$

Bezeichnen wir die Maßzahlen (Komponenten) des Drehmoments $\mathfrak{M}$ im Laufsystem mit L, M, N, so ist ferner

$$\mathfrak{M} = L\mathfrak{e} + M\mathfrak{o} + N\mathfrak{u}.$$

Nun entstehen durch Zerlegung der Vektorgleichung

$$\dot{\mathfrak{D}} = \mathfrak{M}$$

in drei Skalargleichungen die berühmten

Gleichungen Eulers:

$$\boxed{\begin{aligned} A\dot{a} &= (B - C)\,b\,c + L \\ B\dot{b} &= (C - A)\,c\,a + M \\ C\dot{c} &= (A - B)\,a\,b + N \end{aligned}}$$

für die Drehung eines starren Systems um einen festen Punkt. (L. Euler, Theoria motus corporum solidorum, Greifswald, 1765.)

Wenn keine Außenkräfte vorhanden sind, auch dann übrigens, wenn das Gesamtmoment der Außenkräfte verschwindet, reduzieren sie sich auf

$$\boxed{\begin{aligned} A\dot{a} &= (B - C)\,b\,c \\ B\dot{b} &= (C - A)\,c\,a \\ C\dot{c} &= (A - B)\,a\,b \end{aligned}}\,.$$

Die Wucht des Körpers.

Es liegt nahe, den Ausdruck

$$\mathfrak{D} = \Sigma\, m\, \mathfrak{r}^2\, \mathfrak{d} - \Sigma\, m\, \widetilde{\mathfrak{d}\mathfrak{r}}\, \mathfrak{r}$$

für den Drall skalar mit dem Darbouxvektor $\mathfrak{d}$ zu multiplizieren. Das gibt

$$\mathfrak{D}\,\mathfrak{d} = \Sigma\, m\, \mathfrak{r}^2\, \mathfrak{d}^2 - \Sigma\, m\, \widetilde{\mathfrak{d}\mathfrak{r}}^2 = \Sigma\, m\,(\mathfrak{r}^2\,\mathfrak{d}^2 - \widetilde{\mathfrak{d}\mathfrak{r}}^2) = \Sigma\, m\, \overline{\mathfrak{d}\mathfrak{r}}^2 = \Sigma\, m\, \mathfrak{g}^2.$$

Die rechte Seite dieser Seite ist das Doppelte der Körperwucht W. Demnach gilt die einfache Wuchtformel

$$\boxed{2\,W = \mathfrak{D}\,\mathfrak{d}}\,.$$

Führen wir die skalare Multiplikation der beiden Vektoren

$$\mathfrak{D} = A a \mathfrak{e} + B b \mathfrak{o} + C c \mathfrak{u}, \qquad \mathfrak{d} = a \mathfrak{e} + b \mathfrak{o} + c \mathfrak{u}$$

aus, so entsteht

$$\boxed{2W = A a^2 + B b^2 + C c^2}\,.$$

Auch für den Wuchtanstieg gilt eine einfache Formel.

Aus

$$\mathfrak{D} = \Sigma\, m\, \mathfrak{r}^2 \mathfrak{d} - \Sigma\, m\, \widetilde{\mathfrak{d}\mathfrak{r}}\, \mathfrak{r}$$

folgt zunächst

$$\mathfrak{D}\dot{\mathfrak{d}} = \Sigma\, m\, \mathfrak{r}^2 \mathfrak{d}\dot{\mathfrak{d}} - \Sigma\, m\, \widetilde{\mathfrak{d}\mathfrak{r}}\, \widetilde{\mathfrak{r}\dot{\mathfrak{d}}}.$$

Da nun

$$\dot{\widetilde{\mathfrak{d}\mathfrak{r}}} = \mathfrak{d}\dot{\mathfrak{r}} + \mathfrak{r}\dot{\mathfrak{d}} = \mathfrak{d}\mathfrak{d}\mathfrak{r} + \mathfrak{r}\dot{\mathfrak{d}} = \mathfrak{r}\dot{\mathfrak{d}}$$

ist (das Mischprodukt $\mathfrak{d}\mathfrak{d}\mathfrak{r}$ verschwindet), so können wir schreiben

$$2\mathfrak{D}\dot{\mathfrak{d}} = 2\Sigma\, m\, \mathfrak{r}^2 \mathfrak{d}\dot{\mathfrak{d}} - 2\Sigma\, m\, \widetilde{\mathfrak{d}\mathfrak{r}}\, \dot{\widetilde{\mathfrak{d}\mathfrak{r}}}.$$

Die rechte Seite dieser Gleichung ist der Anstieg von

$$\mathfrak{D}\mathfrak{d} = \Sigma\, m\, \mathfrak{r}^2 \mathfrak{d}^2 - \Sigma\, m\, \widetilde{\mathfrak{d}\mathfrak{r}}^{\,2}$$

(der Anstieg des konstanten $\mathfrak{r}^2$ verschwindet), ist also $\mathfrak{D}\dot{\mathfrak{d}} + \dot{\mathfrak{D}}\mathfrak{d}$. Darum ist $\mathfrak{D}\dot{\mathfrak{d}} = \dot{\mathfrak{D}}\mathfrak{d}$ und

$$\boxed{\dot{W} = \mathfrak{D}\dot{\mathfrak{d}} = \mathfrak{d}\dot{\mathfrak{D}}}$$

sowie noch wegen der Formel $\dot{\mathfrak{D}} = \mathfrak{M}$

$$\boxed{\dot{W} = \mathfrak{M}\mathfrak{d}}\,.$$

Integration der Eulerschen Gleichungen

für die einfachen Fälle, daß keine Außenkräfte vorhanden sind, oder daß das Gesamtmoment der Außenkräfte verschwindet.

In den Gleichungen

$$A\dot{a} = (B - C)\, b\, c, \qquad B\dot{b} = (C - A)\, c\, a, \qquad C\dot{c} = (A - B)\, a\, b$$

sind A, B, C gegebene Konstanten, a, b, c unbekannte Funktionen der Zeit t.

Zwei Integrale ergeben sich sofort.

Aus

$$\dot{\mathfrak{D}} = 0$$

folgt

$$\mathfrak{D} = \text{const}$$

also auch

$$\mathfrak{D}^2 = \text{const}$$

oder

$$A^2 a^2 + B^2 b^2 + C^2 c^2 = \mathfrak{D}^2 = 2Q = \text{const.}$$

Ein zweites Integral ergibt sich aus der Gleichung

$$\dot{W} = \mathfrak{d}\dot{\mathfrak{D}}.$$

Da $\dot{\mathfrak{D}}$ verschwindet, ist

$$\dot{W} = 0,$$

mithin

$$W = \text{Const}$$

oder

$$A a^2 + B b^2 + C c^2 = 2W = \text{const.}$$

[Man hätte diese beiden Integrale auch durch Multiplikation der Eulerschen Gleichungen mit a, b, c bzw. Aa, Bb, Cc und nachherige Addition erhalten können.]

Wir führen nunmehr das Quadrat $\mathfrak{d}^2 = d^2$ des Darbouxvektors als neue Unbekannte 2ζ ein und haben für die Unbekannten a, b, c das Gleichungssystem

$$\left.\begin{aligned} a^2 + b^2 + c^2 &= 2\zeta \\ A\,a^2 + B\,b^2 + C\,c^2 &= 2W \\ A^2 a^2 + B^2 b^2 + C^2 c^2 &= 2Q \end{aligned}\right\},$$

wo A, B, C, W, Q gegeben, a, b, c und ζ gesucht sind.

Wir lösen das System zunächst nach a^2, b^2, c^2 auf und erhalten

$$\Delta a^2 = 2\begin{vmatrix} \zeta & 1 & 1 \\ W & B & C \\ Q & B^2 & C^2 \end{vmatrix} = 2BC(C-B)(\zeta-\alpha),$$

$$\Delta b^2 = 2\begin{vmatrix} 1 & \zeta & 1 \\ A & W & C \\ A^2 & Q & C^2 \end{vmatrix} = 2CA(A-C)(\zeta-\beta),$$

$$\Delta c^2 = 2\begin{vmatrix} 1 & 1 & \zeta \\ A & B & W \\ A^2 & B^2 & Q \end{vmatrix} = 2AB(B-A)(\zeta-\gamma)$$

mit

$$\Delta = \begin{vmatrix} 1 & 1 & 1 \\ A & B & C \\ A^2 & B^2 & C^2 \end{vmatrix} = (B-A)(C-A)(C-B)$$

und

$$\alpha = \frac{W(B+C)-Q}{BC}, \quad \beta = \frac{W(C+A)-Q}{CA}, \quad \gamma = \frac{W(A+B)-Q}{AB}.$$

Darauf bilden wir den Anstieg von ζ:

$$\dot{\zeta} = a\dot{a} + b\dot{b} + c\dot{c},$$

ersetzen hier $\dot{a}$, $\dot{b}$, $\dot{c}$ auf Grund der Eulerschen Gleichungen und bekommen

$$\dot{\zeta} = \delta\, a b c \qquad \text{mit } \delta = \begin{vmatrix} 1 & 1 & 1 \\ \frac{1}{A} & \frac{1}{B} & \frac{1}{C} \\ A & B & C \end{vmatrix} = \frac{B-C}{A} + \frac{C-A}{B} + \frac{A-B}{C}.$$

Um eine zweite Gleichung für das Produkt abc zu gewinnen, multiplizieren wir die für a^2, b^2, c^2 gefundenen Werte miteinander und haben

$$\Delta^2 a^2 b^2 c^2 = -8\, A^2 B^2 C^2 \cdot \Delta \cdot (\zeta - \alpha)(\zeta - \beta)(\zeta - \gamma)$$

oder

$$\Delta\, abc = \sqrt{8\, ABC}\, \sqrt{(\alpha - \zeta)(\beta - \zeta)(\gamma - \zeta)}.$$

Durch Gleichsetzung der beiden abc-Werte entsteht die Differentialgleichung

$$\frac{d\zeta}{dt} = \dot{\zeta} = \frac{\sqrt{8\, ABC}\,\delta}{\Delta} \sqrt{(\alpha - \zeta)(\beta - \zeta)(\gamma - \zeta)}$$

für die Unbekannte ζ.

Durch die Substitution

$$\tau = \sqrt{8\, ABC}\, \frac{\delta}{\Delta}\, t$$

(Einführung einer neuen, $\frac{\Delta}{\sqrt{8\, ABC}\,\delta}$ Sekunden umfassenden Zeiteinheit) vereinfacht sie sich zu

$$d\tau = d\zeta : \sqrt{(\alpha - \zeta)(\beta - \zeta)(\gamma - \zeta)},$$

und aus dieser Gleichung ergibt sich τ als das elliptische Integral

$$\tau = \int \frac{d\zeta}{\sqrt{(\alpha - \zeta)(\beta - \zeta)(\gamma - \zeta)}}$$

bzw. umgekehrt ζ als elliptische Funktion von τ.

Damit sind ζ und weiter a, b, c als Funktionen der Zeit dargestellt.

Eulers Gleichungen gestatten die Beantwortung der interessanten Frage: Wann rotiert ein von Außenkräften nicht angegriffener Körper gleichförmig um eine unveränderliche Achse?

Offenbar nur, wenn der Darbouxvektor unveränderlich bleibt, wenn also sein Anstieg $\mathfrak{d}$ verschwindet. Nun kann aber

$$\mathfrak{d} = \mathfrak{d} = \dot{a}\,\mathfrak{e} + \dot{b}\,\mathfrak{o} + \dot{c}\,\mathfrak{u}$$

nur verschwinden, wenn $\dot{a}$, $\dot{b}$, $\dot{c}$ alle drei verschwinden. Nach Eulers Gleichungen verschwinden dann auch die drei Produkte $(B - C)\,bc$, $(C - A)\,ca$, $(A - B)\,ab$, und dies ist für einen beliebigen Körper mit voneinander verschiedenen Hauptträgheitsmomenten nur möglich, wenn gleichzeitig

$$bc = 0, \qquad ca = 0, \qquad ab = 0$$

ist.

Das gleichzeitige Erfülltsein dieser drei Bedingungen erfordert das Verschwinden von zwei der drei Maßzahlen a, b, c des Darbouxvektors. Dann ist etwa

$$\mathfrak{d} = c\,\mathfrak{u},$$

und der Darbouxvektor hat dauernd die Richtung einer Hauptträgheitsachse.

Ein von Außenkräften nicht affizierter Körper kann sonach nur um eine der drei Hauptträgheitsachsen auf die Dauer gleichmäßig rotieren.

Nun heißt eine Achse, um die ein Körper ohne äußere Krafteinwirkung dauernd gleichförmig zu rotieren vermag, eine freie Achse des Körpers.

Es gilt also der Satz:

Die freien Achsen eines Körpers sind seine Hauptträgheitsachsen.

Anwendungen auf Elektrizität.

§ 37. Der sinusförmige Wechselstrom.

Sinusförmiger oder harmonischer Wechselstrom — oft einfach Wechselstrom genannt — ist ein veränderlicher elektrischer Strom, der harmonische Schwingungen ausführt. M. a. W.: Sinusförmiger Wechselstrom ist ein Strom, dessen Stärke dem Sinus eines gleichförmig veränderlichen Winkels proportional ist.

Bedeutet S die Proportionalitätskonstante, zugleich den Scheitelwert des Stromes, φ den gleichförmig veränderlichen Winkel, die sog. Phase des Stromes, s die Stromstärke zur Zeit t, wie man auch sagt, den Zeitwert des Stromes, so gilt (vgl. § 30) die Gleichung

$$\boxed{s = S \sin \varphi} \qquad \text{mit } \varphi = k t + \alpha.$$

Hier ist α die Anfangsphase (Phase zur Zeit 0), k der sekundliche Phasenzuwachs. Die Konstante k gibt zugleich die Anzahl der auf 2π Sekunden kommenden Schwingungen oder Perioden an und heißt Frequenz des Stromes. Sie ist mit der Periode T, d. h. der Zeit, nach deren Ablauf der Strom seine Wertereihe von neuem durchläuft, durch die Formel

$$\boxed{k T = 2\pi}$$

verbunden. Der reziproke Wert n von T gibt die Anzahl der auf eine Sekunde kommenden Perioden (Schwingungen) an und heißt Periodenzahl oder Schwingungszahl. Es ist

$$\boxed{k = 2\pi n}.$$

Bei den Wechselströmen der Technik hat n meist den ungefähren Wert 50, so daß die Frequenz etwa 314 ist.

Zur graphischen Darstellung eines Wechselstroms dient das sog. Wechselstromdiagramm.

Durch einen festen Punkt G ziehen wir waagrecht die feste Gerade g, die »Nullinie«, deren von G nach rechts laufender Teil »Nullstrahl« heiße. Dann führen wir den Drehvektor (§ 29) $\mathfrak{S}$ ein, dessen Anfangspunkt G, dessen Länge S ist, der um G im entgegengesetzten Sinne des Uhrzeigers (im positiven Sinne) mit der Dreh-

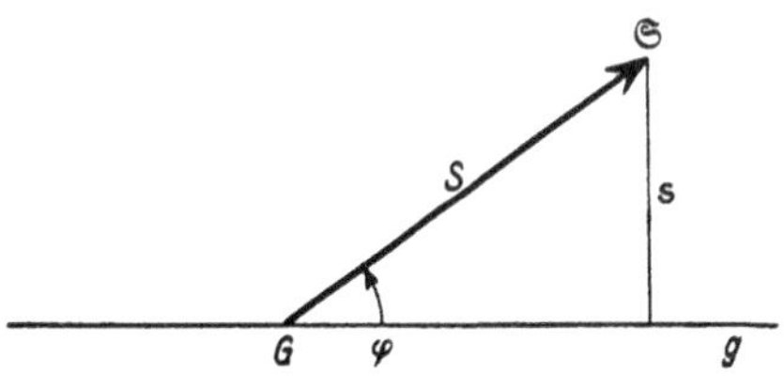

Bild 60.

schnelle k rotiert, und der zur Zeit t mit dem Nullstrahl den (im positiven Drehsinne gemessenen) Winkel φ bildet.

Das von der Spitze des Vektors auf die Nullinie gefällte Lot ist dann $s = S \sin \varphi$, wenn man das Lot positiv oder negativ rechnet, je nachdem es oberhalb oder unterhalb der Nullinie liegt. Wir nennen dieses Lot kurz das Lot des Drehvektors $\mathfrak{S}$ und haben die einfache Definition:

Sinusförmiger Wechselstrom ist das Lot eines Drehvektors.

Der Drehvektor $\mathfrak{S}$ heißt der Vektor des Stromes

$$s = S \sin \varphi.$$

Die Stromphase φ wird auch Phase des Vektors $\mathfrak{S}$ genannt.

Die aus dem festen Anfangspunkte G, der Nullinie g, dem Stromvektor $\mathfrak{S}$ und seinem Lote s gebildete Figur heißt Wechselstromdiagramm.

Der Nutzen dieses Diagramms tritt erst hervor (§§ 38 bis 40), wenn man auch die auftretenden Spannungen im Diagramm unterbringt. Wir zeichnen zunächst den Anstieg $\dot{\mathfrak{S}}$ des Stromvektors $\mathfrak{S}$ und den Anstieg $\dot{s}$ des Stromes ein. Die zeichnerische Bestimmung eines Drehvektoranstiegs wurde bereits im § 29 vorgenommen. Ihr zufolge gilt der

Satz vom Stromvektoranstieg:

Der Anstieg $\dot{\mathfrak{S}}$ des Stromvektors $\mathfrak{S}$ wird gefunden, indem man den Vektor $\mathfrak{S}$ im Drehsinne um 90^0 vordreht und ver-k-facht.

Der Stromanstieg $\dot{s}$ bestimmt sich auf Grund des Satzes vom Projektionsanstieg (§ 11). Nach diesem Satze ist der Anstieg der Projektion eines Vektors zugleich die Projektion des Anstiegs dieses Vektors. Hier handelt es sich um die Vertikalprojektionen der Vektoren

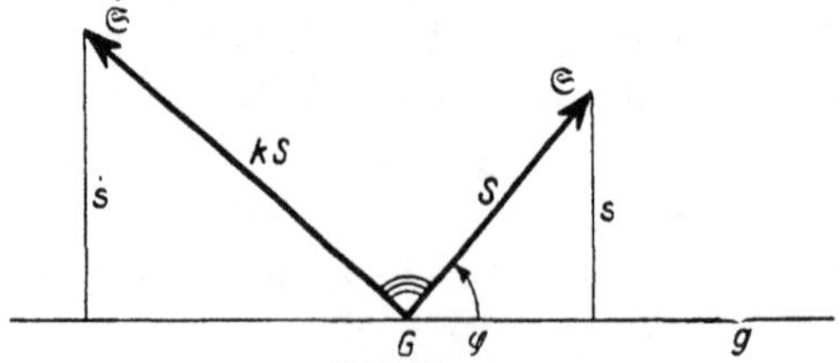

Bild 61.

$\mathfrak{S}$ und $\dot{\mathfrak{S}}$, d. h. um die Projektionen dieser Vektoren auf eine zu g vertikale Gerade. Demgemäß ist $\dot{s}$ das Lot des Drehvektors $\dot{\mathfrak{S}}$. Da $\dot{\mathfrak{S}}$ die Phase $\varphi + 90^0$ und den Betrag kS hat, so wird $\dot{s} = kS \sin(\varphi + 90^0)$ oder

$$\boxed{\dot{s} = k\,S \cos \varphi}.$$

Der Anstieg des Sinusstromes

$$s = S \sin \varphi$$

wird gefunden, indem man Sinus in Cosinus verwandelt und noch mit k multipliziert.

Was hier vom sinusförmigen Wechselstrom gesagt wurde, ist sinngemäß auf die sinusförmige Wechselspannung u zu übertragen. Auch diese ist dem Sinus eines gleichförmig veränderlichen Winkels ψ proportional:

$$u = U \sin \psi,$$

wo die Proportionalitätskonstante U den Scheitelwert der Spannung und ψ die sekundlich um k wachsende Phase der Spannung bedeutet. Auch der Wechselspannung u entspricht ein Spannungsvektor $\mathfrak{U}$ von der Länge U, der um G mit der Schnelle k rotiert und zur Zeit t mit dem Nullstrahl den Winkel ψ, die Phase des Vektors $\mathfrak{U}$, bildet.

Der Anstieg $\dot{\mathfrak{U}}$ des Spannungsvektors hat den Betrag kU und eilt dem Spannungsvektor $\mathfrak{U}$ um 90^0 voraus.

Der Anstieg $\dot{u}$ der Wechselspannung u hat den Wert

$$\boxed{\dot{u} = kU \cos \psi}.$$

Neben den Zeitwerten s, u, Scheitelwerten S, U und Vektoren $\mathfrak{S}$, $\mathfrak{U}$ von Strom und Spannung in einem Leiter (Stromkreise) hat man noch die von eingeschalteten Meßinstrumenten angezeigten sog. Effektivwerte $\bar{s}$, $\bar{u}$ von Strom und Spannung zu beachten. Diese werden auf Grund der Wärmewirkungen des Stromes so festgelegt, daß ihre Quadrate die Mittelwerte von s^2 und u^2 während einer Periode darstellen. Man hat demgemäß

$$\boxed{\bar{s} = S : \sqrt{2}, \quad \bar{u} = U : \sqrt{2}}.$$

Zum Schluß noch eine für das Folgende notwendige Bemerkung über lineare Abhängigkeit zwischen coinitialen frequenzgleichen Drehvektoren $\mathfrak{U}$, $\mathfrak{V}$, $\mathfrak{W}$ einerseits, ihren Loten u, v, w anderseits. Besteht zwischen den Vektoren $\mathfrak{U}$, $\mathfrak{V}$, $\mathfrak{W}$ die lineare Relation

(1) $$\mathfrak{W} = \lambda \mathfrak{U} + \mu \mathfrak{V}$$

mit konstanten skalaren Koeffizienten λ und μ, so besteht dieselbe Relation

(2) $$w = \lambda u + \mu v$$

zwischen ihren Loten u, v, w.

Umgekehrt folgt aus (2) sofort auch (1).

Beweis. Aus (1) ergibt sich (2) durch Projektion der beteiligten Vektoren auf eine Senkrechte zur Nullinie nach dem Satze von der Projektion einer Vektorsumme (§ 2).

Ist umgekehrt in jedem Augenblicke t die Gleichung (2) erfüllt, so heißt das

$$W \sin \chi = \lambda\, U \sin \varphi + \mu V \sin \psi,$$

wenn U, V, W die Beträge, φ, ψ, χ die Phasen von $\mathfrak{U}$, $\mathfrak{V}$, $\mathfrak{W}$ zur Zeit t bedeuten. In dem Augenblicke $t + \frac{1}{4} T$ ist jede Phase um 90° größer geworden, mithin

$$W \cos \chi = \lambda\, U \cos \varphi + \mu V \cos \psi.$$

Nun sind aber unter Einführung eines rechtwinkligen Koordinatensystems mit dem Nullstrahl als positiver x-Achse $U \cos \varphi$, $V \cos \psi$, $W \cos \chi$ die Abszissen, $U \sin \varphi$, $V \sin \psi$, $W \sin \chi$ die Ordinaten der Vektoren $\mathfrak{U}$, $\mathfrak{V}$, $\mathfrak{W}$ zur Zeit t. Aus der zwischen den Abszissen einerseits, den Ordinaten anderseits bestehenden linearen Relation mit den Koeffizienten λ und μ folgt ohne weiteres (1).

§ 38. Spule und Kondensator im Wechselstromkreis.

I. Das Spulendiagramm.

Einer Spule von r Ohm Widerstand und L Henry Induktivität wird die sinusförmige Wechselspannung

$$u = U \sin \psi \qquad \text{(Volt)}$$

vom Scheitelwert U und von der Frequenz k aufgedrückt; welcher Strom fließt durch die Spule?

Wir dürfen annehmen, daß der Strom auch mit der Frequenz k harmonisch schwingt und setzen deshalb versuchsweise

$$s = S \sin \varphi$$

an, wobei s den zu erwartenden Strom in Ampere, S seinen Scheitelwert, φ seine Phase bedeutet. Es kommt darauf an, den Stromscheitel S und die Stromphase φ zu ermitteln.

Die Lösung dieser Aufgabe beruht auf dem Ohmschen Gesetz einerseits, auf dem Spannung-Strom-Diagramm anderseits.

Nach Ohms Gesetz gilt die Formel

$$u = o + i,$$

wo $o = rs$ die Ohmspannung, $i = L\dot{s}$ die induktive oder Blindspannung bedeutet.

Von den Zeitwerten s, u, o, i gehen wir zu ihren Vektoren $\mathfrak{S}$, $\mathfrak{U}$, $\mathfrak{O}$, $\mathfrak{J}$ über. Nach dem Schlußsatz von § 37 gelten dann die Gleichungen

$$\mathfrak{U} = \mathfrak{O} + \mathfrak{J},$$

$$\mathfrak{O} = r\,\mathfrak{S}, \qquad \mathfrak{J} = L\,\dot{\mathfrak{S}}.$$

Es handelt sich um die Unterbringung der Vektoren $\mathfrak{S}$, $\mathfrak{U}$, $\mathfrak{O}$, $\mathfrak{J}$ im Diagramm.

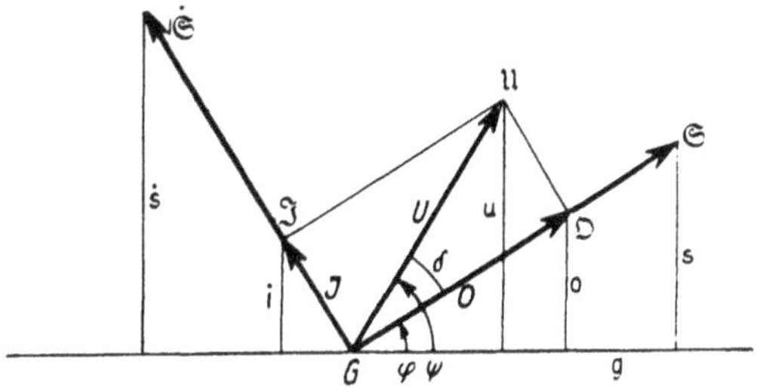

Bild 62.

Wir beginnen mit dem Stromvektor $\mathfrak{S}$, den wir unter der beliebigen Neigung φ gegen den Nullstrahl mit der vorerst beliebig angenommenen Länge S einzeichnen.

Auf ihm liegt der Vektor $\mathfrak{O}$ der Ohmspannung, dessen Länge

$$O = r\,S$$

ist.

Wir drehen $\mathfrak{S}$ um 90^0 vor, ver-k-fachen und haben den Vektor $\dot{\mathfrak{S}}$ des Stromanstiegs.

Auf diesem liegt der L mal so lange Vektor $\mathfrak{J}$, dessen Länge also

$$J = \lambda\,S \qquad \text{mit } \lambda = L\,k$$

ist.

Das Parallelogramm (hier ein Rechteck) der Vektoren $\mathfrak{O}$ und $\mathfrak{J}$ liefert in seiner Diagonale den Spannungsvektor $\mathfrak{U}$, dessen Phase der vorgelegte Winkel ψ, dessen Länge der gegebene Betrag U ist.

Aus

$$\mathfrak{U} = \mathfrak{O} + \mathfrak{J}$$

folgt wegen der Orthogonalität der Vektoren $\mathfrak{O}$ und $\mathfrak{J}$ sofort

$$\mathfrak{U}^2 = \mathfrak{O}^2 + \mathfrak{J}^2 \qquad \text{oder} \qquad U^2 = O^2 + J^2 \qquad (1),$$

sowie durch skalare Multiplikation einmal mit $\mathfrak{O}$, einmal mit $\mathfrak{J}$

$$\mathfrak{O}\,\mathfrak{U} = \mathfrak{O}^2 \qquad \text{und} \qquad \mathfrak{J}\,\mathfrak{U} = \mathfrak{J}^2$$

oder

$$U\cos\delta = O, \qquad U\sin\delta = J \qquad (2),$$

unter δ den zwischen $\mathfrak{S}$ und $\mathfrak{U}$ liegenden Winkel verstanden.

Setzen wir in (1) und (2) die obigen Werte von O und J ein, so verwandeln sich diese Formeln in

$$U^2 = S^2 (r^2 + \lambda^2)$$

und

$$U \cos \delta = r S, \qquad U \sin \delta = \lambda S.$$

Hieraus ergibt sich

(I) $$\boxed{S = U : w} \quad \text{mit} \quad \boxed{w = \sqrt{r^2 + \lambda^2}}$$

und

(II) $$\boxed{\operatorname{tg} \delta = \lambda : r}.$$

Die beiden Schlußformeln enthalten die Antwort auf die gestellte Frage. Um sie bequem aussprechen zu können, führen wir einige Benennungen ein.

Die Größe

$$\boxed{w = \sqrt{r^2 + \lambda^2}} \quad \text{mit} \quad \boxed{\lambda = L k}$$

wird Scheinwiderstand oder Impedanz der Spule genannt. Sie baut sich aus Ohmwiderstand (Wirkwiderstand) r und Blindwiderstand oder Induktivwiderstand λ auf.

Die Bedeutung des Winkels δ erhellt aus der Gleichung

$$\boxed{\varphi = \psi - \delta};$$

der Winkel δ ist die konstante Phasenverschiebung zwischen Spannungs- und Stromvektor, anders ausgedrückt: die Phasennacheilung des Stromes gegenüber der Spannung (oder Phasenvoreilung der Spannung gegen den Strom).

Ergebnis.

Satz vom Spulendiagramm:

Der Scheitelwert des Stromes wird gefunden, indem man den Scheitelwert der Spannung durch den Scheinwiderstand der Spule teilt.
Der Strom eilt um $\delta = \operatorname{arc\,tg}(\lambda : r)$ in der Phase verschoben hinter der Spannung her.

Durch Einführung der Effektivwerte von Strom und Spannung erhält der erste dieser beiden Sätze die Gestalt

$$\boxed{\text{Effektivstrom} = \frac{\text{Effektivspannung}}{\text{Scheinwiderstand}}}.$$

Diese Formel hat große Ähnlichkeit mit dem gewöhnlichen Ohmschen Gesetz für Gleichstrom; man nennt sie Ohms Gesetz für Wechselströme, die in Spulen fließen.

II. Das Kondensatordiagramm.

Die Klemmenspannung eines Kondensators von C Farad Kapazität ist (wie oben)

$$u = U \sin \psi;$$

den Kondensatorstrom s zu ermitteln.

Auch hier setzen wir

$$s = S \sin \varphi$$

an und versuchen, den Stromscheitel S und die Stromphase φ unter der Voraussetzung gleicher Frequenz k von Spannung und Strom zu finden.

Den Ausgangspunkt der Untersuchung bildet die Kondensatorformel

$$q = C u,$$

in welcher q die Ladung des Kondensators (in Coulomb) beträgt.

Die sekundliche Ladungszunahme $\dot{q}$ ist der Kondensatorstrom s, so daß wir als Kondensatorformel auch

$$s = C \dot{u}$$

schreiben können.

Der Übergang zu den Vektoren $\mathfrak{S}$ und $\mathfrak{U}$ des Stromes und der Spannung führt zur Gleichung

$$\mathfrak{S} = C \dot{\mathfrak{U}},$$

die uns das Kondensatordiagramm zu zeichnen gestattet.

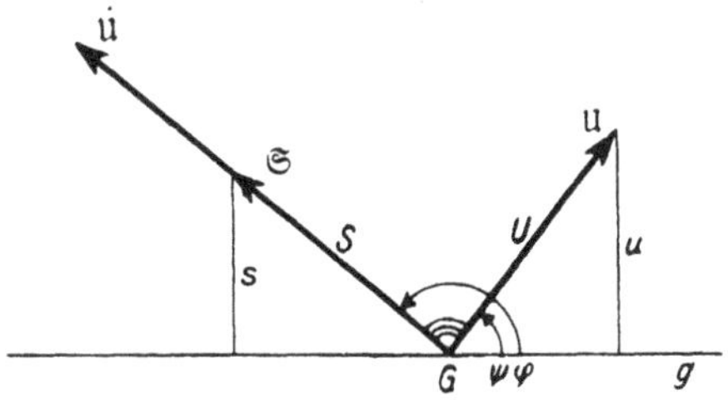

Bild 62.

Diesmal beginnen wir mit dem Spannungsvektor $\mathfrak{U}$, den wir mit G als Anfangspunkt und der Neigung ψ gegen den Nullstrahl einzeichnen. Seine Länge ist U.

Darauf erhalten wir den Spannungsvektoranstieg $\dot{\mathfrak{U}}$, indem wir den Vektor $\mathfrak{U}$ um 90^0 (im Drehsinne) drehen und dann ver-k-fachen.

Der Stromvektor $\mathfrak{S}$ endlich liegt auf dem Vektor $\dot{\mathfrak{U}}$ und ist C mal so lang wie dieser, hat somit die Länge

$$\boxed{S = C k U}.$$

Zugleich sehen wir, daß die Stromphase den Wert

$$\boxed{\varphi = \psi + 90^0}$$

hat.

Um eine dem Ohmschen Gesetz ähnliche Formel für S und U zu bekommen, führen wir den Scheinwiderstand oder Kapazitivwiderstand

$$\boxed{\omega = 1 : C k}$$

des Kondensators ein und haben

$$\boxed{S = U : \omega}.$$

Das Ergebnis unserer Betrachtung ist der

Satz vom Kondensatordiagramm:

Der Kondensatorstrom eilt der Kondensatorspannung um 90^0 in der Phase verschoben voraus; sein Scheitelwert wird gefunden, indem man den Spannungsscheitel durch den Scheinwiderstand des Kondensators teilt.

Durch Einführung der Effektivwerte des Kondensatorstromes und der Kondensatorspannung ($\bar{s} = S : \sqrt{2}$, $\bar{u} = U : \sqrt{2}$) erhalten wir die Gleichung

$$\boxed{\text{Effektivstrom} = \frac{\text{Effektivspannung}}{\text{Scheinwiderstand}}}.$$

Sie wird Ohmsches Gesetz für Kondensatorwechselströme genannt.

§ 39. Reihenschaltung von Spule und Kondensator.

Eine Reihenkombination bestehe aus einer Spule von r Ohm Widerstand und L Henry Induktivität und einem Kondensator von C Farad Kapazität. Auf Grund der ihr aufgedrückten sinusförmigen Spannung

$$u = U \sin \psi \qquad \text{(Volt)}$$

von der Frequenz k wird sie von dem frequenzgleichen sinusförmigen Wechselstrom

$$s = S \sin \varphi \qquad \text{(Amp)}$$

durchflossen.

Welche Beziehung besteht zwischen Spannung und Strom?

Nach dem Ohmschen Gesetz für veränderliche Ströme herrscht Gleichgewicht:

$$u = o + i + a$$

zwischen der aufgedrückten Spannung (Klemmenspannung) einerseits, der Ohmspannung $o = rs$, der Induktivspannung $i = L\dot{s}$ und der mit dem Strome durch die Kondensatorgleichung

$$s = C\dot{a}$$

verbundenen Kapazitivspannung a anderseits.

Der Übergang zu den Vektoren $\mathfrak{U}$, $\mathfrak{O}$, $\mathfrak{J}$, $\mathfrak{A}$ der genannten Spannungen und dem Stromvektor $\mathfrak{S}$ führt zu den Gleichungen

$$\mathfrak{U} = \mathfrak{O} + \mathfrak{J} + \mathfrak{A},$$

$$\mathfrak{O} = r\,\mathfrak{S}, \qquad \mathfrak{J} = L\dot{\mathfrak{S}}, \qquad \mathfrak{S} = C\dot{\mathfrak{A}},$$

die uns die Konstruktion des Diagramms der Spannungen und des Stromes an die Hand geben.

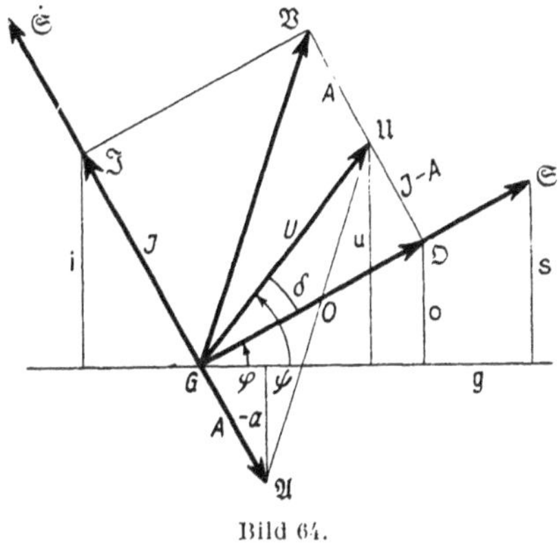

Bild 64.

Wir beginnen mit dem gegen den Nullstrahl unter dem Winkel φ geneigten Stromvektor $\mathfrak{S}$ und dem auf ihm liegenden Ohmspannungsvektor $\mathfrak{O}$ von der Länge $O = r\,S$.

Senkrecht dazu zeichnen wir den dem Stromvektor um 90^0 vorauseilenden Induktivspannungsvektor $\mathfrak{J}$ mit der Länge $J = \lambda S$ (wo $\lambda = Lk$ den Induktivwiderstand der Spule darstellt) und den dem Stromvektor um 90^0 nacheilenden Kapazitivspannungsvektor $\mathfrak{A}$ mit der Länge $A = \omega S$ (wo $\omega = 1 : Ck$ den Kapazitivwiderstand des Kondensators bedeutet).

Bei der nun folgenden Summierung der Spannungsvektoren $\mathfrak{O}$, $\mathfrak{J}$, $\mathfrak{A}$ fassen wir zunächst $\mathfrak{O}$ und $\mathfrak{J}$ zum Vektor

$$\mathfrak{V} = \mathfrak{O} + \mathfrak{J}$$

der Spulenspannung

$$v = o + i$$

zusammen. Aus dem vorigen Paragraphen wissen wir, daß dieser die Länge $V = w\,S$ hat (mit $w = \sqrt{r^2 + \lambda^2}$) und dem Stromvektor um at $\lambda : r$ vorauseilt.

Sodann konstruieren wir den Spannungsvektor $\mathfrak{U}$ als Diagonale des Parallelogramms der Vektoren $\mathfrak{V}$ und $\mathfrak{A}$.

Ein Blick auf die Figur zeigt, daß der Stromvektor $\mathfrak{S}$ dem Spannungsvektor $\mathfrak{U}$ nach- oder voreilt, je nachdem der Induktivspannungsvektor $\mathfrak{J}$ länger oder kürzer als der Kapazitivspannungsvektor $\mathfrak{A}$ ist. Um die Phasennacheilung δ des Stromvektors gegen den Spannungsvektor (die im zweiten Falle negativ gerechnet wird) zu finden, nehmen wir das rechtwinklige Dreieck zu Hilfe, in dem U Hypotenuse, O die eine Kathete und die Verbindungslinie $J - A$ der Spitzen der beiden Vektoren $\mathfrak{U}$ und $\mathfrak{O}$ die andere Kathete ist. In ihm liegt der Winkel δ der Kathete $J - A$ gegenüber, ist also

$$\operatorname{tg} \delta = (J - A) : O$$

oder unter Benutzung der Werte

$$J = \lambda S, \qquad A = \omega S, \qquad O = r S$$

$$\boxed{\operatorname{tg} \delta = \varrho : r} \qquad \text{mit } \varrho = \lambda - \omega.$$

Zugleich ist

$$\boxed{\varphi = \psi - \delta}.$$

Unser rechtwinkliges Dreieck (Spannungsdreieck) liefert auch die gesuchte Beziehung zwischen U und S. Nach Pythagoras ist nämlich

$$U^2 = O^2 + (J - A)^2$$

oder wegen $O = r S$ und $J - A = \varrho S$

$$U^2 = (r^2 + \varrho^2) S^2$$

oder endlich

$$\boxed{S = U : R} \qquad \text{mit } R = \sqrt{r^2 + \varrho^2}.$$

Die Größe

$$\boxed{\varrho = \lambda - \omega = L k - \frac{1}{C k}}$$

heißt Blindwiderstand oder Reaktanz, die Größe

$$\boxed{R = \sqrt{r^2 + \varrho^2}}$$

Scheinwiderstand oder Impedanz der vorgelegten Reihenkombination.

Ergebnis.

Satz von der Reihenkombination:

Wird eine aus Spule (mit Widerstand r, Induktivität L) und Kondensator (mit Kapazität C) bestehende Reihenkombination von sinusförmigem Wechselstrom mit der Frequenz k durchflossen, so zeigt sie

$$\varrho = Lk - \frac{1}{Ck}$$ Ohm Blindwiderstand,

$$R = \sqrt{r^2 + \varrho^2}$$ Ohm Scheinwiderstand.

Der Strom eilt, in der Phase um $\delta = \text{at}\,\frac{\varrho}{r}$ verschoben, hinter der Klemmenspannung her. (Der Strom eilt der Spannung nach oder vor, je nachdem der Induktivwiderstand Lk größer oder kleiner als der Kapazitivwiderstand $1 : Ck$ ist.)

Der Stromscheitel ist der Rte Teil des Spannungsscheitels:

$$S = U : R.$$

Ersetzen wir in der letzten Formel die Scheitelwerte durch die $\sqrt{2}$fachen Effektivwerte, so erhält sie die Gestalt:

$$\text{Effektivstrom} = \frac{\text{Effektivspannung}}{\text{Scheinwiderstand}}.$$

Diese fundamentale Formel wird Ohmsches Gesetz für Wechselstrom genannt.

Auf einen auffälligen, in unserem Ergebnis nicht verbuchten Umstand muß noch hingewiesen werden. Wie ein Blick auf das Diagramm zeigt, kann es vorkommen, daß die Teilspannungen der Kombination — Spulenspannung und Kondensatorspannung — beide größer sind als die Gesamtspannung (Klemmenspannung).

Diese auffällige Erscheinung gibt zu folgender Aufgabe Veranlassung.

Einer Reihenkombination, die aus einer Spule mit dem gegebenen Widerstande r und der gegebenen Induktivität L und einem Kondensator von veränderlicher Kapazität C besteht, wird die Spannung eines Wechselstromnetzes aufgedrückt. Welche Kapazität muß der Kondensator haben, damit an den Klemmen der Spule eine möglichst große Spannung entsteht?

Lösung. Die vorgelegte Netzspannung sei $\bar{u}$. Da die Spulenspannung $\bar{v}$ das $w$fache des Stromes $\bar{s}$ ist (mit $w = \sqrt{r^2 + \lambda^2}$), und da $\bar{s}$ den Wert $\bar{u} : R$ hat, so wird

$$\bar{v} = w\bar{u} : R.$$

Hier sind w und $\bar{u}$ bekannt, während R variabel ist. Daher erreicht die Spulenspannung $\bar{v}$ ihren größten Wert, wenn

$$R = \sqrt{r^2 + \varrho^2}$$

ein Minimum wird, d. h. wenn der Blindwiderstand ϱ verschwindet oder Induktivwiderstand λ und Kapazitivwiderstand ω einander gleich werden. Die Gleichsetzung führt zur Bedingungsgleichung

$$\boxed{C L k^2 = 1}\,.$$

In diesem Falle wird der Strom gerade so groß ($\bar{s} = \bar{u} : r$), wie wenn die Kombination weder Induktiv- noch Kapazitivwiderstand hätte; die Wirkung der Kapazität hebt die der Induktivität auf, und die Spulenspannung erreicht ihren größten Wert

$$\bar{v}_{\max} = \frac{w}{r}\,\bar{u} = \sqrt{1 + \frac{\lambda^2}{r^2}}\,\bar{u}.$$

Gleichzeitig wird die Kondensatorspannung

$$\bar{a} = \omega\,\bar{s} = \frac{\omega}{r}\,\bar{u} = \frac{\lambda}{r}\,\bar{u}.$$

Beide Spannungen weichen nur wenig voneinander ab, wenn der Ohmwiderstand r gegen den Induktivwiderstand λ zu vernachlässigen ist.

Besitzt die Spule z. B. den Widerstand 1 Ohm und die Induktivität 0,1 Henry, so werden bei gewöhnlichem Wechselstrom (mit der Periodenzahl 50) unter der Bedingung $CLk^2 = 1$, Spulenspannung $\bar{v}$ und Kondensatorspannung $\bar{a}$ größer als die 31fache Netzspannung!

Die beschriebene merkwürdige Erscheinung wird Spannungsresonanz genannt. Die Bedingung

$$CLk^2 = 1$$

für ihr Zustandekommen ist die Resonanzbedingung. (Vgl. § 40.)

§ 40. Nebenschaltung von Spule und Kondensator.

Ein Kondensator von C Farad Kapazität und eine Spule von r Ohm Widerstand und L Henry Induktivität werden parallel geschaltet. Der Kombination — Nebenkombination — wird die sinusförmige Spannung

$$u = U \sin \psi \qquad \text{(Volt)}$$

eines Wechselstromnetzes von der Frequenz k aufgedrückt. Welche Ströme fließen durch die Zweige der Kombination, und wie groß ist der Gesamtstrom?

Die Beantwortung dieser Frage beruht auf der Kondensatorgleichung, dem Ohmschen Gesetz und dem Kirchhoffschen Knotensatze.

Der Netzstrom

$$s = S \sin \varphi \qquad \text{(Amp)}$$

verzweigt sich beim Eintritt in die Kombination in den Kondensatorstrom x und den Spulenstrom y, wobei alle drei Ströme harmonische Größen von der Frequenz k sind.

Nach Kirchhoffs Knotensatz ist

$$x + y = s.$$

Die Kondensatorgleichung lautet

$$x = C\dot{u},$$

das auf den Spulenstrom angewandte Ohmsche Gesetz

$$u = ry + L\dot{y}.$$

Die entsprechenden Vektorgleichungen heißen

$$\mathfrak{X} + \mathfrak{Y} = \mathfrak{S},$$

$$\mathfrak{X} = C\dot{\mathfrak{U}},$$

$$\mathfrak{U} = r\,\mathfrak{Y} + L\,\dot{\mathfrak{Y}}.$$

Als Abkürzungen verwenden wir wie bisher ω für $1 : Ck$, λ für Lk, w für $\sqrt{r^2 + \lambda^2}$, δ für at $\frac{\lambda}{r}$.

Wir stellen die genannten Vektoren in einem Diagramm zusammen.

Wir beginnen mit dem gegen den Nullstrahl um ψ geneigten Spannungsvektor $\mathfrak{U}$. Dem Kondensatordiagramm (§ 38) gemäß eilt ihm der ωmal so kurze Kondensatorstromvektor $\mathfrak{X}$ um 90° voraus, dem Spulendiagramm zufolge der $w$mal so kurze Spulenstromvektor $\mathfrak{Y}$ um δ nach.

Die Diagonale des Parallelogramms der beiden Vektoren $\mathfrak{X}$ und $\mathfrak{Y}$ liefert den Netzstromvektor (Hauptstromvektor) $\mathfrak{S}$.

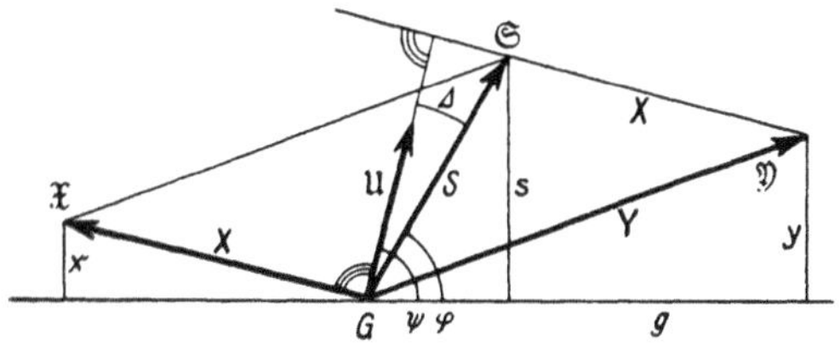

Bild 65.

Aus

$$\mathfrak{S} = \mathfrak{X} + \mathfrak{Y}$$

folgt durch Quadrierung

$$S^2 = X^2 + Y^2 + 2\,\mathfrak{X}\,\mathfrak{Y}$$

also, da die Vektoren $\mathfrak{X}$ und $\mathfrak{Y}$ den Winkel $90^0 + \delta$ einschließen,

$$S^2 = X^2 + Y^2 - 2\,X\,Y \sin\delta.$$

Hier ersetzen wir X und Y durch $U : \omega$ und $U : w$ und bekommen

$$S^2 = U^2 \left(\frac{1}{w^2} + \frac{1}{\omega^2} - \frac{2 \sin \delta}{w \omega} \right).$$

Führen wir den durch die Formel

$$\boxed{\frac{1}{W^2} = \frac{1}{w^2} + \frac{1}{\omega^2} - \frac{2 \sin \delta}{w \omega}}$$

definierten Scheinwiderstand W der Nebenkombination ein, so schreibt sich einfacher

$$\boxed{S = U : W}.$$

Was die Phasenverschiebung zwischen Netzspannung und Netzstrom anbelangt, so bezeichnen wir die Phasennacheilung des Netzstromes mit $\varDelta$ und kennzeichnen eine etwaige Voreilung durch negatives $\varDelta$. Zur Berechnung von $\varDelta$ benutzen wir die beiden Gleichungen

$$\mathfrak{S} \cdot \mathfrak{U} = (\mathfrak{X} + \mathfrak{Y}) \cdot \mathfrak{U} = \mathfrak{X} \cdot \mathfrak{U} + \mathfrak{Y} \cdot \mathfrak{U},$$
$$\mathfrak{S} \times \mathfrak{U} = (\mathfrak{X} + \mathfrak{Y}) \times \mathfrak{U} = \mathfrak{X} \times \mathfrak{U} + \mathfrak{Y} \times \mathfrak{U}.$$

Setzen wir in ihnen die Werte der Skalar- und Vektorprodukte ein, so entstehen (unter Weglassung des gemeinsamen Faktors U) die beiden Formeln

$$S \cos \varDelta = Y \cos \delta, \qquad S \sin \varDelta = Y \sin \delta - X.$$

Hier schreiben wir noch statt S, X, Y bzw. $U : W$, $U : \omega$, $U : w$ und bekommen

$$\cos \varDelta = \frac{W}{w} \cos \delta, \qquad \sin \varDelta = \frac{W}{w} \sin \delta - \frac{W}{\omega}$$

oder, wenn wir noch $\cos \delta$ und $\sin \delta$ durch $r : w$ und $\lambda : w$ ersetzen,

$$\cos \varDelta = \frac{W r}{w^2}, \qquad \sin \varDelta = \frac{W \lambda}{w^2} - \frac{W}{\omega}.$$

Der Netzstrom eilt also der Netzspannung nach oder vor, je nachdem $\sin \varDelta$ positiv oder negativ ist, d. h. je nachdem $\lambda \omega$ größer oder kleiner als w^2 ist.

Führen wir die Effektivwerte $\bar{s}$, $\bar{x}$, $\bar{y}$, $\bar{u}$ der Ströme und der Netzspannung ein, so gelten die drei Formeln

$$\boxed{\bar{s} = \bar{u} : W, \qquad \bar{x} = \bar{u} : \omega, \qquad \bar{y} = \bar{u} : w}.$$

Unser Ergebnis lautet:

Satz von der Nebenschaltung:

Eine aus Spule und Kondensator bestehende Nebenkombination bietet dem Strome den durch die Formel

$$\frac{1}{W^2} = \frac{1}{w^2} + \frac{1}{\omega^2} - 2\,\frac{\sin\delta}{w\,\omega}$$

bestimmten Scheinwiderstand W, wobei w den Scheinwiderstand der Spule, ω den des Kondensators bedeutet und δ die Phasennacheilung des Spulenstroms gegen die Netzspannung ist.

Die Effektivwerte von Gesamtstrom, Spulenstrom und Kondensatorstrom werden gefunden, indem man die effektive Netzspannung durch den Scheinwiderstand bzw. der Kombination, der Spule, des Kondensators teilt.

Die effektiven Zweigströme verhalten sich also umgekehrt wie die Scheinwiderstände der Zweige.

Der Netzstrom eilt in der Phase um arc cos $(W r : w^2)$ verschoben der Netzspannung nach oder vor, je nachdem w kleiner oder größer als $\sqrt{\lambda\,\omega}$ ist. Der Kondensatorstrom besitzt gegen die Netzspannung die Phasenvoreilung 90^0, der Spulenstrom die Nacheilung arc tg $(\lambda : r)$.

Als besonders bemerkenswert muß der aus dem Anblick des Diagramms unmittelbar hervorgehende Umstand bezeichnet werden, daß der effektive Gesamtstrom kleiner als jeder der beiden effektiven Zweigströme ausfallen kann.

Wir kommen so zu der Frage: Wie groß muß bei gegebener Netzspannung und vorgelegter Spule die Kapazität des nebengeschalteten Kondensators gewählt werden, damit der effektive Netzstrom ein Minimum wird?

Um die Frage zu beantworten, betrachten wir eins der beiden Dreiecke, in die das Stromparallelogramm der Figur zerfällt. Seine Seiten sind S, X, Y, und der von X und Y eingeschlossene Winkel ist das Komplement zu δ. Da bei gegebener Spule auch Y und δ gegeben sind, wird S am kleinsten, wenn es auf der Seite X senkrecht steht, d. h. wenn Netzstromvektor und Netzspannungsvektor aufeinander fallen, wenn Netzstrom und Netzspannung konphas sind.

In diesem Falle ist

$$\boxed{\Delta = 0} \qquad \text{oder} \qquad \boxed{w^2 = \lambda\,\omega}\,.$$

(Diese Bedingung erscheint auch, wenn man das Minimum von $S = U : W$ oder von $1 : W^2$ oder von $1 : \omega^2 - 2 \sin \delta : w\,\omega$ auf arithmetischem Wege bestimmt.)

Das Netzstromminimum tritt ein, wenn der Scheinwiderstand der Spule das geometrische Mittel aus ihrem Induktivwiderstande und dem Kapazitivwiderstande des nebengeschalteten Kondensators ist. Der Scheinwiderstand der Kombination wird dann

$$\boxed{\overline{W} = \frac{w^2}{r}},$$

bestimmt sich aber auch durch die Gleichung

$$\boxed{\frac{1}{\overline{W}^2} = \frac{1}{w^2} - \frac{1}{\omega^2}} \qquad \text{mit } \omega = w^2 : \lambda.$$

Das Minimum von S ist $\overline{S} = U : \overline{W}$, die zugehörigen Zweigstromscheitel sind

$$\boxed{\overline{X} = \mu \overline{S}, \qquad \overline{Y} = m \overline{S}} \qquad \text{mit } m = \sec \delta,\ \mu = \operatorname{tg} \delta.$$

Die Erscheinung des Netzstromminimums wird besonders auffällig, wenn der Ohmwiderstand r der Spule ihrem Induktivwiderstande λ gegenüber vernachlässigt werden kann, wenn m. a. W. die Phasenverschiebung δ nahezu 90^0 ausmacht. In diesem Falle sind $m = \sec \delta$ und $\mu = \operatorname{tg} \delta$ große Zahlen, deren Unterschied übrigens wegen

$$m - \mu = \frac{1}{m + \mu}$$

nicht berücksichtigt zu werden braucht. Die Extrembedingung

$$w^2 = \lambda\, \omega$$

verwandelt sich dann in die Näherungsgleichung $\lambda^2 \sim \lambda\, \omega$ oder

$$CLk^2 \simeq 1.$$

In der Spule fließt dann der Strom $m s$, im Kondensator der fast ebenso große Strom $\mu \overline{s}$, während der Netzstrom nur einen winzigen Bruchteil, nämlich $1/m$ des Spulenstromes ausmacht. Die Gleichung

$$CLk^2 = 1,$$

die hier als Näherungsgleichung erschien, ist die in der Elektrizitätslehre eine große Rolle spielende Thomson-Kirchhoffsche Gleichung (vgl. §§ 39, 41). Es ist daher von Wichtigkeit, die Verhältnisse ins Auge zu fassen, die sich bei unserer Nebenkombination ergeben, wenn der Kondensator die Bedingung

$$CLk^2 = 1$$

genau erfüllt.

Es ist dann

$$\boxed{\omega = \lambda}$$

und wegen

$$\sin\delta = \lambda : w \qquad \text{und} \qquad w^2 = r^2 + \lambda^2$$

$$\boxed{\frac{1}{W^2} = \frac{1}{\omega^2} - \frac{1}{w^2}} \qquad \text{sowie} \qquad \boxed{W = \frac{w\,\omega}{r}}.$$

Weiter ergibt sich

$$\cos\Delta = \frac{\lambda}{w} \qquad \text{und} \qquad \sin\Delta = -\frac{r}{w}.$$

Das heißt:

Der Netzstrom eilt der Netzspannung in der Phase um das Komplement des Winkels δ voraus. Die drei Stromscheitel sind jetzt

$$\boxed{X = m\,S, \quad Y = \mu\,S, \quad S = U : W} \quad (\text{mit } m = \sec\delta,\ \mu = \operatorname{tg}\delta).$$

Wir erhalten also die Beziehungen (es ist $m : \mu = w : \omega$!)

$$\boxed{S = \frac{w}{\omega}\,\overline{S}, \qquad X = \frac{w^2}{\omega^2}\,\overline{X}, \qquad Y = \overline{Y}}.$$

Ist im besonderen der Ohmwiderstand der Spule gegen ihren Induktivwiderstand zu vernachlässigen, liegt m. a. W. der Winkel δ in der Nähe von 90^0, so unterscheiden sich w und ω nicht merklich voneinander. Der Netzstrom wird mit der Netzspannung nahezu konphas, sein Scheitel wird zum Minimum und ist nur ein winziger Bruchteil $\frac{1}{m}$ jedes der beiden nahezu gleichen Zweigstromscheitel.

Diese interessante Erscheinung heißt Stromresonanz.

Die Bedingungen für Resonanz lauten:

$$\boxed{CLk^2 = 1, \qquad \delta \sim 90^0}.$$

§ 41. Elektrische Schwingungen in Kondensatorkreisen.

Verbindet man die Klemmen eines elektrisch geladenen Kondensators durch einen Leiter, so entlädt sich der Kondensator. Wenn der Widerstand des Leiters nicht zu groß ist, erfolgt die Entladung, in Gestalt elektrischer Schwingungen, was zuerst theoretisch von W. Thomson (1853) und G. Kirchhoff (1857), experimentell von Feddersen (1861) nachgewiesen wurde.

Diesen wichtigen Schwingungsvorgang, der bekanntlich die Grundlage der drahtlosen Telegraphie geworden ist, wollen wir näher untersuchen.

Die Untersuchung beruht auf der Theorie des gedämpften Drehvektors.

Schon im § 30 betrachteten wir einen in einer Ebene ε beweglichen Vektor $\overrightarrow{OP} = \mathfrak{r}$ mit festem Anfangspunkt O und unveränderlicher Länge r, der mit der konstanten Drehschnelle (Winkelgeschwindigkeit) k — mit der Frequenz k — um den festen Punkt O rotierte. Wir nannten ihn Drehvektor und erhielten als seine Bewegungsgleichung die Differentialgleichung

$$\ddot{\mathfrak{r}} = -k^2 \mathfrak{r}.$$

Wir setzen nunmehr voraus, daß der Drehvektor zwar noch mit der konstanten Drehgeschwindigkeit k bzw. mit der Frequenz k (d. h. mit k Touren in 2π sec) in seiner Ebene ε rotiert, daß er sich aber dabei dauernd verkürzt. Die einfachste Verkürzung liegt vor, wenn die sekundliche Längenabnahme des Vektors gerade seiner jeweiligen Länge proportional ist, wenn m. a. W. die Vorschrift

$$\boxed{\dot{r} = -hr} \tag{1}$$

besteht, in welcher $\dot{r}$ den Anstieg der Vektorlänge r und h eine Konstante bedeutet, die wir die Schrumpfungskonstante oder kürzer die Dämpfung nennen. Den Vektor selbst nennen wir darauf hin einen gedämpften Drehvektor.

Ein gedämpfter Drehvektor ist also ein Vektor, der in einer Ebene um seinen festen Anfangspunkt mit konstanter Drehschnelle rotiert und dabei seiner jeweiligen Länge proportional zusammenschrumpft.

Da aus der Bedingung (1) ohne weiteres folgt, daß r eine Exponentialfunktion der Zeit ist, so vollzieht sich die Schrumpfung des Vektors $\mathfrak{r}$ nach der Gleichung

$$\boxed{r = a e^{-ht}}, \tag{1'}$$

in welcher a die Vektorlänge zur Zeit Null bedeutet.

Um die Bewegungsgleichung dieses Vektors zu ermitteln, markieren wir auf dem rotierenden Vektor $\mathfrak{r}$ den Punkt E im Abstande $OE = 1$ von O, dessen Geschwindigkeit gerade die vorgelegte Drehschnelle oder Frequenz k ist, und führen den Einheitsvektor

$$\mathfrak{e} = \overrightarrow{OE}$$

ein, dessen Bewegungsgleichung

$$\ddot{\mathfrak{e}} = -k^2 \mathfrak{e} \tag{2}$$

(nach § 29) schon bekannt ist.

Aus

$$\mathfrak{r} = r\mathfrak{e}$$

folgt durch zeitliche Ableitung

$$\dot{\mathfrak{r}} = r\dot{\mathfrak{e}} + \dot{r}\mathfrak{e}$$

oder wegen (1)

$$\dot{\mathfrak{r}} = r\dot{\mathfrak{e}} - hr\mathfrak{e} = r\dot{\mathfrak{e}} - h\mathfrak{r}$$

oder

$$r\dot{\mathfrak{e}} = \dot{\mathfrak{r}} + h\mathfrak{r}.$$

Durch nochmalige Ableitung entsteht

$$r\ddot{\mathfrak{e}} + \dot{r}\dot{\mathfrak{e}} = \ddot{\mathfrak{r}} + h\dot{\mathfrak{r}}$$

oder

$$r\ddot{\mathfrak{e}} - hr\dot{\mathfrak{e}} = \ddot{\mathfrak{r}} + h\dot{\mathfrak{r}}$$

oder, wenn wir hier $r\dot{\mathfrak{e}}$ durch $\dot{\mathfrak{r}} + h\mathfrak{r}$ ersetzen,

$$r\ddot{\mathfrak{e}} = \ddot{\mathfrak{r}} + 2h\dot{\mathfrak{r}} + h^2\mathfrak{r}.$$

Für die linke Seite dieser Gleichung schreiben wir nach (2)

$$-k^2 r\mathfrak{e} = -k^2 \mathfrak{r}$$

und bekommen schließlich

$$\boxed{\ddot{\mathfrak{r}} + 2h\dot{\mathfrak{r}} + k_0^2\mathfrak{r} = 0} \qquad \text{mit } k_0^2 = k^2 + h^2 \tag{I}$$

als Bewegungsgleichung des gedämpften Drehvektors $\mathfrak{r}$.

Sie ist eine lineare Differentialgleichung zweiter Ordnung, deren Koeffizienten die doppelte Dämpfung und die Norm von Dämpfung und Frequenz sind.

Die Bewegung des gedämpften Drehvektors $\mathfrak{r}$ führt uns unmittelbar zur gedämpften harmonischen Bewegung.

Unter einer gedämpft harmonischen Bewegung versteht man die Bewegung der Projektion der Spitze eines gedämpften Drehvektors auf eine Gerade seiner Ebene. Ist g diese Gerade, M die Projektion des Vektoranfangspunktes O, Q die Projektion der Vektorspitze

P auf g, so führt Q auf g eine hin- und hergehende Bewegung um den Punkt M aus, welch letzteren man deshalb die Mittellage oder Nulllage der Bewegung nennt. Man sagt auch: der Punkt Q führt auf g gedämpft harmonische Schwingungen aus.

Um die Lage des schwingenden Punktes Q zur Zeit t auf g anzugeben, wählen wir den Punkt M als Ursprung eines in der Ebene des Vektors $\mathfrak{r}$ gelegenen Koordinatensystems und die Gerade g als x-Achse des Systems. Dann ist der Ausschlag des Punktes Q aus seiner Mittellage zur Zeit t die Abszisse x des Vektors $\mathfrak{r}$.

Die Größe x heißt gedämpft harmonische Größe.

Ihr Zusammenhang mit dem Vektor $\mathfrak{r}$ wird durch die beiden Größen gemeinsame Phase φ vermittelt.

Unter der Phase des Vektors $\mathfrak{r}$, sowie der Größe x versteht man den Winkel φ, den der Vektor $\mathfrak{r}$ zur Zeit t mit dem Vektor $\overrightarrow{OM}$ bildet.

Ist $\varkappa$ die Anfangsphase, d. h. die Phase zur Zeit 0, so hat die Phase im Augenblicke t den Wert

$$\varphi = \varkappa + kt.$$

Die Phase ist also ein gleichförmig veränderlicher Winkel, dessen sekundlicher Zuwachs mit der Frequenz k übereinstimmt.

Weiter ist nun

$$x = r \sin \varphi, \tag{3}$$

wobei die positive x-Achse so gewählt ist, daß zu spitzwinkligen Phasenwerten positive Abszissen x gehören.

Durch Projektion der Bewegungsgleichung (I) des Vektors $\mathfrak{r}$ auf g bekommen wir nun sofort die Bewegungsgleichung

$$\boxed{\ddot{x} + 2h\dot{x} + k_0^2 x = 0} \tag{II}$$

des Punktes Q bzw. der gedämpft harmonischen Größe x. [Die Projektionen der drei Vektoren $\mathfrak{r}$, $\dot{\mathfrak{r}}$, $\ddot{\mathfrak{r}}$ auf g sind $x\mathfrak{i}$, $\dot{x}\mathfrak{i}$, $\ddot{x}\mathfrak{i}$, wenn $\mathfrak{i}$ den Grundvektor der x-Achse bedeutet (§ 11).] Zugleich ist auf Grund der obigen Werte von x und r

$$\boxed{x = a e^{-ht} \sin \varphi} \quad \text{mit } \varphi = kt + \varkappa. \tag{II'}$$

Das Ergebnis der vorstehenden Überlegungen ist folgender

Hauptsatz
der gedämpft harmonischen Größe:

Befriedigt eine zeitlich veränderliche Größe x die Gleichung

$$\ddot{x} + 2h\dot{x} + k_0^2 x = 0 \qquad \text{mit } k_0^2 > h^2,$$

so führt die Größe gedämpft harmonische Schwingungen mit der Frequenz

$$k = \sqrt{k_0^2 - h^2}$$

aus und hat zur Zeit t den Wert

$$x = a\, e^{-ht} \sin(kt + \varkappa),$$

wo a und $\varkappa$ geeignete Konstanten sind.

Schwingungen in Kondensatorkreisen.

Drückt man einem Kondensator von C Farad Kapazität eine Spannung von U Volt auf, so lädt er sich mit der Elektrizitätsmenge

$$Q = C\,U \qquad \text{(Coul).}$$

Werden die Klemmen des Kondensators durch einen Leiter von r Ohm Widerstand und L Henry Induktivität miteinander verbunden, so entlädt sich der Kondensator.

Die im Augenblicke t — t Sekunden nach Entladungsbeginn — noch vorhandene Spannung bzw. Ladung des Kondensators sei u bzw. q, der mit der sekundlichen Ladungsabnahme $-\dot{q}$ übereinstimmende Entladungsstrom s (Amp). Dann gilt einerseits die Kondensatorgleichung

$$q = C\,u,$$

anderseits die Relation

$$u = r\,s + L\,\dot{s}$$

des Ohmschen Gesetzes. Wir ersetzen in der Ohmschen Gleichung s durch $-\dot{q}$ und u durch $q : C$. Das gibt

$$\ddot{q} + \frac{r}{L}\dot{q} + \frac{1}{CL} q = 0.$$

Differenziert man diese Gleichung nach t, so verwandelt sie sich wegen

$$-\dot{q} = s, \qquad -\ddot{q} = \dot{s}, \qquad -\dddot{q} = \ddot{s}$$

in

$$\ddot{s} + \frac{r}{L}\dot{s} + \frac{1}{CL} s = 0;$$

ersetzt man statt dessen q durch Cu, so entsteht

$$\ddot{u} + \frac{r}{L}\dot{u} + \frac{1}{CL} u = 0.$$

Kondensatorspannung, Kondensatorladung und Kondensatorstrom befriedigen alle drei die Differentialgleichung

$$\boxed{\ddot{x} + \frac{r}{L}\dot{x} + \frac{1}{CL} x = 0}.$$

Wir setzen

$$\boxed{\frac{r}{L} = 2h}, \qquad \boxed{\frac{1}{CL} = k_0^2}$$

und machen die Annahme

$$k_0^2 > h^2 \qquad \text{oder} \qquad r < 2\sqrt{L:C}.$$

Wir setzen also voraus, daß der Widerstand r des Kondensatorkreises unterhalb des sog. Grenzwiderstandes

$$\boxed{R = 2\sqrt{L:C}}$$

liegt.

Aus der Gleichung

$$\ddot{x} + 2h\dot{x} + k_0^2 x = 0$$

folgern wir nun auf Grund des obigen Hauptsatzes über gedämpft harmonische Größen x:

Die Spannung u, Ladung q und der Entladungsstrom s des Kondensators sind gedämpft harmonische Größen; die Entladung des Kondensators erfolgt in gedämpft harmonischen Schwingungen mit der Frequenz

$$\boxed{k = \sqrt{k_0^2 - h^2} = k_0\sqrt{1 - \frac{r^2}{R^2}}},$$

wobei k_0 den reziproken Wert von $\sqrt{CL}$ bedeutet.

Die Dämpfung der Schwingungen ist

$$\boxed{h = \frac{r}{2L}}.$$

Um den zeitlichen Verlauf der Spannung u zu bekommen, setzen wir

$$u = a\,e^{-ht}\sin(kt + \alpha)$$

an und finden durch Ableitung

$$s = -\dot{q} = -C\dot{u} = C\,a\,e^{-ht}[h\sin(kt + \alpha) - k\cos(kt + \alpha)].$$

Im Augenblicke 0 ist $u = U$ und $s = 0$; mithin wird

$$U = a\sin\alpha \qquad \text{und} \qquad h\sin\alpha = k\cos\alpha.$$

Die zweite Gleichung liefert die Konstante $\alpha = \operatorname{arc\,tg} k : h$, die erste die Konstante $a = U : \sin\alpha = U k_0 : k$, womit dann u gefunden ist. Aus u folgen weiter

$$q = Cu \qquad \text{und} \qquad s = -C\dot{u}.$$

Zusatz. Bei den in der Praxis verwandten Kondensatorkreisen mit geringem Ohmschen Widerstand kann dieser gegen den Grenzwiderstand vernachlässigt werden, und die Frequenz hat den einfachen Wert $k_0 = 1 : \sqrt{CL}$, die Schwingungsdauer oder Periode den Wert

$$\boxed{T = 2\pi \sqrt{CL}}.$$

Dies ist die Formel von Thomson-Kirchhoff.

§ 42. Das Grundgesetz des Elektromagnetismus.

Das Grundgesetz des Elektromagnetismus beruht auf dem Laplaceschen Elementargesetz. Laplace stellte sich vor, daß am Zustandekommen des elektromagnetischen Feldes eines stromdurchflossenen Leiters jeder Teil des Leiters beteiligt ist.

Um Laplaces Gesetz bequem aussprechen zu können, erklären wir zunächst die Begriffe des Stromelements und seines Vektors.

Unter einem Stromelement verstehen wir ein sehr kurzes (unendlich kurzes) geradliniges Stück eines linearen Stromträgers, unter dem Vektor des Elements den Vektor, dessen Richtung mit der Stromrichtung im Element, dessen Betrag mit dem Produkt aus der Länge des Elements und der Stromstärke übereinstimmt.

Bedeutet demnach $PQ = l$ ein l cm langes Stromelement, das in der Richtung des Vektors $\overrightarrow{PQ} = \mathfrak{l}$ von einem Strome von 1 Emse Stärke (1 Emse = 1 elektromagnetische Stromeinheit) durchflossen wird, so ist der Vektor des Elements

$$\mathfrak{J} = i\,\mathfrak{l}.$$

Wir können auch sagen: Bedeutet $\mathfrak{i}$ den Stromvektor, d. h. den Vektor, dessen Richtung mit der Stromrichtung, dessen Betrag mit der Stromstärke i übereinstimmt, so ist der Vektor des Elements

$$\mathfrak{J} = l\,\mathfrak{i}.$$

Laplace dachte sich nun die in irgendeinem Aufpunkte herrschende Feldstärke des von einem (linearen) Stromträger erzeugten elektromagnetischen Feldes aus den Anteilen zusammengesetzt, die die einzelnen Elemente des Stromes zum Felde beisteuern, und die wir demgemäß kurz die Felder der Elemente nennen.

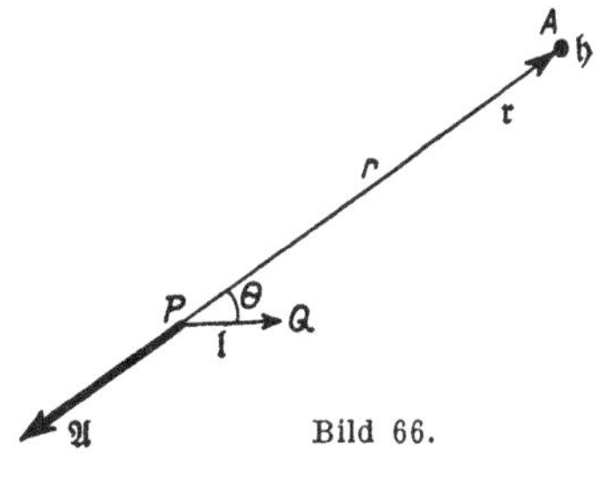

Bild 66.

Die Feldstärke (kurz: das Feld) im Aufpunkte A ist bekanntlich — abgesehen von seiner Benennung, die nicht Dyn, sondern Gauß lautet — die Kraft, die das elektromagnetische Feld des Stromes auf einen im Aufpunkt konzentrierten magnetischen Einheitspol (Nordpol), d. h. auf eine magnetische Menge von 1 Weber ausübt. [Sind statt eines Weber in A m Weber konzentriert, so findet man die vom Felde auf A ausgeübte Kraft in Dyn, indem man m mit der in A herrschenden Feldstärke multipliziert, im Einklange mit der Dimensionsformel »Gauß mal Weber = Dyn«.]

Ein in A befindliches Weber erzeugt seinerseits auch ein magnetisches Feld, das wir kurz Aufpunktfeld nennen wollen, und das am Orte unseres Stromelements l $\mathfrak{A}$ sei.

Das elektromagnetische Feld des Stromelements im Aufpunkte ist nun

$$\boxed{\mathfrak{h} = \mathfrak{A} \times \mathfrak{J}}.$$

Diese Formel bildet das Laplacesche Elementargesetz. Sie heißt in Worten:

Das elektromagnetische Feld eines Stromelements im Aufpunkte ist das Vektorprodukt aus dem Aufpunktfeld im Stromelement und dem Vektor des Stromelements*).

Um die Felder $\mathfrak{A}$ und $\mathfrak{h}$ durch die beteiligten geometrischen Größen auszudrücken, führen wir den Vektor $\overrightarrow{PA} = \mathfrak{r}$ und den Winkel Θ ein, den er mit dem Vektor $\overrightarrow{PQ} = \mathfrak{l}$ oder mit dem Stromvektor i bildet. Dann ist

$$\mathfrak{A} = \frac{-\mathfrak{r}}{r^3} \quad \text{und} \quad \mathfrak{A} \times \mathfrak{J} = i\,\frac{\mathfrak{l} \times \mathfrak{r}}{r^3},$$

mithin

$$\boxed{\mathfrak{h} = i\,\frac{\mathfrak{l} \times \mathfrak{r}}{r^3}}.$$

Der Betrag h des Feldes $\mathfrak{h}$ bestimmt sich durch die Laplacesche Formel

$$\boxed{h = \frac{l\,i \sin \Theta}{r^2}},$$

*) Wie der Stromelementvektor $\mathfrak{J}$ das in A befindliche Weber mit der Kraft $\mathfrak{A} \times \mathfrak{J}$ angreift, so übt nach dem Wechselwirkungsprinzip auch umgekehrt das in A befindliche Weber auf den Stromelementvektor $\mathfrak{J}$ den Druck $\mathfrak{J} \times \mathfrak{A}$ aus. Hieraus folgt das

Gesetz vom Druck eines Magnetfeldes auf einen Stromträger:

Jeder in einem magnetischen Felde von der Stärke $\mathfrak{H}$ befindliche Stromelementvektor $\mathfrak{J}$ erfährt vom Felde den Druck $\mathfrak{J} \times \mathfrak{H}$. ($\mathfrak{J}$ in cmEmse, $\mathfrak{H}$ in Gauß, Druck in Dyn.)

die Richtung durch die bekannte Daumenregel: man hält die rechte Hand in das Stromelement, so daß der Strom an der Handwurzel eintritt, an den Fingerspitzen austritt und die Innenfläche der Hand dem Aufpunkt zugewandt ist; dann gibt der zu den ausgestreckten Fingern senkrecht gestellte Daumen die Richtung des vom Stromelement erzeugten elektromagnetischen Feldes im Aufpunkte an.

Die als Biot-Savartsches Gesetz bekannte Formel

$$h = \frac{l\, i \sin \Theta}{r^2}$$

wurde im Jahre 1820 von Laplace aufgestellt, um den Beobachtungen der beiden Physiker Biot und Savart über die elektromagnetischen Felder geradliniger Ströme eine mathematische Grundlage zu geben.

Um auf Grund der Laplaceschen Formel das elektromagnetische Feld $\mathfrak{H}$ des ganzen Stromkreises, den wir uns als geschlossene, einen Umlauf bildende stromführende Kurve $\mathfrak{C}$ vorstellen, im Aufpunkte A zu ermitteln, denken wir uns den Stromkreis in seine Stromelemente zerlegt, bestimmen das elektromagnetische Feld $\mathfrak{h}$ jedes einzelnen Elements in A und bilden die Summe

$$\mathfrak{H} = \Sigma\, \mathfrak{h}$$

dieser Teilfelder.

Um die Summation auszuführen, fixieren wir den Ort des Kurvenpunktes P durch die Länge s des von einem passend gewählten Anfangspunkte bis zur Stelle P reichenden Kurvenbogens. Ist $\mathfrak{e}$ der zu P gehörige Tangentenvektor (§ 22) der Kurve $\mathfrak{C}$, ds das Bogenelement, i die Stromstärke, so ist der Vektor des Stromelements $i\mathfrak{e}ds$, das im Aufpunkte A hervorgebrachte Feld des Elements

$$\mathfrak{h} = i\,\frac{\mathfrak{e} \times \mathfrak{r}}{r^3}\,ds \qquad \text{mit } \overrightarrow{PA} = \mathfrak{r}$$

und das elektromagnetische Feld des Stromes in A

$$\boxed{\mathfrak{H} = i \int \frac{\mathfrak{e} \times \mathfrak{r}}{r^3}\,ds},$$

wobei die Integration über den Umlauf $\mathfrak{C}$ zu erstrecken ist.

Den Ort des die Kurve $\mathfrak{C}$ durcheilenden Punktes P legen wir (außer durch s) durch seine (veränderlichen) Koordinaten a, b, c, den Ort des Aufpunktes A durch seine Koordinaten x, y, z in einem rechtwinkligen Koordinatensystem fest, so daß die Maßzahlen des Vektors $\mathfrak{r}$ in diesem System $x - a$, $y - b$, $z - c$ sind und

$$\mathfrak{r}^2 = r^2 = (x-a)^2 + (y-b)^2 + (z-c)^2$$

ist.

Zur Erleichterung der Berechnung des Feldes $\mathfrak{H}$ führte Maxwell 1861 den Vektor

$$\boxed{\mathfrak{p} = i \int_{\mathfrak{C}} \frac{\mathfrak{e}\, ds}{r}}$$

ein, den er das Vektorpotential des Stromkreises im Aufpunkte A (x, y, z) nannte.

Die enge Beziehung zwischen Vektorpotential und Feldstärke stellt sich heraus, wenn wir den Quirl des Vektorpotentials bilden. Es ist nämlich

$$\operatorname{rot} \mathfrak{p} = i \int_{\mathfrak{C}} \operatorname{rot} \frac{\mathfrak{e}}{r}\, ds.$$

Da nun nach Heavisides Rotorformel

$$\operatorname{rot} \frac{\mathfrak{e}}{r} = \frac{1}{r} \operatorname{rot} \mathfrak{e} + \operatorname{grad} \frac{1}{r} \times \mathfrak{e}$$

ist, $\operatorname{rot} \mathfrak{e}$ als Quirl einer Konstante verschwindet,

$$\operatorname{grad} \frac{1}{r} = -\frac{1}{r^2} \operatorname{grad} r$$

und

$$\operatorname{grad} r = \frac{x-a}{r} \Big| \frac{y-b}{r} \Big| \frac{z-c}{r} = \frac{\mathfrak{r}}{r}$$

ist, so wird

$$\operatorname{rot} \frac{\mathfrak{e}}{r} = \frac{\mathfrak{e} \times \mathfrak{r}}{r^3},$$

mithin

$$\operatorname{rot} \mathfrak{p} = i \int \frac{\mathfrak{e} \times \mathfrak{r}}{r^3}\, ds$$

und

$$\boxed{\mathfrak{H} = \operatorname{rot} \mathfrak{p}}\,.$$

Satz von Maxwell:

Das elektromagnetische Feld eines Stromkreises ist der Quirl seines Vektorpotentials.

Maxwells Idee war eine glückliche: Auch die Divergenz des Vektorpotentials hat einen erstaunlich einfachen Wert. Es ist

$$\operatorname{div} \mathfrak{p} = i \int \operatorname{div} \frac{\mathfrak{e}}{r}\, ds.$$

Nun wird nach Heavisides Divergenzformel

$$\operatorname{div} \frac{\mathfrak{e}}{r} = \frac{1}{r} \operatorname{div} \mathfrak{e} + \operatorname{grad} \frac{1}{r} \cdot \mathfrak{e}.$$

Die Divergenz des konstanten Vektors $\mathfrak{e}$ verschwindet, so daß

$$\operatorname{div} \frac{\mathfrak{e}}{r} = \operatorname{grad} \frac{1}{r} \cdot \mathfrak{e} = -\frac{\mathfrak{r}}{r^3} \cdot \mathfrak{e} = -\frac{o}{r^2}$$

wird, wenn wir den Cosinus des Zwischenwinkels der beiden Vektoren $\mathfrak{e}$ und $\mathfrak{r}$ o nennen. Damit ergibt sich

$$\operatorname{div} \mathfrak{p} = -i \int_{\mathfrak{C}} \frac{o\, ds}{r^2}.$$

Schreitet man auf der Stromkurve $\mathfrak{C}$ vom Punkte P aus um ds fort, so ist damit die Änderung

$$dr = -o\, ds$$

des Kurvenpunktabstandes vom Aufpunkt verbunden. Wir können daher schreiben:

$$\operatorname{div} \mathfrak{p} = i \int_{\mathfrak{C}} d\, \frac{1}{r}.$$

Da aber $\frac{1}{r}$ beim Durchlaufen der Kurve $\mathfrak{C}$ zu seinem Ausgangswerte zurückkehrt, ist

$$\int_{\mathfrak{C}} d\, \frac{1}{r} = 0$$

und somit

$$\boxed{\operatorname{div} \mathfrak{p} = 0}\,.$$

In jedem nicht zur Stromkurve gehörigen Punkte verschwindet die Divergenz des Vektorpotentials.

Wir bestimmen ferner die Laplaceableitung $\Delta \mathfrak{p}$ des Vektorpotentials.

Es ist

$$\Delta \mathfrak{p} = i \int \Delta \frac{\mathfrak{e}}{r}\, ds.$$

Nach Definition von Δ haben wir

$$\Delta \frac{\mathfrak{e}}{r} = \frac{\partial^2}{\partial x^2} \frac{\mathfrak{e}}{r} + \frac{\partial^2}{\partial y^2} \frac{\mathfrak{e}}{r} + \frac{\partial^2}{\partial z^2} \frac{\mathfrak{e}}{r} = \mathfrak{e}\, \Delta \frac{1}{r} = 0,$$

da $\Delta \frac{1}{r}$, wie eine einfache zweimalige Ableitung zeigt, verschwindet.

Demnach ist

$$\boxed{\Delta \mathfrak{p} = 0}\,.$$

Die Laplace-Ableitung des Vektorpotentials verschwindet in jedem Punkte außerhalb der Stromkurve.

Zum Schluß berechnen wir noch die Divergenz und Rotation des elektromagnetischen Feldes $\mathfrak{H}$.

Nach Maxwells Formeln (§ 14) ist

$$\boxed{\operatorname{div} \mathfrak{H} = 0}$$

[die Divergenz des Quirls $\mathfrak{H}$ (= rot $\mathfrak{p}$) verschwindet] und

$$\operatorname{rot} \mathfrak{H} = \operatorname{rot} \operatorname{rot} \mathfrak{p} = \operatorname{grad} \operatorname{div} \mathfrak{p} - \varDelta \mathfrak{p}.$$

Da aber Divergenz und Laplaceableitung des Vektorpotentials außerhalb des Stromes verschwinden, wird hier auch

$$\boxed{\operatorname{rot} \mathfrak{H} = 0}.$$

Das elektromagnetische Feld eines Stromkreises hat in allen nicht auf der Stromkurve liegenden Punkten verschwindende Divergenz und Rotation.

Stromarbeit.

Wir lösen jetzt die fundamentale Aufgabe: Die Arbeit zu berechnen, die das elektromagnetische Feld eines Einheitsstromkreises leistet, wenn es ein Weber auf einem den Stromkreis umschlingenden Umlauf einmal herumführt.

Dabei verstehen wir unter einem Einheitsstromkreise einen Stromkreis, in dem die Stromstärke ein Emse beträgt.

Als positiven Umlaufssinn der Stromkurve $\mathfrak{C}$ wählen wir den durch die Richtung des Stromes angezeigten, als positiven Umlaufssinn des die Stromkurve umschlingenden Umlaufs $\mathfrak{U}$ den, in welchem das Feld des Stromes ein Weber längs des Umlaufs herumführen würde.

Bedeutet $d\mathfrak{s}$ das vektorielle Bogenelement von $\mathfrak{U}$, $\mathfrak{H}$ das elektromagnetische Feld des Stromkreises am Orte von $d\mathfrak{s}$, so ist die Arbeit, die das Feld leistet, wenn es ein Weber den Weg $d\mathfrak{s}$ befördert, $\mathfrak{H}\, d\mathfrak{s}$. Die Gesamtarbeit, die das Feld beim Transport eines Weber längs des Umlaufs $\mathfrak{U}$ leistet, wir bezeichnen sie mit $\mathfrak{C}\,\mathfrak{U}$, ist dann

$$\mathfrak{C}\,\mathfrak{U} = \int_{\mathfrak{U}} \mathfrak{H}\, d\mathfrak{s}.$$

Die gesuchte Arbeit ist daher die Zirkulation des Feldes $\mathfrak{H}$ im Umlauf $\mathfrak{U}$, wobei dieser im positiven Sinne zu durcheilen ist.

Ihre Bestimmung erfolgt in drei Schritten.

I. Im ersten Schritt zeigen wir, daß die gesuchte Arbeit für alle die Stromkurve $\mathfrak{C}$ umschlingenden Umläufe denselben Wert hat! Dieser Nachweis beruht auf dem Satze von Stokes (§ 16) und dem Verschwinden des Feldquirls in Punkten außerhalb der Stromkurve.

$\mathfrak{A}$ und $\mathfrak{B}$ seien zwei beliebige $\mathfrak{C}$ umschlingende Umläufe, $\mathfrak{C}\mathfrak{A}$ und $\mathfrak{C}\mathfrak{B}$ die zugehörigen Arbeiten. Das Feld von $\mathfrak{C}$ führe auf $\mathfrak{A}$ und $\mathfrak{B}$ je ein Weber herum. Wir denken uns die beiden Weber durch einen dehnbaren Faden miteinander verbunden, der dann bei der Bewegung eine zylinderartige $\mathfrak{C}$ umschlingende Fläche F beschreibt. Durch zwei geeignete Fadenlagen $A_1 B_1$ und $A_2 B_2$ (vgl. Bild) zerlegen wir F in zwei Teile I und II und bilden die Zirkulation (§ 16) Z_1 bzw. Z_2 des Vektors $\mathfrak{H}$ im Rande von I bzw. II, wobei $A_1 B_1$ von A_1 nach B_1 und $A_2 B_2$ von B_2 nach A_2 bzw. $A_1 B_1$ von B_1 nach A_1 und $A_2 B_2$ von A_2 nach B_2 durchlaufen werde.

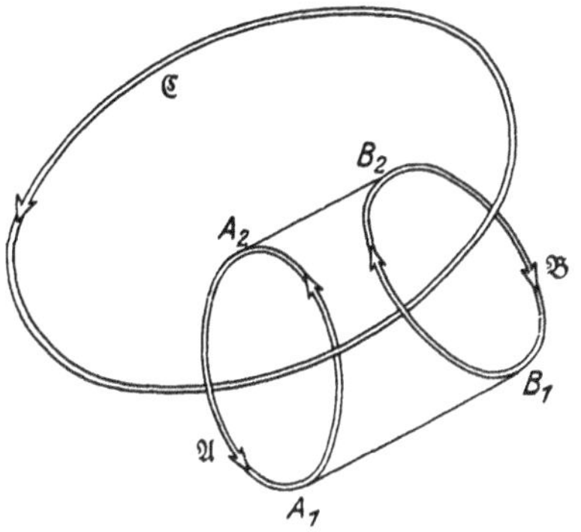

Bild 67.

Nach Stokes Satz ist Z_1 bzw. Z_2 gleich dem Flusse des Quirls von $\mathfrak{H}$ durch I bzw. II. Da aber der Quirl von $\mathfrak{H}$ überall außerhalb Stromkurve $\mathfrak{C}$ verschwindet, ist jede der beiden Zirkulationen Null, mithin auch ihre Summe:

$$Z_1 + Z_2 = 0.$$

Diese Summe besteht aber aus den sich weghebenden Anteilen über $A_1 B_1$ und $B_1 A_1$, ferner über $A_2 B_2$ und $B_2 A_2$, aus den Zirkulationen von $\mathfrak{H}$ in $\mathfrak{A}$ mit positivem und von $\mathfrak{H}$ in $\mathfrak{B}$ mit negativem Umlaufssinn (vgl. Bild), welche letzteren $\mathfrak{C}\mathfrak{A}$ und $-\mathfrak{C}\mathfrak{B}$ sind. Folglich ist

$$0 = Z_1 + Z_2 = \mathfrak{C}\mathfrak{A} - \mathfrak{C}\mathfrak{B}$$

oder

$$\mathfrak{C}\mathfrak{A} = \mathfrak{C}\mathfrak{B}.$$

II. Im zweiten Schritt zeigen wir, daß zwei beliebige einander umschlingende Umläufe $\mathfrak{U}$ und $\mathfrak{u}$ den Reziprozitätssatz

$$\boxed{\mathfrak{U}\mathfrak{u} = \mathfrak{u}\mathfrak{U}}$$

befolgen.

Wir nennen den den Umlauf $\mathfrak{U}$ ($\mathfrak{u}$) im positiven Sinne durcheilenden Punkt P (p), das vektorische Bogenelement von $\mathfrak{U}$ ($\mathfrak{u}$) an der Stelle P (p) $d\mathfrak{S}$ ($d\mathfrak{s}$), das vom Einheitsstromkreis $\mathfrak{U}$ ($\mathfrak{u}$) erzeugte elektromagnetische Feld an der Stelle $d\mathfrak{s}$ ($d\mathfrak{S}$) $\mathfrak{H}$ ($\mathfrak{h}$) und den Vektor $\vec{Pp}$ ($\vec{pP}$) $\mathfrak{R}$ ($\mathfrak{r}$), seinen Betrag R (r). Dann ist zunächst

$$\mathfrak{U}\mathfrak{u} = \int_{\mathfrak{u}} \mathfrak{H}\, d\mathfrak{s}.$$

Da nun $\mathfrak{H}$ den Wert

$$\mathfrak{H} = \int\limits_{\mathfrak{u}} \frac{d\mathfrak{S} \times \mathfrak{R}}{R^3}$$

hat, entsteht die Formel

$$\mathfrak{U}\,\mathfrak{u} = \sum \frac{d\mathfrak{S}\,\mathfrak{R}\,d\mathfrak{s}}{R^3},$$

wobei die Summation alle Kombinationen von Bogenelementen $d\mathfrak{S}$ und $d\mathfrak{s}$ umfaßt.

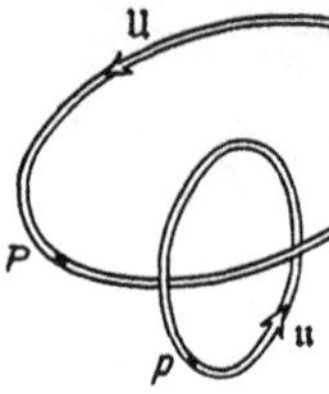

Bild 68.

Genau so entsteht

$$\mathfrak{u}\,\mathfrak{U} = \sum \frac{d\mathfrak{s}\,\mathfrak{r}\,d\mathfrak{S}}{r^3}.$$

Da aber die beiden Mischprodukte $d\mathfrak{S}\,\mathfrak{R}\,d\mathfrak{s}$ und $d\mathfrak{s}\,\mathfrak{r}\,d\mathfrak{S}$ (wegen $\mathfrak{R} = -\mathfrak{r}$) gleich sind, sowie $R = r$ ist, folgt

$$\mathfrak{U}\,\mathfrak{u} = \mathfrak{u}\,\mathfrak{U}.$$

Die in I und II gewonnenen Ergebnisse lehren:

Welche Gestalt und Lage auch zwei einander umschlingende Umläufe $\mathfrak{U}$ und $\mathfrak{u}$ haben mögen, die Arbeit $\mathfrak{U}\mathfrak{u}$ hat stets ein und denselben Wert. Dieser Wert wird die zyklische Konstante genannt.

III. Um die zyklische Konstante und damit die gesuchte Arbeit zu berechnen, können wir uns zwei einander umschlingende Umläufe willkürlich aussuchen.

Wir wählen als Stromkurve $\mathfrak{C}$ die x-Achse, die wir uns mit einem sehr großen Halbkreisbogen der xz-Ebene zu einem halbkreisförmigen Stromkreise zusammengesetzt denken.

Als umschlingenden Umlauf $\mathfrak{U}$ wählen wir den Kreis $y^2 + z^2 = a^2$ der yz-Ebene.

Dann hat zunächst das Feld des Stromelements dx in einem Punkte des Kreises $\mathfrak{U}$ nach Laplaces Formel den Betrag $\frac{dx}{r^2} \cdot \frac{a}{r}$, wo $r = \sqrt{a^2 + x^2}$ den Abstand des Punktes vom Element bedeutet. Der Betrag des Gesamtfeldes ist daher

$$H = \int\limits_{-\infty}^{+\infty} \frac{a\,dx}{r^3},$$

da der Anteil des erwähnten Halbkreises am Felde des Stromes mit unbegrenzt wachsendem Halbmesser verschwindet. Der Integrand $a : r^3$ ist die Ableitung von $x : a\,r$; folglich ist

$$a\,H = \Big|_{-\infty}^{+\infty} \frac{x}{r} = +1 - (-1) = 2.$$

Das magnetische Feld eines unendlich langen geradlinigen Einheitsstromes in einem a cm vom Stromträger entfernten Punkte ist daher $2 : a$.

Die Arbeit, die dieses Feld leistet, wenn es 1 Weber auf U herumführt, ist Kraft mal Weg $= \frac{2}{a} \cdot 2\pi a = 4\pi$.

Die Fundamentalaufgabe ist gelöst: Die Arbeit, die der Einheitsstrom bei Herumführung eines Weber leistet, ist 4π Erg.

Die zyklische Konstante ist 4π.

Beträgt der Strom nicht 1, sondern i Emse, so ist die Arbeit natürlich i mal so groß, d. h. $4\pi i$ Erg.

Wir fassen das Ergebnis unserer Überlegungen in Worte:

Grundgesetz des Elektromagnetismus:

Die Arbeit, die ein elektrischer Strom leistet, wenn er ein Weber auf einem den Stromkreis umschlingenden Umlauf einmal herumführt, ist das 4πfache der Stromstärke.

Dabei ist die Stromstärke in elektromagnetischen Einheiten, die Arbeit in Erg zu messen. Es wird ferner vorausgesetzt, daß auch die Stromkurve den Umlauf nur einmal umschlingt.

Unsere Entwicklungen übertragen sich ohne weiteres auf den Fall, wo ein Umlauf gleichzeitig mehrere Stromträger umschlingt. Dabei fassen wir den Umlauf zweckmäßig als Rand einer Fläche auf, deren Seiten in der Weise als positive und negative Seite bezeichnet werden, daß die magnetischen Kraftlinien eines im Umlauf in seinem positiven Sinne zirkulierenden Stromes die Fläche von ihrer negativen zur positiven Seite durchsetzen würden (Zugeordnete positive Durchschreitungsrichtung, § 16).

Das elektromagnetische Grundgesetz lautet dann in allgemeinster Form:

Die Arbeit, die ein elektromagnetisches Feld leistet, wenn es ein Weber einmal den Rand einer Fläche herumführt, ist die 4πfache Summe der die Fläche durchsetzenden Ströme.

Dabei ist die Arbeit in Erg, die Stromstärke in elektromagnetischen Einheiten zu messen, und jeder Strom ist als positiv oder negativ in Rechnung zu stellen, je nachdem er die Fläche in der positiven oder negativen Durchschreitungsrichtung durchsetzt.

§ 43. Das Grundgesetz der Induktion.

Als Grundgesetz der Induktion kann der Satz von den Kraftlinienschnitten angesehen werden:

Bewegt man einen linearen Leiter in einem magnetischen Felde, so wird in ihm eine elektromotorische Kraft (EMK) induziert, die gleich der Anzahl der vom Leiter sekundlich geschnittenen Feldlinien ist. Diese Anzahl trägt die Benennung Empe (elektromagnetische Potentialeinheiten, von denen 10^8 gerade ein Volt ausmachen). Die Richtung der induzierten elektromotorischen Kraft wird dadurch bestimmt, daß die Richtungen der Feldlinien, Bewegung und induzierten EMK ein Linkssystem bilden.

Wir übertragen diesen Satz ins Analytische.

Das magnetische Feld sei homogen und habe die Intensität $\mathfrak{H}$, den Betrag H Gauß. Der bewegte geradlinige Leiter werde durch den l cm langen Vektor $\mathfrak{l}$ dargestellt; die in ihm erregte EMK werde positiv oder negativ gerechnet, je nachdem sie mit $\mathfrak{l}$ gleiche oder entgegengesetzte Richtung hat. Die Bewegung des Leiters erfolge mit der Geschwindigkeit $\mathfrak{v}$ (Cel).

Zunächst ist klar, daß der Vektor $\mathfrak{l}$ während einer Sekunde eine Fläche F beschreibt, deren Vektor $\mathfrak{F}$ gleich $\mathfrak{l} \times \mathfrak{v}$ ist. Stände diese Fläche auf $\mathfrak{H}$ senkrecht, so wäre die Anzahl der die Fläche durchsetzenden Kraftlinien einfach $N = HF$. Bildet aber $\mathfrak{F}$ mit $\mathfrak{H}$ den Winkel Θ, so wird die Fläche nur von $N \cos \Theta$ Kraftlinien durchsetzt. Da dieser Wert das Skalarprodukt $\mathfrak{H} \cdot \mathfrak{F}$ der Vektoren $\mathfrak{H}$ und $\mathfrak{F}$ ist, so bekommen wir für die induzierte EMK den Wert $E = \mathfrak{H}\mathfrak{F} = \mathfrak{H}\mathfrak{l}\mathfrak{v}$; und zwar fällt dieses Mischprodukt positiv oder negativ aus, je nachdem die EMK mit $\mathfrak{l}$ gleiche oder entgegengesetzte Richtung hat. Es ergibt sich das folgende

Elementargesetz der elektromotorischen Kraft:

Bewegt man einen metallischen Vektor $\mathfrak{l}$ mit der Geschwindigkeit $\mathfrak{v}$ in einem homogenen magnetischen Felde von der Stärke $\mathfrak{H}$, so wird in ihm in der Richtung von $\mathfrak{l}$ eine elektromotorische Kraft E induziert, die gleich dem Mischprodukt der drei Vektoren $\mathfrak{H}$, $\mathfrak{l}$, $\mathfrak{v}$ ist:

$$\boxed{E = \mathfrak{H}\mathfrak{l}\mathfrak{v}}\,.$$

Dabei wird die Länge des Leiters in cm, die Geschwindigkeit in Cel, die Feldstärke in Gauß und die EMK in Empe gemessen (1 Volt $= 10^8$ Empe).

Um zu einer allgemeineren Aussage zu gelangen, betrachten wir eine beliebige ebene oder krumme Fläche F, die von einem linearen Leiter umschlossen und von magnetischen Kraftlinien durchsetzt ist.

Wir wählen einen der beiden Umlaufssinne des Flächenrandes als positiven Umlaufssinn aus und ordnen ihm die dazu passende Richtung (§ 16) als positive Durchschreitungsrichtung der Fläche zu. Letztere führt von der negativen Seite der Fläche zur positiven.

Die Gesamtzahl der die Fläche in positiver Durchschreitungsrichtung durchsetzenden magnetischen Kraftlinien, der sog. die Fläche durchsetzende magnetische Fluß, sei Φ. (Kraftlinien, die von der positiven zur negativen Flächenseite gehen, werden negativ gezählt.)

Solange Φ keine Änderung erfährt, wird keine EMK induziert.

Wir biegen nun in der sehr kleinen Zeit τ einen Teil des metallischen Flächenrandes etwa nach innen. Der Weg, den ein Element $\mathfrak{l}$ des verbogenen Randes dabei zurücklegt, ist $\mathfrak{v}\tau$, wenn $\mathfrak{v}$ die Geschwindigkeit des Elements bedeutet. Nach dem Elementargesetz wird dann in $\mathfrak{l}$ die EMK $e = \mathfrak{H}\mathfrak{l}\mathfrak{v}$ induziert, wenn $\mathfrak{H}$ die Stärke des magnetischen Feldes an der Stelle des Elements bedeutet; und zwar wirkt diese EMK, wie man leicht nachprüft, im positiven Umlaufssinne des Flächenrandes.

Die gesamte bei der Verbiegung induzierte EMK ist

$$E = \Sigma\, \mathfrak{H}\mathfrak{l}\mathfrak{v} = \Sigma e,$$

wo die Summation auf alle Elemente $\mathfrak{l}$ zu erstrecken ist, aus denen der verbogene Randteil besteht.

Anderseits ist das Produkt

$$\varphi = e\tau = \mathfrak{H} \cdot \mathfrak{l} \times \mathfrak{v}\tau$$

der Teil des magnetischen Flusses, den $\mathfrak{l}$ bei seiner Bewegung passiert, so daß die induzierte EMK E geschrieben werden kann

$$E = \Sigma e = \Sigma \frac{\varphi}{\tau} = \frac{\Sigma \varphi}{\tau}.$$

Da aber $\Sigma\varphi$ die in der Zeit τ erfolgende Abnahme des gesamten die Fläche F durchsetzenden magnetischen Flusses darstellt, so haben wir den Satz:

Die induzierte EMK ist gleich der sekundlichen Abnahme des magnetischen Flusses.

In dieser Formulierung ist nicht mehr von der Verbiegung oder Bewegung eines Leiters, sondern nur noch von der Änderung des die Leiterfläche durchsetzenden magnetischen Flusses die Rede.

Wir dürfen daher annehmen, daß in einem Leiterkreise eine EMK auch bei ruhendem Leiter induziert wird, wenn nur der den Kreis durchsetzende magnetische Fluß geändert wird. Die Erfahrung hat dieser Annahme Recht gegeben. Die alleinige Ursache für die Induzierung einer EMK in einem Leiterkreise ist die Änderung des den Kreis durchsetzenden magnetischen Flusses. Ob diese Änderung durch Bewegung von Teilen des Kreises erfolgt oder etwa dadurch, daß der magnetische Fluß durch Verstärkung oder Schwächung eines im Leiterkreise oder in seiner Nachbarschaft fließenden Stromes geändert wird, ist belanglos.

Demgemäß gilt folgendes allgemeine Induktionsgesetz.

Gesetz vom Flußabstieg:

Die im Rande einer Fläche induzierte elektromotorische Kraft ist gleich dem Abstieg*) des die Fläche durchsetzenden magnetischen Flusses.

In Zeichen:

$$\boxed{E = -\dot{\Phi}}\,.$$

Dabei bedeutet Φ den magnetischen Fluß, $\dot{\Phi}$ seinen Anstieg und E die induzierte elektromotorische Kraft. Die absolut genommene E. M. K. wirkt im positiven oder negativen Umlaufssinne des Flächenrandes, je nachdem das durch diese Formel berechnete E positiv oder negativ ausfällt.

Bei dieser Überlegung wurde stillschweigend vorausgesetzt, daß die magnetischen Kraftlinien ein Mittel von der magnetischen Permeabilität 1 durchsetzen, also z. B. den leeren Raum oder Luft, Holz u. dgl., deren Permeabilität nahezu 1 ist.

Bekanntlich beeinflußt die Permeabilität μ des Mittels den magnetischen Fluß, der eine im Medium befindliche Fläche durchsetzt, in der Weise, daß dieser Fluß das μfache seines Wertes fürs Vakuum ist.

Bei der Flußberechnung für eine in einem Mittel von der magnetischen Permeabilität μ befindliche Fläche ist also an Stelle des Faktors $\mathfrak{H}$ (magnetische Feldstärke) der Faktor $\mathfrak{B} = \mu\,\mathfrak{H}$ (magnetische Induktion) zu setzen.

§ 44. Maxwells Gleichungen.

In einem zeitlich veränderlichen elektromagnetischen Felde bestehen zwischen der in irgendeinem Punkte herrschenden elektrischen Feldstärke $\mathfrak{E}$ und magnetischen Feldstärke $\mathfrak{H}$ gewisse Beziehungen, die zuerst (1873) von Maxwell aufgedeckt wurden und deshalb Maxwellsche Gleichungen genannt werden.

Die Aufgabe dieses Paragraphen besteht in der Herleitung dieser Beziehungen.

Wir schicken der Entwicklung eine kurze Betrachtung über den Gaußschen Flußsatz voraus.

---

*) Der Abstieg einer Größe (vgl. § 11) ist ihre sekundliche Abnahme, ist, genauer gesagt, der negative Differentialquotient der Größe nach der Zeit.

Eine in einem Mittel von der elektrischen Permeabilität (Dielektrizitätskonstante) ε eingebettete an der Stelle P befindliche punktförmige elektrische Ladung q (elektrostatische Ladungseinheiten) erzeugt in ihrer Umgebung ein elektrisches Feld. Seine Stärke hat in einem Punkte A (Aufpunkt), dessen vektorischer Abstand von P $\overrightarrow{PA} = \mathfrak{r}$ (mit dem Betrage r) ist, nach Coulombs Gesetz den Wert

$$\mathfrak{e} = \frac{\mathfrak{r}}{\varepsilon r^3},$$

dessen Betrag e sei.

Eine in A befindliche, sehr kleine Fläche f wird dann von ef Kraftlinien durchsetzt, wenn sie auf den Feldlinien senkrecht steht. Hat die Normale von f nicht die Richtung der Feldlinien; bildet sie vielmehr mit den Kraftlinien den Winkel θ, so gehen nur $ef \cos\theta$ Kraftlinien durch f. Führen wir den Vektor $\mathfrak{f}$ der Fläche f (§ 3) ein, so ist die Kraftlinienzahl einfach das Skalarprodukt $\mathfrak{e}\,\mathfrak{f}$.

Durch eine Hülle F, deren Flächenelement dF sei, laufen dann

$$n = \int \mathfrak{e}\, d\mathfrak{F}$$

Kraftlinien, wo $d\mathfrak{F}$ den Vektor des Flächenelements dF bedeutet, der die Richtung der äußeren Hüllennormale hat, und wo die Integration über die ganze Hülle zu erstrecken ist. Und zwar bedeutet n die Anzahl der aus der Hülle austretenden Kraftlinien, wobei also ν eintretende Linien als $-\nu$ austretende Linien gezählt werden.

Zwei Fälle sind zu unterscheiden: die Ladung q liegt außerhalb oder innerhalb der Hülle.

Im ersten Fall kommt auf jede eintretende Kraftlinie eine austretende; das Integral n verschwindet.

Im zweiten Falle sind nur austretende Feldlinien vorhanden, und ihre Anzahl ist die Gesamtzahl der von q ausgestrahlten Linien. Um diese zu erfahren, beschreiben wir um q als Zentrum eine Kugel vom Halbmesser h. Für diese Hülle ist

$$\mathfrak{e}\, d\mathfrak{F} = e\, dF = q\, dF : \varepsilon h^2$$

und

$$n = \int \frac{q\, dF}{\varepsilon h^2} = \frac{q}{\varepsilon h^2} \int dF = \frac{q}{\varepsilon h^2} 4\pi h^2 = \frac{4\pi q}{\varepsilon}.$$

Indem wir ε zum Integranden ziehen, können wir sagen:

Das über eine Hülle F erstreckte Integral

$$\int \varepsilon\, \mathfrak{e}\, d\mathfrak{F}$$

hat den Wert $4\pi q$ oder Null, je nachdem die Ladung q innerhalb oder außerhalb der Hülle sitzt.

Handelt es sich um ein beliebiges durch die Ladungen q, q', q'', ... erzeugtes elektrisches Feld, so ist die Feldstärke im Aufpunkt A

$$\mathfrak{E} = \mathfrak{e} + \mathfrak{e}' + \mathfrak{e}'' + \ldots,$$

wo $\mathfrak{e}, \mathfrak{e}', \mathfrak{e}'', \ldots$ die durch die Ladungen $q, q', q'', \ldots$ in A hervorgebrachten Teilfelder sind.

Wenden wir unser Resultat auf jedes der Teilfelder an, so ergibt sich durch Summierung der entstehenden Gleichungen die

Formel von Gauß:

$$\boxed{\int \varepsilon \mathfrak{E}\, d\mathfrak{F} = 4\pi Q},$$

in welcher das Integral über eine beliebige Hülle zu erstrecken ist und Q die von der Hülle umschlossene Elektrizitätsmenge bedeutet.

Nun nennt man das Produkt $\varepsilon\, \mathfrak{E}\, d\mathfrak{F}$, in welchem $d\mathfrak{F}$ der Vektor eines Flächenelements dF ist, $\mathfrak{E}$ die Stärke des elektrischen Feldes und ε die elektrische Permeabilität am Orte dF bedeutet, den das Element durchsetzenden elektrischen Fluß. Unter dem die Fläche F durchsetzenden elektrischen Flusse versteht man die Summe der elektrischen Flüsse durch die Elemente der Fläche.

Es gilt sonach der

Flußsatz von Gauß:

Der aus einer Hülle kommende elektrische Fluß ist das 4πfache der von der Hülle umschlossenen Elektrizitätsmenge.

Es gibt zweierlei elektrische Ströme: Leitungsströme, d. h. Ströme, die in Leitern fließen, und Verschiebungsströme, d. h. Ströme, die im Dielektrikum fließen. Die Verschiebungsströme haben ähnliche Eigenschaften wie die Leitungsströme und bilden entweder für sich oder mit Leitungsströmen zusammen geschlossene Ströme. Nach Maxwell gibt es nur geschlossene Ströme.

Unter der Stromdichte an einer Stelle versteht man den Vektor $\mathfrak{J}$, dessen skalares Produkt mit dem Vektor $\mathfrak{f}$ eines an der Stelle befindlichen Flächenelements f die das Flächenelement sekundlich durchströmende Elektrizitätsmenge darstellt.

Die Dichte $\mathfrak{i}$ eines Leitungsstromes befolgt das Ohmsche Gesetz

$$\boxed{\mathfrak{i} = \lambda \mathfrak{E}},$$

wo $\mathfrak{E}$ die elektrische Feldstärke, λ die Leitfähigkeit an der Stelle A bedeutet, an der die Stromdichte $\mathfrak{i}$ bestimmt werden soll.

Um auch die Verschiebungsstromdichte $\mathfrak{j}$ an der Stelle A zu finden, benutzen wir den Gaußschen Flußsatz. Ihm zufolge ist für irgendeine Hülle F

$$\int \varepsilon \mathfrak{E}\, d\mathfrak{F} = 4\pi Q,$$

wo Q die von der Hülle umschlossene Elektrizitätsmenge bedeutet. Der Anstieg dieser Gleichung lautet

$$\int \varepsilon \dot{\mathfrak{E}}\, d\mathfrak{F} = 4\pi \dot{Q}.$$

(Die Hülle ruht; nur $\mathfrak{E}$ und Q ändern sich mit der Zeit.)

Die rechte Seite dieser Gleichung stellt die sekundliche Zunahme der von der Hülle umschlossenen Elektrizitätsmenge dar. Diese ist das Äquivalent für die infolge der Verschiebungsströme die Hülle verlassenden elektrischen Ladungen. Bedeutet demnach $\mathfrak{j}$ die Verschiebungsstromdichte am Orte des Elements dF, so strömt an der Stelle dF aus der Hülle sekundlich die Ladung $\mathfrak{j}\, d\mathfrak{F}$, im ganzen also aus der Hülle sekundlich die Ladung

$$\dot{Q} = \int \mathfrak{j}\, d\mathfrak{F}$$

heraus. Durch Gleichsetzung der beiden $\dot{Q}$-Werte entsteht die Formel

$$\int (\varepsilon \dot{\mathfrak{E}} - 4\pi \mathfrak{j})\, d\mathfrak{F} = 0.$$

Diese für jede Hülle gültige Formel ist nur denkbar, wenn der Integrand verschwindet. Daher ist

$$\boxed{\mathfrak{j} = \frac{\varepsilon}{4\pi} \dot{\mathfrak{E}}}$$

die Dichte des Verschiebungsstromes.

Die gesamte Stromdichte an der Stelle A ist

$$\boxed{\mathfrak{J} = \mathfrak{i} + \mathfrak{j}}.$$

Was die Benennungen anbetrifft, so denkt man $\mathfrak{E}$, $\mathfrak{i}$, $\mathfrak{j}$, gewöhnlich im elektrostatischen Maß gemessen.

Die erste Maxwellsche Gleichung erhalten wir durch Heranziehung des elektromagnetischen Grundgesetzes (§ 42).

Bedeutet F irgendeine durch den Umlauf $\mathfrak{U}$ berandete Fläche, dF ein Element der Fläche, $d\mathfrak{F}$ seinen Vektor, $d\mathfrak{s}$ das vektorielle Bogenelement von $\mathfrak{U}$, so wird nach diesem Gesetz, wenn $c = 3 \cdot 10^{10}$ die Lichtgeschwindigkeit ist,

$$\int_{\mathfrak{U}} \mathfrak{H}\, d\mathfrak{s} = \frac{4\pi}{c} \int_{F} \mathfrak{J}\, d\mathfrak{F},$$

da das über die Fläche erstreckte Integral der rechten Seite die F sekundlich durchströmende Elektrizitätsmenge in elektrostatischen Einheiten darstellt und diese erst durch Division mit $c = 3 \cdot 10^{10}$ in elektromagnetisches Maß übergeführt wird.

Die auf der linken Seite unserer Gleichung stehende Zirkulation der magnetischen Feldstärke $\mathfrak{H}$ im Umlauf $\mathfrak{U}$ verwandeln wir nach Stokes Satze (§ 16) in ein über F erstrecktes Flächenintegral:

$$\int_{\mathfrak{U}} \mathfrak{H}\, d\mathfrak{s} = \int_{F} \operatorname{rot} \mathfrak{H} \cdot d\mathfrak{F}.$$

Die Gleichsetzung der beiden Zirkulationswerte gibt

$$\int_{F} \left(\operatorname{rot} \mathfrak{H} - \frac{4\pi}{c} \mathfrak{J} \right) d\mathfrak{F} = 0.$$

Diese für jede Fläche gültige Gleichung kann nur bestehen, wenn der Integrand verschwindet. Daher ist

$$\boxed{\operatorname{rot} \mathfrak{H} = \frac{4\pi}{c} \mathfrak{J}}.$$

Dies ist die erste Maxwellsche Gleichung. Sie lehrt:

Die Stromdichte ist dem Quirl der magnetischen Feldstärke proportional. Die Proportionalitätskonstante ist der 4πte Teil der Lichtgeschwindigkeit, wenn der Strom in elektrostatischen, das magnetische Feld in elektromagnetischen Einheiten gemessen wird.

Die zweite Maxwellsche Gleichung entsteht auf ähnliche Weise durch Anwendung des Induktionsgesetzes (§ 43).

Nach diesem Gesetze ist die im Rande $\mathfrak{U}$ einer Fläche F induzierte elektromotorische Kraft gleich dem Abstieg des die Fläche durchsetzenden magnetischen Flusses ($\int \mu\, \mathfrak{H}\, d\,\mathfrak{F}$).

Nun ist aber die elektromotorische Kraft in einer geschlossenen Kurve bekanntlich gleich der Zirkulation der elektrischen Feldstärke in der Kurve.

Demnach gilt die Formel

$$c \int_{\mathfrak{U}} \mathfrak{E}\, d\mathfrak{s} = -\int_{F} \mu\, \dot{\mathfrak{H}}\, d\mathfrak{F},$$

da das auf der linken Seite stehende Integral die EMK in elektrostatischen Einheiten darstellt und diese noch mit c multipliziert werden muß, um zur EMK in elektromagnetischen Spannungseinheiten z werden.

Wiederum ist nach Stokes

$$\int_{\mathfrak{U}} \mathfrak{E}\, d\mathfrak{s} = \int_{F} \operatorname{rot} \mathfrak{E} \cdot d\mathfrak{F}.$$

Die Gleichsetzung der beiden für die Zirkulation von $\mathfrak{E}$ gefundenen Werte gibt

$$\int_{F} \left(\operatorname{rot} \mathfrak{E} + \frac{\mu}{c} \dot{\mathfrak{H}} \right) d\mathfrak{F} = 0.$$

Da diese Gleichung für j e d e Fläche F gelten soll, folgt ähnlich wie oben

$$\boxed{\operatorname{rot}\mathfrak{E} = -\frac{\mu}{c}\dot{\mathfrak{H}}}\,.$$

Dies ist die zweite Maxwellsche Gleichung. Sie sagt aus:

Der Abstieg der magnetischen Feldstärke ist dem Quirl der elektrischen Feldstärke proportional.

Die Proportionalitätskonstante ist die durch die magnetische Permeabilität geteilte Lichtgeschwindigkeit, wenn das elektrische Feld in elektrostatischen, das magnetische in elektromagnetischen Einheiten gemessen wird.

Die beiden Maxwellschen Gleichungen sind Aussagen über die beiden Feldquirle.

Maxwell betrachtet auch die beiden Felddivergenzen div $\mathfrak{H}$ und div $\mathfrak{E}$.

Die Bestimmung von div $\mathfrak{H}$ vollzieht sich einfach. Wenn $\mathfrak{H}$ ein nur von Strömen erzeugtes elektromagnetisches Feld bedeutet, ist es (§ 42) ein Quirl, nämlich der Quirl des Vektorpotentials. Da aber (§ 14) die Divergenz eines Quirls stets verschwindet, ist

$$\boxed{\operatorname{div}\mathfrak{H} = 0}\,.$$

Die Divergenz der elektromagnetischen Feldstärke verschwindet.

Um div $\mathfrak{E}$ zu bestimmen, betrachten wir den elektrischen Fluß für eine Hülle F. Er ist nach Gauß' Flußsatz das 4π fache der Elektrizitätsmenge, die sich in dem von der Hülle umschlossenen Raume V befindet. Bedeutet D die elektrische Dichte am Orte des Raumelements dV, so birgt dies Element die Ladung $D\,dV$, und die gesamte elektrische Ladung des Raumes V ist das über den Raum V erstreckte Integral

$$\int D\,d\,V.$$

Daher gilt die Gleichung

$$\int_F \varepsilon\,\mathfrak{E}\,d\mathfrak{F} = 4\pi \int_V D\,d\,V.$$

Anderseits ist nach Gauß' Divergenzsatz (§ 16)

$$\int_F \varepsilon\,\mathfrak{E}\,d\mathfrak{F} = \int_V \varepsilon \operatorname{div}\mathfrak{E}\,d\,V.$$

Aus diesen beiden Gleichungen folgt

$$\int_V (\varepsilon \operatorname{div}\mathfrak{E} - 4\pi D)\,d\,V = 0.$$

Da diese Gleichung für jeden Raum V gilt, muß der Integrand verschwinden. Das gibt

$$\boxed{\operatorname{div}\mathfrak{E} = \frac{4\pi}{\varepsilon} D}\,.$$

Die Divergenz der elektrischen Feldstärke ist das $\frac{4\pi}{\varepsilon}$ fache der elektrischen Dichte.

Besonders einfache Verhältnisse ergeben sich in einem Raume, der von elektrischen und magnetischen Ladungen frei ist und (Dielektrikum) keine Leiter enthält. Dann verschwindet außer $\operatorname{div}\mathfrak{H}$ auch $\operatorname{div}\mathfrak{E}$. Ferner ist $\mathfrak{i} = 0$, d. h.

$$\mathfrak{J} = \mathfrak{j} = \frac{\varepsilon}{4\pi}\dot{\mathfrak{E}}.$$

Die Maxwellschen Gleichungen lauten jetzt:

$$\boxed{\varepsilon\dot{\mathfrak{E}} = c \operatorname{rot}\mathfrak{H}, \qquad -\mu\dot{\mathfrak{H}} = c\operatorname{rot}\mathfrak{E}}\,.$$

Die Ähnlichkeit ihrer Bauart fällt in die Augen.

Handelt es sich nur um den qualitativen Inhalt dieser Gleichungen, so kann man etwa sagen:

Entsteht irgendwo eine elektrische Kraft, so entsteht zugleich in ihrer Umgebung ein magnetischer Wirbel.

Entsteht irgendwo eine magnetische Kraft, so entsteht zugleich in ihrer Umgebung ein elektrischer Wirbel.

»Entstehen einer Kraft« heißt dabei soviel wie »Zunahme oder Abnahme der Kraft«, wobei »Abnahme einer Kraft in einer Richtung« gleichbedeutend ist mit »Zunahme der Kraft in der entgegengesetzten Richtung«.

Denken wir uns nämlich eine kleine etwa kreisförmige Fläche F, so ist z. B.

$$-\int_F \mu\dot{\mathfrak{H}}\, d\mathfrak{F} = \int_F c\,\mathring{\mathfrak{E}}\, d\mathfrak{F} = c\int \mathfrak{E}\, d\mathfrak{s},$$

wo $d\mathfrak{s}$ das Element des Flächenrandes ist und das rechte Integral über den Rand der Fläche F zu erstrecken ist. Das Wort »Wirbel« weist auf das Erscheinen elektrischer Kraft $\mathfrak{E}$ im Flächenrande hin. Der Umlaufssinn der entstehenden magnetischen bzw. elektrischen Wirbel wird durch nebenstehendes Bild veranschaulicht, in welcher der Punkt eine nach vorn gerichtete elektrische bzw. magnetische entstehende Kraft bedeutet und der Pfeil den Umlaufssinn der »induzierten« magnetischen bzw. elektrischen Kraft anzeigt.

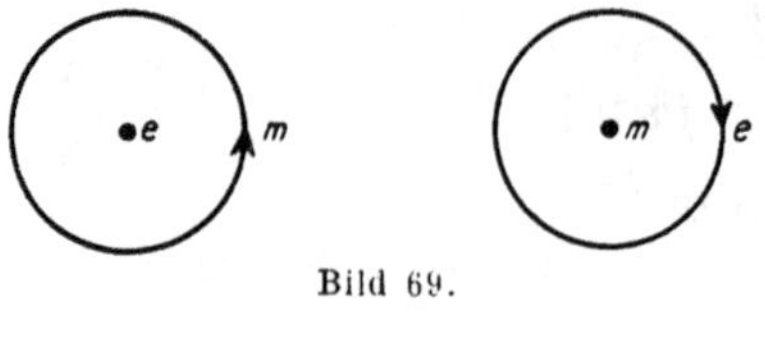

Bild 69.

Die beiden angeführten Gesetze werden **Wirbelregeln** genannt.

Wir formen die beiden gefundenen Maxwellschen Gleichungen noch etwas um. Die Ableitung nach der Zeit ergibt

$$\varepsilon \ddot{\mathfrak{E}} = c \operatorname{rot} \dot{\mathfrak{H}}, \qquad -\mu \ddot{\mathfrak{H}} = c \operatorname{rot} \dot{\mathfrak{E}}.$$

Hier ersetzen wir $\dot{\mathfrak{H}}$ und $\dot{\mathfrak{E}}$ den Ausgangsgleichungen gemäß und erhalten

$$\ddot{\mathfrak{E}} = -\frac{c^2}{\varepsilon\mu} \operatorname{rot}\operatorname{rot} \mathfrak{E}, \qquad \ddot{\mathfrak{H}} = -\frac{c^2}{\varepsilon\mu} \operatorname{rot}\operatorname{rot} \mathfrak{H}.$$

Darauf erinnern wir uns der Maxwellschen Formel

$$\operatorname{grad}\operatorname{div} \mathfrak{S} = \Delta\, \mathfrak{S} + \operatorname{rot}\operatorname{rot} \mathfrak{S}$$

aus § 14, bedenken, daß $\operatorname{div} \mathfrak{E} = \operatorname{div} \mathfrak{H} = 0$ ist und finden

$$\operatorname{rot}\operatorname{rot} \mathfrak{E} = -\Delta\, \mathfrak{E}, \qquad \operatorname{rot}\operatorname{rot} \mathfrak{H} = -\Delta\, \mathfrak{H}.$$

Damit erhalten Maxwells Gleichungen die Form

$$\boxed{\ddot{\mathfrak{E}} = \varkappa^2 \Delta\, \mathfrak{E}, \qquad \ddot{\mathfrak{H}} = \varkappa^2 \Delta\, \mathfrak{H}} \qquad \text{mit } \varkappa = \frac{c}{\sqrt{\varepsilon\mu}},$$

ausführlich geschrieben:

$$\frac{\partial^2 \mathfrak{E}}{\partial t^2} = \varkappa^2 \left(\frac{\partial^2 \mathfrak{E}}{\partial x^2} + \frac{\partial^2 \mathfrak{E}}{\partial y^2} + \frac{\partial^2 \mathfrak{E}}{\partial z^2} \right),$$

$$\frac{\partial^2 \mathfrak{H}}{\partial t^2} = \varkappa^2 \left(\frac{\partial^2 \mathfrak{H}}{\partial x^2} + \frac{\partial^2 \mathfrak{H}}{\partial y^2} + \frac{\partial^2 \mathfrak{H}}{\partial z^2} \right).$$

§ 45. Elektromagnetische Wellen.

Elektrisches Feld $\mathfrak{E}$ und magnetisches Feld $\mathfrak{H}$ befriedigen im Dielektrikum beide die sog. **Wellengleichung**

$$\boxed{\frac{\partial^2 \mathfrak{s}}{\partial t^2} = \varkappa^2 \Delta\, \mathfrak{s}},$$

die durch Einführung der Maßzahlen u, v, w von $\mathfrak{s}$ in die drei Gleichungen

$$\frac{\partial^2 u}{\partial t^2} = \varkappa^2 \Delta\, u, \qquad \frac{\partial^2 v}{\partial t^2} = \varkappa^2 \Delta\, v, \qquad \frac{\partial^2 w}{\partial t^2} = \varkappa^2 \Delta\, w$$

zerfällt.

Daß die beiden Differentialgleichungen

$$\frac{\partial^2 \mathfrak{E}}{\partial t^2} = \varkappa^2 \Delta\, \mathfrak{E}, \qquad \frac{\partial^2 \mathfrak{H}}{\partial t^2} = \varkappa^2 \Delta\, \mathfrak{H}$$

für die Ausbreitung elektromagnetischer Wellen charakteristisch sind, läßt sich schon den beiden Wirbelregeln (§ 44) entnehmen.

Wird irgendwo im Dielektrikum eine elektromagnetische Erschütterung erzeugt, entsteht z. B. an einer Stelle eine elektrische Kraft, so bildet sich nach der ersten Wirbelregel in ihrer Umgebung ein magnetischer Wirbel aus. Nach der zweiten Wirbelregel entstehen um jede Stelle der magnetischen Wirbellinie neue elektrische Wirbel; um diese entstehen wieder magnetische Wirbel usf. Man erkennt, daß sich diese Wirbel wie die Glieder einer Kette verschlingen, daß sich die erzeugte elektromagnetische Erschütterung nach allen Seiten, einer Wellenbewegung analog, ausbreitet.

Betrachten wir weiter das einfache Beispiel einer ebenen Schall- oder Lichtwelle, die sich in der durch die Richtungskosinus l, m, n gekennzeichneten Richtung mit der Geschwindigkeit g fortpflanzt. Zur Zeit t ist die Gleichung der Wellenebene

$$lx + my + nz = p,$$

wo $p = gt$ den Abstand der Wellenebene vom Koordinatenursprung bedeutet. Der zur Wellenebene senkrechte Schall- oder Lichtstrahl hat bekanntlich die Gleichung

$$u = a \sin \varphi \qquad \text{mit} \qquad \varphi = kt - hp + \alpha,$$

wo u den Ausschlag am Orte p zur Zeit t bedeutet. Dabei ist α eine Phasenkonstante, k die mit der Schwingungsdauer T durch die Relation $kT = 2\pi$ verbundene Schwingungsfrequenz, h die mit der Wellenlänge λ durch die Beziehung $h\lambda = 2\pi$ verknüpfte Wellenfrequenz. Schwingungsfrequenz und Wellenfrequenz sind mit der Fortpflanzungsgeschwindigkeit g durch die Formel

$$k = gh$$

verbunden.

Nun ist

$$\frac{\partial u}{\partial t} = k a \cos \varphi, \qquad \frac{\partial^2 u}{\partial t^2} = -k^2 a \sin \varphi = -k^2 u,$$

$$\frac{\partial u}{\partial p} = -h a \cos \varphi, \qquad \frac{\partial^2 u}{\partial p^2} = -h^2 a \sin \varphi = -h^2 u,$$

mithin

$$\frac{\partial^2 u}{\partial t^2} = g^2 \frac{\partial^2 u}{\partial p^2}.$$

Ferner ist

$$\frac{\partial u}{\partial x} = l \frac{\partial u}{\partial p}, \qquad \frac{\partial^2 u}{\partial x^2} = l^2 \frac{\partial^2 u}{\partial p^2},$$

und ähnlich

$$\frac{\partial^2 u}{\partial y^2} = m^2 \frac{\partial^2 u}{\partial p^2}, \qquad \frac{\partial^2 u}{\partial z^2} = n^2 \frac{\partial^2 u}{\partial p^2},$$

folglich

$$\Delta u = \frac{\partial^2 u}{\partial x^2} + \frac{\partial^2 u}{\partial y^2} + \frac{\partial^2 u}{\partial z^2} = (l^2 + m^2 + n^2)\frac{\partial^2 u}{\partial p^2} = \frac{\partial^2 u}{\partial p^2}.$$

Also gilt in der Tat die Wellengleichung

$$\boxed{\frac{\partial^2 u}{\partial t^2} = g^2 \Delta u}.$$

Wir müssen uns hier mit diesen beiden Hinweisen begnügen; eine ausführliche Erörterung über die allgemeine Wellengleichung würde uns zu weit ab führen. Der interessierte Leser findet die allgemeine Lösung der Wellengleichung z. B. im dritten Bande von Goursats Cours d'Analyse.

Wir beschränken uns im folgenden auf die Betrachtung einer ebenen elektromagnetischen Welle, die — bei Zugrundelegung eines rechtwinkligen xyz-Systems mit lotrecht nach oben zeigender x-Achse, waagrecht nach vorn gerichteter y-Achse und waagrecht nach rechts laufender z-Achse — in der Richtung der positiven z-Achse mit der Geschwindigkeit g fortschreitet. Die Maßzahlen von $\mathfrak{E}$ nennen wir X, Y, Z, die von $\mathfrak{H}$ U, V, W. Bei unserer Annahme verschwinden dann die Ableitungen dieser Maßzahlen nach x und nach y. Anderseits gelten die Gleichungen

$$\operatorname{div} \mathfrak{E} = 0, \qquad \operatorname{div} \mathfrak{H} = 0$$

oder

$$X_x + Y_y + Z_z = 0, \qquad U_x + V_y + W_z = 0.$$

Mithin wird

$$Z_z = 0, \qquad W_z = 0$$

und weiter

$$Z = \text{const} = 0, \qquad W = \text{const} = 0,$$

da nicht verschwindende, konstante Z- und W-Werte für unsere Wellenbewegung keinen Sinn haben.

Die elektromagnetische Welle hat keine longitudinale Komponente; sie ist rein transversal.

Um übersichtliche Verhältnisse zu bekommen, spezialisieren wir unsere Voraussetzung weiter durch die zusätzliche Annahme, daß die elektrische Schwingung nur in der Richtung der x-Achse stattfindet, daß m. a. W. Y verschwindet. Dann ist also

$$\mathfrak{E} = X \,|\, 0 \,|\, 0.$$

(Man denke etwa an die elektrischen Wellen, die von einem lotrechten Hertzschen Oszillator ausgehen.)

Der Schwingungszustand in der xy-Ebene sei zur Zeit t durch die Gleichung

$$X = A \sin kt$$

festgelegt, wo k die Schwingungsfrequenz ist.

Wir lenken nun unsere Aufmerksamkeit auf den Schwingungszustand, der zur Zeit t in der Ebene Π herrscht, die der xy-Ebene parallel läuft und von ihr den Abstand z hat. Da hier die Schwingung noch nicht so weit vorgeschritten ist wie in der xy-Ebene, vielmehr dem dortigen Schwingungszustande gegenüber um die Zeit $z : g$ zurückliegt, so ist in Π zur Zeit t

$$X = \zeta \sin k \left(t - \frac{z}{g}\right)$$

oder

$$X = \zeta \sin \varphi \qquad \text{mit } \varphi = kt - hz \text{ und } h = \frac{k}{g},$$

wo ζ ein nur von z abhängiger Faktor ist, der einer etwaigen Schwächung der Schwingungsamplitude Rechnung trägt.

Das elektrische Feld in Π zur Zeit t ist also

$$\mathfrak{E} = X \,|\, Y \,|\, Z = \zeta \sin \varphi \,|\, 0 \,|\, 0.$$

Um über ζ Näheres zu erfahren, benutzen wir die Wellengleichung

$$\frac{\partial^2 \mathfrak{E}}{\partial t^2} = \varkappa^2 \Delta \mathfrak{E},$$

die hier in

$$\frac{\partial^2 X}{\partial t^2} = \varkappa^2 \frac{\partial^2 X}{\partial z^2}$$

übergeht.

Um bequemes Schreiben beim Ableiten zu haben, kürzen wir $\sin \varphi$ mit i, $\cos \varphi$ mit o, $\frac{d\zeta}{dz}$ mit ζ' und $\frac{d^2\zeta}{dz^2}$ mit ζ'' ab. Dann wird

$$\frac{\partial X}{\partial t} = k \zeta o, \qquad \frac{\partial^2 X}{\partial t^2} = -k^2 \zeta i,$$

$$\frac{\partial X}{\partial z} = \zeta' i - h \zeta o, \quad \frac{\partial^2 X}{\partial z^2} = \zeta'' i - 2 h \zeta' o - h^2 \zeta i,$$

mithin

$$-k^2 \zeta i = \varkappa^2 (\zeta'' i - 2 h \zeta' o - h^2 \zeta i).$$

Hier ersetzen wir i durch $\sin kt \cos hz - \cos kt \sin hz$ und o durch $\cos kt \cos hz + \sin kt \sin hz$ und bekommen

$$\operatorname{tg} kt = \frac{P \cos hz + Q \sin hz}{Q \cos hz - P \sin hz}$$

mit

$$P = 2 h \varkappa^2 \zeta', \qquad Q = \varkappa^2 \zeta'' + (k^2 - h^2 \varkappa^2) \zeta.$$

Da der auf der rechten Seite dieser Gleichung stehende Bruch nicht von t abhängt, während doch die linke Seite eine Funktion von t ist, so muß er die unbestimmte Form $0 : 0$ haben. muß also

$$P \cos hz + Q \sin hz = 0$$

und

$$Q \cos hz - P \sin hz = 0$$

sein. Das gibt aber

$$\operatorname{tg} hz = \frac{Q}{P} = -\frac{P}{Q}$$

und damit

$$P^2 + Q^2 = 0,$$

d. h.

$$P = 0 \qquad \text{und} \qquad Q = 0.$$

Aus $P = 0$ folgt $\zeta' = 0$ und $\zeta = \text{const} = A$, sowie auch noch $\zeta'' = 0$ und aus $Q = 0$ weiter $k^2 - h^2 \varkappa^2 = 0$ oder

$$\varkappa = \frac{k}{h} = g.$$

Die Konstante $\varkappa$ der Wellengleichung ist die Fortpflanzungsgeschwindigkeit der elektrischen Welle.

Zugleich haben wir

$$\mathfrak{E} = X \mid Y \mid Z = A \sin \varphi \mid 0 \mid 0.$$

Wir wenden unser Augenmerk nunmehr dem magnetischen Felde $\mathfrak{H}$ zu. Der Maxwellschen Gleichung

$$\mu \dot{\mathfrak{H}} = - c \mathring{\mathfrak{E}}$$

entsprechend bilden wir zunächst den Quirl $\mathring{\mathfrak{E}}$ von $\mathfrak{E}$:

$$\mathring{\mathfrak{E}} = Z_y - Y_z \mid X_z - Z_x \mid Y_x - X_y = 0 \mid - A h \cos \varphi \mid 0,$$

finden

$$\dot{\mathfrak{H}} = 0 \left| A \frac{c}{\mu} h \cos \varphi \right| 0$$

und hieraus durch Integration nach der Zeit

$$\mathfrak{H} = 0 \left| A \frac{c}{\mu} \frac{h}{k} \sin \varphi \right| 0$$

oder, da $k = gh = \varkappa h = ch : \sqrt{\varepsilon \mu}$ ist,

$$\mathfrak{H} = 0 \left| \sqrt{\frac{\varepsilon}{\mu}}\, X \right| 0.$$

Ergebnis:

Mit der Fortschreitung der elektrischen Welle ist zugleich die Fortschreitung einer magnetischen Welle verbunden.

Das schwingende magnetische Feld steht auf dem elektrischen senkrecht und zwar so, daß Elektrisches Feld, Magnetisches Feld und Fortschreitungsrichtung ein Rechtssystem bilden.

Die Fortpflanzungsgeschwindigkeit ist für beide Felder die gleiche:

$$\boxed{\varkappa = c : \sqrt{\varepsilon \mu}},$$

im Vakuum also die Lichtgeschwindigkeit.

Die Stärken der beiden Felder verhalten sich umgekehrt wie die Quadratwurzeln aus den zugehörigen Permeabilitäten.

Eine zusätzliche wichtige Bemerkung noch über den Umstand, daß die Fortschreitungsrichtung der elektromagnetischen Welle mit den Richtungen des elektrischen und magnetischen Feldes ein Rechtssystem bildet.

Bekanntlich ist die Energiedichte (Energiegehalt pro cm³) eines elektrischen bzw. magnetischen Feldes $\mathfrak{E}$ bzw. $\mathfrak{H}$ das $\frac{\varepsilon}{8\pi}$-fache bzw. $\frac{\mu}{8\pi}$-fache des Quadrats der Feldstärke.

Die Energiedichte des elektromagnetischen Feldes ist daher

$$\eta = \frac{\varepsilon}{8\pi} \mathfrak{E}^2 + \frac{\mu}{8\pi} \mathfrak{H}^2.$$

Wir bestimmen den Anstieg $\dot{\eta}$, d. h. die Energiemenge, die sekundlich in die am Aufpunkte befindliche Raumeinheit einströmt:

$$\dot{\eta} = \frac{\varepsilon}{4\pi} \mathfrak{E} \dot{\mathfrak{E}} + \frac{\mu}{4\pi} \mathfrak{H} \dot{\mathfrak{H}}.$$

Um die rechte Seite für das elektromagnetische Feld im Dielektrikum auszuwerten, ziehen wir die Maxwellschen Gleichungen

$$\varepsilon \dot{\mathfrak{E}} = c \mathring{\mathfrak{H}} \qquad \varepsilon \dot{\mathfrak{H}} = - c \mathring{\mathfrak{E}}$$

heran. Das gibt

$$\dot{\eta} = \frac{c}{4\pi} (\mathfrak{E} \mathring{\mathfrak{H}} - \mathfrak{H} \mathring{\mathfrak{E}}).$$

Nach Heavisides Divergenzformel (§ 14) ist der Klammerausdruck der rechten Seite die Divergenz des Vektorprodukts $\overline{\mathfrak{H}\,\mathfrak{E}}$. Wir gelangen damit zur Einführung des zuerst von dem Amerikaner Poynting betrachteten Poyntingvektors

$$\boxed{\mathfrak{P} = \frac{c}{4\pi} \overline{\mathfrak{E}\mathfrak{H}}}.$$

und zur Formel

$$-\dot{\eta} = \operatorname{div} \mathfrak{P}$$

bzw. zum Satze:

Der Abstieg der Energiedichte ist gleich der Divergenz des Poyntingvektors.

Stellen wir uns den Poyntingvektor als Strömungsvektor vor, d. h. als Geschwindigkeit einer strömenden Flüssigkeit, so stellt div $\mathfrak{P}$ bekanntlich (§ 13) die Quellenergiebigkeit am Aufpunkte dar, bedeutet m. a. W. — div $\mathfrak{P}$ das Quantum, welches sekundlich in eine am Aufpunkte befindliche Raumeinheit einströmt. Daher gilt der

Satz von Poynting:

Der Vektor

$$\mathfrak{P} = \frac{c}{4\pi} \overline{\mathfrak{E}\,\mathfrak{H}}$$

ist die Dichte der Energieströmung. Das heißt: Die Energie im elektromagnetischen Felde strömt als ob sie eine Flüssigkeit wäre, die mit der Geschwindigkeit $\mathfrak{P}$ behaftet ist.

Da $\mathfrak{P}$ auf $\mathfrak{E}$ und $\mathfrak{H}$ senkrecht steht, strömt die Energie stets senkrecht zu den elektrischen und magnetischen Feldlinien.

In dem Sonderfalle unserer ebenen elektromagnetischen Welle strömt die Energie in der Fortschreitungsrichtung der Welle, womit die Rechtshändigkeit des Vektortripels »Elektrisches Feld, Magnetisches Feld und Fortpflanzungsgeschwindigkeit« erneut dargetan ist.

Register.

Zeichenregister

www.ingramcontent.com/pod-product-compliance
Lightning Source LLC
Chambersburg PA
CBHW081530190326
41458CB00015B/5508